Fundamente

|der Mathematik|

Niedersachsen

Gymnasium G9 · Einführungsphase

Inhaltsverzeichnis

Bauplan zu „Fundamente der Mathematik"

Aktivieren

Ihr Fundament:
Mit der Doppelseite „Ihr Fundament" können Sie Themen wiederholen zur Vorbereitung auf das neue Kapitel.

Die Lösungen zu diesen Aufgaben finden Sie im Anhang.

Aufbauen

Einstiegsaufgaben:
Jedes Unterkapitel beginnt mit einer Aufgabe, die Sie in das neue Thema hineinführt.

Beispiele:
Die Lösungen von Beispielaufgaben werden Ihnen Schritt für Schritt erklärt.

Basisaufgaben:
In den Basisaufgaben können Sie Ihr neu erworbenes Wissen und Können sofort ausprobieren.
Aufgaben mit dem Symbol ▧ sollen Sie ohne Hilfsmittel lösen. Für die Aufgaben mit GTR oder CAS benötigen Sie einen GTR oder sogar CAS.

Weiterführende Aufgaben:
In anspruchsvolleren Aufgaben können Sie Ihr Wissen festigen.
Etwas schwierigere Aufgaben sind mit einem Kreis ● gekennzeichnet.

🏃 Stolperstelle:
Bei diesen Aufgaben sollen Sie typische Fehler erkennen.

Ausblick:
Die letzte Aufgabe in der Lerneinheit ist die schwierigste.

Sichern

Prüfen Sie Ihr neues Fundament:
Hier können Sie Ihr Wissen selbstständig überprüfen, auch in Vorbereitung auf Tests und Klausuren.

Die Lösungen zu diesen Aufgaben finden Sie im Anhang.

---

114 — Ihr Fundament — 4. Funktionen mithilfe der Ableitung untersuchen

Lösungen ✎ S. 190

Funktionswerte untersuchen

1. Entscheiden Sie, für welche der gegebenen x-Werte der Funktionswert f(x) positiv, negativ bzw. null ist. x-Werte: -2; -1; 0; $0,5$; 1; 2; $2,5$
   a) $f(x) = 2x - 5$ b) $f(x) = 2x + 1$ c) $f(x) = x^2 - 1$ d) $f(x) = x^3 + 1$

2. Geben Sie alle x-Werte an, für die die Funktionswerte positiv, negativ bzw. null sind.
   a) $f(x) = 2x - 5$ b) $f(x) = 2x + 1$ c) $f(x) = x^2 - 1$ d) $f(x) = x^3 + 1$

3. Eine Funktion und ihre Nullstelle(n) sind gegeben. Geben Sie die Bereiche an, in denen die Funktionswerte positiv bzw. negativ sind.

4.3 Krümmung

■ Der Graph der Funktion f mit der Funktionsgleichung $f(x) = -\frac{1}{10}(x^3 - 9x^2 + 17x - 27)$ stellt den Verlauf einer Straße aus der Vogelperspektive dar. Ermitteln Sie die Bereiche, in denen der Fahrradfahrer eine Links- bzw. Rechtskurve durchfährt.
Beschreiben Sie auch den Graphen der Ableitungsfunktion f' in diesen Bereichen. ■

Nimmt in einem Intervall die Steigung eines Graphen von f stetig zu, so stellt man fest, dass der Graph von f dort eine Linkskrümmung hat.
Umgekehrt ist ein Graph, dessen Steigung kleiner wird, rechtsgekrümmt.

Die Steigung wird durch die Ableitung f' beschrieben. Bei einer Linkskrümmung des Graphen von f ist die Ableitung f' streng monoton steigend.
Ist der Graph von f hingegen rechtsgekrümmt, so ist f' streng monoton fallend.

Die Änderung der Steigung wird durch die Ableitung von f' beschrieben. Sie heißt **zweite Ableitung f''**.
f' ist streng monoton steigend bzw. fallend, wenn die Ableitung von f', also f'', größer als 0 bzw. kleiner als 0 ist.

Satz: Krümmungsverhalten
- Gilt $f''(x) > 0$ für alle x aus dem Intervall I, so ist der Graph der Funktion f auf I **linksgekrümmt**, er beschreibt eine **Linkskurve**.
- Gilt $f''(x) < 0$ für alle x aus dem Intervall I, so ist der Graph der Funktion f auf I **rechtsgekrümmt**, er beschreibt eine **Rechtskurve**.

Beispiel 1: Untersuchen Sie die Funktion f mit $f(x) = x^3 - 3x^2$ mithilfe der zweiten Ableitung auf ihr Krümmungsverhalten.
Lösung:
Bilden Sie die erste und die zweite Ableitung von f.
$f(x) = x^3 - 3x^2$ $f'(x) = 3x^2 - 6x$
$f''(x) = 6x - 6$
Berechnen Sie die Nullstelle von f''.
$6x - 6 = 0$ also $x = 1$

f'' hat eine Nullstelle. Sie teilt den Definitionsbereich von f in zwei Krümmungsintervalle auf.
Aus jedem Intervall wird eine Teststelle (0 und 4) in f''(x) eingesetzt. Das Vorzeichen gibt das Krümmungsverhalten von f an.
$x < 1$: $f''(0) = 6 \cdot 0 - 6 = -6 < 0$
Der Graph ist für $x < 1$ rechtsgekrümmt.
$x > 1$: $f''(4) = 6 \cdot 4 - 6 = 18 > 0$
Der Graph ist für $x > 1$ linksgekrümmt.

Basisaufgaben

1. Geben Sie an, auf welchen Intervallen der Graph der Funktion f linksgekrümmt bzw. rechtsgekrümmt ist.
   a)   b)   c)

2. Zeichnen Sie einen Funktionsgraphen, der für $x < -4$ sowie $x > 1$ linksgekrümmt und für $-4 < x < 1$ rechtsgekrümmt ist.

3. Die Abbildung zeigt den Graphen der zweiten Ableitung der Funktion f. Geben Sie an, auf welchen Intervallen der Graph von f linksgekrümmt bzw. rechtsgekrümmt ist.
   a)   b)   c)

4. Gegeben sind die Graphen einer Funktion f und ihrer ersten beiden Ableitungen f' und f''. Erläutern Sie den Zusammenhang zwischen dem Krümmungsverhalten von f, dem Monotonieverhalten von f' und dem Graphen von f''.

5. Berechnen Sie die erste und zweite Ableitung der Funktion f.
   a) $f(x) = x^3 - 2x^2 + 5x - 1$ b) $f(x) = -x^4 - 2x^3 + 8x$ c) $f(x) = \frac{1}{x}$

6. Berechnen Sie die Nullstellen der zweiten Ableitung und bestimmen Sie das Krümmungsverhalten des Graphen von f. Überprüfen Sie Ihre Ergebnisse mit dem GTR.

Weiterführende Aufgaben

11. Ordnen Sie begründet die drei Graphen den Funktionen f, f' und f'' zu.

12. Skizzieren Sie einen möglichen Graphen von f.
    a) Der Graph von f ist rechtsgekrümmt und hat den Hochpunkt H(2|4).
    b) Der Graph von f hat im Punkt P(−3|2) eine waagerechte Tangente und geht in diesem Punkt von einer Links- in eine Rechtskrümmung über.
    c) Der Graph von f hat zwei Stellen mit waagerechter Tangente und wechselt nur an einer dieser Stellen seine Krümmung.
    d) Der Graph von f ist linksgekrümmt und hat keine Extremstellen.
    e) Es gilt: $f'(x) < 0$ und $f''(x) > 0$.

13. Die Funktion h mit $h(t) = -0,03t^3 + 0,9t^2 + 4$ beschreibt für $0 \le t \le 20$ die Wuchshöhe einer Pflanze. Dabei bezeichnet t die Anzahl der Tage nach Beobachtungsbeginn und h(t) die Höhe der Pflanze in cm.
    a) Berechnen Sie die Pflanzenhöhe nach 5 und 15 Tagen.
    b) Weisen Sie rechnerisch nach, dass die Wachstumsgeschwindigkeit innerhalb der ersten 10 Tage ständig steigt.
    c) Für t > 10 gilt h''(t) < 0. Erläutern Sie dies im Sachzusammenhang.
    d) Zeigen Sie, dass die minimale und maximale Pflanzenhöhe zu Beginn und am Ende der Beobachtung angenommen werden.

14. **Ableitungen in der Physik:** In der Physik werden Bewegungen durch die Größen s (Weg), v (Geschwindigkeit) und a (Beschleunigung) beschrieben. Die Geschwindigkeit ist die zeitliche Veränderung des Weges, die Beschleunigung ist die zeitliche Veränderung der Geschwindigkeit. Es gilt also $s''(t) = v'(t) = a(t)$ und $s'(t) = v(t)$.
    a) Erläutern Sie die Bedeutung einer positiven/negativen Beschleunigung für die Geschwindigkeit und den Weg in diesem Sachzusammenhang.
    b) Auch die Schwingung eines Federpendels wird durch die Größen s, v und a beschrieben. In der Abbildung werden diese drei Größen dargestellt (T ist die Schwingdauer). Geben Sie begründet an, welcher Graph zu welcher Größe der Schwingung gehört.

15. **Stolperstelle:** Max untersucht die Funktion f mit $f(x) = x^4 - 8x^3 + 24x^2 - 32x + 15$. Er sagt: „Zwar ist f''(2) = 0, aber weil f''(2) = 0 ist, ist 2 keine Extremstelle von f." Nehmen Sie Stellung.

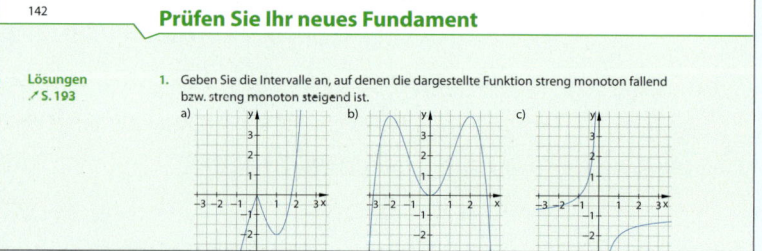

---

142 — Prüfen Sie Ihr neues Fundament

Lösungen ✎ S. 193

1. Geben Sie die Intervalle an, auf denen die dargestellte Funktion streng monoton fallend bzw. streng monoton steigend ist.
   a)   b)   c)

1. Potenzfunktionen

Die Bewegungsenergie wird in einem Generator in elektrischen Strom umgewandelt. Je höher die Windgeschwindigkeit, desto höher die elektrische Leistung. Dabei hängt die Leistung von der dritten Potenz der Windgeschwindigkeit ab.

Nach dem Kapitel können Sie …
- Symmetrie und Globalverhalten von Potenzfunktionen beschreiben,
- Parametervariationen durchführen und deren Einfluss auf die Graphen beschreiben und begründen,
- Eigenschaften von Wurzelfunktionen als spezielle Potenzfunktionen beschreiben,
- Potenz-, Exponential- und Sinusfunktionen gegeneinander abgrenzen und diese zur Beschreibung von Zusammenhängen nutzen.

Lösungen
↗ S. 182

Mit Potenzen und Wurzeln rechnen

1. Schreiben Sie die Produkte als Potenzen und die Potenzen als Produkte. Berechnen Sie den Termwert ohne Taschenrechner.

   a) $3 \cdot 3$
   b) $\frac{1}{2} \cdot \frac{1}{2} \cdot \frac{1}{2}$
   c) $-0,2 \cdot (-0,2) \cdot (-0,2)$
   d) $-\frac{1}{3} \cdot \left(-\frac{1}{3}\right) \cdot \left(-\frac{1}{3}\right) \cdot \left(-\frac{1}{3}\right)$

   e) 4^{-2}
   f) $\left(\frac{1}{5}\right)^{-2}$
   g) $-\left(\frac{1}{2}\right)^3$
   h) $\frac{2}{2^3}$
   i) $\left(\frac{3}{4}\right)^{-2}$

2. Berechnen Sie den Termwert ohne Taschenrechner.

   a) $\sqrt{4}$
   b) $\sqrt[5]{1}$
   c) $\sqrt[3]{\frac{2}{54}}$
   d) $\sqrt{-16}$
   e) $\frac{49}{\sqrt{49}}$
   f) $(\sqrt{3} - \sqrt{0})^2$

   g) $\sqrt{3} \cdot \sqrt{27}$
   h) $\frac{\sqrt[3]{3}}{\sqrt[3]{81}}$
   i) $\frac{3}{\sqrt{3}} \cdot \frac{2}{\sqrt{3}}$
   j) $64^{\frac{1}{3}} : 4^{\frac{1}{2}}$
   k) $\frac{-3}{\sqrt{8} \cdot \sqrt{2}}$
   l) $125^{-\frac{1}{3}}$

3. Setzen Sie für x die in Klammern stehenden Werte ein und berechnen Sie jeweils den Termwert ohne Taschenrechner.

   a) $2 \cdot x^4$ $(0; -1; 2)$
   b) $(x + 1)^3$ $(-2; 0; 1)$
   c) $x^2 + 0,5$ $\left(-\frac{1}{2}; 0; 0,2\right)$
   d) $(0,1x)^3$ $(-1; 0; 2)$

4. Überprüfen Sie die Aussage. Begründen Sie Ihre Entscheidung.
   a) Für alle x mit $x \in \mathbb{R}$ und $x > 0$ gilt: $\sqrt{x} < x$.
   b) Für alle x mit $x \in \mathbb{R}$ gilt: $x^2 \geq x$.

Gleichungen lösen

5. Lösen Sie die Gleichung.

   a) $2x + 3 = 5x - 2$
   b) $5(x + 3) = 2(x + 1) + x$
   c) $5x + 2 - 2x = 2 + 3x + 2$

   d) $x^2 - 2x + 1 = 0$
   e) $x^2 + 4 = 0$
   f) $x^2 - 0,25 = 0$

   g) $x^2 - 4x - 5 = 0$
   h) $x^2 - 9 = 0$
   i) $x - \sqrt{9} = 0$

6. Geben Sie alle in Klammern stehenden Zahlen an, die Lösung der Gleichung sind.
   a) $x^2 + x = 6$ $(0; -3; -2; 1)$
   b) $|x - 2| = 3$ $(-1; 0; 1; 2; 5)$
   c) $2\sqrt{x + 1} = 4$ $(0; 1; 2; 3)$

7. Geben Sie alle Lösungen der Gleichung an.

   a) $x^2 = 121$
   b) $(3x)^2 = 81$
   c) $2x^4 = 0$
   d) $x^2 + 2 = 2$
   e) $(x + 2)^3 = 1$

   f) $\frac{1}{x^2} = 0,25$
   g) $\sqrt{x} \cdot \sqrt{2} = 4$
   h) $\frac{\sqrt{3}}{\sqrt{x}} = \frac{1}{3}$
   i) $\sqrt{-5x} = 25$
   j) $\sqrt{\frac{2}{x}} = 2$

8. Ersetzen Sie in der Gleichung $2x + 4 = 3x + A$ die Variable A durch einen Term so, dass die Gleichung genau eine Lösung, keine Lösung oder unendlich viele Lösungen hat.

Zuordnungen beschreiben

Hinweis zu 9 und 11:
Eine eindeutige Zuordnung ist eine Funktion.

9. Die Tabelle gibt die mittlere monatliche Temperatur T eines Jahres in Aachen an.

Monat m	1	2	3	4	5	6	7	8	9	10	11	12
T in °C	4,2	3,7	4,2	8,1	13,7	16,0	18,3	18,3	17,8	9,3	5,7	4,7

   a) Untersuchen Sie, ob die Zuordnung $m \to T$ (bzw. $T \to m$) eindeutig ist. Begründen Sie Ihre Entscheidung.
   b) Stellen Sie die Zuordnung *Monat m → mittlere monatliche Temperatur T* in einem Diagramm dar.

10. Gegeben ist eine Zuordnung in Form folgender Wortvorschrift:

„Jeder ganzen Zahl ist ihr absoluter Betrag vermindert um 3 zugeordnet."

a) Geben Sie die Zuordnung mithilfe einer Gleichung der Form y = … an.

b) Stellen Sie die Zuordnung für $x = -5; -4; -3; -2; -1; 0; 1; 2$ in einer Tabelle dar.

c) Stellen Sie die Zuordnung für $x = -6; -3; -2; 0; 1; 3$ in einem Koordinatensystem dar.

Lösungen
↗ S. 182/183

11. Vervollständigen Sie die Tabelle in Ihrem Heft.

x	−3	−1	0	0,2	0,5	1		3	
x^2							4		16

Begründen Sie, welche der Zuordnungen $x \to x^2$ und $x^2 \to x$ nicht eindeutig ist.

Sinusfunktionen untersuchen

12. Geben Sie für die Funktion f mit $f(x) = \sin(x)$ im Intervall $0 \leq x \leq 2\pi$

a) den größten und kleinsten Funktionswert,　　　b) die Nullstellen an.

13. Ordnen Sie jedem der Graphen ① bis ④ die passende Funktionsgleichung zu.

$f(x) = \sin(x)$

$g(x) = 2\sin(x)$

$h(x) = \sin(x + 2)$

$i(x) = \sin(2x)$

14. Skizzieren Sie die Graphen der Funktionen in einem Koordinatensystem und überprüfen Sie Ihre Ergebnisse mit dem GTR.

$f(x) = 1,5\sin(x)$　　　　$g(x) = \sin\left(\frac{x}{2}\right)$　　　　$h(x) = 0,5\sin(0,5x)$　　　$i(x) = 1 + \sin(x)$

15. Geben Sie den größten und kleinsten Funktionswert und die Periode der Funktionen f und g mit $f(x) = 3\sin(x)$ und $g(x) = \sin\left(\frac{x}{2}\right)$ an und ermitteln Sie die Nullstellen für $0 \leq x \leq 2\pi$.

Vermischtes

16. Skizzieren Sie den Graphen der Funktion in einem Koordinatensystem und geben Sie die Nullstellen an. Überprüfen Sie Ihre Ergebnisse mit dem GTR.

a) $f(x) = x^2$　　　　b) $g(x) = 2x^2$　　　　c) $h(x) = x^2 - 2$　　　d) $i(x) = -(x + 2)^2$

17. Ein Würfel hat ein Volumen von $0,027\,m^3$. Geben Sie seine Kantenlänge an.

18. Ein Kreiszylinder hat ein Volumen von $4\pi\,dm^3$ und eine Höhe von $4\,dm$. Geben Sie die Länge des Grundkreisradius an.

19. Erläutern Sie, für welche Werte der Variable der Term nicht definiert ist.

a) $\sqrt{y}$　　　b) $\frac{1}{\sqrt{x}}$　　　c) $\frac{1}{z}$　　　d) $\sqrt{y + 5}$　　　e) x^{-2}　　　f) $\frac{\sqrt{1-x}}{x}$

20. Geben Sie an, ob der Graph der Funktion achsensymmetrisch zur y-Achse oder punktsymmetrisch zum Koordinatenursprung $(0\,|\,0)$ ist.

a) $f(x) = x^2$　　　　b) $g(x) = x^2 - 3$　　　　c) $h(x) = \sin(x)$　　　d) $i(x) = \cos(x)$

1.1 Grundlagen zu Funktionen

■ Sina hat für sich und ihre Freundin Pizzateig kreisrund ausgerollt, der Kreis hat einen Radius von 10 cm. Nun melden sich zwei weitere Gäste an. Die Freundin meint: „Für doppelt so viele Leute muss die Pizza einen Radius von 20 cm haben!" Untersuchen Sie den Zusammenhang von Radius und Größe der Pizza. ■

Betrachtet man zwei Größen, die voneinander abhängig sind, spricht man von einem funktionalen Zusammenhang.

Uhrzeit → Temperatur
Radius → Flächeninhalt eines Kreises
Höhe über NN → Luftdruck

> **Definition: Funktion**
> Eine reelle **Funktion** f ordnet jeder Zahl x aus einem Definitionsbereich D **genau eine** Zahl f(x) zu. Alle Funktionswerte zusammen ergeben den Wertebereich W.

Darstellungsweisen einer reellen Funktion:

Zuordnungsvorschrift

Zahl → Quadrat der Zahl

Funktionsgleichung

$f(x) = x^2$

Wertetabelle

x	−2	−1	0	1	2	5
f(x)	4	1	0	1	4	25

Graph

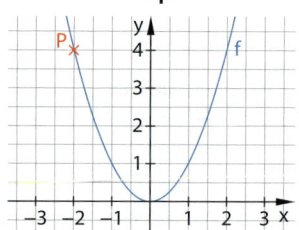

Durch Einsetzen einer Zahl für die Variable x in den **Funktionsterm** x^2 berechnet man den **Funktionswert** f(x) an der Stelle x, z. B. $f(-2) = (-2)^2 = 4$. Den x-Wert, den man in den Funktionsterm einsetzt, nennt man auch **Stelle** oder **Argument**. Der zum Wertepaar $(-2|4)$ zugehörige Punkt $P(-2|4)$ liegt auf dem **Graphen** der Funktion f.

> **Beispiel 1:** Gegeben ist die Funktion f mit der Funktionsgleichung $f(x) = 0,5x^2 - 1$.
> a) Berechnen Sie den Funktionswert $f(-2)$ und erstellen Sie eine Wertetabelle.
> b) Zeichnen Sie den Graphen von f.
> c) Prüfen Sie rechnerisch, ob der Punkt $P(-1,5|0,125)$ zum Graphen von f gehört.
>
> **Lösung:**
> a) $f(-2) = 0,5 \cdot (-2)^2 - 1 = 2 - 1 = 1$
>
> Wertetabelle:
>
> | x | −2 | −1 | 0 | 1 | 2 |
> |------|----|------|----|------|---|
> | f(x) | 1 | −0,5 | −1 | −0,5 | 1 |
>
> c) Einsetzen der x-Koordninate von
> $P(-1,5|0,125)$ in die Funktionsgleichung:
>
> $f(-1,5) = 0,5 \cdot (-1,5)^2 - 1 = 0,125$
>
> Es ergibt sich der y-Wert von P. Daher gehört der Punkt zum Graphen.
>
> b) Graph von f:
>
>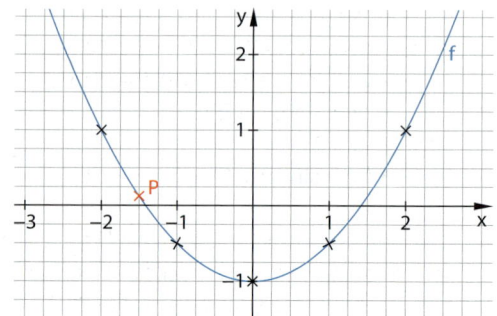

Basisaufgaben

1. Funktionen sind eindeutig, das heißt, zu jedem x-Wert darf es nur einen y-Wert geben.
   Entscheiden Sie, ob es sich bei der Zuordnung um eine Funktion handeln kann.

a)

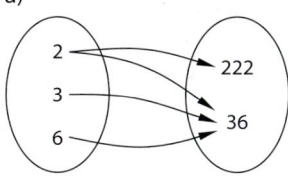

b)

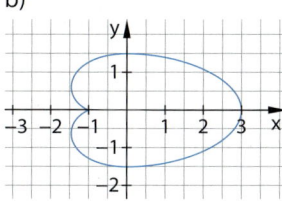

c)

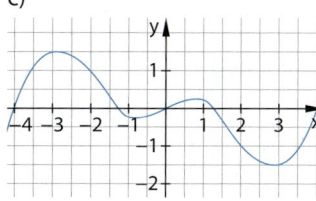

d)

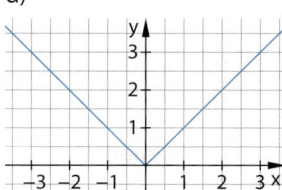

e)

x	−1	−1	0	2	3
y	3	2	3	−1	4

f)

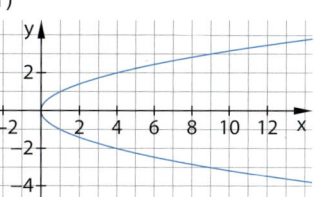

2. Berechnen Sie die Funktionswerte.

a) $f(x) = -8x + 7$; $\quad f(2), f(-5), f\left(\frac{1}{4}\right)$ b) $g(x) = (x-4)^2 + 2$; $\quad g(-1), g(4), g(0)$

GTR c) Erstellen Sie mithilfe des GTR eine Wertetabelle zu den Funktionen f und g.

3. Zeichnen Sie den Graphen der Funktion mithilfe einer Wertetabelle in Ihr Heft.

a) $f(x) = \frac{1}{2}x + 2$ b) $f(x) = 4 - x^2$ c) $g(x) = 0{,}5x^2 + x$ d) $f(t) = 2^t$

 4. **Punktprobe:** Prüfen Sie, ob der Punkt auf dem Graphen der Funktion mit der angegebenen Funktionsgleichung liegt.

a) $f(x) = -8x + 7$; $\quad P(1|1)$ b) $f(x) = (x-4)^2 + 2$; $\quad Q(-2|-38)$

c) $f(u) = 3^u$; $\quad R\left(-3\left|\frac{1}{27}\right.\right)$ d) $g(x) = \sin(x)$; $\quad S\left(\frac{\pi}{2}\middle|1\right)$

 5. **Nullstellen:** Stellen, an denen der Graph die x-Achse berührt oder schneidet, heißen Nullstellen der Funktion. An diesen Stellen ist der y-Wert gleich null. Bestimmen Sie rechnerisch die Nullstellen der Funktion mit der angegebenen Funktionsgleichung. Lösen Sie dazu die Gleichung $f(x) = 0$.

a) $f(x) = -2x - 5$ b) $f(x) = x^2 - 9$ c) $f(x) = 2^x - 8$ d) $f(x) = 7$

6. **Schnittpunkte mit den Koordinatenachsen:**

a) Dargestellt ist die Funktion f mit $f(x) = x - 2$. Lesen Sie die Schnittpunkte des Graphen von f mit der y-Achse und mit der x-Achse ab.

GTR b) Bestimmen Sie die Schnittpunkte der Funktionsgraphen mit den Koordinatenachsen rechnerisch und mithilfe des GTR.

① $f(x) = 2x + 4$ ② $g(x) = x^2 - 5$

③ $h(x) = \sin(x) + 1$ für $0 \le x \le 2\pi$ ④ $i(x) = 4^x$

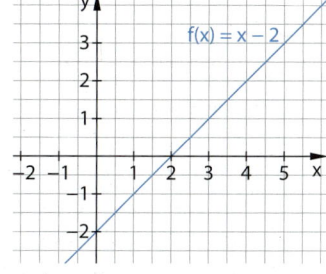

Hinweis zu 6:
Der Schnittpunkt mit der y-Achse ist der Punkt mit dem x-Wert 0.

7. **x-Werte bestimmen:** Der Punkt P soll auf dem Graphen der Funktion f liegen. Bestimmen Sie alle möglichen Werte für die fehlende x-Koordinate. Stellen Sie dazu eine Gleichung auf und lösen Sie sie. Kontrollieren Sie Ihr Ergebnis mit dem GTR.

a) $f(x) = 5x + 2$; $\quad P(\blacksquare|-3)$ b) $f(x) = -2x^2$; $\quad P(\blacksquare|-50)$ c) $f(x) = 3^x$; $\quad P(\blacksquare|-9)$

Funktionen auf Intervallen

In Sachsituationen beschreibt eine Funktion den Sachverhalt häufig nur für einen Teilbereich der reellen Zahlen, z. B. für ein Intervall. Dieser Teilbereich wird dann als Definitionsbereich der Funktion gewählt.

Hinweis:
Beispiele für Kurzschreibweisen einiger Teilbereiche der reellen Zahlen:
$\mathbb{R}^{>0}$ alle $x \in \mathbb{R}$ mit $x > 0$
$\mathbb{R}^{\leq 0}$ alle $x \in \mathbb{R}$ mit $x \leq 0$
$\mathbb{R}^{\neq 0}$ alle $x \in \mathbb{R}$ mit $x \neq 0$

Das **Intervall** [a; b] mit a < b ist die Menge aller reellen Zahlen x mit a ≤ x ≤ b. Gehört eine Zahl x zu einer Menge M, schreibt man x ∈ M (sprich: x **Element** M).

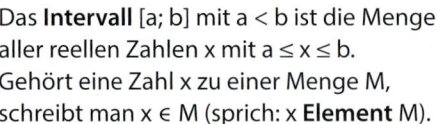

Zum Beispiel gilt 2,3 ∈ [1; 3].

Auch die reellen Zahlen und lückenlose Teilbereiche werden als Intervalle bezeichnet. Man beschreibt sie zum Beispiel mit x ≥ 0, x < 5 oder −2 < x < 3.

Beispiel 2: Eine 10 cm lange Kerze wird angezündet und vollständig abgebrannt. Zum Zeitpunkt t kann die Länge dieser Kerze mit einer Funktionsgleichung $k(t) = 10 - \frac{5}{8}t$ (t in Stunden) berechnet werden. Geben Sie einen sinnvollen Definitionsbereich und den zugehörigen Wertebereich für k an.

Lösung:

Sinnvoll ist die Zeit ab t = 0 bis zum Zeitpunkt, an dem die Kerze abgebrannt ist.

Zu Beginn beträgt die Länge 10 cm. Am Ende beträgt die Länge 0. Alle Werte zwischen 0 und 10 kommen vor.

Bestimmung des Abbrennzeitpunkts:
$k(t) = 0$
$10 - \frac{5}{8}t = 0$ also $10 = \frac{5}{8}t$ und $t = 16$
Definitionsbereich: D = [0; 16]

Wertebereich: W = [0; 10]

Basisaufgaben

 8. Ein Elektroauto fährt mit 60 km/h auf eine Autobahn und beschleunigt pro Sekunde um 15 km/h, bis eine Geschwindigkeit von 150 km/h erreicht ist. Während dieser Beschleunigungsphase gilt für seine Geschwindigkeit (in km/h) nach t Sekunden: v(t) = 60 + 15t. Geben Sie einen sinnvollen Definitionsbereich und den zugehörigen Wertebereich für v an.

 9. Ein Kochtopf wurde 14 cm hoch mit Wasser gefüllt. Beim Kochen nimmt die Wasserhöhe pro Minute um 1,4 mm ab.
   a) Geben Sie eine Zuordnungsvorschrift für eine Funktion an, die die Wasserhöhe in Abhängigkeit von der Anzahl der Minuten beschreibt.
   b) Ermitteln Sie Definitions- und Wertebereich dieser Funktion.

10. Ein Komet ist am Anfang eines Monats 71 Millionen km von der Erde entfernt. Er fliegt in einem Abstand von 22 Millionen km an der Erde vorbei und entfernt sich wieder.
Am Monatsende beträgt seine Entfernung 35 Millionen km. Geben Sie den Wertebereich der Funktion *Zeit in diesem Monat → Entfernung zur Erde in km* an.

11. Ordnen Sie die Kärtchen zu, die den gleichen Teilbereich der reellen Zahlen beschreiben.

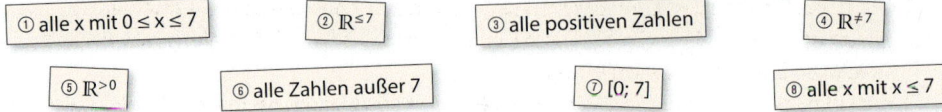

① alle x mit 0 ≤ x ≤ 7 ② $\mathbb{R}^{\leq 7}$ ③ alle positiven Zahlen ④ $\mathbb{R}^{\neq 7}$

⑤ $\mathbb{R}^{>0}$ ⑥ alle Zahlen außer 7 ⑦ [0; 7] ⑧ alle x mit x ≤ 7

Weiterführende Aufgaben

12. Schnittpunkte zweier Graphen: Gegeben sind f und g mit $f(x) = x^2 + x$ und $g(x) = x + 4$.

GTR
    a) Bestimmen Sie die Schnittpunkte der Graphen von f und g grafisch mit dem GTR.
    b) Berechnen Sie die Schnittpunkte der Graphen von f und g ohne GTR.

Tipp zu 12 b:
Setzen Sie die Funktionsterme gleich, um die x-Koordinaten der Schnittpunkte zu ermitteln.

13. Überprüfen Sie die Gültigkeit der Aussage. Begründen Sie die wahren Aussagen und geben Sie für die falschen Aussagen mindestens ein Gegenbeispiel an.
    a) Ein Graph mit einem Knick kann nicht der Graph einer Funktion sein.
    b) Jede Funktion hat mindestens eine Nullstelle.
    c) Eine zur x-Achse parallele Gerade kann der Graph einer Funktion sein.
    d) Eine zur y-Achse parallele Gerade kann der Graph einer Funktion sein.
    e) Es gibt Funktionen, die unendlich viele Nullstellen haben.

14. Stolperstelle: Lara soll die Nullstelle der Funktion f mit $f(x) = 3x - 2$ bestimmen. Erläutern Sie den Fehler, den Lara gemacht hat.

$f(0) = 3 \cdot 0 - 2 = -2$
Die Nullstelle von f liegt bei $N(-2|0)$.

15. Die in der Abbildung dargestellte Funktion h beschreibt für $0 \le x \le 10$ die Höhe einer Kugelbahn in m (x: horizontale Entfernung vom linken Rand in m).
    a) Geben Sie den Wertebereich von h an.
    b) Eine Kugel rollt von A nach B die Bahn hinab. Skizzieren Sie näherungsweise für $0 \le x \le 10$ den Graphen der Funktion f, welche die Geschwindigkeit der Kugel angibt.

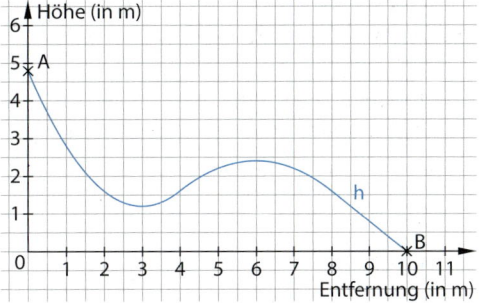

16. Gegeben ist die Funktion f mit $f(x) = \frac{1}{x^2}$.
    a) Erstellen Sie eine Wertetabelle und zeichnen Sie den Graphen von f.
    b) Geben Sie den Definitionsbereich und den Wertebereich von f an.

17. Bei einem Golfschlag ist die Flughöhe des Balls gegeben durch $h(x) = -0{,}01x^2 + 1{,}4x$ (x: horizontale Entfernung vom Abschlag in Meter; h(x) Höhe in Meter).
    a) Ermitteln Sie die Flughöhe nach 40 m und einen sinnvollen Definitionsbereich.
    b) Erstellen Sie eine Wertetabelle und skizzieren Sie die Flugbahn.
    c) Geben Sie den Wertebereich von h an.
    d) Bestimmen Sie, bei welcher Entfernung vom Abschlag der Ball eine Höhe von 33 m erreicht.
    e) Begründen Sie, dass die Zuordnung *Flughöhe → Entfernung* keine Funktion ist.

18. Betragsfunktion: Die Funktion f mit $f(x) = |x| = \begin{cases} x & \text{für } x \ge 0 \\ -x & \text{für } x < 0 \end{cases}$ heißt Betragsfunktion.
    a) Begründen Sie, dass die Betragsfunktion nur nichtnegative Funktionswerte hat.
    b) Zeichnen Sie den Graphen der Betragsfunktion.

19. Ausblick: Gegeben ist die Funktion f mit $f(x) = \begin{cases} -3x(x+2) & \text{für } x < 0 \\ 3x(x-2) & \text{für } x \ge 0 \end{cases}$.

Hilfe zu GTR/CAS
↗ S. 176

    a) Erstellen Sie eine geeignete Wertetabelle und zeichnen Sie den Graphen von f.
    b) Erstellen Sie ebenfalls für die Funktion g mit $g(x) = x^3 - 4x$ eine Wertetabelle und zeichnen Sie den Graphen von g.

GTR
    c) Überprüfen Sie mit dem GTR, ob die Graphen von f und g im Intervall $[-2; 2]$ gleich sind.

1.2 Wiederholung: Lineare und quadratische Funktionen

■ Begründen Sie auf möglichst viele unterschiedliche Arten, dass die Graphen der Funktionen f mit $f(x) = x^2$ und g mit $g(x) = x$ genau zwei Schnittpunkte haben. ■

Lineare Funktionen

Hinweis:
Eine lineare Funktion f mit $f(x) = b$ (also Steigung $m = 0$) ist eine **konstante Funktion**.

Wissen: Lineare Funktionen
Eine Funktion f mit $f(x) = mx + b$ und $m, b \in \mathbb{R}$ heißt **lineare Funktion**. Ihr Graph ist eine **Gerade**.
Der **y-Achsenabschnitt b** bestimmt den Schnittpunkt $S(0|b)$ der Geraden mit der y-Achse.
Die **Steigung m** gibt die Änderung des Funktionswertes an, wenn der x-Wert um 1 größer wird.

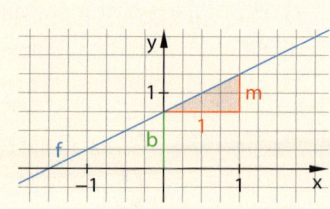

Hinweis:
Man schreibt auch:
$m = \frac{y_2 - y_1}{x_2 - x_1} = \frac{\Delta y}{\Delta x}$
(Sprich: „Delta y durch Delta x").
Der griechische Buchstabe Δ steht dabei für die Bildung einer Differenz.

Die Steigung der Geraden lässt sich mit einem beliebigen Steigungsdreieck bestimmen. Sie ist das Verhältnis der Änderung der Funktionswerte zur Änderung der x-Werte:
$m = \frac{y_2 - y_1}{x_2 - x_1}$

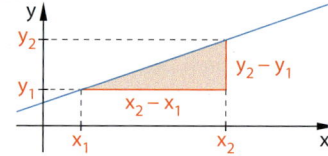

Beispiel 1: Bestimmen Sie die Gleichung der linearen Funktion g, auf deren Graph die Punkte $A(-0,5|4)$ und $B(1,5|1)$ liegen.

Lösung:

Berechnen Sie die Steigung m. Dividieren Sie dazu die Differenz der y-Koordinaten durch die Differenz der x-Koordinaten.

$A(-0,5|4)$ und $B(1,5|1)$

$m = \frac{1-4}{1,5-(-0,5)} = -\frac{3}{2} = -1,5$

Berechnen Sie den y-Achsenabschnitt b. Setzen Sie die Koordinaten von A oder B und den Wert von m in $g(x) = mx + b$ ein und lösen Sie die Gleichung nach b auf.

$g(x) = m \cdot x + b$
$4 = -1,5 \cdot (-0,5) + b = 0,75 + b \quad | -0,75$
$b = 4 - 0,75 = 3,25$
$g(x) = -1,5x + 3,25$

Basisaufgaben

1. Bestimmen Sie die Steigung der Geraden mit dem Steigungsdreieck. Geben Sie auch die Funktionsgleichung der Geraden an.

a)
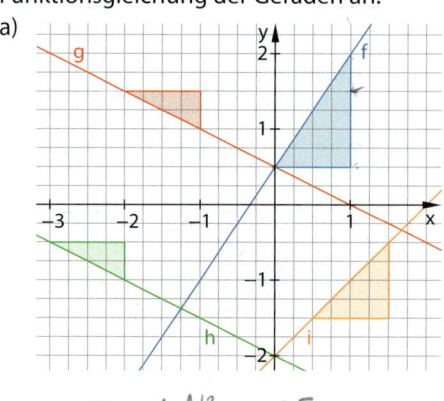

b)
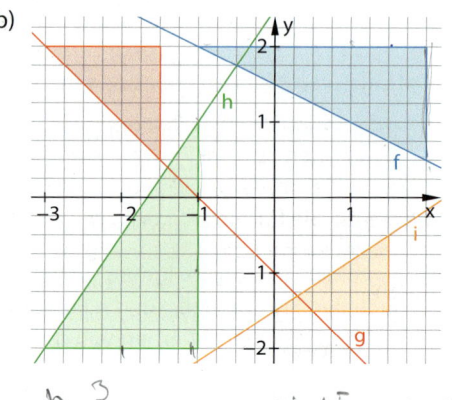

2. Geben Sie die Gleichungen zu den abgebildeten Geraden an.

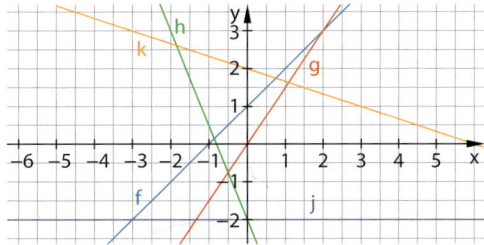

immer nach rechts auf x-Achse

GTR **3.** Zeichnen Sie die Geraden in Ihr Heft und dann mit dem GTR. Vergleichen Sie.

a) $g(x) = 0{,}5x + 2$ b) $h(x) = -2x + 3$

c) $j(x) = 2$ d) $k(x) = -x - 1$

e) $r(x) = \frac{1}{5}x$ f) $s(x) = -\frac{3}{2}x + \frac{1}{2}$

4. Geben Sie die Funktionsgleichung von zwei Geraden an, die

a) durch den Koordinatenursprung gehen,   b) parallel zur x-Achse verlaufen,

c) den gleichen y-Achsenabschnitt haben,   d) parallel zueinander verlaufen.

5. Beschreiben Sie die besondere Lage der Geraden. Ermitteln Sie zu jeder Geraden eine Funktionsgleichung und erläutern Sie Gemeinsamkeiten und Unterschiede.

a)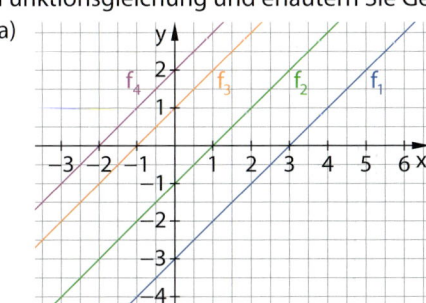

b)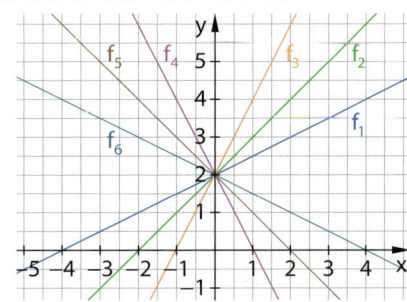

6. Zeichnen Sie die Geraden zu jedem Aufgabenteil in ein Koordinatensystem und erklären Sie die Bedeutung von b und m.

a) $g(x) = -1{,}5x + b$ für $b = 1; -2; 0$ b) $g(x) = mx + 1$ für $m = -1; \frac{1}{2}; 2; 0$

 7. Berechnen Sie die Steigung der Geraden durch die Punkte A und B.

a) $A(2|3); B(4|5)$ b) $A(-2|1); B(1|-5)$ c) $A(2|-2); B(-1|1)$

 8. Ermitteln Sie die Gleichung der Geraden mit der Steigung m, die durch P verläuft.

a) $m = 2; P(0|5)$ b) $m = -3; P(2|3)$ c) $m = 0{,}5; P(-4|1)$

 9. Ermitteln Sie die Gleichung der Geraden durch die Punkte A und B.

a) $A(0|3); B(1|5)$ b) $A(-2|1); B(1|-3)$ c) $A(-7|2); B(5|2)$

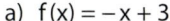

$m = \frac{y_1 - y_2}{x_2 - x_1}$

 10. Berechnen Sie die Schnittpunkte der Geraden mit den Koordinatenachsen.

a) $f(x) = -x + 3$ b) $f(x) = 4x + 6$ c) $f(x) = -5$

Nullstelle (x |) $f(0) = y$ *Achsabschnitt*   *! Punkte angeben*

Hinweis zu 10:
Unter den angegebenen Punkten finden Sie die Schnittpunkte.

11. Die Wasserrechnung setzt sich zusammen aus dem festen Systempreis und dem Mengenpreis pro verbrauchtem m³ Wasser.

Systempreis: 200,74 € pro Jahr
Mengenpreis: 1,34 € pro m³

a) Berechnen Sie den Rechnungsbetrag für einen Jahresverbrauch von 56 m³.

b) Geben Sie für die Zuordnung *Wasserverbrauch → Rechnungsbetrag* die Gleichung einer linearen Funktion an.

c) Berechnen Sie, bei welchem jährlichen Verbrauch man 285,16 € bezahlen muss.

(0 | 3)
(-1,5 | 0)
(0 | 6)
(3 | 0)
(6 | 0)
(0 | -5)
(0 | 5)

Quadratische Funktionen

> **Wissen: Quadratische Funktionen**
> Eine Funktion f mit $f(x) = ax^2 + bx + c$ und $a, b, c \in \mathbb{R}$, $a \neq 0$ heißt **quadratische Funktion**.
> Ihr Graph ist eine **Parabel**. a ist der **Streckfaktor**.
> Die Funktionsgleichung lässt sich in die **Scheitelpunktform** $f(x) = a(x - x_S)^2 + y_S$ umformen.
> Aus ihr kann man den **Scheitelpunkt** $S(x_S|y_S)$ der Parabel ablesen.

Hinweis:
Eine Änderung des Vorzeichens von a führt bei der Parabel mit $f(x) = ax^2$ zu einer **Spiegelung** des Graphen an der x-Achse.

Die Parabel zu $f(x) = a(x - x_S)^2 + y_S$ geht aus der **Normalparabel** $(y = x^2)$ durch **Strecken/Stauchen** mit dem Faktor a in y-Richtung und durch **Verschieben** um x_S Einheiten in Richtung der x-Achse und um y_S Einheiten in Richtung der y-Achse hervor.

Für $|a| > 1$ liegt eine **Streckung**, für $|a| < 1$ eine **Stauchung** vor. Für $a > 0$ ist die Parabel **nach oben**, für $a < 0$ **nach unten** **geöffnet**.

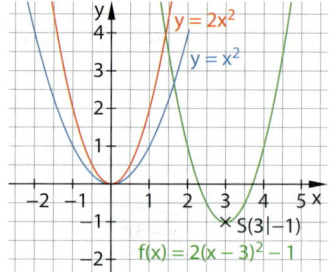

> **Beispiel 2: Allgemeine Form in die Scheitelpunktform umformen**
> Ermitteln Sie die Scheitelpunktform der Funktion f mit $f(x) = 2x^2 - 12x + 16$.

Lösung:

Klammern Sie zuerst den Streckfaktor 2 aus.

$$f(x) = 2x^2 - 12x + 16 \qquad |\ 2\ \text{ausklammern}$$
$$= 2(x^2 - 6x + 8) \qquad |\ \text{quadr. ergänzen}$$

quadratische Ergänzung:
Ergänzen Sie zu $x^2 - 6x$ die Zahl $\left(\frac{6}{2}\right)^2 = 9$, um die 2. binomische Formel anwenden zu können: $x^2 - 6x + 9 = (x - 3)^2$.
Die addierte Zahl 9 müssen Sie wieder subtrahieren.

$$\left(\frac{6}{2}\right)^2 = 9$$

$$= 2(x^2 - 6x + 9 - 9 + 8) \qquad |\ \text{2. bin. Formel}$$

Multiplizieren Sie die äußere Klammer aus, um die Scheitelpunktform zu erhalten.

$$= 2(\ (x - 3)^2 - 1\ ) \qquad |\ \text{äußere Klammer}$$
$$= 2(x - 3)^2 - 2 \qquad\qquad \text{auflösen}$$

> **Beispiel 3: Nullstellen quadratischer Funktionen bestimmen**
> Bestimmen Sie rechnerisch die Nullstellen der Funktion f.
> a) $f(x) = -2(x - 5)^2 + 32$ b) $f(x) = 5x^2 - 10x$ c) $f(x) = 2x^2 - 4x - 6$

Lösung:

a) Stellen Sie nach dem quadratischen Term um und ziehen Sie die Wurzel. Vergessen Sie die negative Lösung nicht.

$$-2(x - 5)^2 + 32 = 0 \qquad |-32 \quad |:(-2)$$
$$(x - 5)^2 = 16 \qquad |\sqrt{\ }$$
$$x - 5 = 4 \text{ oder } x - 5 = -4$$
Nullstellen: $x_1 = 9$ und $x_2 = 1$

b) Klammern Sie den Faktor x aus und berechnen Sie die Nullstellen der einzelnen Faktoren.

$$5x^2 - 10x = 0 \qquad |\ x \text{ ausklammern}$$
$$x(5x - 10) = 0$$
$$x = 0 \text{ oder } 5x - 10 = 0$$
Nullstellen: $x_1 = 0$ und $x_2 = 2$

Erinnerung:
p-q-Formel:
Die Gleichung
$x^2 + px + q = 0$
hat die Lösungen
$x_{1,2} = -\frac{p}{2} \pm \sqrt{\left(\frac{p}{2}\right)^2 - q}$.

c) Teilen Sie die Gleichung durch den Faktor vor x^2. Wenden Sie die p-q-Formel an und berechnen Sie die Nullstellen.

$$2x^2 - 4x - 6 = 0 \qquad |:2$$
$$x^2 - 2x - 3 = 0$$
$$x_{1,2} = 1 \pm \sqrt{1 + 3} = 1 \pm 2$$
Nullstellen: $x_1 = 3$ und $x_2 = -1$

Basisaufgaben

12. a) Ordnen Sie den Funktionsgleichungen den passenden Graphen zu.

$$f(x) = x^2 \qquad g(x) = \frac{1}{4}x^2$$

$$h(x) = -3x^2$$

b) Geben Sie zu den beiden übrigen Parabeln die Funktionsgleichung an.

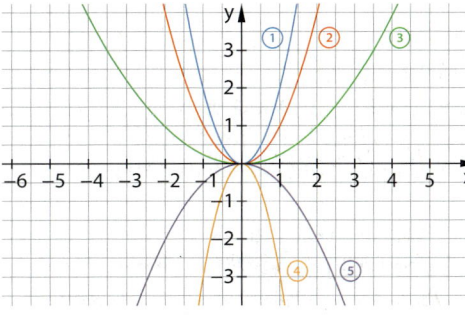

Tipp zu 12 b:
Betrachten Sie den Funktionswert bei x = 1.

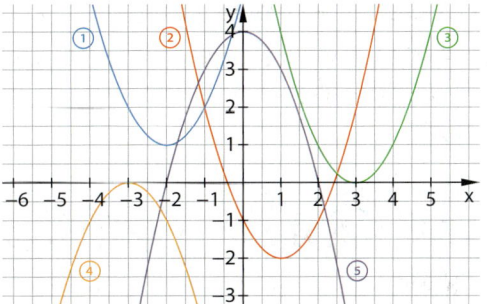

13. a) Ordnen Sie den Funktionsgleichungen den passenden Graphen zu.

$$f(x) = (x - 3)^2 \qquad g(x) = -(x + 3)^2$$

$$h(x) = (x + 2)^2 + 1$$

b) Geben Sie zu den beiden übrigen Parabeln die Funktionsgleichung an.

Tipp zu 13:
Achten Sie auf das Rechenzeichen in der Klammer. $f(x) = (x - 4)^2$ führt z. B. zu einer Verschiebung der Normalparabel um 4 Einheiten nach rechts, $f(x) = (x + 4)^2$ zu einer Verschiebung um 4 Einheiten nach links.

14. Geben Sie den Scheitelpunkt und die Funktionsgleichung der entstehenden Parabel an.
  a) Die Normalparabel wird 3 Einheiten nach rechts und 1 Einheit nach unten verschoben.
  b) Die Normalparabel wird 0,5 Einheiten nach links und 1,5 Einheiten nach oben verschoben.
  c) Die Normalparabel wird mit dem Streckfaktor $\frac{1}{2}$ gestaucht und 2 Einheiten nach links verschoben.
  d) Die Normalparabel wird mit dem Faktor 4 gestreckt und an der x-Achse gespiegelt. Anschließend wird sie 5 Einheiten nach oben verschoben.

15. Geben Sie den Scheitelpunkt an und skizzieren Sie die Parabel im Koordinatensystem. Zeichnen Sie zur Kontrolle den Graphen mit dem GTR.
  a) $f(x) = (x - 3)^2 + 2$
  b) $f(x) = -(x + 3)^2 + 1$
  c) $f(x) = x^2 + 3$
  d) $f(x) = 2(x + 1)^2 - 2$
  e) $f(x) = -\frac{1}{2}(x - 1)^2 + 2$
  f) $f(x) = -2x^2 + 4$

16. Ermitteln Sie zu jeder der abgebildeten Parabeln den Scheitelpunkt, den Streckfaktor und beachten Sie, ob die Parabel nach oben oder unten geöffnet ist. Geben Sie dann die Scheitelpunktform der Parabel an.

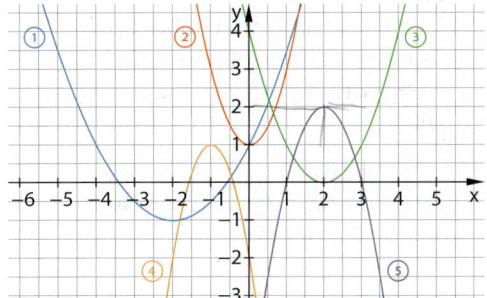

Tipp zu 16:
Betrachten Sie zur Ermittlung des Streckfaktors, wie sich der Funktionswert ändert, wenn Sie vom Scheitelpunkt aus eine Einheit nach rechts oder links gehen.

17. Bringen Sie die Funktionsgleichung von f rechnerisch in die Scheitelpunktform.
  a) $f(x) = x^2 - 12x + 38$
  b) $f(x) = x^2 + 6x + 10$
  c) $f(x) = 3x^2 + 12x + 15$
  d) $f(x) = -2x^2 + 8x - 6$
  e) $f(x) = 3x^2 + 12x + 12$
  f) $f(x) = x^2 - 9$

Hinweis zu 18:
Unter den Werten finden Sie die Nullstellen.

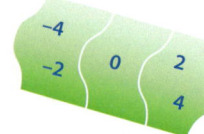

18. Bestimmen Sie rechnerisch die Nullstellen der Funktion auf möglichst einfache Art, ohne die p-q-Formel zu verwenden.

a) $f(x) = -x^2 + 16$ b) $f(x) = -x^2 - 16$ c) $f(x) = 7(x+1)^2 - 7$
d) $f(x) = x^2 + 2x$ e) $f(t) = 7t^2 - 8t$ f) $f(x) = x^2 - 8x + 16$

19. Bestimmen Sie die Nullstellen der Funktion mithilfe der p-q-Formel. Kontrollieren Sie Ihr Ergebnis mit dem GTR.

a) $f(x) = x^2 - 5x + 6$ b) $f(x) = x^2 + 8x - 5$ c) $f(x) = x^2 - 6x + 9$
d) $f(x) = 3x^2 - 18x + 24$ e) $f(x) = -2x^2 + 2x - 2$ f) $f(x) = 0{,}5x^2 - 7x - 1$

20. Faktorisierte Form: $f(x) = a(x - m)(x - n)$ ist die faktorisierte Form einer quadratischen Funktionsgleichung.

a) Geben Sie die Nullstellen der Funktion an.
① $f(x) = (x - 5)(x + 3)$ ② $f(x) = 7(x - 4)(x - 2{,}5)$ ③ $f(x) = -3x(x + 7)$

b) Gegeben sind der Streckfaktor a und die Nullstellen x_1 und x_2 einer quadratischen Funktion f. Geben Sie die Funktionsgleichung in der faktorisierten Form an.
① $a = 1; x_1 = 3; x_2 = 4$ ② $a = 3; x_1 = -2; x_2 = 5$ ③ $a = -2; x_1 = 0; x_2 = 3$

c) Ermitteln Sie die Funktionsgleichung in faktorisierter Form.
① $f(x) = 6x^2 - 5x$ ② $f(x) = x^2 - 10x + 25$ ③ $f(x) = -3x^2 + 12$

21. Vom Punkt A aus wird ein Ball geworfen, sodass die Flugbahn dem Graphen der Funktion f mit $f(x) = -x^2 + 6x - 2$ entspricht.

a) Ermitteln Sie die Scheitelpunktform von f.
b) Untersuchen Sie anhand der Scheitelpunktform, ob der Ball über das Haus fliegt.
c) Untersuchen Sie, ob der Ball den Punkt B trifft.

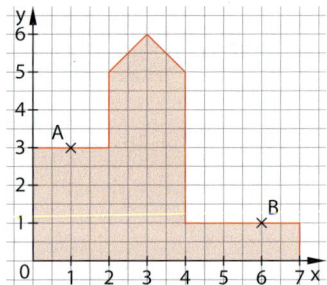

Weiterführende Aufgaben

22. Entscheiden Sie zunächst ohne Rechnung, ob die Geraden einen Schnittpunkt haben. Ermitteln Sie diesen, falls vorhanden, auf möglichst einfache Art und Weise.

a) $f(x) = 2x + 5; g(x) = -3x + 5$ b) $f(x) = 4x + 2; g(x) = 4x - 7$
c) $f(x) = -x + 6; g(x) = 5x$ schneiden sich d) $f(x) = 11; g(x) = -8$ keinen Schnittpunkt weil parallel zur x-Achse

23. Geben Sie an, wie viele Schnittpunkte die Graphen der Funktionen f und g haben können. Geben Sie für jede mögliche Anzahl auch ein Beispiel an.

a) Der Graph von f ist eine Gerade und der Graph von g ist eine Parabel.
b) Die Graphen von f und g sind Parabeln.

24. Stolperstelle: Erklären Sie den Fehler bei der Bestimmung der Scheitelpunktform:
$f(x) = 2x^2 + 8x + 6 \quad |:2$
$f(x) = x^2 + 4x + 3$
$f(x) = (x + 2)^2 - 4 + 3 = (x + 2)^2 - 1$

25. Erläutern Sie, wie Sie anhand der Scheitelpunktform $f(x) = a(x - x_s)^2 + y_s$ einer quadratischen Funktion ohne weitere Rechnung entscheiden können, wie viele Nullstellen die Funktion hat.

26. Untersuchen Sie mithilfe des GTR die Auswirkungen der Parameter a, b und c auf den Graphen einer quadratischen Funktion f mit $f(x) = ax^2 + bx + c$.

Hilfe zu GTR/CAS
↗ S. 179

27. Entscheiden und begründen Sie, ob die Aussage richtig oder falsch ist.
  a) Zu jeder Parabel gibt es eine Funktionsgleichung in faktorisierter Form.
  b) Hat eine quadratische Funktion zwei Nullstellen, dann ist die x-Koordinate des Scheitelpunkts der Mittelwert der beiden Nullstellen.

28. Entscheiden Sie, ob die Wertetabelle zu einer linearen oder quadratischen Funktion gehört. Ergänzen Sie die fehlenden Werte im Heft.

a)

x	−4	−2	−1	0	3
f(x)		4	6	8	

b)

x	−4	−2	−1	0	3
f(x)		−2	−3	−2	

c)

x		−2	0	2	5
f(x)	10	−8	−20		−50

d)

x		−2	0	2	5
f(x)	−50	−8	0		−50

29. Berechnen Sie mithilfe eines Steigungsdreiecks den Winkel, in dem die Gerade g mit $g(x) = 3x + 2$ die x-Achse schneidet.

Tipp zu 29:
Verwenden Sie den Tangens des Winkels.

30. Zeichnen Sie die Gerade g mit $g(x) = \frac{2}{3}x + 1$ und eine Gerade h, die zu g senkrecht ist, in ein Koordinatensystem. Lesen Sie die Steigung von h ab und vergleichen Sie mit der Steigung von g. Was stellen Sie fest? Überprüfen Sie Ihre Entdeckung an einer weiteren Geraden.

31. Auf einer Großbaustelle ist mit Zaunelementen ein Lagerplatz der Länge 43 m und Breite 7 m eingerichtet. Um die Lagerfläche zu vergrößern, sollen x Meter in der Länge weggenommen werden und zur Breite hinzugefügt werden, sodass aus dem Rechteck ABCD das Rechteck A'BC'D' entsteht.

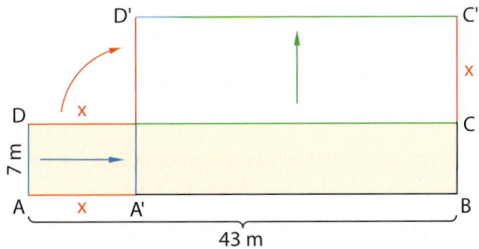

  a) Berechnen Sie den Flächeninhalt des Rechtecks A'BC'D' für x = 2 und x = 6.
  b) Zeigen Sie, dass für allgemeines x der Flächeninhalt des Rechtecks A'BC'D' in m² gegeben ist durch $f(x) = -x^2 + 36x + 301$.
  c) Geben Sie einen für den Sachkontext sinnvollen Definitionsbereich für f an.
  d) Formen Sie den Funktionsterm von f in die Scheitelpunktform um und geben Sie an, für welches x man die größtmögliche Fläche erhält.

 32. Ausblick: Die Brücke über eine Schlucht soll durch einen Parabelbogen der Form $f(x) = -x^2 + bx + c$ gestützt werden, der durch die Punkte A und B verläuft.
  a) Das Einsetzen der Koordinaten von A(4|1) in f(x) ergibt $1 = -16 + 4b + c$. Setzen Sie ebenso die Koordinaten von B ein und lösen Sie das lineare Gleichungssystem mit den Unbekannten b und c.

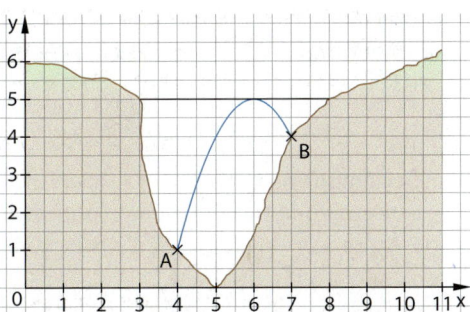

  b) Berechnen Sie den Scheitelpunkt der in a) erhaltenen Parabel und prüfen Sie, ob er die passende Höhe hat.

1.3 Symmetrie von Funktionsgraphen

■ Erläutern Sie Besonderheiten der beiden Wertetabellen. Stellen Sie die Wertepaare als Punkte in einem Koordinatensystem grafisch dar. ■

x	−5	−3	−1	1	3	5
f(x)	8	0	−2	−2	0	8

x	−5	−3	−1	1	3	5
g(x)	−8	0	2	−2	0	8

Der Graph der Funktion f mit $f(x) = x^2$ ist achsensymmetrisch zur y-Achse.
Die Funktionswerte an den Stellen a und −a stimmen für jedes a überein, es gilt also $f(-a) = f(a)$.

Der Graph der Funktion g mit $g(x) = 0{,}8x$ ist punktsymmetrisch zum Ursprung.
Die Funktionswerte an den Stellen a und −a unterscheiden sich für jedes a nur im Vorzeichen, es gilt also $g(-a) = -g(a)$.

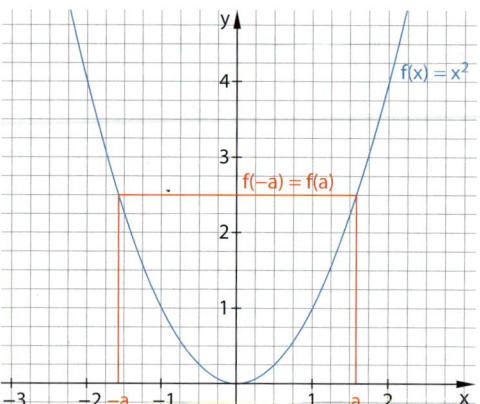

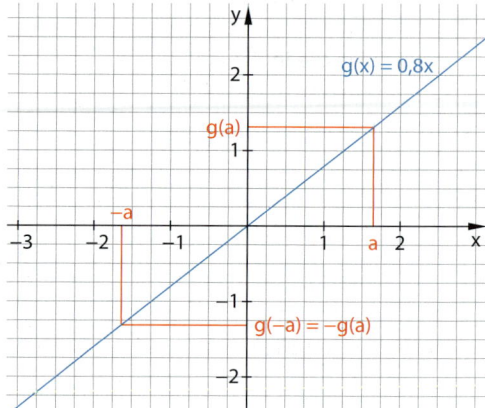

Hinweis:
Funktionen mit symmetrischen Graphen werden auch kurz als symmetrisch bezeichnet.

Satz: Achsensymmetrie zur y-Achse und Punktsymmetrie zum Ursprung

Der Graph einer Funktion f ist **achsensymmetrisch zur y-Achse**, wenn für alle x aus dem Definitionsbereich gilt: $f(-x) = f(x)$.

Der Graph einer Funktion f ist **punktsymmetrisch zum Ursprung**, wenn für alle x aus dem Definitionsbereich gilt: $f(-x) = -f(x)$.

Beispiel 1: Untersuchen Sie rechnerisch, ob der Graph der Funktion achsensymmetrisch zur y-Achse oder punktsymmetrisch zum Ursprung ist.
a) $f(x) = x^2 + 1$ b) $f(x) = 5x$ c) $f(x) = 5x - 3$

Lösung:
Berechnen Sie $f(-x)$ und vergleichen Sie mit $f(x)$ und $-f(x)$.

a) $f(-x) = (-x)^2 + 1 = x^2 + 1$
    $= f(x)$

Der Graph von f ist achsensymmetrisch zur y-Achse.

b) $f(-x) = 5(-x) = -5x$
    $= -f(x)$

Der Graph von f ist punktsymmetrisch zum Ursprung.

c) $f(-x) = 5(-x) - 3 = -5x - 3$
    $f(-x) \neq f(x)$
    $f(-x) \neq -f(x)$, da
    $-f(x) = -(5x - 3) = -5x + 3$

Der Graph von f ist weder achsensymmetrisch zur y-Achse noch punktsymmetrisch zum Ursprung.

Basisaufgaben

1. Untersuchen Sie rechnerisch, ob der Graph der Funktion achsensymmetrisch zur y-Achse oder punktsymmetrisch zum Ursprung ist.
   a) $f(x) = x^2 - 2x$
   b) $g(x) = 3x^2 - 4$
   c) $h(v) = 6v$
   d) $f(x) = -2x + 3$
   e) $f(x) = \sin(x)$
   f) $f(x) = \left(\frac{1}{3}\right)^x$
   g) $f(x) = 0$
   h) $f(x) = \cos(x) + 2$

2. Skizzieren Sie einen Funktionsgraphen mit den gegebenen Eigenschaften.
   a) Der Graph ist achsensymmetrisch zur y-Achse, verläuft durch den Ursprung und hat sonst nur negative Funktionswerte.
   b) Der Graph ist punktsymmetrisch zum Ursprung und hat für $x > 0$ und für $x < 0$ jeweils positive und negative Funktionswerte.
   c) Der Graph ist achsensymmetrisch zur y-Achse, verläuft nicht durch den Ursprung und hat sowohl negative als auch positive Funktionswerte.
   d) Der Graph ist punktsymmetrisch zum Ursprung und verläuft durch den Punkt $P(1,5|-2)$.

3. Geben Sie die in der Wertetabelle fehlenden Werte an, für den Fall, dass der Graph der Funktion f
   a) achsensymmetrisch zur y-Achse,
   b) punktsymmetrisch zum Ursprung ist.

x	−3	−2	−1	0	1	2	3
f(x)		1			−4		5

Weiterführende Aufgaben

4. Untersuchen Sie, bei welchen linearen Funktionen der Graph
   a) achsensymmetrisch zur y-Achse,
   b) punktsymmetrisch zum Ursprung ist.

5. Untersuchen Sie, bei welchen quadratischen Funktionen der Graph
   a) achsensymmetrisch zur y-Achse,
   b) punktsymmetrisch zum Ursprung ist.

6. **Stolperstelle:**
   a) Anja möchte die Funktion f mit $f(x) = x^2 + 5$ auf Symmetrie prüfen. Finden Sie den Fehler in ihrer Rechnung: $f(-x) = (-x^2) + 5 = -x^2 + 5$
   b) Von den drei Termen $-a^2$, $-(a^2)$ und $(-a)^2$ sind zwei gleich. Welche?

7. Entscheiden und begründen Sie, ob die Aussage richtig oder falsch ist.
   a) Ist der Graph einer Funktion achsensymmetrisch zur y-Achse, hat die Funktion immer eine gerade Anzahl von Nullstellen.
   b) Schneidet der Graph einer Funktion die y-Achse im Punkt $P(0|-2)$, kann der Graph achsensymmetrisch zur y-Achse, aber nicht punktsymmetrisch zum Ursprung sein.
   c) Enthält der Definitionsbereich einer Funktion f die Zahl 0 und ist der Graph von f punktsymmetrisch zum Ursprung, so gilt $f(0) = 0$.
   d) Ist der Graph einer Funktion punktsymmetrisch zum Ursprung, so beinhaltet der Wertebereich der Funktion stets sowohl negative als auch positive Zahlen.
   e) Ist der Punkt $P(3|-4)$ ein Schnittpunkt von zwei Graphen, die beide punktsymmetrisch zum Ursprung sind, so ist auch der Punkt $Q(-3|4)$ ein Schnittpunkt der beiden Graphen.

8. **Ausblick:** Zeichnen Sie den Graphen der Funktion und untersuchen Sie, ob er achsensymmetrisch zu einer Geraden oder punktsymmetrisch zu einem Punkt ist.
   a) $f(x) = 2x + 3$
   b) $g(x) = 2(x-3)^2 + 4$

1.4 Potenzfunktionen mit natürlichen Exponenten

■ Zeichnen Sie mit dem GTR die Graphen von Funktionen mit der Funktionsgleichung $f(x) = x^n$ für verschiedene natürliche Zahlen n. Erklären Sie Ihre Beobachtungen. ■

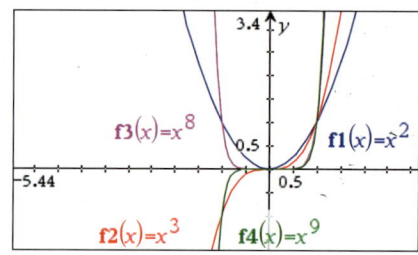

> **Definition: Potenzfunktionen mit natürlichen Exponenten**
> Eine Funktion f mit $f(x) = x^n$ und $n \in \mathbb{N}$, $n \geq 1$ und $x \in \mathbb{R}$ heißt **Potenzfunktion** vom **Grad** n.

Die Potenzfunktionen mit geraden natürlichen Exponenten haben gemeinsame Eigenschaften, ebenso die Potenzfunktionen mit ungeraden natürlichen Exponenten. Man kann die Eigenschaften an den Graphen erkennen und mithilfe der Funktionsterme auch begründen.

Exponent n gerade:

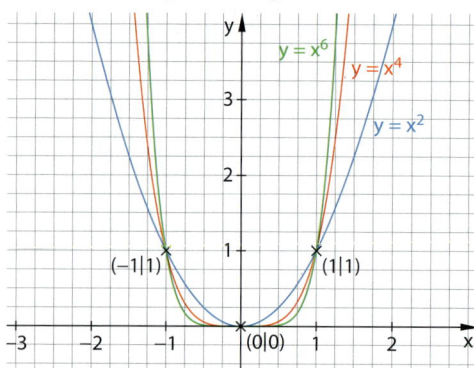

Exponent n ungerade:

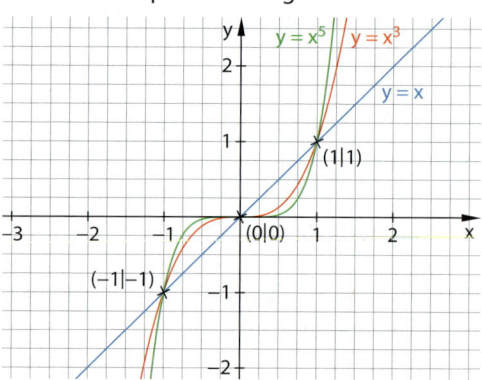

- Der Wertebereich W umfasst alle positiven reellen Zahlen und 0.
  $W = \mathbb{R}^{\geq 0}$
- Der Graph verläuft durch die Punkte $(-1 \mid 1)$, $(0 \mid 0)$ und $(1 \mid 1)$.
- Der Graph ist achsensymmetrisch zur y-Achse.
- Für $x < 0$ fällt der Graph, für $x > 0$ steigt er.
- Werden die x-Werte unendlich groß, so werden die Funktionswerte unendlich groß.
  Für $x \to \infty$ gilt $f(x) \to \infty$.
- Werden die x-Werte unendlich klein, so werden die Funktionswerte unendlich groß.
  Für $x \to -\infty$ gilt $f(x) \to \infty$.
- Je größer der Exponent, desto steiler verläuft der Graph für $x > 1$ und desto mehr schmiegt er sich für $0 < x < 1$ der x-Achse an.

- Der Wertebereich W umfasst alle reellen Zahlen.
  $W = \mathbb{R}$
- Der Graph verläuft durch die Punkte $(-1 \mid -1)$, $(0 \mid 0)$ und $(1 \mid 1)$.
- Der Graph ist punktsymmetrisch zum Ursprung.
- Der Graph ist überall steigend.
- Werden die x-Werte unendlich groß, so werden die Funktionswerte unendlich groß.
  Für $x \to \infty$ gilt $f(x) \to \infty$.
- Werden die x-Werte unendlich klein, so werden die Funktionswerte unendlich klein.
  Für $x \to -\infty$ gilt $f(x) \to -\infty$.
- Je größer der Exponent, desto steiler verläuft der Graph für $x > 1$ und desto mehr schmiegt er sich für $0 < x < 1$ der x-Achse an.

Hinweis:
In der Schreibweise „Für $x \to \infty$ gilt $f(x) \to \infty$" liest man den Pfeil als „strebt gegen".

Beispiel 1: Ordnen Sie die Funktionsgleichungen den abgebildeten Graphen zu.

$f(x) = x^6$
$g(x) = x^2$
$h(x) = x^3$
$i(x) = x^9$

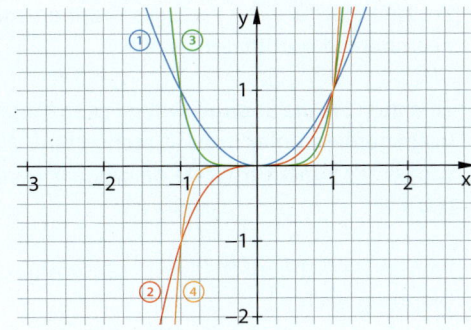

Lösung:

Bei geradem Exponenten (f und g) ist der Graph achsensymmetrisch zur y-Achse und verläuft für $x < 0$ oberhalb der x-Achse.

Für die Graphen ① und ③ kommen $f(x) = x^6$ und $g(x) = x^2$ in Frage.

Bei ungeradem Exponenten (h und i) ist der Graph punktsymmetrisch zum Ursprung und verläuft für $x < 0$ unterhalb der x-Achse.

Für die Graphen ② und ④ kommen $h(x) = x^3$ und $i(x) = x^9$ in Frage.

Je größer der Exponent ist, desto stärker steigt der Graph für $x > 1$ und desto stärker schmiegt er sich für $0 < x < 1$ an die x-Achse an.

① $g(x) = x^2$ ③ $f(x) = x^6$
② $h(x) = x^3$ ④ $i(x) = x^9$

Basisaufgaben

1. Vervollständigen Sie die Wertetabelle im Heft. Berechnen Sie die Funktionswerte ohne Verwendung des Taschenrechners.

x	-2	-1	$-\frac{1}{2}$	0	$\frac{1}{2}$	1	2
$f(x) = x^2$							
$g(x) = x^3$							
$h(x) = x^4$							
$i(x) = x^5$							

2. Ordnen Sie die Funktionsgleichungen den abgebildeten Graphen zu. Geben Sie die fehlende Funktionsgleichung an.

$f(x) = x^8$

$g(x) = x^3$

$h(x) = x^4$

$i(x) = x^7$

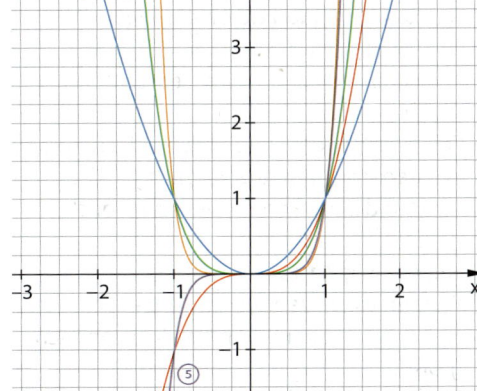

3. Beschreiben Sie den Verlauf des Funktionsgraphen, ohne ihn zu zeichnen.
   a) $f(x) = x^{10}$ b) $g(x) = x^{11}$

4. Zeigen Sie, dass die Punkte $P(1\,|\,1)$ und $Q(-1\,|\,1)$ auf den Graphen von Potenzfunktionen mit geraden Exponenten und die Punkte, $P(1\,|\,1)$ und $R(-1\,|\,-1)$ auf den Graphen von Potenzfunktionen mit ungeraden Exponenten liegen.

Tipp zu 5:
Achten Sie bei der
Skalierung auf der
y-Achse darauf, dass
alle Funktionswerte
dargestellt werden.

5. Zeichnen Sie für $-2 \leq x \leq 2$ die Graphen von f mit $f(x) = x^3$ und g mit $g(x) = x^4$ in einem geeigneten Koordinatensystem.

GTR **6.** Zeichnen Sie die angegebenen Potenzfunktionen im Bereich $-1{,}5 \leq x \leq 1{,}5$ mit dem GTR in ein gemeinsames Koordinatensystem. Wählen Sie eine sinnvolle Fenstereinstellung, sodass alle Funktionswerte dargestellt werden.

$f(x) = x^2$ $g(x) = x^3$ $h(x) = x^4$ $i(x) = x^5$

7. Weisen Sie rechnerisch die Achsensymmetrie zur y-Achse bzw. die Punktsymmetrie zum Ursprung nach.

a) $f(x) = x^2$ b) $f(x) = x^3$ c) $f(x) = x^5$ d) $f(x) = x^8$

8. Prüfen, Sie ob die Aussage über Potenzfunktionen mit natürlichem Exponenten richtig oder falsch ist, und begründen Sie Ihre Antwort. Korrigieren Sie die falschen Aussagen.

a) Bei allen Potenzfunktionen mit geradem Exponenten ist der Wertebereich $W = \mathbb{R}^{\geq 0}$.

b) Bei allen Potenzfunktionen mit ungeradem Exponenten gibt es zu jedem y-Wert genau einen zugehörigen x-Wert.

c) Bei allen Potenzfunktionen mit geradem Exponenten gibt es zu jedem y-Wert genau zwei zugehörige x-Werte.

d) Bei allen Potenzfunktionen mit geradem Exponenten gilt: Für $x \to -\infty$ gilt $f(x) \to \infty$.

e) Bei allen Potenzfunktionen mit ungeradem Exponenten gilt: Für $x \to \infty$ gilt $f(x) \to -\infty$.

Weiterführende Aufgaben

9. Beweisen Sie, dass

a) der Graph jeder Potenzfunktion mit einem geraden natürlichen Exponenten achsensymmetrisch zur y-Achse ist,

b) der Graph jeder Potenzfunktion mit einem ungeraden natürlichen Exponenten punktsymmetrisch zum Ursprung ist.

10. Das Volumen V eines Würfels hängt von der Kantenlänge a ab.

a) Geben Sie eine Funktion an, die das Volumen in Abhängigkeit von der Kantenlänge angibt.

b) Geben Sie den Definitions- und Wertebereich für diese Funktion an.

c) Untersuchen Sie, wie sich das Volumen verändert, wenn die Kantenlänge des Würfels verdoppelt (verdreifacht) bzw. halbiert (gedrittelt) wird.

11. Untersuchen Sie, wie sich der Funktionswert ändert, wenn man den x-Wert verdoppelt bzw. mit -1 multipliziert.

a) $f(x) = x$ b) $f(x) = x^2$ c) $f(x) = x^3$ d) $f(x) = x^4$

 12. Stolperstelle: Adrian behauptet: „Ist der Exponent einer Potenzfunktion g größer als der Exponent einer Potenzfunktion h, so verläuft rechts von der y-Achse der Graph von g oberhalb des Graphen von h."

a) Überprüfen Sie diese Behauptung und geben Sie an, worauf man beim Zeichnen der Graphen von Potenzfunktionen achten muss.

b) Erläutern Sie anhand der Graphen zu $g(x) = x^5$ und $h(x) = x^4$, weshalb Adrian seine Behauptung auf $x > 0$ eingeschränkt hat.

c) Helena meint: „Je höher der Exponent einer Potenzfunktion, desto stärker schmiegt sich ihr Graph zwischen -1 und 1 an die x-Achse an". Überprüfen Sie auch diese Aussage.

13. Ermitteln Sie mit dem GTR die Schnittpunkte der Graphen zu $f(x) = x^4$ und $g(x) = 1$.
Erklären Sie anhand der Graphen, weshalb die Potenzgleichung $x^4 = 1$ zwei Lösungen
haben muss.

Hilfe zu GTR/CAS
↗ S. 177

 14. Potenzgleichungen $x^n = a$ für gerades n:
   a) Erläutern Sie anhand der Grafik, wie viele
   Lösungen die Gleichung $x^n = a$ für ① $a > 0$,
   ② $a = 0$ und ③ $a < 0$ hat. Geben Sie auch das
   Vorzeichen der Lösungen an.
   b) Zeigen Sie durch Einsetzen, dass für $a > 0$
   die Lösungen $x_1 = \sqrt[n]{a}$ und $x_2 = -\sqrt[n]{a}$ sind.
   c) Lösen Sie die Gleichungen.
      ① $x^4 = 81$ ② $x^6 = -64$ ③ $2x^4 = 0$ ④ $x^4 = 4$

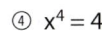

 15. Potenzgleichungen $x^n = a$ für ungerades n:
   a) Erläutern Sie anhand der Grafik, wie viele
   Lösungen die Gleichung $x^n = a$ für ① $a > 0$,
   ② $a = 0$ und ③ $a < 0$ hat. Geben Sie auch das
   Vorzeichen der Lösungen an.
   b) Zeigen Sie durch Einsetzen, dass für $a > 0$
   die Lösung $x = \sqrt[n]{a}$ ist.
   c) Zeigen Sie am Beispiel von $a = -8$, dass $x^3 = a$
   für $a < 0$ die Lösung $x = -\sqrt[3]{-a}$ hat.
   d) Lösen Sie die Gleichungen.
      ① $x^3 = 125$ ② $x^3 = -27$ ③ $x^5 + 1 = 1$ ④ $x^5 = 4$

16. Bestimmen Sie, falls möglich, für welche fehlenden Werte die Punkte auf dem Graphen der
angegebenen Funktion liegen.

   a) $f(x) = x^3$ $A(4\,|\,\blacksquare)$ $B(\blacksquare\,|\,8)$ $C(\blacksquare\,|\,\frac{1}{27})$ $D(\blacksquare\,|\,-1000)$

   b) $g(x) = x^4$ $A(\frac{1}{2}\,|\,\blacksquare)$ $B(\blacksquare\,|\,10\,000)$ $C(\blacksquare\,|\,-81)$ $D(\blacksquare\,|\,\frac{1}{256})$

   c) $h(x) = x^5$ $A(-10\,|\,\blacksquare)$ $B(\blacksquare\,|\,-1)$ $C(\blacksquare\,|\,\frac{1}{32})$ $D(\blacksquare\,|\,-32)$

   d) $i(x) = x^6$ $A(-2\,|\,\blacksquare)$ $B(\blacksquare\,|\,1)$ $C(\blacksquare\,|\,0)$ $D(\blacksquare\,|\,-64)$

Hinweis zu 16:
Unter den Werten
finden sie die Koordi-
naten zu a) und b).

● **17.** Bestimmen Sie, für welche Werte von x
   ① $f(x) > 100$,   ② $f(x) < -100$,   ③ $-0{,}01 < f(x) < 0{,}01$ gilt.
   a) $f(x) = x$ b) $f(x) = x^2$ c) $f(x) = x^3$ d) $f(x) = x^4$

● **18.** Wird der Funktionsterm $f(x)$ einer zur y-Achse symmetrischen Funktion mit x multipliziert,
ergibt sich der Funktionsterm einer zum Ursprung punktsymmetrischen Funktion.
   a) Zeigen Sie, dass die Aussage für Potenzfunktionen mit natürlichen Exponenten gilt.
   b) Beweisen Sie die Aussage auch für beliebige Funktionen, die zur y-Achse symmetrisch
   sind.
   c) Untersuchen Sie, ob umgekehrt auch gilt: Multiplizieren des Funktionsterms einer
   zum Ursprung punktsymmetrischen Funktion mit x führt zu einer zur y-Achse symmetrischen Funktion.

● **19. Ausblick:** Untersuchen Sie, ob es eine
   Funktion f mit $f(x) = a \cdot x^n$ und $n \in \mathbb{N}$,
   $a \in \mathbb{R}$ gibt, mit der sich die gegebenen
   Daten näherungsweise beschreiben lassen.

x	0,2	0,6	1,2	1,6	2,2
f(x)	0,03	0,86	6,9	16,8	42,6

1.5 Potenzfunktionen mit negativen Exponenten

■ Gegeben sind die Funktionen f und g mit $f(x) = x^{-1}$ und $g(x) = x^{-2}$.

a) Skizzieren Sie mithilfe einer Wertetabelle die Graphen von f und g.

b) Überprüfen Sie Ihre Skizze anschließend mit dem GTR. Berechnen Sie die Funktionswerte von f und g für $x = \pm\frac{1}{2}$ und $x = \pm\frac{1}{10}$, um den Verlauf der Graphen zu verstehen. Beschreiben Sie das Verhalten der Graphen bezüglich Nullstellen, Symmetrie, Definitions- und Wertebereich.

c) Stellen Sie anhand Ihrer Ergebnisse eine Vermutung für den Verlauf der Graphen zu $h(x) = x^{-3}$ und $i(x) = x^{-4}$ auf. Überprüfen Sie Ihre Vermutung mit dem GTR. ■

> **Definition: Potenzfunktionen mit negativen ganzzahligen Exponenten**
> Eine Funktion f mit $f(x) = x^n$ und $n \in \mathbb{Z}$, $n \leq -1$ und $x \in \mathbb{R}$, $x \neq 0$ heißt **Potenzfunktion** vom **Grad** n.

Mithilfe der Potenzgesetze lassen sich die Funktionsterme von Potenzfunktionen mit negativen Exponenten auch mit natürlichen Exponenten schreiben:

$$f(x) = x^{-2} = \frac{1}{x^2} \qquad g(x) = x^{-1} = \frac{1}{x} \qquad h(x) = x^{-5} = \frac{1}{x^5}$$

Diese Potenzfunktionen sind an der Stelle 0 nicht definiert, da die Potenzen im Nenner für $x = 0$ den Wert 0 ergeben. Man sagt: Die Funktion hat an der Stelle 0 eine **Definitionslücke**. Der Definitionsbereich dieser Funktionen ist die Menge der reellen Zahlen ohne die Zahl 0.

Die Potenzfunktionen mit geraden negativen Exponenten haben gemeinsame Eigenschaften, ebenso die Potenzfunktionen mit ungeraden negativen Exponenten.

Exponent n negativ und gerade:

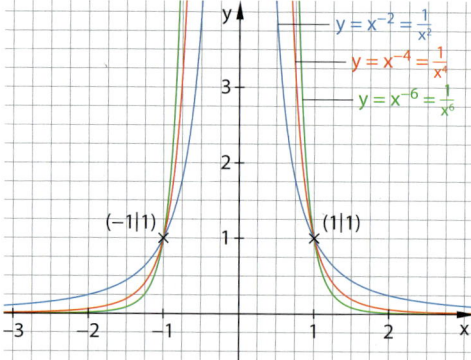

Exponent n negativ und ungerade:

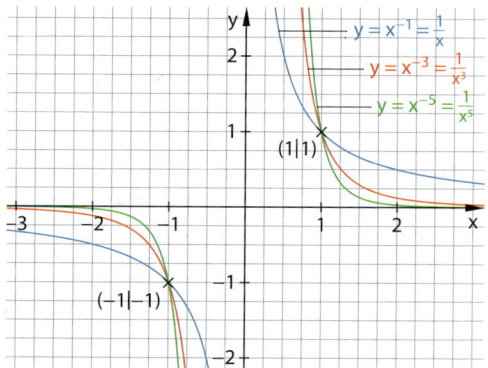

- Definitionsbereich $D = \mathbb{R}^{\neq 0}$
- Wertebereich $W = \mathbb{R}^{> 0}$
- Es gibt keine Nullstellen.
- Der Graph verläuft durch die Punkte $(-1 \mid 1)$ und $(1 \mid 1)$.
- Der Graph ist achsensymmetrisch zur y-Achse.
- Für $x < 0$ steigt der Graph, für $x > 0$ fällt er.
- Für $x \to \infty$ gilt $f(x) \to 0$ (von oben).
- Für $x \to -\infty$ gilt $f(x) \to 0$ (von oben).
- Für $x \to 0$ gilt $f(x) \to \infty$.

- Definitionsbereich $D = \mathbb{R}^{\neq 0}$
- Wertebereich $W = \mathbb{R}^{\neq 0}$
- Es gibt keine Nullstellen.
- Der Graph verläuft durch die Punkte $(-1 \mid -1)$ und $(1 \mid 1)$.
- Der Graph ist punktsymmetrisch zum Ursprung.
- Der Graph fällt für $x < 0$ und für $x > 0$.
- Für $x \to \infty$ gilt $f(x) \to 0$ (von oben).
- Für $x \to -\infty$ gilt $f(x) \to 0$ (von unten).
- Für $x \to 0$ mit $x < 0$ gilt $f(x) \to -\infty$.
  Für $x \to 0$ mit $x > 0$ gilt $f(x) \to \infty$.

Die Funktionsgraphen bestehen jeweils aus zwei Teilen und werden **Hyperbeln** genannt. Sie nähern sich den Koordinatenachsen beliebig dicht an, berühren sie aber nicht. Die Koordinatenachsen sind **Asymptoten** der Funktionsgraphen. Die x-Achse wird als waagerechte Asymptote, die y-Achse als senkrechte Asymptote bezeichnet.

Beispiel 1: Ordnen Sie die Funktionsgleichungen den abgebildeten Graphen zu.

$f(x) = x^{-7}$
$g(x) = x^{-2}$
$h(x) = x^{-1}$
$i(x) = x^{-4}$

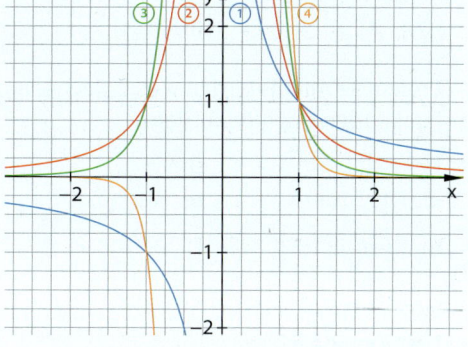

Lösung:
Bei geradem Exponenten (g und i) ist der Graph achsensymmetrisch zur y-Achse und verläuft für x < 0 oberhalb der x-Achse. Bei ungeradem Exponenten (f und h) ist der Graph punktsymmetrisch zum Ursprung und verläuft für x < 0 unterhalb der x-Achse.

Für die Graphen ② und ③ kommen $g(x) = x^{-2}$ und $i(x) = x^{-4}$ in Frage.

Für die Graphen ① und ④ kommen $f(x) = x^{-7}$ und $h(x) = x^{-1}$ in Frage.

Je kleiner (negativer) der Exponent ist, desto stärker schmiegt sich der Graph für x > 1 an die x-Achse an und desto schwächer schmiegt er sich für 0 < x < 1 an die y-Achse an.

② $g(x) = x^{-2}$ ③ $i(x) = x^{-4}$
① $h(x) = x^{-1}$ ④ $f(x) = x^{-7}$

Basisaufgaben

1. Vervollständigen Sie die Wertetabelle im Heft. Berechnen Sie die Funktionswerte ohne Verwendung des Taschenrechners.

x	-2	-1	$-\frac{1}{2}$	$-\frac{1}{4}$	$\frac{1}{4}$	$\frac{1}{2}$	1	2
$f(x) = \frac{1}{x}$								
$g(x) = \frac{1}{x^2}$								
$h(x) = \frac{1}{x^3}$								
$i(x) = \frac{1}{x^4}$								

2. Ordnen Sie die Funktionsgleichungen den abgebildeten Graphen zu.

$f(x) = \frac{1}{x^5}$ $g(x) = x^{-8}$

$h(x) = x^{-3}$ $i(x) = \frac{1}{x^2}$

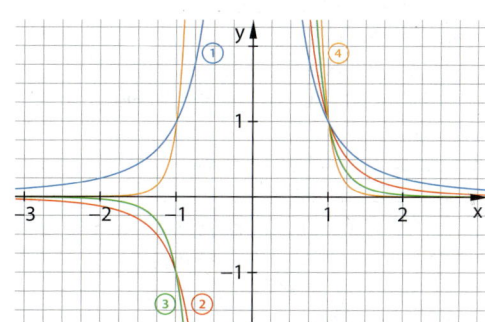

3. Beschreiben Sie den Verlauf des Funktionsgraphen, ohne ihn zu zeichnen.
   a) $f(x) = x^{-10}$ b) $g(x) = x^{-9}$

4. Zeichnen Sie die Graphen von f mit $f(x) = x^{-2}$ und g mit $g(x) = x^{-3}$ in einem Koordinatensystem.

GTR **5.** Zeichnen Sie die angegebenen Potenzfunktionen mit dem GTR in ein gemeinsames Koordinatensystem. Wählen Sie die Fenstereinstellung so, dass die Graphen sinnvoll dargestellt werden.

$f(x) = x^{-1}$ $g(x) = x^{-2}$ $h(x) = x^{-3}$ $i(x) = x^{-4}$

 6. Prüfen Sie mit möglichst wenig Rechenaufwand, ob der Punkt auf den Graphen der Funktionen f, g, h oder i liegt.

$f(x) = \dfrac{1}{x^3}$ $g(x) = \dfrac{1}{x^4}$ $h(x) = x^{-6}$ $i(x) = x^{-7}$

a) $A(0,5\,|\,64)$ b) $B\left(2\,\middle|\,\dfrac{1}{128}\right)$ c) $C(1\,|-1)$ d) $D\left(-\dfrac{1}{2}\,\middle|-32\right)$

e) $E(-0,5\,|\,16)$ f) $F(1\,|\,1)$ g) $G(0\,|\,0)$ h) $H\left(8\,\middle|\,\dfrac{1}{512}\right)$

7. Weisen Sie rechnerisch die Achsensymmetrie zur y-Achse bzw. die Punktsymmetrie zum Ursprung nach.

a) $f(x) = \dfrac{1}{x}$ b) $f(x) = \dfrac{1}{x^2}$ c) $f(x) = x^{-3}$ d) $f(x) = x^{-6}$

Weiterführende Aufgaben

8. Verdeutlichen Sie die Aussagen zum asymptotischen Verhalten, indem Sie die Wertetabelle für $f(x) = x^{-3}$ an jeder der mit „…" gekennzeichneten Stellen mit geeigneten x-Werten fortsetzen und vervollständigen.

x	…	-1000	-100	$-\dfrac{1}{100}$	$-\dfrac{1}{1000}$	…	$\dfrac{1}{1000}$	$\dfrac{1}{100}$	…
f(x)									

9. Stolperstelle: Ben hat den Graphen der Funktion f mit $f(x) = x^{-1}$ mithilfe einer Wertetabelle gezeichnet. Überprüfen Sie seine Darstellung. Beschreiben Sie, welche ungewohnte Situation Ben mit seiner Darstellung vermeiden wollte.

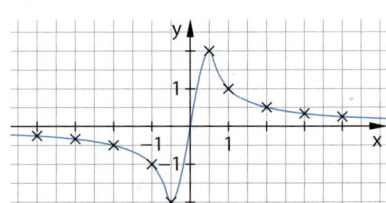

Tipp zu 11:
Sie können beim GTR z.B. den Graphen der Potenzfunktion mit einer geeigneten Parallele zur x-Achse schneiden.

10. Untersuchen Sie, wie sich der Funktionswert ändert, wenn man den x-Wert verdoppelt bzw. mit –1 multipliziert.

a) $f(x) = \dfrac{1}{x}$ b) $f(x) = \dfrac{1}{x^2}$ c) $f(x) = \dfrac{1}{x^3}$ d) $f(x) = \dfrac{1}{x^4}$

Hinweis zu 12:
Unter den Werten finden sie die Koordinaten zu a) und b).

GTR **11.** Lösen Sie die Potenzgleichung rechnerisch ohne GTR und grafisch mit dem GTR.

a) $x^{-1} = 5$ b) $\dfrac{1}{x} = -\dfrac{1}{4}$ c) $\dfrac{1}{x^2} = \dfrac{1}{36}$ d) $\dfrac{1}{x^3} = 8$ e) $x^{-4} = \dfrac{1}{81}$

12. Bestimmen Sie, falls möglich, für welche fehlenden Werte die Punkte auf dem Graphen der angegebenen Funktion liegen.

a) $f(x) = \dfrac{1}{x}$ $A(-0,2\,|\,\blacksquare)$ $B\left(\blacksquare\,\middle|\,\dfrac{1}{3}\right)$ $C(\blacksquare\,|-25)$ $D\left(\blacksquare\,\middle|\,\dfrac{8}{9}\right)$

b) $g(x) = \dfrac{1}{x^2}$ $A(-2\,|\,\blacksquare)$ $B\left(\blacksquare\,\middle|\,\dfrac{1}{49}\right)$ $C(\blacksquare\,|\,0)$ $D(\blacksquare\,|\,36)$

c) $h(x) = \dfrac{1}{x^3}$ $A(2\,|\,\blacksquare)$ $B\left(\blacksquare\,\middle|\,\dfrac{1}{27}\right)$ $C(\blacksquare\,|\,1000)$ $D(\blacksquare\,|-1000)$

d) $i(x) = \dfrac{1}{x^4}$ $A(4\,|\,\blacksquare)$ $B(\blacksquare\,|-81)$ $C\left(\blacksquare\,\middle|\,\dfrac{625}{16}\right)$ $D\left(\blacksquare\,\middle|\,\dfrac{1}{256}\right)$

Hilfe zu GTR/CAS
↗ S. 177

GTR 13. Bestimmen Sie mit dem GTR jeweils die Schnittpunkte der angegebenen Gerade mit den Funktionsgraphen zu $f(x) = x^{-4}$ und $g(x) = \frac{1}{x^5}$.

a) $h(x) = 2$ b) $i(x) = -100$ c) $j(x) = -3x + 1$ d) $k(x) = 0{,}4x - 3$

14. Gegeben sind die Funktionen f, g, h und k mit den Gleichungen $f(x) = x^{-4}$, $g(x) = x^{-5}$, $h(x) = x^{-7}$ und $k(x) = x^{-8}$. Bestimmen Sie, für welche Werte von x gilt:

a) $f(x) < k(x)$ b) $g(x) < h(x)$ c) $f(x) < h(x)$ d) $g(x) < k(x)$

● 15. Bestimmen Sie, für welche Werte von x

① $f(x) > 100$, ② $f(x) < -100$, ③ $-0{,}01 < f(x) < 0{,}01$ gilt.

a) $f(x) = \frac{1}{x}$ b) $f(x) = \frac{1}{x^2}$ c) $f(x) = \frac{1}{x^3}$ d) $f(x) = \frac{1}{x^4}$

16. Erstellen Sie eine Wertetabelle für die Funktion *Länge der Seite a → Länge der Seite b* für Rechtecke mit den Seiten a und b mit einem Flächeninhalt von $1\,m^2$. Geben Sie eine Funktionsgleichung an und zeichnen Sie den Graphen der Funktion.

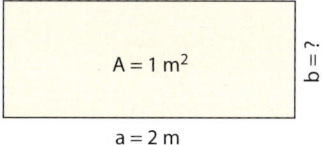

17. Die Intensität von Licht, das von einer punktförmigen Lichtquelle ausgestrahlt wird, nimmt mit dem Abstand r zur Lichtquelle ab. Bei Verdopplung des Abstandes zur Lichtquelle vervierfacht sich die bestrahlte Fläche. Die Lichtintensität E ist daher umgekehrt proportional zum Quadrat des Abstands zur Lichtquelle. Es gilt der Zusammenhang $E(r) = \frac{a}{r^2}$ mit r in Metern und einer Konstanten a.

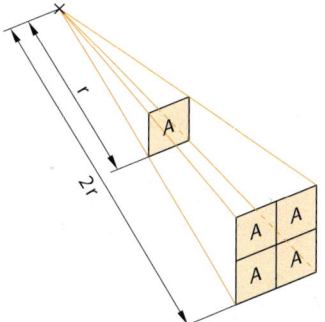

a) Setzen Sie $a = 1$ und skizzieren Sie den Graphen der Funktion E für $r > 0$. Beschreiben Sie Merkmale des Graphen.

b) Bestimmen Sie, auf das Wievielfache man den Abstand zur Lichtquelle vergrößern muss, damit die Lichtintensität auf 1 % abnimmt.

● 18. Es soll untersucht werden, ob jeder beliebige Punkt im Koordinatensystem auf dem Graphen einer Potenzfunktion mit ganzzahligem Exponenten liegt.

a) Prüfen Sie für jeden angegebenen Punkt, ob er auf dem Graphen einer Potenzfunktion mit ganzzahligem Exponenten liegt.

$A(7|49)$ $B(-3|-27)$ $C(4|0{,}25)$ $D(-1|-1)$ $E\left(2\left|\frac{1}{16}\right.\right)$ $F\left(2\left|\frac{1}{32}\right.\right)$ $G\left(2\left|\frac{1}{21}\right.\right)$

b) Beantworten Sie die Frage für die Punkte F und G, indem Sie die Gleichung $2^n = \frac{1}{32}$ bzw. $2^n = \frac{1}{21}$ mithilfe des Logarithmus lösen.

c) Begründen Sie, bei welchen Vorzeichen der Koordinaten x und y sofort klar ist, dass ein Punkt $P(x|y)$ nicht auf dem Graphen einer Potenzfunktion mit ganzzahligem Exponenten liegen kann.

● 19. **Ausblick:** Eine zylinderförmige Konservendose hat ein Volumen von einem Liter.

a) Die Funktion $h(r)$ beschreibe die Höhe (in dm) in Abhängigkeit vom Radius r (in dm). Zeigen Sie, dass gilt: $h(r) = \frac{1}{\pi r^2}$.

b) Skizzieren Sie den Graphen der Funktion h. Schränken Sie den Definitionsbereich sinnvoll ein.

GTR c) Bestimmen Sie die Gleichung einer Funktion $O(r)$, die den Oberflächeninhalt (in dm^2) der Dose in Abhängigkeit vom Radius angibt. Bestimmen Sie mithilfe des GTR, für welchen Radius der Oberflächeninhalt am kleinsten ist.

1.6 Verschieben und Strecken von Funktionsgraphen

■ In der Abbildung sehen Sie verschiedene Funktionsgraphen. Beschreiben Sie die Gemeinsamkeiten und Unterschiede der Funktionsgraphen.
Erläutern Sie, wie die Graphen g_1 bis g_4 aus dem Graphen von f entstehen. ■

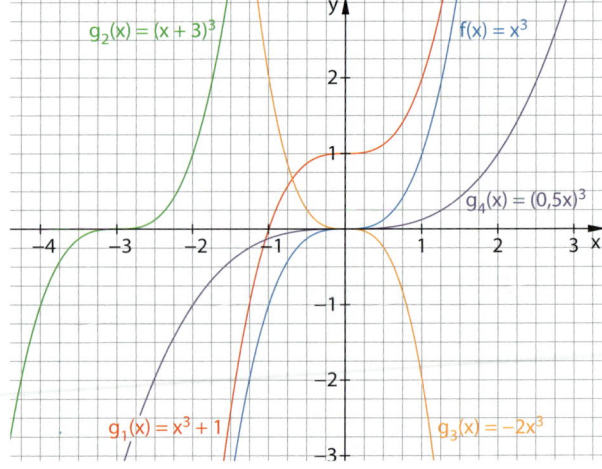

Verschieben

Verschiebt man den Funktionsgraphen einer Funktion f, so erhält man den Graphen einer neuen Funktion g, deren Gleichung aus der von f hervorgeht.

$f(x) = x^{-2}$ $\qquad$ $g(x) = x^{-2} + 1$

x	−2	−1	0	1	2
f(x)	0,25	1	–	1	0,25
g(x)	1,25	2	–	2	1,25

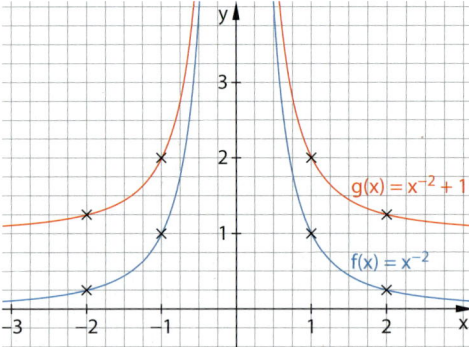

$f(x) = x^{-2}$ $\qquad$ $g(x) = (x + 1)^{-2}$

x	−2	−1	0	1	2
f(x)	0,25	1	–	1	0,25
g(x)	1	–	1	0,25	$0,\overline{1}$

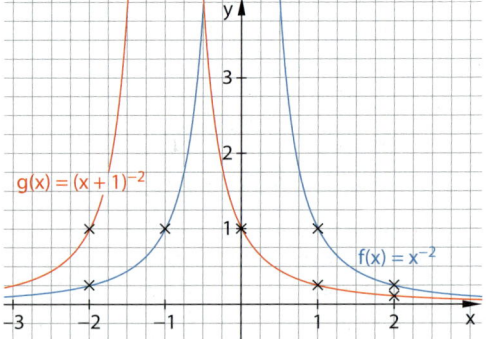

Der Graph von f wurde um 1 Einheit nach oben verschoben.

Der Graph von f wurde um 1 Einheit nach links verschoben.

Satz: Verschieben in y- und x-Richtung

Der Graph der Funktion g mit $g(x) = f(x) + d$ geht aus dem Graphen von f durch **Verschieben** um d Einheiten in **y-Richtung** hervor.
d > 0: Verschiebung **nach oben**
d < 0: Verschiebung **nach unten**

Der Graph der Funktion g mit $g(x) = f(x - c)$ geht aus dem Graphen von f durch **Verschieben** um c Einheiten in **x-Richtung** hervor.
c > 0: Verschiebung **nach rechts**
c < 0: Verschiebung **nach links**

Beispiel 1: Gegeben sind die Funktion f mit $f(x) = x^5$ sowie die Funktionen g und h mit $g(x) = f(x - 3)$ und $h(x) = g(x) + 1$.
a) Geben Sie die Funktionsgleichungen von g und h an.
b) Zeichnen Sie die Graphen von f, g und h und beschreiben Sie die Lage der Graphen zueinander.

Lösung:

a) g: Setzen Sie x − 3 in die Funktions- $g(x) = (x - 3)^5$
gleichung $f(x) = x^5$ von f ein.

h: Addieren Sie 1 zu $g(x)$. $h(x) = (x - 3)^5 + 1$

b) Der Graph von f wird um 3 Einheiten
nach rechts verschoben. So ergibt sich
der Graph von g.
Wird dieser dann um 1 Einheit nach
oben verschoben, ergibt sich der Graph
von h.

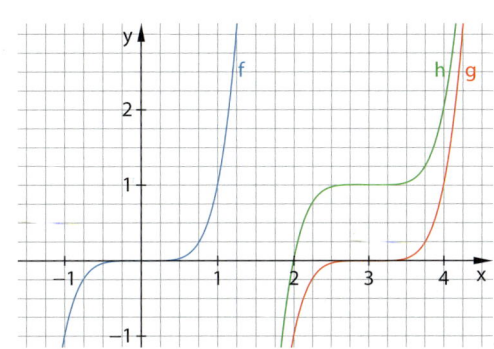

Basisaufgaben

1. Gegegeben sind die Funktionen f mit $f(x) = x^3$ und g mit $g(x) = (x - 2)^3$. Erstellen Sie eine Wertetabelle. Begründen Sie anhand dieser, dass der Graph von g aus dem Graphen von f durch eine Verschiebung um 2 Einheiten nach rechts entsteht.

2. Der Graph von f wird verschoben. Geben Sie die Funktionsgleichung des verschobenen Graphen an.
   a) $f(x) = x^5$;   Verschiebung um 3 Einheiten nach unten $\quad x^5 - 3$
   b) $f(x) = \frac{1}{x^2}$;   Verschiebung um 2 Einheiten nach links $\quad \frac{1}{(x+2)^2}$
   c) $f(x) = x^{-1}$;   Verschiebung um 1,5 Einheiten nach oben $\quad x^{-1} + 1,5$
   d) $f(x) = x^4$;   Verschiebung um 1 Einheit nach oben und 6 Einheiten nach links $\quad (x+6)^4 + 1$
   e) $f(x) = \frac{1}{x^3}$;   Verschiebung um 2,5 Einheiten nach unten und 5 Einheiten nach rechts

3. Ordnen Sie die Graphen den Funktionsgleichungen zu. Begründen Sie Ihre Auswahl.
   $f(x) = (x + 2)^4 - 1$ $g(x) = (x - 2)^4 - 1$ $h(x) = (x - 1)^4 + 2$ $i(x) = (x - 1)^4 - 2$

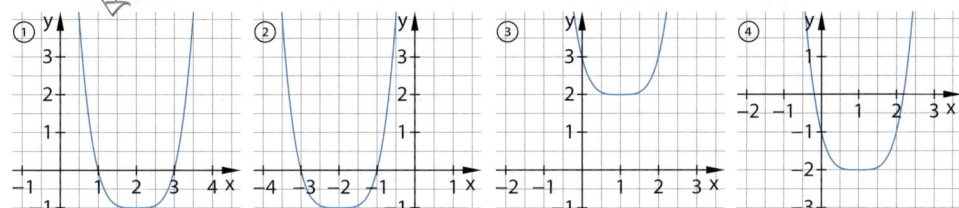

4. Skizzieren Sie den Graphen der Funktion. Zeichnen Sie zur Kontrolle den Graphen mit dem GTR.
   a) $f(x) = (x - 3)^2 + 2$ b) $g(x) = (x + 3)^{-2} - 2$
   c) $h(x) = (x + 2,5)^3 - 5$ d) $i(x) = (x - 2,5)^{-3} - 5$

GTR **5.** Geben Sie die Funktionsgleichung von g an. Stellen Sie die Graphen von f und g mit dem GTR dar und beschreiben Sie die Lage der Graphen zueinander.

a) $f(x) = x^2$ $g(x) = f(x) - 3$ b) $f(x) = x^5$ $g(x) = f(x + 2)$

c) $f(x) = x^{-1}$ $g(x) = f(x + 2) + 3$ d) $f(x) = \frac{1}{x^2}$ $g(x) = f(x - 1) - 2$

6. Gegeben sind die Funktionen f und h. Beschreiben Sie, wie man den Graphen von f verschieben muss, um den Graphen von h zu erhalten.

a) $f(x) = x^{-3} + 5$ $h(x) = (x + 3)^{-3}$ b) $f(x) = (x + 2)^4$ $h(x) = (x - 3)^4$

c) $f(x) = (x - 1)^{-3} + 2$ $h(x) = x^{-3} - 1$ d) $f(x) = \frac{1}{x - 5} - 2$ $h(x) = \frac{1}{x + 2} - 4$

Strecken und Stauchen in y-Richtung

Untersucht werden die Funktionen f, g, h und i mit $f(x) = x^3$, $g(x) = 2x^3$, $h(x) = \frac{1}{2}x^3$ und $i(x) = -x^3$.

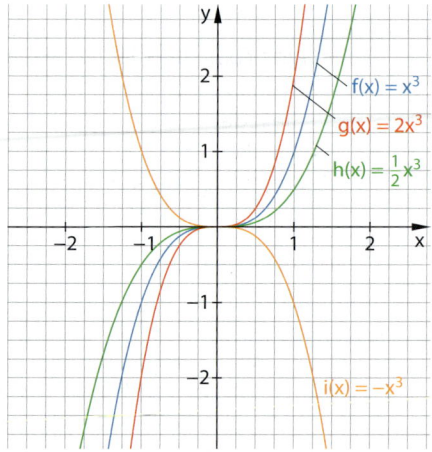

x	−2	−1	0	1	2
$f(x) = x^3$	−8	−1	0	1	8
$g(x) = 2x^3$	−16	−2	0	2	16
$h(x) = \frac{1}{2}x^3$	−4	−0,5	0	0,5	4
$i(x) = -x^3$	8	1	0	−1	−8

Der Faktor 2 bewirkt bei g eine Streckung und der Faktor $\frac{1}{2}$ bei h eine Stauchung des Graphen in y-Richtung.
Durch den Faktor -1 bei $i(x) = -x^3 = (-1) \cdot x^3$ wird der Graph von f an der x-Achse gespiegelt.

Satz: Strecken und Stauchen in y-Richtung
Der Graph der Funktion g mit $g(x) = a \cdot f(x)$ und $a \neq 0$ geht aus dem Graphen von f durch **Strecken/Stauchen** mit dem **Streckfaktor a in y-Richtung** hervor.
  $|a| > 1$: **Streckung** $|a| < 1$: **Stauchung**
Ist $a < 0$, wird der Graph zusätzlich an der x-Achse gespiegelt.

Beispiel 2: Der Graph der Funktion g geht aus dem Graphen von f mit 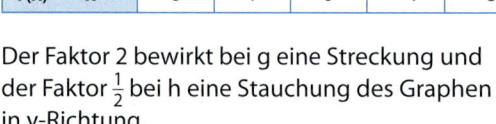 hervor.
Bestimmen Sie eine Funktionsgleichung von g, wenn der Graph von f
a) mit dem Faktor 3 in y-Richtung gestreckt und an der x-Achse gespiegelt wird,
b) so in y-Richtung gestreckt bzw. gestaucht wird, dass er durch den Punkt $P\left(\frac{1}{2}\middle|\frac{1}{8}\right)$ verläuft.

Lösung:
a) Eine Streckung mit dem Faktor 3 in y-Richtung führt zum Faktor 3 in der Funktionsgleichung. Die zusätzliche Spiegelung an der x-Achse ergibt den Faktor -3.

$g(x) = (-3) \cdot x^5 = -3x^5$

b) Setzen Sie die Koordinaten von P in die allgemeine Form $g(x) = a \cdot f(x)$ ein. Lösen Sie die Gleichung nach a auf und setzen Sie den Wert von a in die Funktionsgleichung von g ein.

$g(x) = a \cdot x^5$
$\frac{1}{8} = a \cdot \left(\frac{1}{2}\right)^5 = a \cdot \frac{1}{32}$ $| \cdot 32$
$a = \frac{32}{8} = 4$
$g(x) = 4x^5$

Basisaufgaben

7. Der Graph der Funktion g geht aus dem Graphen von f mit $f(x) = x^4$ hervor. Bestimmen Sie eine Funktionsgleichung von g, wenn der Graph von f

  a) mit dem Faktor 2 in y-Richtung gestreckt wird,

  b) mit dem Faktor $\frac{1}{3}$ in y-Richtung gestaucht wird,

  c) mit dem Faktor $\frac{1}{4}$ in y-Richtung gestaucht und zusätzlich an der x-Achse gespiegelt wird,

  d) mit dem Faktor 4 in y-Richtung gestreckt und zusätzlich an der x-Achse gespiegelt wird.

GTR **8.** a) Skizzieren Sie die Graphen von f, g, h und i in einem gemeinsamen Koordinatensystem und kontrollieren Sie ihren Verlauf mit dem GTR.

Hilfe zu GTR/CAS
↗ S.179

  $f(x) = x^3$ $\qquad$ $g(x) = 4x^3$ $\qquad$ $h(x) = \frac{1}{4}x^3$ $\qquad$ $i(x) = -\frac{1}{4}x^3$

  b) Untersuchen Sie mit dem GTR den Einfluss des Parameters a auf den Graphen der Funktion f mit $f(x) = ax^6$ und der Funktion g mit $g(x) = \frac{a}{x}$.

9. Ordnen Sie jeder Funktionsgleichung den passenden Graphen zu. Begründen Sie Ihre Auswahl. Geben Sie die Funktionsgleichung für den überzähligen Graphen an.

  a) $f(x) = -3x^4$ $\quad$ $g(x) = 3x^4$ $\quad$ $h(x) = \frac{1}{3}x^4$ $\qquad$ b) $f(x) = -2x^{-2}$ $\quad$ $g(x) = 2x^{-2}$ $\quad$ $h(x) = -\frac{1}{2}x^{-2}$

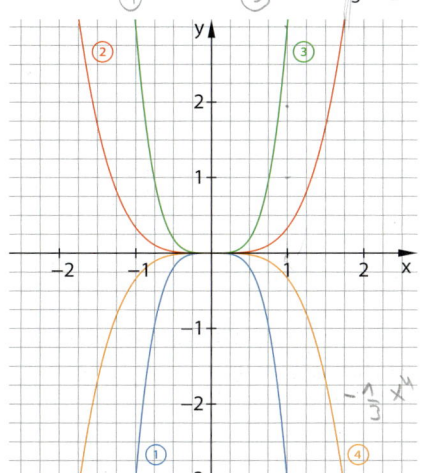
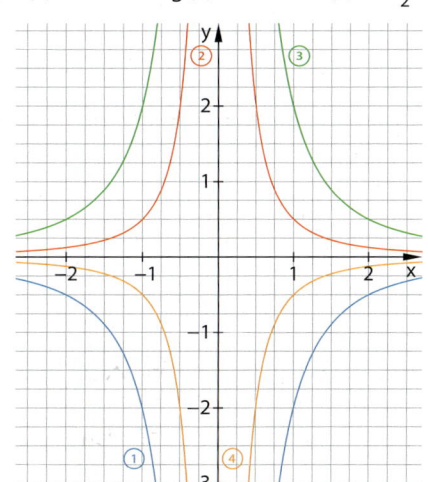

10. Der Graph der Funktion h mit $h(x) = ax^3$ und $a \in \mathbb{R}$ verläuft durch den Punkt P. Ermitteln Sie den Wert von a und geben Sie die Funktionsgleichung von h an.

Hinweis zu 10:
Unter den Zahlen finden Sie die Werte für a.

  a) $P(1|5)$ $\qquad$ b) $P(2|-2)$ $\qquad$ c) $P\left(\frac{1}{2}\Big|\frac{1}{4}\right)$ $\qquad$ d) $P(-3|-6)$

11. Gegeben ist die Funktion f mit $f(x) = ax^n$ und $a \in \mathbb{R}$, $a \neq 0$ sowie $n \in \mathbb{N}$, $n \geq 1$. Untersuchen Sie das Verhalten der Funktionswerte für $x \to \infty$ und $x \to -\infty$ in Abhängigkeit von a und n. Unterscheiden Sie die Fälle $a > 0$ und $a < 0$ sowie n gerade und n ungerade. Formulieren Sie auf der Basis Ihrer Ergebnisse eine Regel.

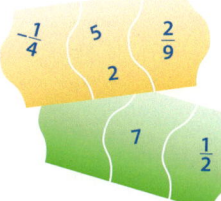

GTR **12.** **Spiegeln eines Funktionsgraphen an der x-Achse:**

Der Graph der Funktion g mit $g(x) = -f(x)$ geht aus dem Graphen von f durch Spiegelung an der x-Achse hervor.

Bestimmen Sie zur angegebenen Funktion f die Funktionsgleichung von g. Zeichnen Sie zur Kontrolle die Graphen von f und g mit dem GTR.

  a) $f(x) = 3x^2$ $\qquad\qquad\qquad$ b) $f(x) = -x^{-4}$

  c) $f(x) = \frac{1}{x} + 2$ $\qquad\qquad\qquad$ d) $f(x) = -0{,}5(x-2)^3 - 1$

Strecken und Stauchen in x-Richtung

Untersucht werden die Funktionen f, g, h und i mit $f(x) = x^3$, $g(x) = (2x)^3$, $h(x) = \left(\frac{1}{2}x\right)^3$ und $i(x) = (-x)^3$.

x	-2	-1	0	$\frac{1}{2}$	1	2	4
$f(x) = x^3$	-8	-1	0	$\frac{1}{8}$	1	8	64
$g(x) = (2x)^3$	-64	-8	0	1	8	64	1728
$h(x) = \left(\frac{1}{2}x\right)^3$	-1	$-\frac{1}{8}$	0	$\frac{1}{64}$	$\frac{1}{8}$	1	8
$i(x) = (-x)^3$	8	1	0	$-\frac{1}{8}$	-1	-8	-64

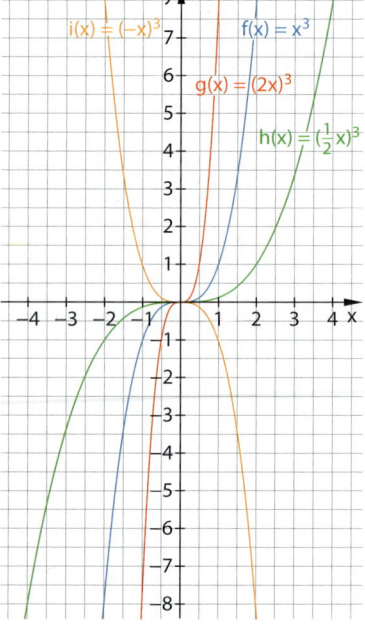

Die Funktionswerte von 0 bis 8, die f im Intervall [0; 2] annimmt, nimmt g im Intervall [0; 1] an, z. B. gilt $g(1) = f(2)$ und $g\left(\frac{1}{2}\right) = f(1)$. Der Graph von g ist mit dem Faktor $\frac{1}{2}$ in x-Richtung gestaucht.

h nimmt die Funktionswerte von 0 bis 8 im Intervall [0; 4] an. Der Faktor $\frac{1}{2}$ bei $h(x)$ bewirkt umgekehrt eine Streckung mit dem Faktor 2 in x-Richtung.

i nimmt die Funktionswerte von 0 bis 8 im Intervall [-2; 0] an. Der Faktor -1 bei $i(x) = (-x)^3 = (-1 \cdot x)^3$ bewirkt eine Spiegelung an der y-Achse.

Hinweis:
Bei Potenzfunktionen kann der Funktionsterm ausmultipliziert werden (z. B. $g(x) = (2x)^3 = 8x^3$). Daher kann eine Streckung (Stauchung) in x-Richtung stets durch eine Stauchung (Streckung) in y-Richtung erzeugt werden. Siehe Aufgabe 28.

Satz: Strecken und Stauchen in x-Richtung

Der Graph von g mit $g(x) = f(b \cdot x)$ und $b \neq 0$ geht aus dem Graphen von f durch **Strecken/Stauchen** mit dem **Streckfaktor $\frac{1}{b}$ in x-Richtung** hervor.

$|b| > 1$: **Stauchung** $|b| < 1$: **Streckung**

Ist $b < 0$, wird der Graph zusätzlich an der y-Achse gespiegelt.

Beispiel 3: Der Graph der Funktion g geht aus dem Graphen von f mit $f(x) = x^3$ hervor. Bestimmen Sie eine Funktionsgleichung von g, wenn der Graph von f
a) mit dem Faktor 4 in x-Richtung gestreckt und an der y-Achse gespiegelt wird,
b) so in x-Richtung gestreckt bzw. gestaucht wird, dass er durch den Punkt P (2|1) verläuft.

Hinweis:
Nach dem Potenzgesetz für gleiche Exponenten gilt:
$(a \cdot b)^n = a^n \cdot b^n$

Lösung:
a) Eine Streckung mit dem Faktor 4 in x-Richtung führt zum Faktor $\frac{1}{4}$ vor dem x in der Funktionsgleichung. Die zusätzliche Spiegelung an der x-Achse ergibt den Faktor $-\frac{1}{4}$.

$\frac{1}{b} = 4$ also $b = \frac{1}{4}$

mit Spiegelung: $b = -\frac{1}{4}$

$g(x) = \left(-\frac{1}{4}x\right)^3 = \left(-\frac{1}{4}\right)^3 x^3 = -\frac{1}{64}x^3$

b) Setzen Sie die Koordinaten von P in die allgemeine Form $g(x) = f(b \cdot x)$ ein. Lösen Sie die Gleichung nach b auf und setzen Sie den Wert von b in die Funktionsgleichung von g ein.

$g(x) = (b \cdot x)^3$

$1 = (b \cdot 2)^3 = b^3 \cdot 2^3 = 8b^3$ $| : 8$

$b^3 = \frac{1}{8}$ $| \sqrt[3]{}$

$b = \frac{1}{2}$

$g(x) = \left(\frac{1}{2} \cdot x\right)^3 = \frac{1}{8}x^3$

Basisaufgaben

13. Der Graph der Funktion g geht aus dem Graphen von f mit $f(x) = x^5$ hervor. Bestimmen Sie eine Funktionsgleichung von g, wenn der Graph von f

a) mit dem Streckfaktor 2 in x-Richtung gestreckt wird.

b) mit dem Streckfaktor $\frac{1}{3}$ in x-Richtung gestaucht wird.

c) mit dem Streckfaktor $\frac{1}{2}$ in x-Richtung gestaucht und zusätzlich an der y-Achse gespiegelt wird.

d) mit dem Streckfaktor 4 in x-Richtung gestreckt und zusätzlich an der y-Achse gespiegelt wird.

14. Ordnen Sie jeder Funktionsgleichung den passenden Graphen zu. Begründen Sie Ihre Auswahl. Geben Sie die Funktionsgleichung für den überzähligen Graphen an.

$f(x) = (-2x)^{-3}$ $g(x) = (2x)^{-3}$

$h(x) = (-x)^{-3}$ $i(x) = \left(\frac{1}{2}x\right)^{-3}$

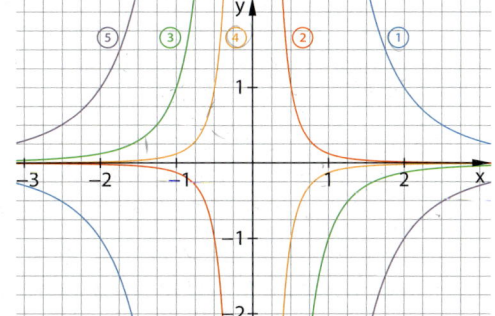

15. Der Graph der Funktion h mit $h(x) = (bx)^3$ und $b \in \mathbb{R}$ verläuft durch den Punkt P. Ermitteln Sie den Wert von b und geben Sie die Funktionsgleichung von h an.

a) $P(-2|8)$ b) $P\left(\frac{1}{2}\Big|\frac{1}{64}\right)$ c) $P\left(\frac{1}{3}\Big|8\right)$ d) $P\left(-\frac{1}{2}\Big|\frac{1}{64}\right)$

Hinweis zu 15:
Unter den Zahlen finden Sie die Werte für b.

GTR **16. Spiegeln eines Funktionsgraphen an der y-Achse:**
Der Graph der Funktion g mit $g(x) = f(-x)$ geht aus dem Graphen von f durch Spiegelung an der y-Achse hervor.
Bestimmen Sie zur angegebenen Funktion f die Funktionsgleichung von g. Zeichnen Sie zur Kontrolle die Graphen von f und g mit dem GTR.

a) $f(x) = 2x^3$ b) $f(x) = -x^{-2}$ c) $f(x) = -0,1x^5 + 3$ d) $f(x) = 0,2(x-1)^2 - 4$

Weiterführende Aufgaben

17. Untersuchen Sie, welche der gegebenen Funktionen die angegebene Eigenschaft erfüllen. Begründen Sie Ihre Antworten.

$f_1(x) = 3x^4$ $f_2(x) = -4x^3$ $f_3(x) = x^6 - 2$ $f_4(x) = (x-2)^5$

$f_5(x) = 2x^{-3}$ $f_6(x) = x^{-1} - 10$ $f_7(x) = (0,3x)^{-2}$ $f_8(x) = (x + 100)^{-8}$

a) Der Graph ist achsensymmetrisch zur y-Achse.

b) Der Graph ist punktsymmetrisch zum Ursprung.

c) Für $x \to -\infty$ gilt $f(x) \to \infty$.

d) Der Graph schmiegt sich bei $x = 0$ asymptotisch an die y-Achse an.

e) Der Graph steigt für $x > 0$.

18. Geben Sie drei Funktionen f mit $f(x) = ax^n$ an, sodass der Punkt $P(-3|12)$ auf den zugehörigen Graphen liegt.

19. Geben Sie an, welche der nebenstehenden Eigenschaften des Graphen zu $f(x) = x^n$ mit $n \in \mathbb{N}$ sich ändern, wenn der Graph
  a) in y-Richtung verschoben wird,
  b) in x-Richtung verschoben wird,
  c) in y-Richtung gestreckt wird,
  d) an der x-Achse gespiegelt wird.
Unterscheiden Sie zwischen geradem und ungeradem n.

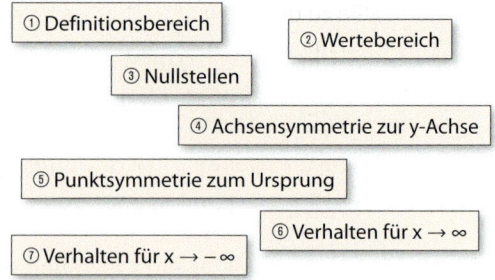

① Definitionsbereich
② Wertebereich
③ Nullstellen
④ Achsensymmetrie zur y-Achse
⑤ Punktsymmetrie zum Ursprung
⑥ Verhalten für $x \to \infty$
⑦ Verhalten für $x \to -\infty$

20. Bearbeiten Sie Aufgabe 19 für $f(x) = x^n$ mit negativem ganzzahligen Exponenten n. Betrachten Sie zusätzlich die Asymptoten und das Verhalten für $x \to 0$.

21. Der Graph der Funktion f mit $f(x) = x^4$ wird schrittweise verändert. Geben Sie nach jedem Schritt die zugehörige Funktionsgleichung an und skizzieren Sie den Graphen.
Schritt 1: Streckung mit dem Streckfaktor 2 in x-Richtung
Schritt 2: Streckung mit dem Faktor 4 in y-Richtung
Schritt 3: Verschiebung um 3 Einheiten nach rechts
Schritt 4: Verschiebung um 1 Einheit nach unten

22. Skizzieren Sie den Graphen der Funktion f mit $f(x) = -(0{,}5\,(x + 4))^3 - 3$ schrittweise. Skizzieren Sie dazu nacheinander die Graphen der Funktionen f_1, f_2, f_3, f_4 und f. Kontrollieren Sie anschließend mit dem GTR.
$f_1(x) = x^3$　　　　$f_2(x) = (0{,}5x)^3$　　　　$f_3(x) = -(0{,}5x)^3$　　　　$f_4(x) = -(0{,}5\,(x + 4))^3$

23. Verschieben und Strecken/Stauchen eines Funktionsgraphen allgemein:
  a) Beschreiben Sie, wie der Graph der Funktion h mit $h(x) = 0{,}5 \cdot (2 \cdot (x + 6))^4 - 7$ aus dem Graphen der Funktion p mit $p(x) = x^4$ hervorgeht.
  b) Sei f eine beliebige Funktion. Der Graph der Funktion g mit $g(x) = a \cdot f(b \cdot (x - c)) + d$ und a, b, c, d $\in \mathbb{R}$ geht aus dem Graphen von f hervor. Beschreiben Sie den Einfluss der Parameter a, b, c und d.
  c) Stellen Sie die Funktionsgleichung von g für die allgemeine Potenzfunktion f mit $f(x) = x^n$ auf.
  d) Geben Sie die Funktionsgleichung von g für $f(x) = x^2$ und $a = -2$, $b = 1$, $c = -3$ und $d = 5$ an und erläutern Sie den Zusammenhang mit der Scheitelpunktform der Parabel.

Tipp zu 24 g bis i:
Schreiben Sie den Term ohne Bruch, z. B.
$\frac{-2}{x+1} - 3 = -2 \cdot \frac{1}{x+1} - 3$
$= -2(x+1)^{-1} - 3$

 24. Beschreiben Sie, wie der Graph der Funktion f aus dem einer Potenzfunktion entsteht.
  a) $f(x) = 3(x - 5)^2$　　　　　　b) $f(x) = -0{,}5x^3 + 1$　　　　　　c) $f(x) = -(x + 1)^5$
  d) $f(x) = 2(x + 4)^4 - 1{,}5$　　　e) $f(x) = 4 \cdot (2 \cdot (x - 3))^2 + 5$　　f) $f(x) = -5 \cdot (0{,}5 \cdot (x - 3))^4 + 5$
  g) $f(x) = \frac{-2}{x + 1} - 3$　　　　h) $f(x) = \frac{-2}{(x + 3)^2} + 4$　　　i) $f(x) = \frac{-3}{2(x + 3)} - 1$

25. Skizzieren Sie den Graphen der Funktion. Zeichnen Sie zur Kontrolle den Graphen mit dem GTR.
  a) $f(x) = \frac{1}{2}(x - 3)^3 + 2$　　　b) $f(x) = -2(x + 1)^{-2} + 3$　　　c) $f(x) = \frac{2}{x + 3} + 1$

26. Stolperstelle: Der Graph der Funktion f mit $f(x) = x^4$ soll um 2 Einheiten nach oben verschoben und an der x-Achse gespiegelt werden. Hans meint: „Es ist egal, ob ich zuerst verschiebe und dann spiegle oder umgekehrt." Beurteilen Sie die Aussage. Skizzieren Sie zu beiden Möglichkeiten die entstehenden Funktionsgraphen und bestimmen Sie die Funktionsgleichungen.

27. Finden Sie zu den Graphen ① bis ④ jeweils die passende der angegebenen Funktionsgleichungen.

$$f(x) = \frac{2}{x+2} - 1 \qquad g(x) = \frac{1}{x+1} + 2 \qquad h(x) = 2(x-2)^3 + 1 \qquad i(x) = \frac{1}{x+1} + 1$$

$$j(x) = -2(x+2)^3 + 1 \qquad k(x) = \frac{2}{x-2} - 2 \qquad l(x) = 2(-(x-3))^3 + 1 \qquad m(x) = 2(-(x+3))^3 + 1$$

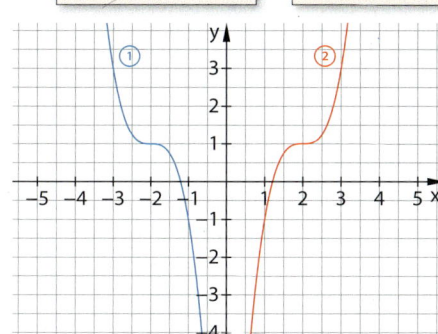 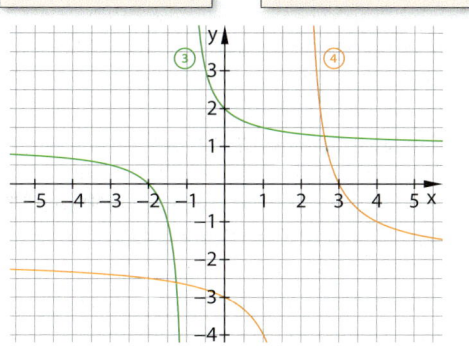

28. a) Zeigen Sie, dass bei Potenzfunktionen jede Streckung (Stauchung) des Graphen in x-Richtung auch als Stauchung (Streckung) in y-Richtung gedeutet werden kann. Betrachten Sie hierzu zunächst die Graphen der Funktionen f und g mit $f(x) = (2x)^3$ und $g(x) = 8x^3$.

b) Stellen Sie durch Vereinfachen die Scheitelpunktform her: $f(x) = 3(2(x-5))^2 + 7$.

c) Vereinfachen Sie die Funktionsterme $f(x) = -0{,}5(2(x-1))^3 + 4$ und $g(x) = \frac{16}{(2(x+1))^3} - 7$.

29. Bei einer Heizanlage reicht der Ölvorrat 150 Tage, wenn der Ölverbrauch 50 l pro Tag beträgt.

a) Geben Sie eine Funktion f an, die die Zeitdauer, welche der Vorrat reicht, in Abhängigkeit vom täglichen Verbrauch beschreibt.

b) Beschreiben Sie, wie der Graph von f aus dem Graphen einer Potenzfunktion hervorgeht.

c) Bestimmen Sie, wie viel Öl pro Tag verbraucht werden darf, damit der Vorrat 180 Tage reicht.

30. Ausblick: Gegeben ist die Funktion f mit $f(x) = \frac{1}{2}(x+1)^4 - 3$ für $x \geq -1$. Die Kette der Rechenschritte (Operatorkette) zu $f(x)$ ist in der ersten Zeile dargestellt und wird in der 2. Zeile rückgängig gemacht. Es ergibt sich die Funktionsgleichung $g(x) = \sqrt[4]{2(x+3)} - 1$.

$$x \xrightarrow{+1} (x+1) \xrightarrow{(\ )^4} (x+1)^4 \xrightarrow{\cdot \frac{1}{2}} \frac{1}{2}(x+1)^4 \xrightarrow{-3} \frac{1}{2}(x+1)^4 - 3$$

$$\sqrt[4]{2(x+3)} - 1 \xleftarrow{-1} \sqrt[4]{2(x+3)} \xleftarrow{\sqrt[4]{\ }} 2(x+3) \xleftarrow{\cdot 2} x+3 \xleftarrow{+3} x$$

a) Zeigen Sie, dass für $x \geq -3$ gilt: $f(g(x)) = x$. Setzen Sie dazu den Funktionsterm von $g(x)$ in die Funktionsgleichung von f ein.

b) Beschreiben Sie, wie die Graphen von f und g aus den Graphen zu $f_0(x) = x^4$ bzw. $g_0(x) = \sqrt[4]{x}$ hervorgehen.

GTR **c)** Zeichnen Sie beide Graphen mit dem GTR und beschreiben Sie ihre Lage zueinander.

1.7 Wurzelfunktionen

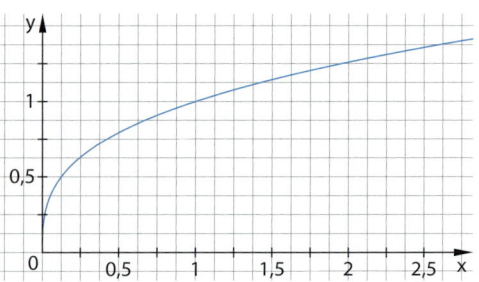

■ Hannes hat die Funktion *Volumen eines Würfels → Kantenlänge a des Würfels* grafisch dargestellt (ohne Einheiten). Stephanie möchte den Graphen der Funktion *Flächeninhalt eines Quadrats → Seitenlänge a des Quadrats* in das gleiche Koordinatensystem skizzieren. Sie fragt ihn: „Liegt der Graph ober- oder unterhalb deines Graphen?" Wie würden Sie antworten? Begründen Sie. ■

Die Definition von Potenzfunktionen lässt sich auf gebrochene Exponenten ausweiten. Ist der Exponent ein Bruch der Form $\frac{1}{n}$ für $n \in \mathbb{N}$ mit $n \geq 2$, so spricht man von **Wurzelfunktionen**, da $x^{\frac{1}{n}} = \sqrt[n]{x}$ gilt.

Da Wurzeln nur für nicht negative Zahlen definiert sind, ist der Definitionsbereich $\mathbb{R}^{\geq 0}$.

> **Definition: Wurzelfunktionen**
> Eine Funktion f mit $f(x) = x^{\frac{1}{n}} = \sqrt[n]{x}$ und $n \in \mathbb{N}$, $n \geq 2$ und $x \in \mathbb{R}$, $x \geq 0$ heißt **Wurzelfunktion**.

Eigenschaften von Wurzelfunktionen:

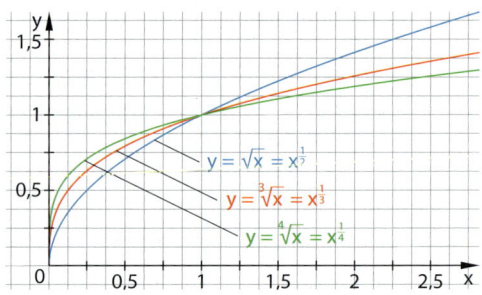

- Definitionsbereich $D = \mathbb{R}^{\geq 0}$
- Wertebereich $W = \mathbb{R}^{\geq 0}$
- Der Graph verläuft durch die Punkte $(0|0)$ und $(1|1)$.
- Der Graph steigt im gesamten Definitionsbereich.
- Für $x \to \infty$ gilt $f(x) \to \infty$.

Basisaufgaben

1. Skizzieren Sie die Graphen der Wurzelfunktionen zu $f(x) = \sqrt{x}$ und $g(x) = \sqrt[3]{x}$. Geben Sie Gemeinsamkeiten und Unterschiede der Graphen an.

Hinweis zu 2:
Unter den Werten finden sie die Koordinaten zu a) und b).

2. Bestimmen Sie, falls möglich, für welche fehlenden Werte die Punkte auf dem Graphen der angegebenen Funktion liegen.
   a) $f(x) = \sqrt{x}$ $A(0,25|\blacksquare)$ $B(\blacksquare|4)$ $C(\blacksquare|0)$ $D(\blacksquare|-9)$
   b) $g(x) = \sqrt[3]{x}$ $A(8|\blacksquare)$ $B(0,125|\blacksquare)$ $C(\blacksquare|1)$ $D(\blacksquare|9)$
   c) $h(x) = x^{\frac{1}{5}}$ $A(1|\blacksquare)$ $B(0|\blacksquare)$ $C(\blacksquare|3)$ $D\left(\blacksquare|\frac{1}{2}\right)$

   0,5   16   −0,5   0   −2   625   1   2   729

3. Bestimmen Sie die Gleichung einer Wurzelfunktion, deren Graph den Punkt P enthält.
   a) $P(49|7)$ b) $P(27|3)$ c) $P(32|2)$ d) $P(81|3)$ e) $P\left(\frac{1}{16}|\frac{1}{2}\right)$

4. Beurteilen Sie die Aussage.
   a) Je größer der Wert von x ist, desto größer ist der Wert von $\sqrt{x}$.
   b) Je größer n ist, desto größer ist für jedes $x > 0$ der Wert $\sqrt[n]{x}$.

5. Bestimmen Sie die Werte für x, für die $f(x) > 10$ bzw. $f(x) < 0,1$ gilt.
   a) $f(x) = \sqrt{x}$ b) $f(x) = \sqrt[3]{x}$

Weiterführende Aufgaben

6. Beschreiben Sie in Worten, wie man die abgebildeten Graphen durch Verschiebung und Stauchung bzw. Streckung aus dem Graphen von f mit $f(x) = \sqrt{x}$ erzeugen kann, und ordnen Sie die passenden Funktionsgleichungen zu.

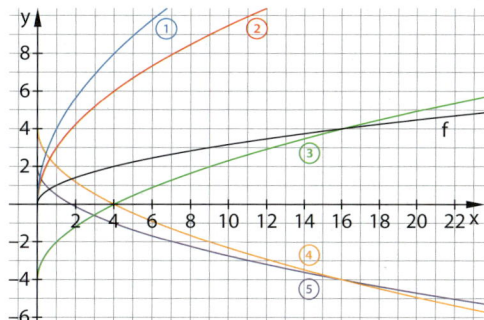

$g(x) = -\frac{3}{2}\sqrt{x} + 2;\quad h(x) = -2\sqrt{x} + 4;$

$k(x) = 3\sqrt{x};\quad l(x) = 4\sqrt{x};$

$m(x) = 2\sqrt{x} - 4$

7. **Stolperstelle:** Ceylan zeichnet den Graphen zu $f(x) = \sqrt{x} + 1$. Nico betrachtet die Zeichnung und meint: „Du darfst die Funktion nur bis zur y-Achse zeichnen, da Wurzeln nicht für negative Zahlen definiert sind." Nehmen Sie dazu Stellung.

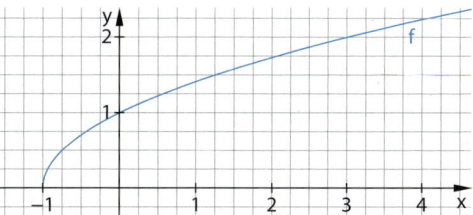

8. Beschreiben Sie, wie der Graph der Funktion g aus dem Graphen der Funktion f mit $f(x) = \sqrt{x}$ für $x \geq 0$ hervorgeht. Geben Sie den Definitions- und Wertebereich von g an und skizzieren Sie die Graphen von f und g in einem gemeinsamen Koordinatensystem. Kontrollieren Sie Ihre Ergebnisse mit dem GTR.

a) $g(x) = 2\sqrt{x}$ b) $g(x) = -2\sqrt{x}$ c) $g(x) = \sqrt{2x}$ d) $g(x) = \sqrt{-2x}$

e) $g(x) = \sqrt{x} + 2$ f) $g(x) = \sqrt{x} - 2$ g) $g(x) = \sqrt{x+2}$ h) $g(x) = \sqrt{x-2}$

i) $g(x) = 2\sqrt{x+2}$ j) $g(x) = 2\sqrt{x-2}$ k) $g(x) = -\sqrt{2(x+2)}$ l) $g(x) = -\sqrt{2(x-2)}$

9. Die Schwingungsdauer T eines Fadenpendels, d. h. die Zeit für einmal Hin- und Herschwingen, hängt von der Länge l des Fadens ab: Je länger der Faden ist, desto größer ist die Schwingungsdauer. Bei genauerer Untersuchung zeigt sich, dass T proportional zu $\sqrt{l}$ ist.

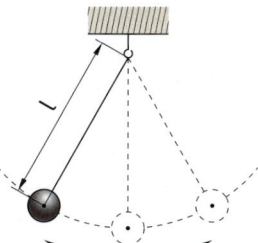

a) Bestimmen Sie die Proportionalitätskonstante, wenn für $T = 1{,}5\,\text{s}$ der Faden eine Länge von $l = 0{,}56\,\text{m}$ hat.

b) Bestimmen Sie, wie groß die Schwingungsdauer ist, wenn man die Länge l halbiert.

10. **Ausblick:** Sina zeichnet den Graphen zu $f(x) = \sqrt[3]{x}$ mit dem GTR. Demnach müssten Kubikwurzeln für negative Zahlen definiert sein. Wegen $f(-8) = -2$ müsste z. B. $\sqrt[3]{-8} = -2$ gelten.

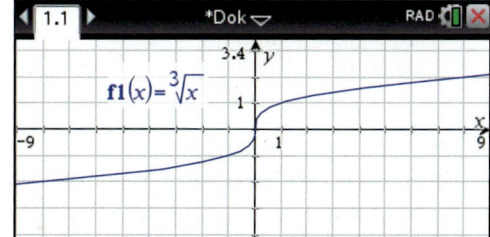

a) Erläutern Sie, wie der GTR die Funktionswerte für $x < 0$ als Lösung einer Gleichung bestimmt.

b) Ergänzen Sie die Rechnung $-2 = \sqrt[3]{-8} = (-8)^{\frac{1}{3}} = \ldots = \sqrt[6]{64} = 2$ in Ihrem Heft und erläutern Sie, warum zwar manche Taschenrechner $\sqrt[3]{-8}$ berechnen können, aber mathematisch $\sqrt[3]{-8}$ nicht definiert ist.

Umkehrfunktionen

■ Sybille überlegt: „Wenn ich das Volumen eines Würfels aus der Kantenlänge a berechnen will, dann rechne ich $V(a) = a^3$. Wenn ich umgekehrt aus dem Würfelvolumen V die Kantenlänge a ausrechnen will, muss ich die 3. Wurzel ziehen, also $a(V) = \sqrt[3]{V}$."

Geben Sie mehrere Wertepaare für die beiden Zuordnungen *Würfelvolumen → Kantenlänge* und *Kantenlänge → Würfelvolumen* an.
Lesen Sie am Graphen näherungsweise eine Kantenlänge zu einem Volumen von 3 Volumeneinheiten ab. ■

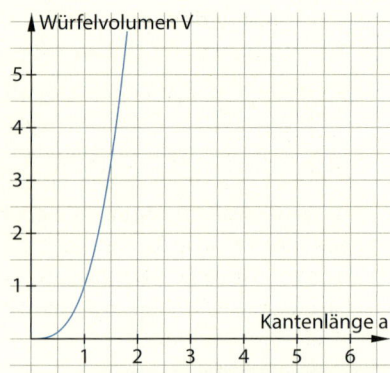

Bei einigen Funktionen ist es sinnvoll, auch die umgekehrte Zuordnung zu untersuchen. Wird dem Wert x der Wert y zugeordnet, so ordnet die umgekehrte Zuordnung dem Wert y den Wert x zu. Definitions- und Wertebereich werden vertauscht. Aber Achtung: **Die Umkehrzuordnung einer Funktion ist nicht immer eine Funktion!**

> **Wissen: Umkehrzuordnung und Umkehrfunktion**
> Beim Umkehren einer Funktion f werden jeweils Ausgangswert und zugeordneter Wert vertauscht. Die Umkehrzuordnung ist im Allgemeinen keine Funktion.
> Die **Umkehrzuordnung** von f bezeichnet man mit f^{-1}.
> Ist die Umkehrzuordnung zu f eine Funktion, so heißt f **umkehrbar**.

Um die übliche Darstellungsweise zu erhalten, werden die Variablen der Umkehrzuordnung vertauscht. Dadurch wird der Graph an der 1. Winkelhalbierenden gespiegelt.

> **Beispiel 1:** Bestimmen Sie die Gleichung und zeichnen Sie den Graphen der Umkehrzuordnung der gegebenen Funktion. Geben Sie den Definitions- und den Wertebereich von f und von f^{-1} an. Schränken Sie ggf. den Definitionsbereich von f ein, sodass f^{-1} eine Funktion wird.
> a) f mit $f(x) = x^2$ b) f mit $f(x) = x^3$

Lösung:

a) Berechnen Sie die Gleichung der Umkehrzuordnung.

$$y = x^2$$
$$x = \pm\sqrt{y} \quad | \text{ Lösen Sie nach x auf.}$$
$$y = \pm\sqrt{x} \quad | \text{ Vertauschen Sie die Variablen.}$$

Der Graph von f ist die Normalparabel. $D_f = \mathbb{R}$ und $W_f = \mathbb{R}^{\geq 0}$
Spiegeln Sie die Normalparabel an der 1. Winkelhalbierenden.

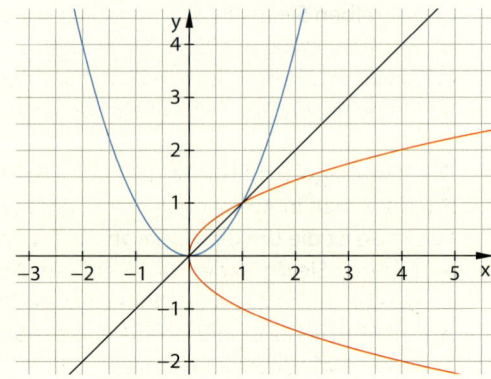

Die Umkehrzuordnung ist keine Funktion, denn der Zahl x = 4 werden die zwei Werte 2 und −2 zugeordnet.
Durch Einschränkung des Definitionsbereichs von f auf $D_f = \mathbb{R}^{\geq 0}$ wird f^{-1} eine Funktion mit
$D_{f^{-1}} = \mathbb{R}^{\geq 0}$, $W_{f^{-1}} = \mathbb{R}^{\geq 0}$ und $f^{-1}(x) = \sqrt{x}$.

b) Berechnen Sie die Gleichung der
   Umkehrzuordnung.
   Gleichung von f^{-1}: $f^{-1}(x) = \sqrt[3]{x}$

$y = x^3$
$x = \sqrt[3]{y}$ | Lösen Sie nach x auf
$y = \sqrt[3]{x}$ | Vertauschen Sie die Variablen

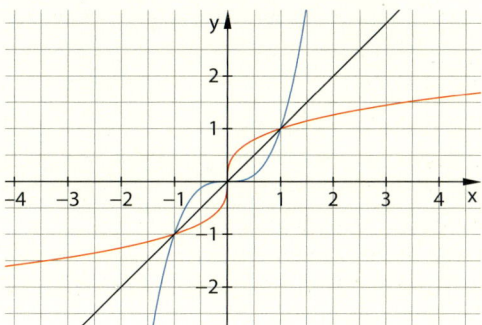

Zeichnen Sie den Graphen von f und
spiegeln Sie ihn an der 1. Winkelhalbierenden. $D_f = \mathbb{R}$ und $W_f = \mathbb{R}$

Die Umkehrzuordnung ist eine Funktion.
Da die 3. Wurzel für negative Radikanden
nicht definiert ist, benötigt man für die
Angabe der Funktionsgleichung eine
Fallunterscheidung:

$$f^{-1}(x) = \begin{cases} \sqrt[3]{x} & \text{für } x \geq 0 \\ -\sqrt[3]{|x|} & \text{für } x < 0 \end{cases}$$

$D_{f^{-1}} = \mathbb{R}$ und $W_{f^{-1}} = \mathbb{R}$

Aufgaben

1. Bestimmen Sie die Gleichung der Umkehrzuordnung. Geben Sie für f^{-1} den Definitions-
   und den Wertebereich an.
   a) $f(x) = 4x$ b) $f(x) = x - 7$ c) $f(x) = \frac{1}{3}x + 5$
   d) $f(x) = x^4$; $D_f = \mathbb{R}^{\geq 0}$ e) $f(x) = 4x^2$; $D_f = \mathbb{R}^{\geq 0}$ f) $f(x) = -x^2 - 6$; $D_f = \mathbb{R}^{\geq 0}$

2. a) Untersuchen Sie anhand von Beispielen, wie sich Streckungen bzw. Stauchungen und
      Verschiebungen des ursprünglichen Graphen auf den der Umkehrfunktion auswirken.
   b) Gegeben ist die Funktion f mit $f(x) = \sqrt[5]{x} - 3$.
      Welche Veränderungen müssen in der Gleichung von f erfolgen, wenn man den
      Graphen der Umkehrzuordnung um 3 Einheiten nach oben und um 5 Einheiten nach
      rechts verschieben möchte?

3. **Umkehrfunktionen von Potenzfunktionen mit negativen Exponenten:**
   Untersuchen Sie die Funktion auf ihre Umkehrbarkeit. Geben Sie die Gleichung der
   Umkehrzuordnung an. Welche Einschränkungen gibt es beim Definitionsbereich?
   a) $f(x) = x^{-2}$ b) $f(x) = x^{-3}$

4. Untersuchen Sie die Funktion f mit $f(x) = x^{-\frac{1}{3}}$.
   a) Schreiben Sie die Funktionsgleichung mit einem Wurzelzeichen.
   b) Bestimmen Sie den Definitions- und den Wertebereich von f.
   c) Zeichnen Sie den Graphen von f und spiegeln Sie ihn an der 1. Winkelhalbierenden.
   d) Untersuchen Sie, ob f umkehrbar ist. Geben Sie ggf. die Umkehrfunktion an.

5. Die **Nachfrage-Funktion** in den Wirtschaftswissenschaften gibt an, welche Menge eines
   Produkts man in Abhängigkeit vom angesetzten Preis verkaufen kann. Die **Preis-Absatz-
   Funktion** ist die Umkehrfunktion der Nachfrage-Funktion.
   a) Erklären Sie die Bedeutung der **Preis-Absatz-Funktion** in Worten und bewerten Sie,
      welche der beiden Funktionen für ein Unternehmen in der Planung hilfreicher ist.
   b) Entwickeln Sie eine Umfrage, mit der Sie eine der beiden Funktionen für ein Produkt
      Ihrer Wahl aufstellen könnten.

1.8 Funktionstypen vergleichen

■ Übertragen Sie die Tabelle in ihr Heft und vervollständigen Sie sie. ■

Transformation	$f(x) = x^{-3}$	$g(x) = x^2$	$h(x) = \sin(x)$
1) Der Graph wird an der x-Achse gespiegelt. 2) Der Graph wird mit dem Faktor 3 in y-Richtung gestreckt. 3) Der Graph wird um 4 Einheiten nach rechts verschoben. 4) Der Graph wird mit dem Streckfaktor 2 in x-Richtung gestaucht. 5) Der Graph wird um 2 Einheiten nach links verschoben und mit dem Faktor $\frac{1}{3}$ in y-Richtung gestaucht.	$f_1(x) = -x^{-3}$ $f_2(x) =$	$g_1(x) =$	$h_1(x) =$

Neben den Potenzfunktionen kennen Sie weitere Funktionstypen. Diese haben charakteristische Eigenschaften.

	Gleichung	Symmetrie	Periode	Globalverhalten	Nullstellen
Sinusfunktion	$f(x) = \sin(x)$	punktsymm. zum Ursprung	2π	keine Annäherung an die Koordinatenachsen	$x_k = k\pi;\ k \in \mathbb{Z}$
Kosinus- funktion	$f(x) = \cos(x)$	achsensymm. zur y-Achse	2π	keine Annäherung an die Koordinatenachsen	$x_k = \frac{\pi}{2} + k\pi;$ $k \in \mathbb{Z}$
Exponential- funktionen	$f(x) = a^x; a \in \mathbb{R},$ $a > 0$	keine	keine	Für $x \to \infty$ gilt $f(x) \to \infty$ Für $x \to -\infty$ gilt $f(x) \to 0$	keine

Solche Funktionen und Potenzfunktionen werden als **elementare Funktionen** bezeichnet. Durch Parameter in den Funktionsgleichungen verändern sich ihre Graphen. Der Einfluss der Parameter ist für alle Funktionstypen gleich.

Wissen: Parametereinfluss
Der Graph einer Funktion g mit $g(x) = a \cdot (f(b \cdot (x - c)) + d$ und $a, b \neq 0$ geht aus dem Graphen von f durch folgende Transformationen hervor:
- Streckung/Stauchung in y-Richtung mit dem Streckfaktor a. Für $a < 0$ wird der Graph zusätzlich an der x-Achse gespiegelt.
- Streckung/Stauchung in x-Richtung mit dem Streckfaktor $\frac{1}{b}$. Für $b < 0$ wird der Graph zusätzlich an der y-Achse gespiegelt
- Verschiebung in x-Richtung um c ($c > 0$: nach rechts; $c < 0$: nach links).
- Verschiebung in y-Richtung um d ($d > 0$: nach oben; $d < 0$: nach unten).

Beispiel 1: Funktionsgleichungen angeben
Die Funktion f ist eine elementare Funktion. Geben Sie mögliche Funktionsgleichungen an, die zu dem Ausschnitt einer Wertetabelle passen.

x	-2	-1	0	1	2	3
$f(x)$	-8	-1	0	1	8	27
$g(x)$	-27	-8	-1	0	1	8
$h(x)$	54	16	2	0	-2	-16

Lösung:
Die Werte von f passen zu $f(x) = x^3$.

Die Werte von $g(x)$ ergeben sich durch Verschiebung von $f(x)$ nach rechts.

Die Werte von $h(x)$ haben sich gegenüber $g(x)$ verdoppelt und das Vorzeichen hat gewechselt.

$f(x)$ negativ, wenn x negativ
$f(x)$ positiv, wenn x positiv
$0^3 = 0, 1^3 = 1, 2^3 = 8, 3^3 = 27$, also gilt $f(x) = x^3$.

$g(x) = f(x - 1) = (x - 1)^3$

$h(x) = (-2) \cdot g(x) = -2(x - 1)^3$

Beispiel 2: Funktionstypen erkennen

Erläutern Sie, zu welchen Funktionstypen der abgebildete Ausschnitt eines Funktionsgraphen gehören könnte.

a)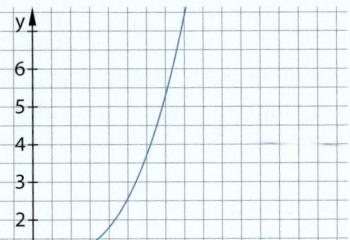

b)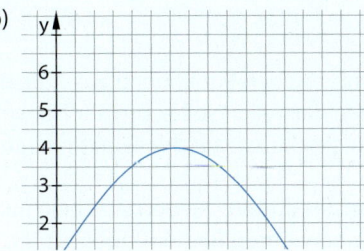

Lösung:

a) Aufgrund des Verlaufs bezüglich der y-Achse scheiden Potenzfunktionen mit negativen Exponenten aus.
   Der Graph ist steigend. Es könnte sich also um eine Potenzfunktion mit natürlichem Exponenten handeln. Ebenso könnte der Graph zu einer Exponentialfunktion gehören.

b) Da der Graph erst steigt und dann fällt, kann es sich nicht um eine Exponentialfunktion oder eine Potenzfunktion mit negativem oder ungeradem natürlichem Exponenten handeln. Es könnte der Graph einer Potenzfunktion mit geradem natürlichem Exponenten, die an der x-Achse gespiegelt wurde, sein. Ebenso könnte der Graph zu einer Sinusfunktion gehören.

Basisaufgaben

1. Geben Sie eine mögliche Funktionsgleichung an, die zu den Ausschnitten der Wertetabelle passt.

a)

x	−2	−1	0	1	2	3
f(x)	16	1	0	1	16	81
g(x)	81	16	1	0	1	16
h(x)	11	−4	−5	−4	11	76

b)

x	$-\frac{\pi}{2}$	0	$\frac{\pi}{2}$	π	$\frac{3}{2}\pi$	2π
f(x)	−2	0	2	0	−2	0
g(x)	−1	−1	0	−1	−2	−1
h(x)	−1	−2	−1	0	−1	−2

c)

x	−2	−1	0	1	2	3
f(x)	$\frac{1}{9}$	$\frac{1}{3}$	1	3	9	27
g(x)	$\frac{2}{9}$	$\frac{2}{3}$	2	6	18	54
h(x)	$\frac{2}{27}$	$\frac{2}{9}$	$\frac{2}{3}$	2	6	18

d)

x	−2	−1	0	1	2	3
f(x)	$-\frac{1}{8}$	−1	–	1	$\frac{1}{8}$	$\frac{1}{27}$
g(x)	−1	–	1	$\frac{1}{8}$	$\frac{1}{27}$	$\frac{1}{64}$
h(x)	2	–	−2	$-\frac{1}{4}$	$\frac{2}{27}$	$\frac{1}{32}$

2. Entscheiden Sie, welcher der Graphen ① bis ⑧ zu welcher Funktionsgleichung gehört.

$f(x) = (0{,}5^x) + 1$ $\qquad$ $g(x) = 2 \cdot (x-2)^3$ $\qquad$ $h(x) = (x+2)^{-3}$

$i(x) = 0{,}5^{x+1}$ $\qquad\qquad$ $j(x) = 2\sin(x)$ $\qquad\quad$ $k(x) = \sin(2x)$

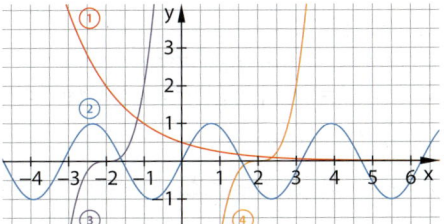

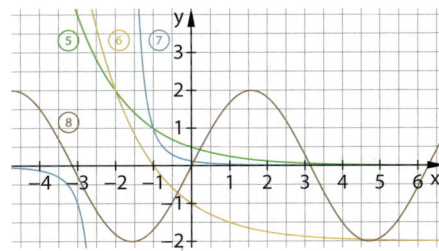

3. Geben Sie an, wie der Graph schrittweise aus dem Graphen einer zugrundeliegenden elementaren Funktion entstehen kann.

a) $f(x) = 2^{2x-4}$ b) $f(u) = 1{,}5 \cdot 3^{3u+3}$ c) $f(x) = \sin(2x - 1)$

d) $f(x) = 2\sin(3x - 3) + 1$ e) $f(x) = \dfrac{1}{(x-4)^2}$ f) $a(x) = \dfrac{2}{(3x-4)^3}$

4. Geben Sie zu den Funktionen aus Aufgabe 2 jeweils einen Bereich an, in dem man den Graphen darstellen sollte, um aus dem abgebildeten Ausschnitt des Graphen möglichst viele Rückschlüsse auf den Funktionsterm machen zu können.

5. **Potenzfunktionen:** Geben Sie einen Funktionsterm der Form $f(x) = a \cdot (b(x - c))^n + d$ an, der die genannten Bedingungen erfüllt.

a) Der Graph ist achsensymmetrisch zur y-Achse. Kein Funktionswert ist größer als 3.

b) Der Graph ist weder achsensymmetrisch zur y-Achse noch punktsymmetrisch zum Ursprung. Der Funktionswert 2 wird nicht angenommen.

c) Der Wertebereich ist $\mathbb{R}$. Der Graph geht durch die Punkte $P(2 | 0)$ und $Q(2 | -4)$.

6. **Exponentialfunktonen:** Geben Sie einen Funktionsterm der Form $f(x) = a \cdot b^{x-c} + d$ an, der die genannten Bedingungen erfüllt.

a) Alle Funktionswerte sind größer als 1,5 und es gilt $f(3) = 2{,}5$.

b) Der Graph von f fällt im gesamten Definitionsbereich. Es gilt $f(0) = 4$ und alle Funktionswerte sind größer als 3.

c) Der Wertebereich ist $\mathbb{R}^{\leq 2}$ und $x = 3$ ist eine Nullstelle.

7. **Trigonometrische Funktionen:** Geben Sie einen Funktionsterm der Form $f(x) = a \cdot \sin(b(x - c)) + d$ an, der die genannten Bedingungen erfüllt.

a) Der Wertebereich ist $[-1{,}5; 1{,}5]$ und die Nullstellen sind ganzzahlige Vielfache von π.

b) Der Funktionsgraph ist achsensymmetrisch zur y-Achse und alle Funktionswerte sind negativ.

c) Der Funktionsgraph ist punktsymmetrisch zum Ursprung und der Wertebereich ist $[-4; 4]$.

8. Bestimmen Sie mindestens eine Funktion, deren Graph folgende Eigenschaften aufweist.

a) Er ist punktsymmetrisch zum Ursprung und verläuft durch den Punkt $P(0{,}5 | -5)$.

b) Er ist achsensymmetrisch zu einer Geraden, die parallel zur y-Achse durch den Punkt $P(0 | 0)$ verläuft und schneidet die y-Achse bei $y = -1$.

c) Er ist weder achsen- noch punktsymmetrisch, ist wachsend und verläuft durch den Punkt $Q(8 | 2)$.

 9. Beschreiben Sie, wenn möglich, zu welcher Geraden bzw. zu welchem Punkt der Graph symmetrisch ist.

a) $f(x) = \dfrac{1}{x^3} + 2$ b) $f(x) = \dfrac{1}{(x-4)^2}$ c) $g(x) = \left(\dfrac{1}{x-4}\right)^2 + 3$

d) $u(x) = \left(\dfrac{1}{x+1}\right)^3 + 2$ e) $f(x) = \sin(x) + 1$ f) $g(x) = \sin\left(\dfrac{x+n}{2}\right)$

g) $t(x) = 2 \cdot \sin(x - \pi)$ h) $f(x) = 2^x + 3$ i) $g(x) = 2x + 1$

GTR 10. Wählen Sie die Standardeinstellung für das Darstellungsfenster von Funktionsgraphen bei Ihrem Taschenrechner. Betrachten Sie die Graphen von f und g mit $f(x) = 2^x + 20$ und $g(x) = (x - 15)^{-2}$.

a) Beschreiben Sie Ihre Beobachtung und begründen Sie.

b) Erläutern Sie, wie Sie ausgehend vom Funktionsterm eine geeignete Fenstereinstellung wählen können.

Weiterführende Aufgaben

11. Wählen Sie zwei verschiedenfarbige Arbeitsaufträge und wenden Sie sie auf die Graphen von f, g und h mit $f(x) = \frac{1}{x^2}$, $g(x) = 2^x$ oder $h(x) = \sin(x)$ an.

Strecken Sie mit dem Faktor $\frac{1}{3}$ in x-Achsenrichtung.

Stauchen Sie mit dem Faktor $\frac{1}{3}$ in x-Achsenrichtung.

Verschieben Sie um 2 Einheiten in y-Achsenrichtung.

Verschieben Sie um 2 Einheiten in x-Achsenrichtung.

Vertauschen Sie anschließend die Reihenfolge der beiden Arbeitsaufträge. Vergleichen Sie die zugehörigen Funktionsterme.
Nehmen Sie Stellung zu der Aussage: „Erst verschieben, dann strecken."

12. Aus einer defekten Ölwanne läuft Öl und bildet eine kreisförmige Pfütze. Diese vergrößert ihren Flächeninhalt alle 9 Sekunden um π mm^2.
    a) $A(t)$ sei der Flächeninhalt der Pfütze, wobei t die Anzahl der Sekunden seit Beginn der Beobachtung ist. Es ist $A(0) = 4\pi$.
       Ermitteln Sie die Funktionsgleichung der Funktion A.
    b) $r(t)$ sei der Radius der Kreispfütze t Sekunden nach Beginn der Beobachtung. Ermitteln Sie die Funktionsgleichung für die Funktion r.
    c) Formen Sie die Funktionsgleichung von r so um, dass Sie den Graphen von r als Transformation der Wurzelfunktion beschreiben können.

13. **Stolperstelle:** Richard meint, der Graph zu $f(x) = \sin(2x - \pi)$ sei gegenüber der Sinusfunktion mit dem Streckfaktor $\frac{1}{2}$ in x-Richtung gestaucht und um π nach rechts verschoben. Zeigen Sie, dass er sich irrt und korrigieren Sie seinen Fehler.

14. Betrachten Sie die Graphen von f mit $f(x) = 2^{x+3}$ und g mit $g(x) = 8 \cdot 2^x$.
    a) Beschreiben Sie Ihre Beobachtung und finden Sie weitere Beispiele für das Phänomen.
    b) Geben Sie für die Funktion h mit $h(x) = 4^{x-2}$ einen alternativen Funktionsterm an.
    c) Beweisen Sie allgemein, dass sich eine Verschiebung eines Graphen einer Exponentialfunktion in Richtung der x-Achse durch eine Stauchung bzw. Streckung in Richtung der y-Achse ersetzen lässt.

15. Die Funktion f mit $f(x) = \frac{a^x + a^{-x}}{2}$ beschreibt für $a \neq 1$ die Form einer durchhängenden Kette. Ihr Graph wird deshalb auch **Kettenlinie** genannt.
    a) Beschreiben Sie den Verlauf des Graphen von f für verschiedene Werte von a.
    b) Untersuchen Sie, für welche Werte von a der Graph von f näherungsweise durch den Graphen der Funktion g mit $g(x) = 0{,}25x^2 + 1$ beschrieben wird. Beurteilen Sie die Güte der Näherung durch den Graphen der Parabel.

16. **Ausblick:** Skizzieren Sie die Graphen von f mit $f(x) = x^3$ und g mit $g(x) = x^2$ in ein gemeinsames Koordinatensystem. Skizzieren Sie den Graphen der Funktion h mit $h(x) = x^3 - x^2$, indem Sie die Funktionswerte (graphisch) subtrahieren.

1.9 Vermischte Aufgaben

1. Geben Sie die Gleichung einer Funktion an, deren Graph den Punkt $P(1|2)$ enthält und
   a) achsensymmetrisch zur y-Achse,   b) punktsymmetrisch zum Ursprung,
   c) weder achsensymmetrisch zur y-Achse noch punktsymmetrisch zum Ursprung ist.

2. a) Untersuchen und begründen Sie, ob die Punkte $P(-3|81)$, $Q(-1|1)$, $R(2|16)$ und
      $S(3|81)$ auf einem Graphen liegen können, der symmetrisch zur y-Achse ist.
   b) Geben Sie eine Funktionsgleichung einer Potenzfunktion an, auf deren Graphen die
      Punkte aus a) liegen.

3. Geben Sie möglichst viele Eigenschaften des Graphen der Potenzfunktion an. Berücksich-
   tigen Sie auch das Verhalten der Funktionswerte für $x \to -\infty$ und $x \to \infty$ sowie in der Nähe
   von $x = 0$.
   a) $f(x) = x^6$ b) $g(x) = \frac{1}{x^4}$ c) $h(x) = x^{11}$ d) $i(x) = x^{-7}$

Hinweis:
W steht für Watt.
1 kW = 1000 W
Ein Kilowatt ist nötig,
um in einer Sekunde
100 Kilogramm einen
Meter anzuheben.

4. Windkraftanlagen wandeln die kinetische
   Energie des Windes in elektrische Energie um.
   Die Leistung einer Windkraftanlage wird
   durch die Funktion f: *Windgeschwindigkeit
   (in m/s) → Elektrische Leistung (in kW)* mit der
   Gleichung $f(x) = 0{,}7x^3$ beschrieben.

   a) Berechnen Sie die Leistung der Windkraft-
      anlage bei einer Windgeschwindigkeit
      von 2 m/s, 5 m/s, 10 m/s und 15 m/s.
   b) Ermitteln Sie, welche Windgeschwindigkeiten für
      eine Leistung von mindestens 400 kW nötig sind.
   c) Zeichnen Sie ein Geschwindigkeits-Leistungs-
      Diagramm für die Funktion f.
   d) Die Grafik zeigt den tatsächlichen Zusammenhang
      zwischen Windgeschwindigkeit und Leistung der
      Anlage.
      Vergleichen Sie Ihr Diagramm mit dem abgebilde-
      ten. Geben Sie Gründe für die Unterschiede an.

   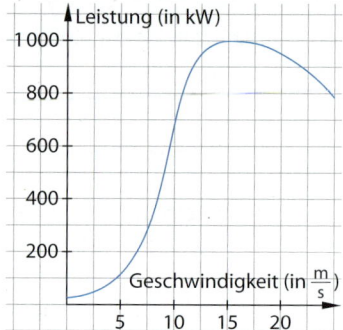

5. Bestimmen Sie mit dem GTR jeweils die Schnittpunkte der gegebenen Geraden mit den
   Funktionsgraphen zu $f(x) = (x-1)^5 + 7$ und $g(x) = \sqrt{x+3}$.
   a) $h(x) = 8$ b) $i(x) = -25$ c) $j(x) = 2x + 6$ d) $k(x) = -0{,}5x + 2$

6. Der Graph von f geht aus dem Graphen einer Potenzfunktion hervor. Vervollständigen Sie
   die Tabelle im Heft.

Funktionsgleichung	Streckfaktor in y-Richtung	Verschiebung in y-Richtung	Verschiebung in x-Richtung
a) $f(x) = 3x^3 - 4$			
b) $f(x) = \frac{2}{x^2} + 3$			
c) $f(x) = \frac{1}{x+1}$			
d) $f(x) = 3(x+4)^4 - 14$			
e) $f(x) = x^2 + 2x + 1$			

7. Die Anziehungskraft F der Erde auf einen Körper nimmt quadratisch mit dem Abstand r des Körpers vom Erdmittelpunkt ab.

   a) Geben Sie an, welche der folgenden Funktionsgleichungen dieses Gravitationsgesetz beschreibt.
   ① $F = a \cdot r$ ② $F = a \cdot \frac{1}{r}$ ③ $F = a \cdot \frac{1}{r^2}$

   b) Ermitteln Sie, wie sich die Kraft verhält, wenn man den Abstand halbiert, verdoppelt oder verzehnfacht.

   c) Die Kraft der Erde auf einen geostationären Satelliten im Abstand r = 35 000 km von der Erdoberfläche (Erdradius: 6370 km) beträgt F = 563 N. Bestimmen Sie die Konstante a in der Einheit $N \cdot m^2$.

8. Gegeben ist die Funktion f mit $f(x) = -2(x-5)^3 - 2$.

   Skizzieren Sie den Graphen von f in einem Koordinatensystem. Kontrollieren Sie mit dem GTR.

   Der Graph von f soll so verschoben werden, dass der neue Graph punktsymmetrisch zum Ursprung ist. Bestimmen Sie die Funktionsgleichung der neuen Funktion und weisen Sie die Punktsymmetrie rechnerisch nach.

   Bestimmen Sie den Wertebereich von f und das Verhalten von $f(x)$ für $x \to \infty$ sowie für $x \to -\infty$. Geben Sie auch die x-Werte an, für die der Graph von f fällt.

   Ermitteln Sie die Nullstellen von f.

   Der Graph von f wird um 6 Einheiten nach links und 4 Einheiten nach oben verschoben und anschließend an der x-Achse gespiegelt. Bestimmen Sie die Funktionsgleichung der neuen Funktion.

9. Die Scheitelpunktform gibt es nicht nur für quadratische Funktionen. Für alle natürlichen Zahlen n mit n > 0 hat der Graph der Funktion f mit $f(x) = a \cdot (x-d)^{2n} + e$ den Scheitelpunkt bei S (d|e).

   a) Zeichnen Sie den Graphen der Funktion f mit der Gleichung $f(x) = 2(x-3)^4 + 1$ in ein Koordinatensystem. Beschreiben Sie, wie der Graph aus dem Graphen der Funktion mit der Gleichung $g(x) = x^4$ entsteht.

   b) Bestimmen Sie in der Zeichnung den Scheitelpunkt des Graphen der Funktion f aus a).

   c) Geben Sie die Koordinaten des Scheitelpunkts an und beschreiben Sie, wie der Graph der Funktion f aus dem der Parabel mit der Gleichung $g(x) = x^{2n}$ entsteht.

   ① $f(x) = (x-4)^6 - 2$ ② $f(x) = 2\left(x + \frac{1}{2}\right)^4 + 1$ ③ $f(x) = -0.5(x-1)^6 - 3$

10. Stefan hat eine Skizze angefertigt und meint: „Ist der Graph einer Funktion achsensymmetrisch zur x-Achse, gilt $f(x) = -f(x)$." Nehmen Sie dazu Stellung.

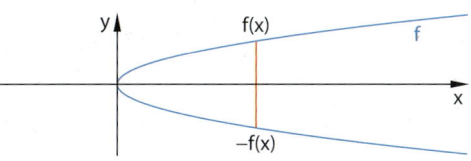

Hilfe zu GTR/CAS
↗ S. 179

GTR 11. Untersuchen Sie für die angegebene Funktion f mit dem GTR, welchen Einfluss die Parameter a, b und c auf den Graphen der Funktion g mit $g(x) = a \cdot f(x-b) + c$ haben.

   a) $f(x) = x^3$ b) $f(x) = \frac{1}{x^2}$ c) $f(x) = \sqrt{x}$ d) $f(x) = 2^x$ e) $f(x) = \sin(x)$

Lösungen
↗ S. 183/184

1. Gegeben ist die Funktion f mit der Funktionsgleichung $f(x) = 2x - 4$ und die Funktion g mit der Gleichung $g(x) = 0,5x^2 - 2$.
   a) Geben Sie den Wertebereich von f und g an. Untersuchen Sie, ob die Graphen von f und g achsensymmetrisch zur y-Achse oder punktsymmetrisch zum Ursprung sind.
   b) Bestimmen Sie $f(-2)$ und $g(3)$.
   c) Prüfen Sie, ob der Punkt $P(17|142,5)$ zu einem der Graphen von f oder g gehört.
   d) Untersuchen Sie, ob die Funktionsgraphen von f und g gemeinsame Punkte haben.
   e) Geben Sie die Koordinaten der Schnittpunkte der Graphen von f und g mit den Koordinatenachsen an.

2. Untersuchen Sie rechnerisch, ob der Graph der Funktion achsensymmetrisch zur y-Achse oder punktsymmetrisch zum Koordinatenursprung ist.
   a) $f(x) = 2x$ b) $f(x) = -x^2 + 2$ c) $f(x) = (x - 0,5)^2$ d) $f(x) = x^3$ e) $f(x) = -x^4$

3. Ordnen Sie die Funktionsgleichungen den abgebildeten Graphen zu.
   $f(x) = x^3$
   $g(x) = -x^4$
   $h(x) = \dfrac{1}{x^3}$
   $i(x) = x^{-4}$

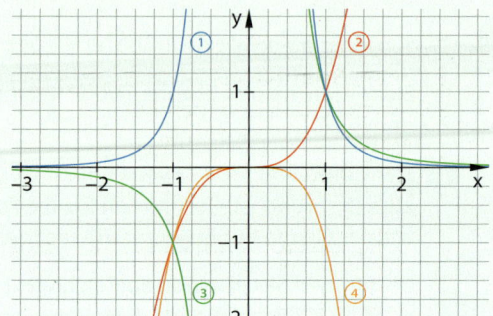

4. Ist die Aussage für die Funktion f mit $f(x) = x^6$ wahr? Entscheiden Sie, ohne zu rechnen.
   a) $f(2,5) > f(1,5)$ b) $f(-2) < f(-1)$
   c) $f(x_1) < f(x_2)$, wenn $0 < x_1 < x_2$ d) $f(x_1) > f(x_2)$, wenn $x_1 > x_2 > 0$

5. Skizzieren Sie den Graphen der Funktion f allein mithilfe der charakteristischen Eigenschaften von f.
   a) $f(x) = \dfrac{1}{x^2}$ b) $f(x) = \dfrac{1}{2}x^5$ c) $f(x) = \dfrac{1}{x - 2}$ d) $f(x) = x^3 - 3$

6. Beschreiben Sie, wie sich die Funktionswerte von f mit $f(x) = x^4$ bzw. g mit $g(x) = x^{-2}$ verändern, wenn die x-Werte verdoppelt, halbiert oder vervierfacht werden.

7. Ermitteln Sie die Nullstellen der Funktion f.
   a) $f(x) = x^4 - 1$ b) $f(x) = x^3 - 27$ c) $f(x) = x^3 + 125$ d) $f(x) = x^{-1} - 6$ e) $f(x) = \dfrac{1}{x^3} - 27$

Hinweis zu 8:

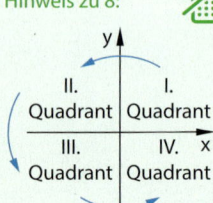

8. Geben Sie an, in welchen Quadranten der Graph der Funktion f verläuft.
   a) $f(x) = -x^2$ b) $f(x) = -2x^5$ c) $f(x) = (4x)^{-3}$ d) $f(x) = -2x^{-4}$ e) $f(x) = 2(x - 2)^4$

9. Bei einer Spiegelung des Graphen der Funktion f an der x-Achse (an der y-Achse) erhält man den Graphen der Funktion g. Geben Sie für g eine Funktionsgleichung an.
   a) $f(x) = x + 2$ b) $f(x) = 0,5x^3$ c) $f(x) = \dfrac{2}{x}$ $(x \neq 0)$ d) $f(x) = x^4$ e) $f(x) = \sqrt{x}$ $(x \geq 0)$

10. Das Volumen einer Kugel hängt von ihrem Radius r ab. Die Funktion V mit $V(r) = \dfrac{4}{3}\pi r^3$ beschreibt das Volumen einer Kugel in Abhängigkeit vom Radius r.
   a) Geben Sie Definitions- und Wertebereich für die Funktion V an.
   b) Skizzieren Sie den Graphen der Funktion.

11. Folgende Wertetabellen gehören zu Funktionen.

①

x	−4	−2	−1	0,5		3
y		0,25	1	4	1	$\frac{1}{9}$

②

x	0	1	2	4		16
y	0		1,4142	2	3	

③

x	−3	−1	0		0,5	2
y	−27		0	1	0,125	

④

x	−2	$-\frac{1}{2}$	$-\frac{1}{3}$	1	$\frac{1}{4}$	2
y	−0,5	−2	−3	1		

Lösungen
↗ S. 184/185

a) Schließen Sie die Funktion aus, die keine Potenzfunktion mit ganzzahligem Exponenten ist.

b) Geben Sie zu allen Wertetabellen eine Funktionsgleichung an und geben Sie an, wie die Lücken in den Tabellen auszufüllen sind.

c) Skizzieren Sie die Graphen der vier Funktionen in einem Koordinatensystem.

12. Der Graph der Funktion f mit $f(x) = -2(x + 1)^3 - 1$ wurde schrittweise skizziert. Geben Sie zu jedem Schritt eine Funktionsgleichung an und beschreiben Sie, wie sich der Graph von Schritt zu Schritt verändert hat.

1. Schritt	2. Schritt	3. Schritt	4. Schritt	5. Schritt

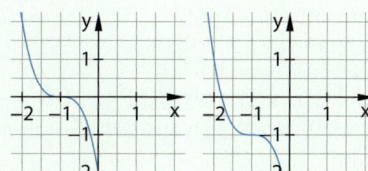

GTR 13. Der Graph der Funktion f mit $f(x) = x^{-1}$ wird schrittweise verändert. Geben Sie nach jedem Schritt eine zugehörige Funktionsgleichung an und stellen Sie den Graphen mit dem GTR dar.

① Stauchung mit dem Faktor 0,5 in y-Richtung

② Spiegelung an der x-Achse

③ Verschiebung um 1 Einheit entlang der x-Achse nach rechts

④ Verschiebung um 1 Einheit entlang der y-Achse nach oben

GTR 14. Ermitteln Sie die gemeinsamen Punkte der Graphen von f und g mit $f(x) = \frac{1}{2}x^{-1}$ und $g(x) = 0{,}5x$ rechnerisch ohne GTR und grafisch mit GTR.

15. Beschreiben Sie, wie der Graph der Funktion g aus dem Graphen der Funktion f mit $f(x) = \sqrt{x}$ ($x \geq 0$) hervorgeht. Geben Sie den Definitions- und Wertebereich von g an und skizzieren Sie die Graphen von f und g in ein gemeinsames Koordinatensystem.

a) $g(x) = -\sqrt{x}$ b) $g(x) = 0{,}5\sqrt{x}$ c) $g(x) = \sqrt{-x}$ d) $g(x) = 1 + \sqrt{x}$ e) $g(x) = \sqrt{x - 1}$

16. Geben Sie eine Gleichung einer Funktion f an, deren Graph diese Eigenschaften hat: Der Graph von f ist achsensymmetrisch zu einer Parallelen zur y-Achse, schneidet die y-Achse bei $y = -3$ und hat die Nullstellen $x_1 = -3$ und $x_2 = -1$.

17. Begründen Sie, ob die Funktionen f, g und h die angegebene Eigenschaft haben.

$f(x) = -x^4 - 1$ \qquad $g(x) = 5^{x-1}$ \qquad $h(x) = 2\sin(x) + 2$

a) Der Graph ist achsensymmetrisch zur y-Achse.

b) Für $x \to \infty$ streben die Funktionswerte gegen ∞.

c) Die Funktion hat keine Nullstellen.

Symmetrie

Der Graph einer Funktion f ist
– **achsensymmetrisch zur y-Achse**, wenn für alle $x \in D$ gilt: $\mathbf{f(-x) = f(x)}$,
– **punktsymmetrisch zum Ursprung**, wenn für alle $x \in D$ gilt: $\mathbf{f(-x) = -f(x)}$.

Potenz-funktionen

Funktionen f mit $\mathbf{f(x) = x^n}$ mit $n \in \mathbb{Z}$, $n \neq 0$ nennt man **Potenzfunktionen** vom **Grad n**.

Potenzfunktionen mit **natürlichen** Exponenten $n = 1, 2, 3, 4, \ldots$		Potenzfunktionen mit **negativen ganzen** Exponenten $n = -1; -2; -3; -4; \ldots$	
n ist gerade $f(x) = x^n$ (n = 2, 4, 6)	n ist ungerade $f(x) = x^n$ (n = 1; 3; 5)	n ist gerade $f(x) = x^n$ (n = -2, -4, -6)	n ist ungerade $f(x) = x^n$ (n = -1, -3, -5)
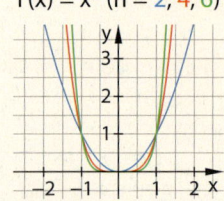	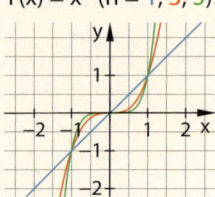	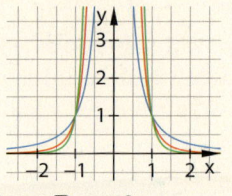	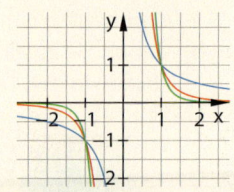
$D: x \in \mathbb{R}$ $W: y \in \mathbb{R}; y \geq 0$ Graph ist achsensymmetrisch zur y-Achse.	$D: x \in \mathbb{R}$ $W: y \in \mathbb{R}$ Graph ist punktsymmetrisch zu $(0\|0)$.	$D: x \in \mathbb{R}; x \neq 0$ $W: y \in \mathbb{R}; y > 0$ Graph ist achsensymmetrisch zur y-Achse.	$D: x \in \mathbb{R}; x \neq 0$ $W: y \in \mathbb{R}; y \neq 0$ Graph ist punktsymmetrisch zu $(0\|0)$.

Verschieben und Strecken/ Stauchen von Funktions-graphen

Der Graph von g mit $\mathbf{g(x) = a \cdot f(b(x-c)) + d}$ $(a, b \neq 0)$ ergibt sich aus dem Graphen von f durch:

Streckung/Stauchung mit dem Faktor a in y-Richtung
$|a| > 1$ Streckung; $|a| < 1$ Stauchung
$a < 0$: Der Graph von f wird zusätzlich an der x-Achse gespiegelt.

Streckung/Stauchung mit dem Faktor $\frac{1}{b}$ in x-Richtung
$|b| > 1$ Stauchung; $|b| < 1$ Streckung
$b < 0$: Der Graph von f wird zusätzlich an der y-Achse gespiegelt.

Verschiebung um c in x-Richtung
$c > 0$: Verschiebung nach rechts
$c < 0$: Verschiebung nach links

Verschiebung um d in y-Richtung
$d > 0$ Verschiebung nach oben
$d < 0$ Verschiebung nach unten

$g(x) = \textcolor{green}{a} \cdot f(x);$
$f(x) = x^4$
$g_1(x) = 2x^4$
$g_2(x) = -\frac{1}{2}x^4$

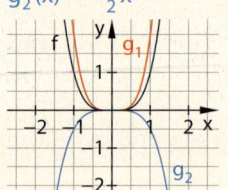

$g(x) = f(x - \textcolor{orange}{c});$
$f(x) = x^{-1}$
$g_1(x) = (x+1)^{-1}$
$g_2(x) = (x-1,5)^{-1}$

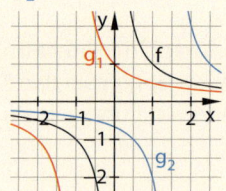

$g(x) = f(\textcolor{green}{b} \cdot x);$
$f(x) = x^{-3}$
$g_1(x) = (2x)^{-3}$
$g_2(x) = \left(-\frac{1}{2}x\right)^{-3}$

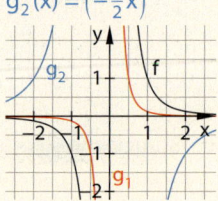

$g(x) = f(x) + \textcolor{green}{d};$
$f(x) = x^3$
$g_1(x) = x^3 + 1$
$g_2(x) = x^3 - 1,5$

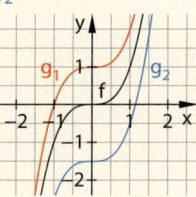

Wurzel-funktionen

Funktionen f mit $\mathbf{f(x) = \sqrt[n]{x} = x^{\frac{1}{n}}}$ mit $n \in \mathbb{N}$, $n \geq 2$ heißen **Wurzelfunktionen**.

$f(x) = \sqrt[n]{x}$ (n = 2; 3; 4)

$D: x \in \mathbb{R}; x \geq 0$
$W: y \in \mathbb{R}; y \geq 0$

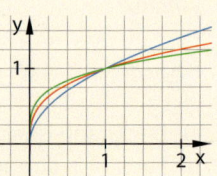

2. Ganzrationale Funktionen

Ein Delfin springt zweimal nacheinander aus dem Wasser und taucht dann wieder ab. Diese und andere Bewegungen können näherungsweise mit ganzrationalen Funktionen beschrieben werden. Die Stellen, an denen der Delfin die Wasseroberfläche durchstößt, können dabei als Nullstellen modelliert werden.

Nach dem Kapitel können Sie …
- Graphen ganzrationaler Funktionen als Überlagerungen von Graphen von Potenzfunktionen deuten,
- Globalverhalten und Symmetrie anhand von Termdarstellungen erkennen und beschreiben,
- Nullstellen ganzrationaler Funktionen berechnen,
- Sachsituationen durch ganzrationale Funktionen beschreiben.

Lösungen
↗ S. 185/186

Lineare und quadratische Funktionen, Potenzfunktionen

1. Skizzieren Sie den Graphen der Funktion f in ein Koordinatensystem. Kontrollieren Sie dann mit dem GTR.
   a) $f(x) = x + 1$ b) $f(x) = x^2 - 1$ c) $f(x) = -x^3 - 1$ d) $f(x) = x^{-1}$
   e) $f(x) = (x + 2)^2 - 2$ f) $f(x) = -\frac{1}{x^2}$ g) $f(x) = x^2 - 2x - 1$ h) $f(x) = x^4$

2. Geben Sie an, welcher Graph zu welcher Funktionsgleichung gehört.

$f(x) = \frac{1}{x^3} - 4$ $g(x) = x^2 - 6x + 5$ $h(x) = -x^3 + 1$ $i(x) = -0{,}5x - 1$

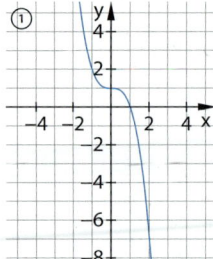 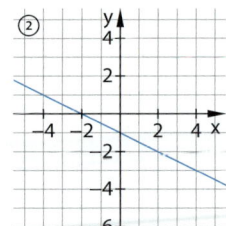 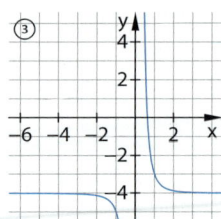 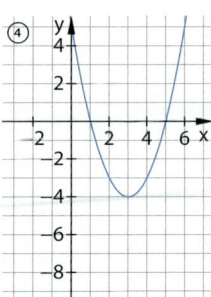

3. Geben Sie zur Funktion f bzw. zu dessen Graphen folgende Eigenschaften an: größtmöglicher Definitionsbereich, Wertebereich, Verhalten für $x \to \pm\infty$, Steigen und Fallen, Symmetrieverhalten (achsensymmetrisch zur y-Achse; punktsymmetrisch zum Ursprung).
   a) $f(x) = -3x - 4$ b) $f(x) = -2x^2$ c) $f(x) = x^5$ d) $f(x) = -x^{-1}$
   e) $f(x) = (x - 4)^2 + 2$ f) $f(x) = x^6 + \pi$ g) $f(x) = \frac{1}{x^2}$ h) $f(x) = \sqrt{x + 1}$

4. Geben Sie je zwei Funktionsgleichungen zur Funktion f mit den gegebenen Eigenschaften an.
   a) Der Graph einer Potenzfunktion verläuft durch die Punkte $P(-1|-1)$ und $Q(1|1)$.
   b) Der Graph einer quadratischen Funktion hat den kleinsten Funktionswert 2.

Funktionsgraphen verschieben, spiegeln und strecken

5. Geben Sie zum beschriebenen Graphen eine passende Funktionsgleichung an.
   a) Der Graph der Funktion f mit $f(x) = 2x$ wird an der x-Achse gespiegelt und dann um 3 Einheiten nach unten verschoben.
   b) Der Graph der Funktion f mit $f(x) = x^2$ wird um 3 Einheiten nach links verschoben.
   c) Der Graph der Funktion f mit $f(x) = \frac{1}{x^2}$ wird an der x-Achse gespiegelt und dann um 7 Einheiten nach links verschoben.
   d) Der Graph der Funktion f mit $f(x) = \sqrt{x}$ wird um 2 Einheiten nach unten verschoben und dann an der y-Achse gespiegelt.

6. Gegeben ist die Funktion f mit $f(x) = x^3$. Skizzieren Sie die Funktionen g und beschreiben Sie die Veränderungen des Graphen von g im Vergleich zum Graphen von f.
   a) $g(x) = f(x + c)$, wenn $c = 2; -2$ b) $g(x) = d \cdot f(x + d) + d$, wenn $d = 2; -2$

Gleichungen lösen und Nullstellen ermitteln

Lösungen
↗ S. 186/187

 7. Lösen Sie die Gleichung.

a) $3x - 4 = 2x + 1$ b) $x^2 + 4{,}2x = 0$ c) $2x^2 = 0{,}18$

d) $x(x^2 - 1) = 0$ e) $(a - 3) \cdot (a + 3) \cdot a = 0$ f) $z^2 + 2 = 1$

g) $(k + 4)^2 = 0$ h) $2t + 4 = 2(t + 2)$ i) $2x^2 - 6 = 4x$

 8. Ermitteln Sie die Nullstellen der Funktion f.

a) $f(x) = 3(x - 1) + 2$ b) $f(x) = |x| - 2$ c) $f(x) = x^2 + 2$

d) $f(x) = (x + 2)^2 - 4$ e) $f(x) = (x - 2)(x + 5)$ f) $f(x) = -0{,}5x^2 - 2x - 6$

g) $f(x) = x^3 - 8$ h) $f(x) = x^{-2} - 4$ i) $f(x) = x^2 + x + \frac{1}{4}$

9. Geben Sie eine quadratische Gleichung an, die die angegebenen Lösungen hat.

a) $-5; 5$ b) $0; 5$ c) $-6; 2$

d) 8 e) keine Lösung   f) $\sqrt{2}$

GTR **10.** Ermitteln Sie die Nullstellen der Funktion f zunächst rechnerisch ohne GTR und dann grafisch mit GTR.

a) $f(x) = x^2 - x - 2$ b) $f(x) = (x + 1)^3$ c) $f(x) = \frac{1}{x^3} - 1$

11. Gegeben ist die Funktion f mit $f(x) = -x^4 + b$. Geben Sie an, für welche b die Funktion f

a) genau zwei Nullstellen,   b) genau eine Nullstelle,   c) keine Nullstelle hat.

Vermischtes

12. Geben Sie an, welche Terme für ▪ eingesetzt werden müssen, damit die Gleichung stimmt.

a) $(▪ + y)^2 = x^2 + 2xy + y^2$ b) $4x^2 + 12xy + 9y^2 = (▪ + ▪)^2$

c) $d^2 + 8d + ▪ = (▪ + ▪)^2$ d) $(▪ + 2a) \cdot (▪ - ▪) = 9b^2 - 4a^2$

e) $64a^2 - 48ab + ▪ = (▪ - ▪)^2$ f) $81x^2 - 49y^2 = ▪ \cdot ▪$

13. Schreiben Sie die Summe als Produkt.

a) $x^2 - 2x$ b) $y^2 - 4xy + 4x^2$ c) $4z^2 - \frac{1}{4}x^2$ d) $2n^3 + 4n^2$

14. Berechnen Sie den Wert des Terms für $x = 2$ und für $x = -2$.

a) $(-x)^2$ b) $-x^2$ c) $-x^3$ d) $(-x)^3$

15. Geben Sie für die verbale Formulierung einen Term an.

a) das Produkt von drei aufeinanderfolgenden natürlichen Zahlen

b) die Summe von drei aufeinanderfolgenden geraden natürlichen Zahlen

c) das Produkt aus dem Vorgänger und dem Nachfolger einer ganzen Zahl

d) das Produkt aus zwei aufeinanderfolgenden ungeraden ganzen Zahlen

16. Es gibt Funktionen, deren Graphen Hoch- oder Tiefpunkte haben. Erklären Sie dies an der Funktion f.

a) $f(x) = x^2 + 4x + 5$ b) $f(x) = -2\sin(x)$

17. Gegeben ist die Funktion f mit $f(x) = -x^2 - 4x - 2$.

Lösen Sie die Gleichungen $f(x) = 0$; $f(0) = y$ sowie $f(x) = -2$ und interpretieren Sie jeweils das Ergebnis.

2.1 Ganzrationale Funktionen

■ Das Bild zeigt die Graphen der Funktionen f und g mit $f(x) = x^3$ und $g(x) = x^2$ und einer Funktion h.
Erläutern Sie, wie der Graph von h aus den Graphen von f und g entsteht, und geben Sie die Funktionsgleichung von h an. ■

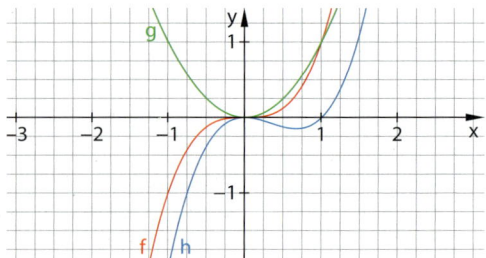

Potenzfunktionen lassen sich addieren oder subtrahieren.
Aus den Funktionen f und g mit $f(x) = x^3$ und $g(x) = x$ lässt sich beispielsweise die Funktion h mit $h(x) = x^3 + x$ bilden, indem für jedes x die zugehörigen y-Werte von f und g addiert werden. Es gilt also: $h(x) = f(x) + g(x)$.

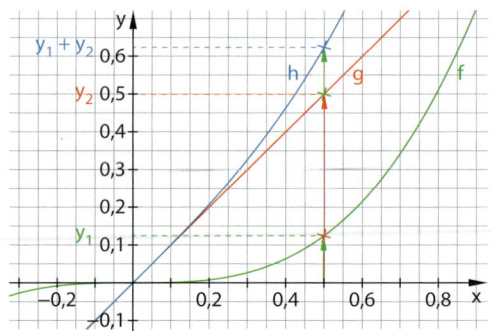

Durch Addition oder Subtraktion von Potenzfunktionen entsteht eine neue Funktionsklasse, die **ganzrationalen Funktionen**.

Hinweis:
Den Funktionsterm von f nennt man auch **Polynom**.
Sind alle Koeffizienten gleich null, so spricht man vom Nullpolynom.

Definition: Ganzrationale Funktion, Koeffizient, Grad
Eine Funktion f mit der Gleichung $f(x) = a_n x^n + a_{n-1} x^{n-1} + \ldots + a_2 x^2 + a_1 x + a_0$ (mit $n \in \mathbb{N}$, $a_0, \ldots, a_n \in \mathbb{R}$) heißt **ganzrationale Funktion**.
Der höchste Exponent n mit $a_n \neq 0$ heißt **Grad** von f; a_0 bis a_n sind die **Koeffizienten**.

Hinweis:
Die ganzrationalen Funktionen mit Grad 0 sind konstante Funktionen, die mit Grad 1 nicht konstante lineare Funktionen und die mit Grad 2 quadratische Funktionen.

Jede Potenzfunktion mit natürlichen Exponenten ist ebenfalls eine ganzrationale Funktion.

Beispiel 1: Geben Sie den Grad und die Koeffizienten der Funktion f mit $f(x) = x^3 - x^2 - 4x + 5$ an. Zeichnen Sie auch den Graphen von f.

Lösung:
Der Grad ist der Exponent der höchsten Potenz von x.

Die Koeffizienten sind die Vorfaktoren der Potenzen. Achten Sie auf das Vorzeichen. Eine Potenz ohne sichtbaren Vorfaktor hat den Koeffizienten 1 oder −1.

$f(x) = x^3 - x^2 - 4x + 5$
Grad: 3

Koeffizienten:
$a_3 = 1$, $a_2 = -1$,
$a_1 = -4$, $a_0 = 5$

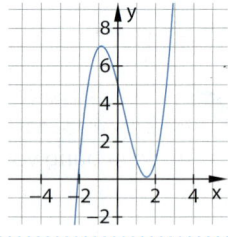

Basisaufgaben

1. Geben Sie den Grad und die Koeffizienten der ganzrationalen Funktion an. Lösen Sie, wenn vorhanden, erst die Klammern auf.
   a) $f(x) = -4x^4 + 7x^2$ b) $f(x) = 4x - 2{,}5x^3$ c) $f(x) = 1 + x + x^2$
   d) $f(x) = 1 - x$ e) $f(x) = 2x(x^2 - 3)$ f) $f(x) = (2x - 1)(x^3 + 2)$

2. Entscheiden und begründen Sie, ob die Funktion ganzrational ist.
   a) $f(x) = 3x^4 - 5x$ b) $f(x) = x^2$ c) $f(x) = \sqrt{x}$ d) $f(x) = 2x^5(1 + x^3)$

3. Prüfen Sie, ob der Punkt P auf dem Graphen von f mit $f(x) = 2x^3 + 3x^2$ liegt.

a) $P(1|5)$ b) $P(-2|3)$ c) $P(4|2)$ d) $P(10|2300)$

 4. Ermitteln Sie mit dem GTR die fehlenden Koordinaten so, dass die Punkte auf dem Graphen der Funktion f mit $f(x) = -x^4 + x^3$ liegen.

a) $P(2|\blacksquare)$ b) $Q(-2|\blacksquare)$ c) $R(\blacksquare|-1)$ d) $S(\blacksquare|-9000)$

Tipp zu 4c und d:
Sie können z. B. die Schnittpunkte des Graphen von f mit einer geeigneten Parallele zur x-Achse ermitteln.

5. Gegeben sind die Funktionen f, g und h mit $f(x) = 2x^3$, $g(x) = 4x$ und $h(x) = -2x^2$. Geben Sie die Funktionsgleichung der ganzrationalen Funktion, die aus f, g und h entsteht, an. Zeichnen Sie dann ihren Graphen mit dem GTR.

a) $i(x) = f(x) + g(x)$ b) $j(x) = f(x) - g(x)$

c) $k(x) = f(x) + h(x)$ d) $l(x) = f(x) - h(x)$

e) $m(x) = f(x) + g(x) - h(x)$ f) $n(x) = 4 \cdot f(x) - 2 \cdot (g(x) - h(x))$

6. Der abgebildete Graph ist aus dem Graphen der Funktion f mit $f(x) = x^3$ durch Verschiebung um eine Einheit nach rechts und vier Einheiten nach unten entstanden. Geben Sie die zugehörige Funktionsgleichung in ausmultiplizierter Form an.

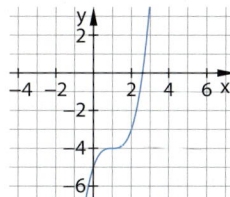

 7. Ordnen Sie die vier Funktionsgleichungen den richtigen Graphen zu. Betrachten Sie dabei die Funktionen als Überlagerung der Potenzfunktionen mit den Termen x, x^2, x^3 und x^4.

$f(x) = x^4 - x^2$ $g(x) = x^4 - x$ $h(x) = x^4 - x^3$ $i(x) = x^4 + x^3$

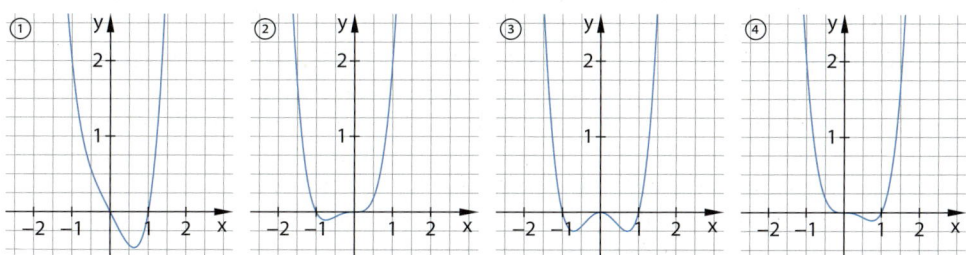

8. a) Verschieben Sie den Graphen zu $f(x) = x^2$ um zwei Einheiten nach rechts und eine Einheit nach unten. Stellen Sie die zugehörige Funktionsgleichung $g(x)$ ohne Klammern dar und zeichnen Sie ihren Graphen.

b) Begründen Sie anhand dieses Beispiels, warum Funktionen, deren Graphen durch Verschiebung von Potenzfunktionen entstanden sind, keine Potenzfunktionen mehr sind, sondern ganzrationale Funktionen.

9. Überprüfen Sie, ob die Aussage wahr oder falsch ist. Begründen Sie ihre Antwort oder geben Sie ein Gegenbeispiel an.

a) Jede Potenzfunktion ist eine ganzrationale Funktion.

b) Alle linearen und quadratischen Funktionen sind ganzrationale Funktionen.

c) Sämtliche Additionen, Subtraktionen, Multiplikationen und Divisionen von Potenzfunktionen mit natürlichen Exponenten führen zu ganzrationalen Funktionen.

d) Additionen und Subtraktionen von ganzrationalen Funktionen ergeben ebenfalls ganzrationale Funktionen.

e) Jede Potenzfunktion, die entlang der x-Achse verschoben wird, ist keine Potenzfunktion mehr, aber eine ganzrationale Funktion.

Weiterführende Aufgaben

10. Gegeben sind die Potenzfunktionen f, g und h mit $f(x) = x$, $g(x) = x^2$ und $h(x) = x^3$. Erläutern Sie, wie die Funktion k in ②, ③ und ④ durch Addition oder Subtraktion aus f, g und h entstanden ist.

    Beispiel: ① k ist die Summe aus f und g, was man durch Betrachtung der y-Werte erkennen kann. $k(x) = f(x) + g(x) = x + x^2$.

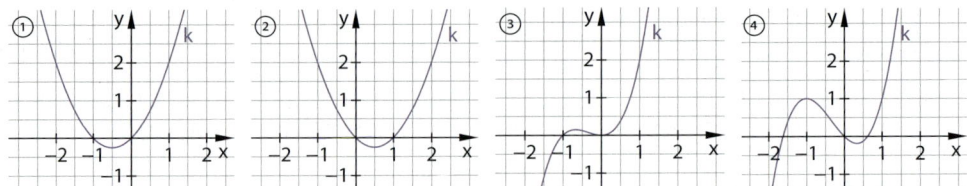

11. **Stolperstelle:** Timo sagt: „Der Grad von $f(x) = 2x^3 - 8x^5 + 5x$ ist 3, weil der erste Exponent 3 ist." Nehmen Sie Stellung.

12. Die Wertetabelle gibt die monatlichen Durchschnittstemperaturen einer Stadt an.

    GTR

Monat x	1	3	5	8	9	11	12
Temperatur in °C	9	10,7	5,6	− 1,8	− 3	− 0,5	3,9

    a) Beurteilen Sie, ob der Temperaturverlauf der Stadt durch die Funktion f mit der Gleichung $f(x) = \frac{7}{81}x^3 - \frac{14}{9}x^2 + \frac{56}{9}x + 4$ gut angenähert werden kann.

    b) Ermitteln Sie mit einer Regression eine Funktion, die den Temperaturverlauf beschreibt.

    c) Schätzen Sie die Durchschnittstemperatur im April. Begründen Sie Ihre Schätzung.

    d) Erläutern Sie, was Sie über die Lage der Stadt sagen können.

13. Der Streichholzkarton soll zusammengefaltet werden. Dazu werden an den Ecken Quadrate der Länge x herausgeschnitten.

    a) Geben Sie einen Funktionsterm an, der das Volumen der Streichholzschachtel beschreibt. Begründen Sie, dass es sich um eine ganzrationale Funktion handelt.

    b) Ermitteln Sie das Volumen der Schachtel für eine Schachtelhöhe von 3 cm.

    GTR c) Untersuchen Sie, ob die Schachtel ein Volumen von 250 cm³ fassen kann.

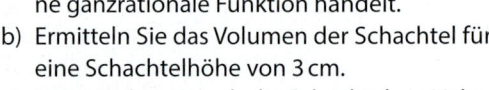

14. Durch einen Quader mit der Breite 2x, der Höhe x und der Tiefe x wurde ein Loch der Breite x und der Höhe 1 LE gebohrt.

    a) Stellen Sie einen Term zur Berechnung des Volumens des Körpers auf.

    b) Berechnen Sie das Volumen des Körpers für $x = 2$, $x = 6$ und $x = 9$.

    GTR c) Untersuchen Sie, für welche $x > 0$ der Term kein Volumen beschreibt, obwohl er ein positives Ergebnis liefert. Zeichnen Sie dazu mit dem GTR die Graphen von $g(x) = 2x^3$ und $h(x) = x^2$ in ein Koordinatensystem.

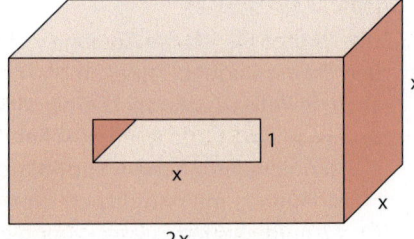

GTR **15. Ganzrationale Funktion mit linearem Gleichungssystem bestimmen:** Hilfe zu GTR/CAS ↗ S. 175

Bestimmen Sie mit dem GTR die ganzrationale Funktion dritten Grades, auf deren Graphen die Punkte P, Q, R und S liegen.

Beispiel: P(4|3), Q(−1|−2), R(1|0), S(0|3)
Ansatz $f(x) = ax^3 + bx^2 + cx + d$
Das Einsetzen der Koordinaten der Punkte in die Funktionsgleichung von f liefert ein lineares Gleichungssystem mit vier Gleichungen und vier Unbekannten. Die GTR-Lösung ergibt: $f(x) = x^3 − 4x^2 + 3$.

$$\text{linSolve}\begin{cases} a \cdot 4^3 + b \cdot 4^2 + c \cdot 4 + d = 3 \\ a \cdot (-1)^3 + b \cdot (-1)^2 + c \cdot -1 + d = -2 \\ a \cdot 1^3 + b \cdot 1^2 + c \cdot 1 + d = 0 \\ a \cdot 0^3 + b \cdot 0^2 + c \cdot 0 + d = 3 \end{cases}, \{a, \blacktriangleright$$

$$\{1, -4, 0, 3\}$$

a) P(−1|2), Q(0|5), R(2|−1), S(4|57)

b) P(0|0), Q(−4|−16), R(1|1,5), S(4|48)

c) P(3|0), Q(−3|0), R(5|160), S(−5|−160)

d) P(2|1), Q(4|15), R(−2|−3), S(1|−0,75)

GTR **16.** Die Preisentwicklung eines Ventilators kann über 12 Monate mithilfe der Durchschnittspreise in den einzelnen Elektrofachgeschäften beobachtet werden. Der Ventilator kostete im Dezember 13,56 € und im folgenden Jahr im März 14,37 €, im August 16,12 € und im Dezember wieder 13,56 €.

a) Bestimmen Sie die Funktionsgleichung einer ganzrationalen Funktion dritten Grades, die die Preisentwicklung modelliert. Stellen Sie dazu ein lineares Gleichungssystem auf und lösen Sie es mit dem GTR.

b) Ermitteln Sie, wie hoch nach diesem Modell der Durchschnittspreis im Oktober gewesen sein müsste.

17. Die Flugbahn einer Kugel beim Kugelstoßen verläuft parabelförmig und kann durch eine ganzrationale Funktion zweiten Grades beschrieben werden.

a) Ermitteln Sie die Funktionsgleichung der Flugbahn, wenn die Abwurfhöhe des Athleten 1,60 m, die Wurfweite 8 m beträgt und die Kugel nach einer horizontalen Entfernung von 2 m eine Höhe von 2,40 m erreicht.

b) Bestimmen Sie die maximale Höhe der Kugel.

18. Ausblick: Die Funktion f mit
GTR $f(t) = −0{,}08t^3 + 2t^2 − 9t + 90$ beschreibt die Höhe eines Paragliders in Abhängigkeit von der vergangenen Zeit. Dabei beschreibt t die Zeit in Minuten und $f(t)$ die Höhe des Paragliders in Metern.

a) Zeichnen Sie den Graphen von f mit dem GTR. Beschreiben Sie, in welchem Intervall die Funktion den Höhenverlauf des Paragliders realistisch beschreiben kann, wenn der Paraglider zum Zeitpunkt t = 0 startet.

b) Ermitteln Sie die größte Höhe, die der Paraglider erreicht.

c) Geben Sie an, in welchen Zeitintervallen der Paraglider sinkt und in welchen er steigt.

d) Schätzen Sie ab, nach wie vielen Minuten der Paraglider die höchste Höhenzunahme annimmt.

2.2 Globalverhalten und Extrema

■ Der Graph der Funktion f mit $f(x) = -\frac{1}{2}x^4 - \frac{2}{3}x^3 + 2x^2$ beschreibt näherungsweise das Höhenprofil einer Vulkaninsel. Die x-Achse beschreibt dabei den Meeresspiegel (1 LE im Koordinatensystem entspricht 100 m).

a) Geben Sie an, an welcher Stelle x der höchste Berg der Insel steht. Ermitteln Sie seine Höhe.

b) Geben Sie den tiefsten Punkt der Insel an.

c) Erläutern Sie, wie sich der Graph für sehr große oder sehr kleine x verhält und wieso die Modellierung der Landschaft durch f nur auf einem Intervall sinnvoll ist. ■

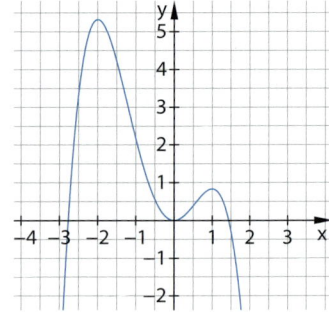

Globalverhalten

Sie wissen bereits, dass das Verhalten im Unendlichen (**Globalverhalten**) bei Potenzfunktionen vom Exponenten abhängt:

n gerade: Für $x \to \pm\infty$ gilt $f(x) = x^n \to \infty$.

n ungerade: Für $x \to \infty$ gilt $f(x) = x^n \to \infty$, für $x \to -\infty$ gilt $f(x) = x^n \to -\infty$.

Bei ganzrationalen Funktionen hängt das Verhalten im Unendlichen nur von der höchsten Potenz ab. Die Grafik zeigt die Graphen von f und g mit $f(x) = -\frac{1}{2}x^4 - \frac{1}{3}x^3 + 2x^2 + x - 1$ und $g(x) = -x^4$. Beide Graphen streben für sehr große und sehr kleine x gegen $-\infty$. Die zusätzlichen Summanden und der Faktor $\frac{1}{2}$ bei f wirken sich also nicht auf das Globalverhalten aus.

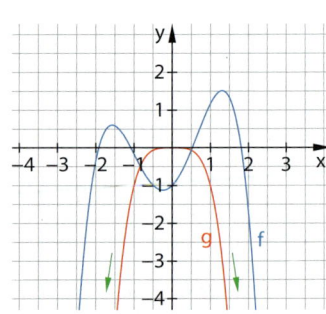

Allgemein gilt:

$f(x) = a_n x^n + a_{n-1}x^{n-1} + \ldots + a_1 x + a_0 = a_n x^n \left(1 + \frac{a_{n-1}}{a_n x} + \ldots + \frac{a_1}{a_n x^{n-1}} + \frac{a_0}{a_n x^n}\right).$

Die Terme $\frac{a_{n-1}}{a_n x}$, $\ldots$, $\frac{a_1}{a_n x^{n-1}}$ und $\frac{a_0}{a_n x^n}$ haben im Nenner jeweils eine Potenz x. Wenn x betragsmäßig sehr groß wird, nähern sich diese Terme dem Wert 0 an.

Deshalb gilt für $x \to \pm\infty$: $f(x) \approx a_n x^n \cdot 1 = a_n x^n$

> **Satz: Globalverhalten ganzrationaler Funktionen**
> Der Graph einer ganzrationalen Funktion f mit $f(x) = a_n x^n + a_{n-1}x^{n-1} + \ldots + a_1 x + a_0$ mit $a_n \neq 0$ verhält sich für $x \to \pm\infty$ wie der Graph von g mit $g(x) = a_n x^n$.

Beispiel 1: Gegeben ist die Funktion f mit $f(x) = -2x^5 + 3x^2 - 2$.
Untersuchen Sie rechnerisch das Globalverhalten der Funktion.

Lösung:

Betrachten Sie im Funktionsterm $-2x^5 + 3x^2 - 2$ den Summanden mit der höchsten Potenz.

Für $x \to \infty$ gilt $x^5 \to \infty$ und für $x \to -\infty$ gilt $x^5 \to -\infty$.

Der negative Vorfaktor -2 ändert das Vorzeichen der Funktionswerte.

Summand mit der höchsten Potenz: $-2x^5$

Globalverhalten wie g mit $g(x) = -2x^5$:
Für $x \to \infty$ gilt $f(x) \to -\infty$,
für $x \to -\infty$ gilt $f(x) \to \infty$.

Basisaufgaben

1. Geben Sie die Funktion g mit $g(x) = a_n x^n$ an, die das gleiche Globalverhalten hat wie f. Kontrollieren Sie anschließend mit dem GTR.

a) $f(x) = -3x^2 + 7x$

b) $f(x) = 1 - x + x^3$

c) $f(x) = x^2(3x^4 + x)$

d) $f(x) = 1 + x^3$

2. Geben Sie das Verhalten der Funktion für $x \to \pm\infty$ an.

a) $f(x) = 2x^2 + 5x$

b) $f(x) = 2x^3 - 9x + 1$

c) $f(x) = -x^4 + \frac{4}{3}x$

d) $f(x) = -6x^2 + 5x$

e) $g(x) = -3 + 5x^4$

f) $f(x) = 2x(-x + x^2)$

3. Geben Sie ohne zu rechnen das Vorzeichen von $f(10\,000)$ und $f(-10\,000)$ an.

a) $f(x) = -0{,}125x^3 + 1{,}025x + 1$

b) $f(x) = \frac{125}{7}x^5 - \frac{8}{913}x^2 - \frac{12}{25}$

c) $f(x) = -12{,}875x^6$

d) $f(t) = 832t^2 + 999t - 834$

4. Geben Sie bei der Funktion f mit $f(x) = a \cdot x^n$ Werte für a und n so an, dass die Bedingungen erfüllt werden.

a) Für $x \to \infty$ gilt $f(x) \to \infty$, für $x \to -\infty$ gilt $f(x) \to \infty$.

b) Für $x \to \infty$ gilt $f(x) \to -\infty$, für $x \to -\infty$ gilt $f(x) \to \infty$.

c) Für $x \to \infty$ gilt $f(x) \to \infty$, für $x \to -\infty$ gilt $f(x) \to -\infty$.

d) Für $x \to \infty$ gilt $f(x) \to -\infty$, für $x \to -\infty$ gilt $f(x) \to -\infty$.

5. In der Tabelle ist der grafische Verlauf einer ganzrationalen Funktion f mit $f(x) = a_n x^n + a_{n-1}x^{n-1} + \ldots a_1 x + a_0$ und $a_n \neq 0$, $n \geq 2$ für $x \to \infty$ und $x \to -\infty$ angedeutet. Übertragen Sie die Tabelle in Ihr Heft und ergänzen Sie in der oberen Zeile die fehlenden Eigenschaften für n und a_n.

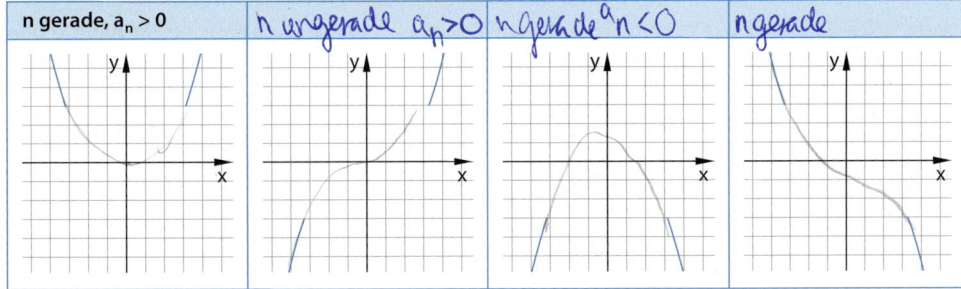

| n gerade, $a_n > 0$ | n ungerade $a_n > 0$ | n gerade $a_n < 0$ | n gerade |

6. Überlegen Sie, welcher Graph zu welcher Funktion gehört. Argumentieren Sie dabei mit dem Verhalten im Unendlichen.

$f(x) = -0{,}5x^3 + 2x^2 - x$

$g(x) = x^4 - 9x^2$

$h(x) = -x^3(x - 3)$

$i(x) = 3x^5 - 10x^3 - 1$

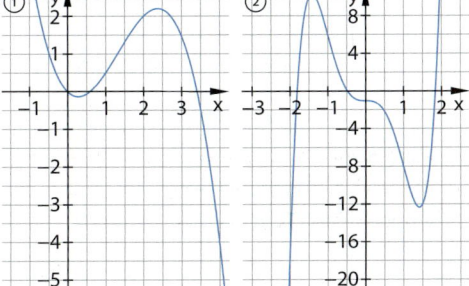

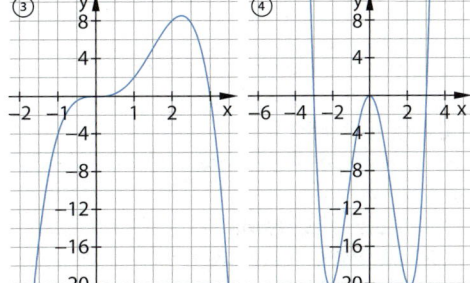

Lokale und globale Extrema

Graphen von Funktionen können **Hoch-** und **Tiefpunkte** haben. Diese haben in einem kleinen Intervall um die x-Koordinate des Punktes den größten bzw. den kleinsten Funktionswert.

Am Tiefpunkt $P(-1|-1)$ hat die dargestellte Funktion ein **lokales Minimum**. Dieses ist gleichzeitig **globales Minimum**, da die Funktion an keiner Stelle einen niedrigeren Funktionswert annimmt.
Beim Tiefpunkt $R(2|0,69)$ liegt ein **lokales**, aber kein globales **Minimum** vor, da die Funktion auch niedrigere Funktionswerte annimmt.
Beim Hochpunkt $Q(1|1)$ liegt ein **lokales Maximum** vor. Es gibt kein globales Maximum, da die Funktion für $x \to \pm \infty$ immer größere Werte annimmt.

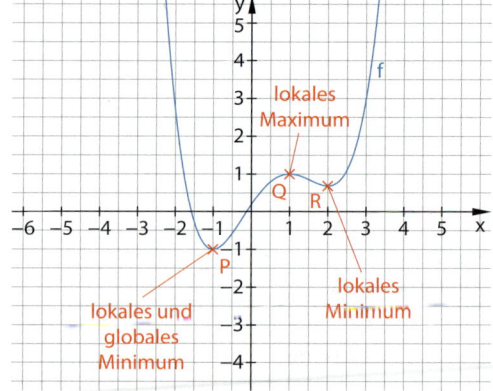

> ### Definition: Hoch- und Tiefpunkt; Maximum und Minimum
> Der Graph einer Funktion f hat an der Stelle x_E einen **Hochpunkt** bzw. **Tiefpunkt**, wenn für alle x in einer Umgebung um x_E gilt: $f(x) \leq f(x_E)$ bzw. $f(x) \geq f(x_E)$.
> Den Funktionswert $f(x_E)$ nennt man **lokales Maximum** bzw. **lokales Minimum**.
> Ist f(x) der **größte** bzw. **kleinste Funktionswert** im Definitionsbereich von f, so ist f(x) ein **globales Maximum** bzw. **globales Minimum** von f.

Hoch- und Tiefpunkte bezeichnet man als **lokale Extrempunkte**, ihre x-Werte als **lokale Extremstellen** und ihre y-Werte als **lokale Extrema**.
Bei Funktionen, die nur auf einem Intervall definiert sind, werden die Intervallränder nicht als lokale Extremstellen bezeichnet. Liegt der größte oder kleinste Funktionswert am Rand des Intervalls, so spricht man von einem **Randextremum**. Globale Maxima oder Minima befinden sich dann bei einem Hochpunkt bzw. Tiefpunkt oder an den Rändern des Intervalls.

Beispiel 2: Die Funktion f wird im eingeschränkten Definitionsbereich $D = [-2; 6]$ betrachtet.
a) Geben Sie die Hoch- und Tiefpunkte von f an.
b) Geben Sie das globale Minimum und das globale Maximum sowie die zugehörigen x-Werte an.

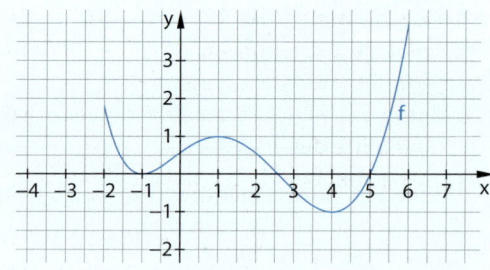

Lösung:
a) Lesen Sie alle Hoch- und Tiefpunkte am Graphen ab.

Hochpunkt $H(1|1)$
Tiefpunkte $T_1(-1|0)$ und $T_2(4|-1)$

b) Lesen Sie die Funktionswerte an den Definitionsrändern ab.
Betrachten Sie alle lokalen Extrempunkte im Definitionsbereich und die Randpunkte. Der niedrigste y-Wert ist das globale Minimum, der höchste y-Wert das globale Maximum.

$f(-2) = 1,8$ $R_1(-2|1,8)$
$f(6) = 4$ $R_2(6|4)$

Globales Minimum: $y = -1$ bei $x = 4$
Globales Maximum: $y = 4$ bei $x = 6$
(Randextremum)

Basisaufgaben

7. Geben Sie alle Hoch- und Tiefpunkte des Graphen an.

a)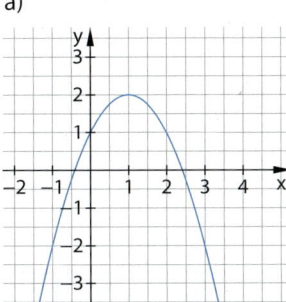

b)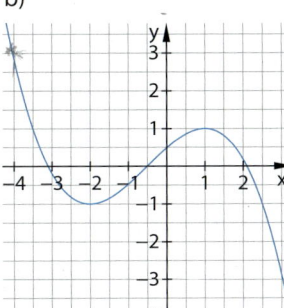

c)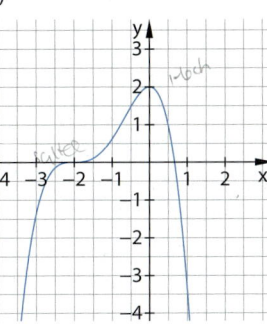

8. Bestimmen Sie alle Hoch- und Tiefpunkte und geben Sie das globale Maximum sowie das globale Minimum mit den zugehörigen x-Werten im Definitionsbereich D an.

a) $D = [-2; 5]$

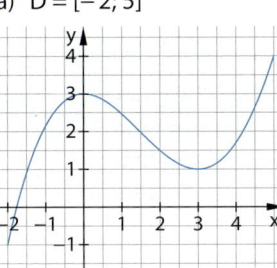

b) $D = [-4,15; 3]$

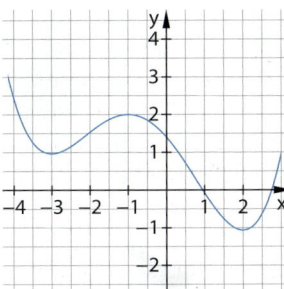

c) $D = [-5; 1]$

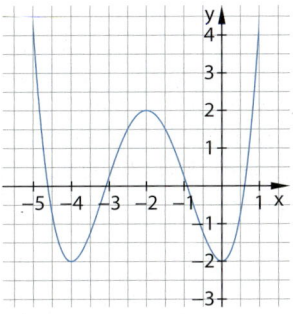

9. Skizzieren Sie einen Funktionsgraphen mit den angegebenen Eigenschaften im Intervall $[-1; 6]$. Vergleichen Sie Ihre Ergebnisse mit Ihrem Nachbarn und benennen Sie gegebenenfalls weitere besonderen Punkte.

a) Hochpunkt bei $H(0|5)$ und Tiefpunkt bei $T(4|-1)$

b) Hochpunkt an der Stelle $x = 1$, lokales Maximum 4 bei $x = 3$

c) globales Minimum am Rand des Definitionsbereichs, globales Maximum bei $x = 2$ und Schnitt mit der x-Achse bei 1

d) globales Minimum an beiden Rändern des Definitionsbereichs, globales Maximum in der Mitte des Intervalls

e) Tiefpunkt bei $T(1|3)$, globales Maximum 4 und globales Minimum -1

GTR **10.** Zeichnen Sie den Graphen der Funktion f mit $f(x) = -x^4 + \frac{21}{2}x^2 + \frac{1}{2}x$ mit dem GTR.

a) Bestimmen Sie mithilfe des GTR die Hoch- und Tiefpunkte.

b) Geben Sie zwei verschiedene Intervalle mit jeweils unterschiedlichen globalen Maxima und Minima an.

Hilfe zu GTR/CAS
↗ S. 176

GTR **11.** Gegeben ist die Funktion f mit $f(x) = 0,8x^4 - 10,6x^2 - 5,3x + 42$. Finden Sie mithilfe des GTR Intervalle für den Definitionsbereich so, dass die angegebenen Bedingungen erfüllt werden.

a) globales Minimum bei $x = -2,44$ und globales Maximum bei $x = -0,25$

b) globales Minimum bei $x = 2,69$ und globales Maximum bei $x = 1$

c) globales Minimum bei $x = 2,69$ und globales Maximum bei $x = -3,5$

d) globales Minimum bei $x = -2,44$ und globales Maximum am Rand des Definitionsbereichs

Weiterführende Aufgaben

12. Das Diagramm beschreibt den monatlichen Umsatz einer Consultingfirma.

    a) Beschreiben Sie den Verlauf des Umsatzes. Geben Sie die Monate an, in denen der Umsatz „lokal" maximal bzw. minimal war.

    b) Lesen Sie den Monat ab, in dem das Unternehmen den höchsten (niedrigsten) Umsatz erzielte.

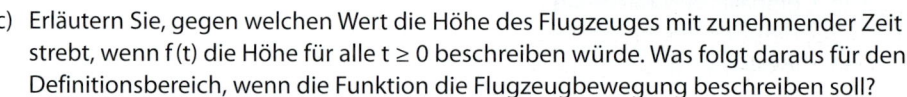

Hilfe zu GTR/CAS GTR
↗ S. 176

13. Ein Flugzeug bewegt sich in einer Turbulenz gemäß der Funktion f mit

$$f(t) = \frac{1}{6\,075}\left(t^4 - \frac{140}{3}t^3 + 672t^2 - 2\,880t + 34\,146\right)$$

(t: Zeit ab dem Beobachtungsbeginn in Minuten im Intervall [0; 25], f(t): Höhe des Flugzeuges in km).

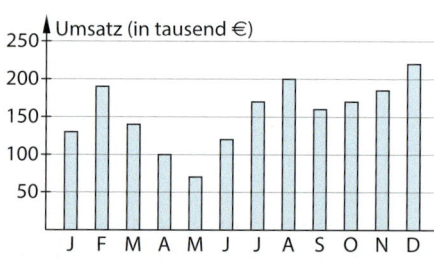

    a) Ermitteln Sie mit dem GTR die niedrigste und die größte Flughöhe.

    b) Geben Sie die größte Flughöhe in den ersten 4 Minuten an.

    c) Erläutern Sie, gegen welchen Wert die Höhe des Flugzeuges mit zunehmender Zeit strebt, wenn f(t) die Höhe für alle t ≥ 0 beschreiben würde. Was folgt daraus für den Definitionsbereich, wenn die Funktion die Flugzeugbewegung beschreiben soll?

 14. Stolperstelle: Linda hat einige Eigenschaften aus dem Funktionsgraphen abgelesen. Erklären Sie, welche Fehler Linda begangen hat.

    Hochpunkte: − 5,4; 1,8
    Tiefpunkt: − 3
    globales Maximum: (1 | 1,8)
    globales Minimum: − 6,8

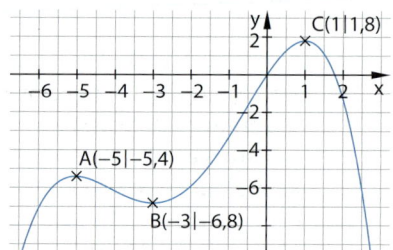

15. Das Bild zeigt den Graphen von f mit
$$f(x) = -0{,}5x^5 + 2x^4 + 0{,}5x^3 - 8x^2 + 6x - 2.$$
Nina sagt: „Die Punkte A, B und C sind die Hoch- und Tiefpunkte des Graphen."
Marielle antwortet: „Da fehlt noch mindestens ein lokaler Extrempunkt."
Begründen Sie, weshalb Marielle recht hat und erklären Sie, ob ein Hoch- oder Tiefpunkt fehlt.

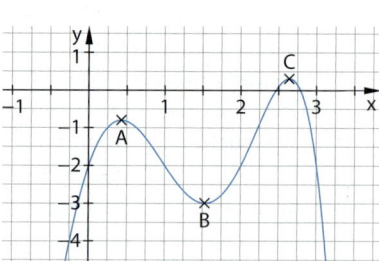

16. Max behauptet, dass eine ganzrationale Funktion keine zwei Hochpunkte haben kann, ohne einen Tiefpunkt dazwischen zu haben und umgekehrt.
Begründen Sie anschaulich, weshalb Max' Behauptung richtig ist.

17. Für eine Funktion f gelte: Für x → ∞ gilt f(x) → − ∞ und für x → − ∞ gilt f(x) → ∞.
Geben Sie begründet das Globalverhalten der Funktion g an.

    a) $g(x) = 3 \cdot f(x)$ b) $g(x) = -\frac{1}{2} \cdot f(x)$ c) $g(x) = f(x) - 2000$ d) $g(x) = (f(x))^2$

Keep calm   my love

GTR **18.** Die Anzahl der Besucher in einem Museum wird durch die Funktion f mit

$$f(x) = -\frac{55}{72}x^4 + \frac{515}{12}x^3 - \frac{21\,365}{24}x^2 + \frac{145\,265}{18}x - \frac{79\,300}{3}$$

in dem Bereich, in dem die Funktionswerte von f nicht negativ sind, modelliert
(x: Uhrzeit, f(x): Anzahl der Besucher).

a) Zeichnen Sie den Graphen von f mit dem GTR und stellen Sie eine Vermutung über die Öffnungszeiten des Museums auf.

b) Ermitteln Sie den Zeitpunkt, an dem die meisten Besucher im Museum sind und geben Sie die maximale Anzahl an Besuchern an.

c) Nennen Sie die Uhrzeit, in der die zweite Welle an Besuchern ihren Höhepunkt erreicht.

d) Aus Sicherheitsgründen muss weiteres Sicherheitspersonal geordert werden, wenn sich mindestens 500 Besucher im Museum befinden. Ermitteln Sie die Zeiträume, in denen zusätzliches Sicherheitspersonal benötigt wird.

19. Skizzieren Sie einen passenden Graphen einer ganzrationalen Funktion. Überlegen Sie, welchen Einfluss der Grad auf das Verhalten des Graphen für $x \to \pm\infty$ hat.

a) Grad 2, Tiefpunkt bei $T(-2|-1)$

b) Grad 2, globales Maximum 5 bei $x = -1$

c) Grad 3, Tiefpunkt bei $T(0|0)$, Hochpunkt bei $H(4|1)$

d) Grad 3, lokales Minimum -3 bei $x = 2$

e) Grad 4, Tiefpunkt bei $T(3|0)$, lokales Maximum 3 und globales Maximum 5

f) Grad 4, Hochpunkt bei $H(2|6)$, lokales Minimum bei $x = 4$

20. Existenz eines globalen Maximums und Minimums:

a) Begründen Sie, dass es keine ganzrationale Funktion mit Grad $n \geq 1$ gibt, die auf $\mathbb{R}$ sowohl ein globales Maximum als auch ein globales Minimum hat.

b) Erläutern Sie, weshalb Funktionen mit geradem Grad auf $\mathbb{R}$ mindestens ein globales Maximum oder Minimum haben müssen.

c) Geben Sie je zwei Beispiele ganzrationaler Funktionen mit folgender Eigenschaft an.
① Es gibt auf $\mathbb{R}$ ein globales Minimum, aber kein globales Maximum.
② Es gibt auf $\mathbb{R}$ ein globales Maximum, aber kein globales Minimum.
③ Es gibt auf $\mathbb{R}$ weder ein globales Minimum noch ein globales Maximum.

d) Erläutern Sie, dass die Funktion f mit $f(x) = x^2$ ein globales Minimum, aber kein globales Maximum hat, wenn man als Definitionsbereich $-1 < x < 2$ wählt.

e) Untersuchen Sie, ob ganzrationale Funktionen, die auf einem Intervall $a \leq x \leq b$ definiert sind, immer ein globales Maximum und ein globales Minimum haben. Erläutern Sie, an welchen Stellen sich diese globalen Extrema befinden können.

21. Ausblick: Gegeben sind die folgenden Funktionen:

① $f(x) = \frac{3}{2}x^5 + \frac{1}{x^2}$

② $g(x) = 1 - \frac{1}{x} + \frac{1}{x^2}$

③ $h(x) = -2 + \frac{3}{x^4} + \frac{1}{7x^2}$

④ $i(x) = \left(3 - \frac{2}{x^2}\right)(x + x^2)$

a) Untersuchen und begründen Sie, ob die Funktionen ganzrational sind.

b) Geben Sie den Definitionsbereich der Funktionen an.

c) Bestimmen Sie das Verhalten der Funktionen für $x \to \infty$ und $x \to -\infty$. Zeichnen Sie zur Kontrolle die Graphen mit dem GTR.

2.3 Symmetrie

■ Zeichnen Sie die Graphen der Funktionen mit dem GTR. Untersuchen Sie die Funktionsgraphen auf Symmetrie. Beschreiben Sie einen Zusammenhang zwischen den Funktionsgleichungen und der Symmetrie der Graphen.

① $f(x) = -x^4 + 2x^2 + 1$ ② $f(x) = 2x^5 - 5x^3 + x$ ③ $f(x) = 8x^6 - 6x^5 - 3x^2$ ■

Sie wissen bereits, dass der Graph einer Funktion **achsensymmetrisch zur y-Achse** ist, wenn $f(-x) = f(x)$ für alle x gilt.

Die Funktion f mit $f(x) = \frac{1}{2}x^2 - 1$ ist achsensymmetrisch zur
y-Achse:

$f(-x) = \frac{1}{2}(-x)^2 - 1 = \frac{1}{2}x^2 - 1 = f(x)$

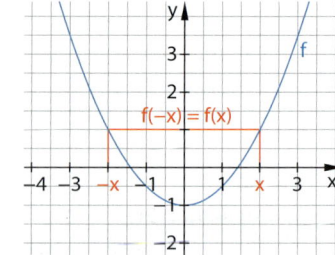

Erinnerung:
$(-x)^2 = (-x) \cdot (-x)$
$\qquad = x^2$

$(-x)^3 = (-x) \cdot (-x) \cdot (-x)$
$\qquad = x^2 \cdot (-x)$
$\qquad = -x^3$

Analog ist der Graph einer Funktion **punktsymmetrisch
zum Ursprung**, wenn $f(-x) = -f(x)$ für alle x gilt.

Die Funktion f mit $f(x) = \frac{1}{4}x^3 - \frac{3}{2}x$ ist punktsymmetrisch zum
Ursprung:

$f(-x) = \frac{1}{4}(-x)^3 - \frac{3}{2}(-x) = -\frac{1}{4}x^3 + \frac{3}{2}x = -\left(\frac{1}{4}x^3 - \frac{3}{2}x\right) = -f(x)$

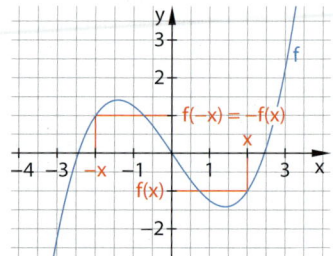

Da $(-x)^n = x^n$ nur für gerade Exponenten gilt, kann für eine ganzrationale Funktion f nur dann
$f(-x) = f(x)$ gelten, wenn der Funktionsterm von f nur Potenzen von x mit geraden Exponenten
hat. Solche Funktionen heißen **gerade Funktionen**.

Analog gilt $(-x)^n = -x^n$ nur für ungerade Exponenten. Daher kann $f(-x) = -f(x)$ nur dann
gelten, wenn der Funktionsterm von f nur Potenzen von x mit ungeraden Exponenten hat.
Solche Funktionen heißen **ungerade Funktionen**.

Hinweis:
Der Satz bezieht sich
auf Funktionsterme in
ausmultiplizierter Form.

Hinweis:
$f(x) = 5x + 3$ hat z. B.
einen ungeraden Expo-
nenten wegen $5x = 5x^1$
und einen geraden
Exponenten wegen
$3 = 3x^0$.

Satz: Achsensymmetrie zur y-Achse und Punktsymmetrie zum Ursprung
– Der Graph einer ganzrationalen Funktion f ist genau dann **achsensymmetrisch zur
  y-Achse**, wenn der Funktionsterm von f nur **gerade Exponenten** hat.
– Der Graph einer ganzrationalen Funktion f ist genau dann **punktsymmetrisch zum
  Ursprung**, wenn der Funktionsterm von f nur **ungerade Exponenten** hat.

Beispiel 1: Achsensymmetrie zur y-Achse
Untersuchen Sie, ob der Graph der Funktion achsensymmetrisch zur y-Achse ist.

a) $f(x) = 8x^4 - x^2$ b) $g(x) = -2x^2 + \frac{1}{2}x^3 + 2$ c) $h(x) = 4x(-2x^3 + 3x) - 1$

Lösung:

a) $f(x) = 8x^4 - x^2$
hat nur gerade Exponen-
ten. Der Graph ist
achsensymmetrisch zur
y-Achse.

b) $g(x) = -2x^2 + \frac{1}{2}x^3 + 2$
hat gerade und ungerade
Exponenten. Der Graph
ist nicht achsensymme-
trisch zur y-Achse.

c) $h(x) = 4x(-2x^3 + 3x) - 1$
$\qquad = -8x^4 + 12x^2 - 1$
hat wegen $-1 = -1x^0$
nur gerade Exponenten.
Der Graph ist achsen-
symmetrisch zur
y-Achse.

Basisaufgaben

1. Untersuchen Sie, ob der Graph der Funktion achsensymmetrisch zur y-Achse ist oder nicht. Kontrollieren Sie Ihr Ergebnis, indem Sie den Graphen mit dem GTR zeichnen.

   a) $f(x) = 1 + 2x + 3x^2$ b) $f(x) = -\frac{1}{3}x^6 + \frac{2}{7}x^2 - 1$ c) $f(x) = 10x^2$

   d) $f(x) = -3x^4 + 8$ e) $f(x) = 2x - x^2 + x^4$ f) $f(x) = 1$

2. Untersuchen Sie, ob der Graph der Funktion punktsymmetrisch zum Ursprung ist oder nicht. Kontrollieren Sie Ihr Ergebnis, indem Sie den Graphen mit dem GTR zeichnen.

   a) $f(x) = -x^7 - x^3$ b) $f(x) = -x^4$ c) $f(x) = x$

   d) $f(x) = 2x + 3$ e) $f(x) = 3$ f) $f(x) = x^3 + 2x^5 + 8x^4$

3. Erläutern Sie, ob der zugehörige Funktionsterm gerade oder ungerade Exponenten hat.

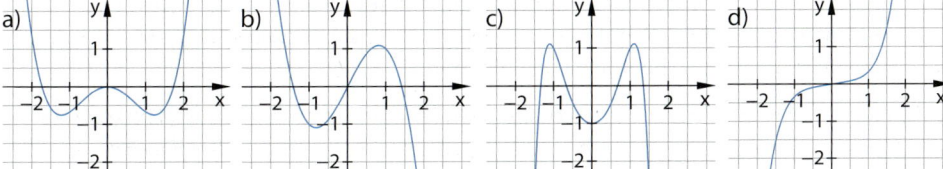

4. Entscheiden Sie, ob der Graph von f achsensymmetrisch zur y-Achse, punktsymmetrisch zum Ursprung oder nichts von beidem ist. Formen Sie zunächst den Funktionsterm um.

   a) $f(x) = 2x(3 + x^2)$ b) $f(x) = -2(x^2 + x)$

   c) $f(x) = \left(x^3 + \frac{1}{2}x^{-1}\right) \cdot x$ d) $f(x) = (x^2)^3$

   e) $f(t) = 4t + 11t^9$ f) $f(x) = r^3 x^2 - r(x^4 + x^6)$ mit $r \neq 0$

5. Prüfen Sie rechnerisch, ob der Graph von f achsensymmetrisch zur y-Achse oder punktsymmetrisch zum Ursprung ist, indem Sie $f(-x)$ mit $f(x)$ bzw. $-f(x)$ vergleichen.

   a) $f(x) = x(-3x) + 7$ b) $f(x) = (2x^4 - 7)x^2 + 11x^2$

   c) $f(x) = 2x + 10x^3$ d) $f(x) = x^3\left(-\frac{2}{7} - 8x^2\right)$

   e) $f(x) = x^3(x^3 - 7x)$ f) $f(x) = ax^4 + bx^2 + c$ mit $a \neq 0$

   g) $f(x) = -x(x^4 - 6x^2 + 6)$ h) $f(x) = ax^3 + bx$ mit $a \neq 0$

6. Vervollständigen Sie die Wertetabelle so, dass sie zu einem zur y-Achse achsensymmetrischen Graphen passt.

x	−4	−3	−2	−1	0	1	2	3	4
y	−163			2	−3		5	−30	

Weiterführende Aufgaben

7. **Stolperstelle:** Leonie sagt: „$f(x) = 5x^5 - 7x^3 + 2x - 1$ ist punktsymmetrisch zum Ursprung, da alle Exponenten ungerade sind." Nehmen Sie Stellung.

8. Ordnen Sie die Graphen den Funktionsgleichungen zu, indem Sie das Symmetrieverhalten und das Globalverhalten analysieren.

$f(x) = 4x^3 - 11x$ $\qquad$ $g(x) = -x^4 + 7x^2 - 6x$

$h(x) = -x^4 + 3x^2$ $\qquad$ $i(x) = 2x^6 - 4x^4 + x^2$

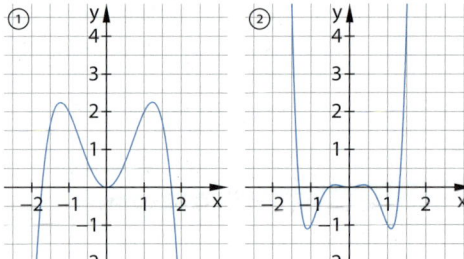 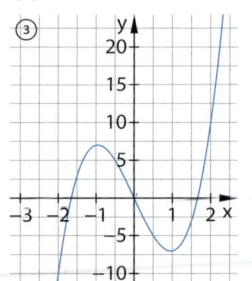 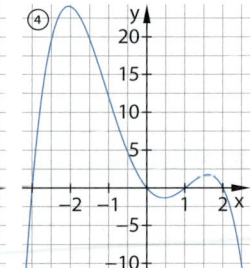

9. Überprüfen Sie, welche Behauptungen über ganzrationale Funktionen vom Grad n ≥ 1 wahr sind und welche falsch. Korrigieren Sie die falschen Aussagen.

a) Die Koeffizienten von x haben einen Einfluss auf das Symmetrieverhalten des Graphen.

b) Achsensymmetrische Funktionen haben für $x \to \pm\infty$ das gleiche Globalverhalten.

c) Der Graph jeder achsensymmetrischen Funktion hat mindestens einen Hochpunkt.

d) Der Graph jeder punktsymmetrischen Funktion hat mindestens einen lokalen Extrempunkt.

e) Ist der Graph punktsymmetrisch, so verläuft er durch den Ursprung.

10. Tim behauptet, dass der Graph zu $f(x) = 3x^3 - 10x^2 + 15x + 10$ punktsymmetrisch zum Ursprung sein muss, da er durch die Punkte $P(1|18)$ und $Q(-1|-18)$ verläuft. Nehmen Sie Stellung zu Tims Aussage.

11. Finden Sie jeweils ein geeignetes $n \in \mathbb{N}$, sodass der Funktionsgraph von f achsensymmetrisch zur y-Achse oder punktsymmetrisch zum Ursprung wird. Geben Sie an, bei welchen Funktionstermen das nicht möglich ist.

a) $f(x) = x^n$ $\qquad$ b) $f(x) = 3x^{2n+1}$ $\qquad$ c) $f(x) = 6x + x^{2n} - x^4$

d) $f(x) = -x^{n-3}$ $\qquad$ e) $f(x) = \frac{1}{2}x^{n+1} - 7x^{2n}$ $\qquad$ f) $f(x) = -2x^n + 8x^{n+3}$

GTR **12.** Klara sieht den nebenstehenden Graphen, der zum Funktionsterm $f(x) = x^6 - 5x^4 + 5x^2 - 1$ gehört, und stellt fest, dass der Fensterausschnitt nicht optimal gewählt wurde. Bewerten Sie Klaras Aussage unter Betrachtung der Symmetrie und des Globalverhaltens. Stellen Sie den Graphen von f mit dem GTR in einem sinnvollen Bereich dar.

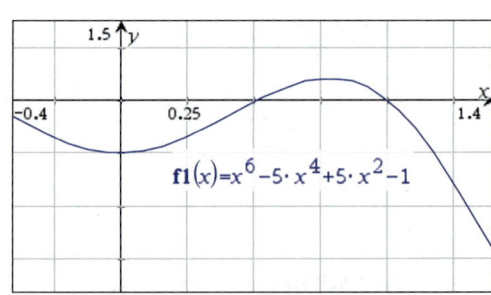

13. Paul hat sich folgende Merksätze aufgeschrieben. Nehmen Sie Stellung.

Für $x \to \pm\infty$ ist das Verhalten gleich, wenn alle Exponenten gerade sind.

Wenn der größte Exponent gerade ist, ist die Funktion achsensymmetrisch.

14. Geben Sie die Koordinaten von zwei Punkten des Graphen von f mit $f(x) = 2x^3 - 2x + 6$ an, aus denen man erkennt, dass der Graph von f weder achsensymmetrisch zur y-Achse noch punktsymmetrisch zum Ursprung ist.

15. Die Flugkurve eines Hochspringers kann vereinfacht mithilfe der Funktion f mit $f(x) = -0,6x^2 + 1,4x + 1$ dargestellt werden, wobei x die horizontale und f(x) die vertikale Entfernung des Körperschwerpunktes vom Absprungpunkt beschreibt.

a) Bestimmen Sie mithilfe von Symmetrieüberlegungen, in welcher Entfernung zur Latte der Springer abspringen sollte.

b) Ermitteln Sie näherungsweise, welche maximale Höhe überquert werden kann.

16. Der Graph der Funktion f mit $f(x) = x^2 + 22x + 129$ geht durch Verschiebung in x-Richtung aus dem Graphen einer Funktion g hervor, die achsensymmetrisch zur y-Achse ist.

a) Bestimmen Sie die Funktionsgleichung von g.

b) Bestimmen Sie anhand der Verschiebung die Symmetrieeigenschaft von f.

17. **Symmetrie zu beliebigen Achsen:** Der abgebildete Funktionsgraph ist symmetrisch zur Achse x = 2.

a) Für Funktionen, deren Graphen achsensymmetrisch zur y-Achse ist, gilt $f(-x) = f(x)$. Geben Sie eine entsprechende Beziehung an, die für Funktionen gelten muss, deren Graph symmetrisch zur Achse x = c ist. Erläutern Sie: Ist f achsensymmetrisch zur Achse x = c, so ist die Funktion g mit $g(x) = f(x + c)$ achsensymmetrisch zur y-Achse.

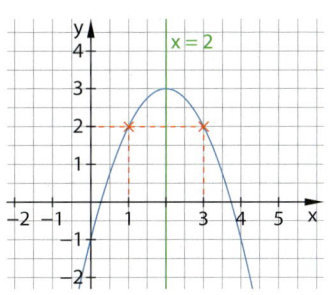

b) Zeigen Sie rechnerisch, dass der Graph von f symmetrisch zur angegebenen Achse ist.

① $f(x) = x^2 - 10x$;   x = 5

② $f(x) = -x^2 - 8x - 7$;   x = -4

③ $f(x) = (x + 7)^4 - 8(x + 7)^2 - 10$;   x = -7

18. **Symmetrie zu beliebigen Punkten:** Der abgebildete Funktionsgraph ist symmetrisch zum Punkt P(2|2).

a) Für Funktionen, deren Graphen punktsymmetrisch zum Ursprung ist, gilt $f(-x) = -f(x)$. Geben Sie eine entsprechende Beziehung an, die für Funktionen gelten muss, deren Graph symmetrisch zum Punkt P(a|b) ist. Erläutern Sie: Ist f punktsymmetrisch zum Punkt P(a|b), so ist die Funktion g mit $g(x) = f(x + a) - b$ punktsymmetrisch zum Ursprung.

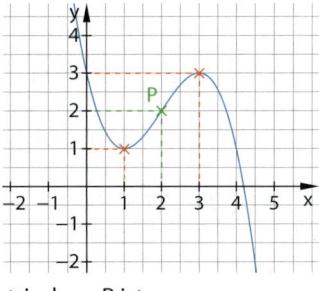

b) Zeigen Sie rechnerisch, dass der Graph von f punktsymmetrisch zu P ist.

① $f(x) = 7x^5 + 11x - 9$;   P(0|-9)

② $f(x) = x^3 - 12x^2 + 50x - 64$;   P(4|8)

③ $f(x) = (x + 4,5)^9 + 11(x + 4,5)^5 - 6(x + 4,5)^3 - 2$;   P(-4,5|-2)

19. **Ausblick:** Sind g und h ganzrationale Funktionen, dann ist die Funktion f mit $f(x) = \frac{g(x)}{h(x)}$ eine **gebrochen-rationale Funktion**.

a) Untersuchen Sie ob die gebrochen-rationale Funktion f mit $f(x) = \frac{x}{x^2 - 1}$ punktsymmetrisch zum Ursprung oder achsensymmetrisch zur y-Achse ist. Vergleichen Sie mit den Symmetrieregeln für ganzrationale Funktionen.

b) Finden Sie eine Regel für punktsymmetrische gebrochen-rationale Funktionen.

2.4 Nullstellen

■ Ein junger Delfin springt 1 m weit aus dem Wasser. Nach dem Eintauchen schwimmt er 2 m und springt erneut 1 m weit. Erläutern Sie, warum man den Schwimmverlauf durch f mit $f(x) = -0{,}25x\,(x-1)\,(x-3)\,(x-4)$ modellieren könnte. Erläutern Sie die Bedeutung der x-Achse im Sachzusammenhang und schränken Sie f auf einen geeigneten Definitionsbereich ein. ■

Nullstellen und Linearfaktoren

Zur Berechnung von Nullstellen einer Funktion f muss die Gleichung $f(x) = 0$ gelöst werden.

Die Nullstellen von f mit $f(x) = (x-3)\,(x-1)\,(x+1)$ lassen sich leicht ablesen, da der Funktionsterm vollständig in **Linearfaktoren** vorliegt.
Die Gleichung $(x-3)\,(x-1)\,(x+1) = 0$ ist erfüllt, wenn einer der Linearfaktoren $(x-3)$, $(x-1)$ oder $(x+1)$ null ist. Damit erhält man die Nullstellen 3, 1 und -1.

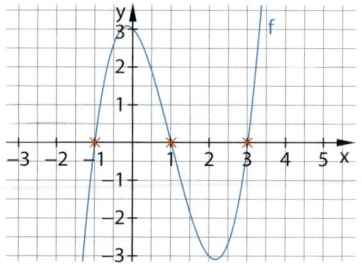

Erinnerung:
Regel vom Nullprodukt:
Ein Produkt ist genau dann 0, wenn einer seiner Faktoren 0 ist.

Hinweis:
Die **Polynomdivision** (siehe Seite 71) ist ein Verfahren, um Linearfaktoren abzuspalten.

Nach der Regel vom Nullprodukt gehört zu jedem Linearfaktor eine Nullstelle.
Umgekehrt kann man zeigen, dass zu einer Nullstelle a einer ganzrationalen Funktion mit Grad n ein Linearfaktor $(x-a)$ gehört, den man vom Funktionsterm abspalten kann. Mit jeder Nullstelle, deren Linearfaktor man abspaltet, nimmt der Grad des Restterms um 1 ab. Es lassen sich also höchstens n Linearfaktoren abspalten und es gibt höchstens n Nullstellen.

$g(x) = 5x^4 + 5x^3 - 9x^2 + x - 2$

Nullstelle: $x_1 = 1$
Abspalten von $(x-1)$:
$g(x) = (x-1)\,(5x^3 + 10x^2 + x + 2)$

Nullstelle: $x_2 = -2$
Abspalten von $(x+2)$:
$g(x) = (x-1)\,(x+2)\,(5x^2 + 1)$

Wegen $5x^2 + 1 > 0$ gibt es keine weitere Nullstelle. $g(x)$ lässt sich nicht vollständig in Linearfaktoren zerlegen.

> **Satz: Nullstellen einer ganzrationalen Funktion**
> Eine ganzrationale Funktion f vom Grad n hat **höchstens n Nullstellen.**

Beispiel 1: Bestimmen Sie die Nullstellen der Funktion.

a) $f(x) = \frac{1}{2}(x-2)\,(x+3)\,(x^2+10)$ b) $g(x) = x^3 - 5x^2 + 6x$

Lösungen:

a) Wenden Sie die Regel vom Nullprodukt an. Setzen Sie die einzelnen Faktoren des Funktionsterms gleich null und lösen Sie die Gleichung.

$\frac{1}{2}(x-2)\,(x+3)\,(x^2+10) = 0$
Aus $x - 2 = 0$ folgt $x = 2$.
Aus $x + 3 = 0$ folgt $x = -3$.
$x^2 + 10 = 0$ hat keine Lösung.

Nullstellen: $x_1 = 2$ und $x_2 = -3$

Erinnerung:
p-q-Formel:
$x^2 + px + q = 0$
$x_{1/2} = -\frac{p}{2} \pm \sqrt{\left(\frac{p}{2}\right)^2 - q}$

b) Klammern Sie x aus. Nach der Regel vom Nullprodukt ist dann x oder der Term in der Klammer null. $x^2 - 5x + 6 = 0$ können Sie mit der p-q-Formel lösen.

$x^3 - 5x^2 + 6x = 0$ | x ausklammern
$x\,(x^2 - 5x + 6) = 0$
$x = 0$ oder $x^2 - 5x + 6 = 0$

Nullstellen: $x_1 = 0$; $x_2 = 2$; $x_3 = 3$

Basisaufgaben

1. Bestimmen Sie die Nullstellen der Funktion f.

a) $f(x) = (x - 4)(x + 5)$ b) $f(x) = (x - 1)(x + 5)(x - 6)$ c) $f(x) = (x - 1)x$

d) $f(x) = -4x(x - 1)$ e) $f(x) = (2x - 1)(3x + 1)$ f) $f(x) = x^2 - 64$

g) $f(x) = -4x^2 + 100$ h) $f(x) = 2x^2 - 8x$ i) $f(x) = 3x^3 - 81$

2. Berechnen Sie alle Nullstellen der Funktion.

a) $f(x) = x^2 - 8x - 9$ b) $f(x) = -3x^2 - 6x + 9$

c) $f(x) = (2x^2 + 9)(3x^2 - 75x)$ c) $f(x) = x^3 + 12x^2 + 11x$

Hinweis zu 2:
Unter den Werten finden Sie die Nullstellen.

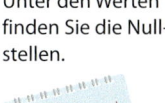

3. Ordnen Sie die Graphen den Funktionsgleichungen zu.

$f(x) = x(x - 2)(x + 1)$ $g(x) = -3x(x - 1)(x - 3)$

$h(x) = 2(x - 1)(x + 1)\left(x - \frac{1}{4}\right)\left(x - \frac{3}{2}\right)$ $i(x) = -2x(x - 2)(x + 1)$

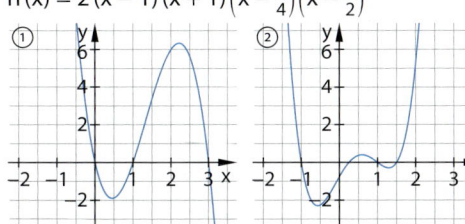

4. a) Ordnen Sie die Graphen ① bis ③ den Funktionsgleichungen von f, g und h zu.

     $f(x) = x(x + 0,5)(x + 2)$

     $g(x) = 2x(x + 0,5)(x + 2)$

     $h(x) = 0,5x(x + 0,5)(x + 2)$

  b) Erläutern Sie, warum eine ganzrationale Funktion durch ihre Nullstellen nicht eindeutig bestimmt ist.

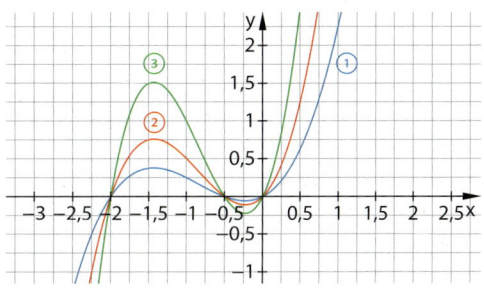

5. Geben Sie eine ganzrationale Funktion mit möglichst niedrigem Grad an, sodass die Funktion alle angegebenen Nullstellen hat.

a) $1; 3$ b) $-2; 5$ c) 6 d) $-100; 100$

e) $-2; 2$ f) $2; 3; 4$ g) $0; \sqrt{10}$ h) keine

6. Überprüfen Sie begründet, ob die Aussage richtig ist.

  a) Der Term jeder ganzrationalen Funktion ist vollständig in Linearfaktoren zerlegbar.

  b) Der Faktor 3 bei der Linearfaktorzerlegung $f(x) = 3(x + 1)(x + 8)$ gibt eine Streckung des Graphen von g mit $g(x) = (x + 1)(x + 8)$ mit dem Faktor 3 in Richtung der y-Achse an.

  c) Ist die Funktion f beliebig und $g(x) = 3 \cdot f(x)$, so haben f und g die gleichen Nullstellen.

  d) Ganzrationale Funktionen vierten Grades haben immer mehr Nullstellen als ganzrationale Funktionen dritten Grades.

7. Ermitteln Sie die Gleichung einer ganzrationalen Funktion mit möglichst niedrigem Grad, die die angegebenen Eigenschaften hat.

  a) Nullstellen bei $x_1 = 1$, $x_2 = \frac{4}{5}$ und $x_3 = 2,5$; Koeffizient 0,7 bei der höchsten Potenz

  b) Nullstellen bei $x_1 = -3$ und $x_2 = 1$; Schnittpunkt mit der y-Achse bei $y = 3$

  c) Nullstellen bei $x_1 = 6$, $x_2 = -4$ und $x_3 = -5$; Graph verläuft durch den Punkt $P(2|3)$.

Mehrfache Nullstellen

Wenn sich der Linearfaktor (x − a) mehrfach aus einem Funktionsterm ausklammern lässt, hat die Funktion an der Stelle a eine **mehrfache Nullstelle**. Die **Vielfachheit** der Nullstelle lässt sich am Exponenten des Linearfaktors ablesen.

Bei einer einfachen Nullstelle schneidet der Graph die x-Achse. Bei einer dreifachen (fünffachen, …) Nullstelle schmiegt sich der Graph an die x-Achse an und schneidet sie. Bei einer doppelten (vierfachen, …) Nullstelle berührt der Graph die x-Achse, schneidet sie aber nicht.

Beispiel 2: Ermitteln Sie alle Nullstellen der Funktion f und geben sie die Vielfachheiten der Nullstellen an. Zeichnen Sie anschließend den Graphen.

a) $f(x) = (x + 1)^3$ 　　　　b) $f(x) = x(x − 3)^2$ 　　　　c) $f(x) = \frac{1}{4}(x + 1)x^2(x^2 + 3)^3$

Lösung:

a) dreifache Nullstelle bei −1 　　b) einfache Nullstelle bei 0; doppelte Nullstelle bei 3 　　c) einfache Nullstelle bei −1; doppelte Nullstelle bei 0; $x^2 + 3 = 0$ hat keine Lösung.

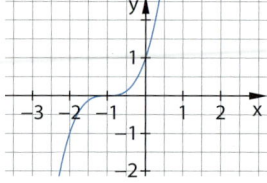 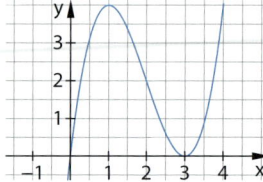 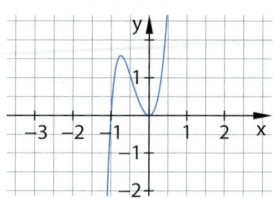

Basisaufgaben

8. Bestimmen Sie die Nullstellen von f und geben Sie die Vielfachheiten der Nullstellen an.

a) $f(x) = -\frac{1}{3}(x + 2)^2$ ~doppelt bei −2~　　　　b) $f(x) = (x + 1)(x + 5)^2(x + 7)^3$ ~einfache doppelte dreifache~

c) $f(x) = \frac{4}{3}(x - 5^2)(x - 3)^2$ ~einfach bei 25~　　　　d) $f(x) = x^2 + 4x + 4$ ~= (x + 2)² doppelte~

e) $f(x) = x^2 + 8x - 9$ 　　　　　　　　　　f) $f(x) = x^3$

9. Eine ganzrationale Funktion vierten Grades soll eine einfache Nullstelle bei − 2 und 3 sowie eine doppelte Nullstelle bei 1 haben. Geben Sie begründet an, welcher der beiden Graphen diese Bedingungen erfüllt.

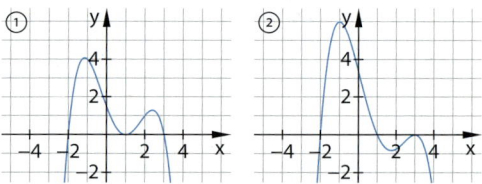

10. Geben Sie die Nullstellen der Funktion und die jeweiligen Vielfachheiten an.

a) Grad 3: 　　　b) Grad 3: 　　　c) Grad 5: 　　　d) Grad 6:

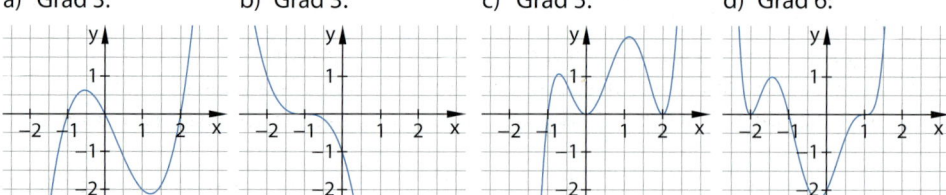

11. a) Finden Sie eine Funktionsgleichung einer ganzrationalen Funktion vierten Grades mit den angegebenen Nullstellen.

① − 3; 4; 6; 7 　　　② 0; 3; 5 　　　③ 6; − 2 　　　④ 0 　　　⑤ $-\frac{3}{7}$

b) In einigen Fällen in a) gibt es für die Wahl der Linearfaktoren mehrere Möglichkeiten. Finden Sie weitere Funktionsgleichungen und erstellen Sie jeweils eine grobe Skizze.

Substitution – Biquadratische Gleichungen

Sind die Nullstellen einer geraden Funktion gesucht, kann man x^2 durch u ersetzen (**substituieren**). Dies ergibt eine Gleichung, die einfacher zu lösen ist. Die Nullstellen erhält man, indem man die Lösungen für u durch x^2 rückersetzt (**resubstituiert**).

Beispiel 3: Ermitteln Sie die Nullstellen von f mit $f(x) = -x^4 - 2x^2 + 8$ durch Substitution.

Lösung:

Teilen Sie die Gleichung durch -1 und ersetzen Sie x^2 durch u.

Es entsteht eine quadratische Gleichung.

Wenden Sie die p-q-Formel an.

Ziehen Sie aus den Ergebnissen jeweils die positive und negative Wurzel (Resubstitution). x_3 und x_4 existieren nicht, da aus -4 keine Wurzel gezogen werden kann.

$-x^4 - 2x^2 + 8 = 0 \quad | : (-1)$

$x^4 + 2x^2 - 8 = 0;$

Substitution: $x^2 = u$ also $u^2 + 2u - 8 = 0$

$u_{1/2} = -1 \pm \sqrt{(-1)^2 - (-8)} \quad u_1 = 2; u_2 = -4$

$u_1 = x^2 = 2$ ergibt $x = \sqrt{2}$ oder $x = -\sqrt{2}$.

$u_2 = x^2 = -4$ hat keine Lösung.

Nullstellen: $x_1 = \sqrt{2}$; $x_2 = -\sqrt{2}$

Hinweis:
Eine Gleichung der Form $ax^4 + bx^2 + c = 0$ heißt **biquadratische Gleichung**.

Basisaufgaben

12. Lösen Sie die Gleichung mittels Substitution.

a) $0{,}5x^4 - 12{,}5x^2 + 72 = 0$

b) $-x^4 + 2x^2 = -3$ (A)

c) $10x^4 = -50x^2 - 60$

d) $116x^2 = 4x^4 + 400$

Lösungswort Nr. 12:
(A) $x_1 = \sqrt{3}$; $x_2 = -\sqrt{3}$
(T) $x_1 = 2$; $x_2 = -2$;
  $x_3 = 5$; $x_4 = -5$
(H) $x_1 = 3$; $x_2 = -3$;
  $x_3 = 4$; $x_4 = -4$
(E) $x_1 = 1$; $x_2 = -1$;
  $x_3 = 2$; $x_4 = -2$
(S) keine Lösung

13. Ermitteln Sie die Nullstellen der Funktion f mittels Substitution rechnerisch. Klammern Sie gegebenenfalls vorher aus. Zeichnen Sie anschließend die Funktion mit dem GTR und überprüfen Sie die Nullstellen anhand der Zeichnung.

a) $f(x) = x^4 - \frac{25}{36}x^2 + \frac{1}{9}$

b) $f(x) = 3x^4 + \frac{4}{15}x^2 - \frac{1}{15}$

c) $f(x) = -2x^5 + 10x^3 - 12x$

d) $f(x) = x^6 - 13x^4 + 36x^2$

14. Ermitteln Sie rechnerisch alle Punkte mit den angegebenen Koordinaten, die auf dem Graphen der Funktion f mit $f(x) = x^4 - 29x^2 + 10$ liegen.

a) $P(1|\blacksquare)$

b) $Q(-2|\blacksquare)$

c) $S(\blacksquare|-170)$

d) $T(\blacksquare|262)$

Weiterführende Aufgaben

15. Beurteilen Sie begründet, ob die Aussage über ganzrationale Funktionen wahr ist.
a) Die Funktionswerte unmittelbar links und rechts von einer doppelten Nullstelle haben die gleichen Vorzeichen.
b) Es gibt quadratische Funktionen mit dreifachen Nullstellen.
c) Eine Funktion dritten Grades kann höchstens eine doppelte Nullstelle haben.
d) Hat eine Funktion vierten Grades genau drei Nullstellen, so ist eine davon doppelt.

16. Stolperstelle: Joshua löst die Gleichung $(x - 3)(x + 1)(x - 1) = 3$, indem er jede Klammer einzeln gleich 3 setzt und erhält die Lösungen 6, 2 und 4. Erklären Sie seinen Denkfehler und korrigieren Sie die Lösungen.

17. Die Anzahl der Besucher eines Kaufhauses wird in einem bestimmten Intervall durch die Funktion f mit $f(x) = -0{,}5x^3 + 14x^2 - 80x$ näherungsweise beschrieben (x: Uhrzeit). Erläutern Sie, in welchem Zeitraum die Funktion den Sachverhalt beschreiben kann und ermitteln Sie die Öffnungszeiten des Kaufhauses.

GTR 18. Der Höhenverlauf eines Heißluftballons wird mit der
Funktion f mit $f(t) = -0{,}04t^3 + 0{,}96t^2 - 4{,}68t + 46{,}48$
beschrieben (t: Zeit in Minuten nach Beginn der
Beobachtung, $f(t)$: Höhe des Ballons in m).

a) Geben Sie die Höhe des Ballons nach 15 min an.
b) Ermitteln Sie mit dem GTR den Zeitpunkt, an
dem der Heißluftballon auf dem Boden landet.
c) Bestimmen Sie, wann der Ballon 30 m hoch ist.
d) Zeitgleich mit dem Beobachtungsbeginn wird eine Kameradrohne in die Luft geschickt,
die den Ballonfahrer fotografieren soll, wenn sich beide auf gleicher Höhe befinden.
Die Höhe der Drohne wird beschrieben durch die Funktion g mit $g(t) = -0{,}5t^2 + 12t$.
Ermitteln Sie die Zeitpunkte, an denen die Drohne den Ballonfahrer fotografieren kann.

19. Begründen Sie anschaulich: Eine ganzrationale Funktion hat zwischen zwei Nullstellen
stets einen Hoch- oder Tiefpunkt.

20. f sei eine zur y-Achse symmetrische ganzrationale Funktion vierten Grades.
a) Erläutern Sie, welche Vielfachheiten eine Nullstelle von f am Ursprung haben kann.
b) Der Graph enthält die Punkte $P(0|0)$, $Q(1|3)$ und $R(3|-45)$. Ermitteln Sie die Funk-
tionsgleichung von f mithilfe eines linearen Gleichungssystems und alle Nullstellen.

21. Gegeben ist die Funktion f mit $f(x) = (x^2 - 4)(x^2 - 9)$. Erläutern Sie, was Sie über die Funktion bezüglich Nullstellen, Globalverlauf und Symmetrie sagen können.

Hinweis:
Das **Absolutglied** ist
der Summand ohne x.

22. a) Zeigen Sie am Beispiel der Funktion f mit $f(x) = (x - a)(x - b)(x - c)$: Hat eine ganzrationale Funktion nur ganzzahlige Nullstellen, so sind diese Teiler des Absolutglieds
der ausmultiplizierten Form.
b) Nutzen Sie die Aussage aus a), um durch Probieren Nullstellen der Funktion f mit
$f(x) = x^3 - 4x^2 - 11x + 30$ zu finden. Kontrollieren Sie mit dem GTR.
c) Untersuchen Sie, ob man die Aussage aus a) auch auf Funktionen der Form
$f(x) = s \cdot (x - a)(x - b)(x - c)$ mit $s \neq 0$ verallgemeinern kann.

23. Der Querschnitt eines Berges kann vereinfacht in
einem Intervall durch eine ganzrationale Funktion
vierten Grades beschrieben werden. Der Ursprung
wird auf das linke Tal gesetzt. Die beiden Täler
haben einen Abstand von 4 km zueinander. Bestimmen Sie eine passende Funktion, wenn sich der
Gipfel mittig 1600 m über den Tälern befindet.

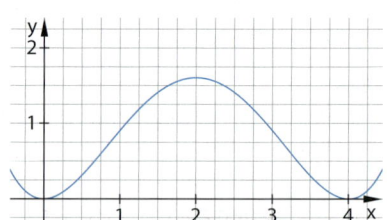

24. Ermitteln Sie die Gleichung der gesuchten ganzrationalen Funktion.
a) Eine Funktion dritten Grades ist punktsymmetrisch zum Ursprung, hat eine Nullstelle
bei $x = 2$ und als Koeffizient der höchsten Potenz -1.

Erinnerung:
Die Normalparabel ist
der Graph der Funktion
f mit $f(x) = x^2$.

b) Eine verschobene und gespiegelte Normalparabel hat Nullstellen bei $x = \pm 8$ und für
$x \to \pm \infty$ gilt $f(x) \to -\infty$.
c) Eine Funktion vierten Grades hat Nullstellen bei -3; 2; 6 und 7 und schneidet die
y-Achse bei 10.
d) Eine Funktion vierten Grades ist achsensymmetrisch zur y-Achse und hat Nullstellen bei
$x = 3$ und $x = 7$. Sie verläuft außerdem durch den Punkt $P(-2|10)$.

25. **Ausblick:** Überlegen Sie, wie viele Hoch- und Tiefpunkte eine ganzrationale Funktion vom
Grad n maximal haben kann. Wie unterscheidet sich die Anzahl der Hoch- und Tiefpunkte?

Polynomdivision

■ Die Abbildung zeigt die Graphen von f und g mit $f(x) = x^3 - 2{,}5x^2 + 0{,}96x + 0{,}54$ und $g(x) = x^2 - 1{,}5x - 0{,}54$.
Beschreiben Sie Gemeinsamkeiten der Graphen. Multiplizieren Sie den Funktionsterm von g mit $(x - 1)$ und erläutern Sie, was Ihnen auffällt. ■

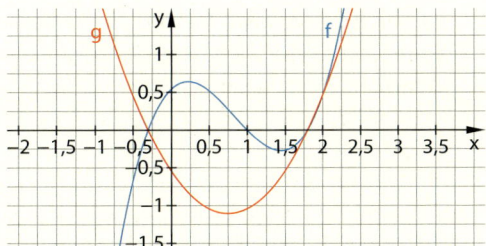

Quadratische Gleichungen lassen sich z. B. mit der pq-Formel lösen. Wie kann man die Lösungen von Gleichungen der Form $ax^3 + bx^2 + cx + d = 0$ oder von Gleichungen mit noch höheren Potenzen von x ohne GTR finden?

Gleichungen werden z B. bei der Bestimmung von Nullstellen von Funktionen gelöst. In der **Linearfaktordarstellung** (1) kann man die Nullstellen direkt ablesen. Ist die Gleichung in ausmultiplizierter Form (3) gegeben und kennt man eine Nullstelle x_1, kann man durch die Division $f(x) : (x - x_1)$ einen Restterm erzeugen, mit dem man die fehlenden Nullstellen berechnen kann.

(1) $f(x) = (x - 1)(x + 2)(x - 3)$
(2) $f(x) = (x^2 + x + 2)(x - 3)$
(3) $f(x) = x^3 - 2x^2 - 5x + 6$

Wegen
$(x^2 + x + 2) \cdot (x - 3) = x^3 - 2x^2 - 5x + 6$
gilt
$(x^3 - 2x^2 - 5x + 6) : (x - 3) = x^2 + x + 2$.

Hinweis:
Es gibt allgemeine Lösungsformeln für Gleichungen 3. und 4. Grades, diese sind aber sehr kompliziert. Der Norweger Niels Henrik Abel (1802–1829) hat bewiesen, dass es für Gleichungen vom Grad 5 und höher keine allgemeine Lösungsformel geben kann.

Wissen: Polynomdivision
Bei der **Polynomdivision** werden zwei Polynome f und g dividiert. Ist dabei g ein Linearfaktor von f, so ist das Ergebnis ein weiteres Polynom, dessen Grad um 1 niedriger ist als der von f.

Beispiel 1: Ermitteln Sie die Nullstellen von f mit $f(x) = 3x^3 - 12x^2 - 33x + 90$ mithilfe der Polynomdivision.

Lösung:
Ermitteln Sie eine Nullstelle von f durch Probieren.

Setze $f(x) = 3x^3 - 12x^2 - 33x + 90 = 0$.
$f(1) = 48 \neq 0;\quad f(-1) = 108 \neq 0;$
$f(2) = 0$
Nullstelle: $x_1 = 2;\qquad$ Linearfaktor: $(x - 2)$

Bilden Sie den zu dieser Nullstelle gehörigen Linearfaktor.
Teilen Sie den Term $3x^3$ durch x. Es ergibt sich $3x^2$. Multiplizieren Sie dies zurück mit dem Linearfaktor $(x - 2)$. Es ergibt sich $3x^3 - 6x^2$. Subtrahieren Sie diesen Term und setzen Sie das Verfahren fort.

$$
\begin{array}{l}
(3x^3 - 12x^2 - 33x + 90) : (x - 2) = 3x^2 - 6x - 45 \\
\underline{-(3x^3 - 6x^2)} \quad\downarrow\quad\downarrow \\
\qquad -6x^2 - 33x \\
\qquad \underline{-(-6x^2 + 12x)} \quad\downarrow \\
\qquad\qquad -45x + 90 \\
\qquad\qquad \underline{-(-45x + 90)} \\
\qquad\qquad\qquad 0
\end{array}
$$

Setzen Sie den Restterm gleich Null und wenden Sie die pq-Formel an.
Nullstellen: $x_1 = 2$, $x_2 = -3$ und $x_3 = 5$.

$3x^2 - 6x - 45 = 0 \qquad | : 3$
$x^2 - 2x - 15 = 0 \qquad |\text{ pq-Formel}$
$x_2 = -3,\ x_3 = 5$

Aufgaben

1. Führen Sie eine Polynomdivision durch.
   Tipp: Falls beim linken Term der Summand mit x^2 oder x fehlt, kann man zur besseren Übersicht $0x^2$ bzw. $0x$ ergänzen.
   a) $(x^3 + 6x^2 + 3x - 10) : (x + 5)$ b) $(2x^3 - 20x^2 - 18x + 180) : (x - 3)$
   c) $(x^3 - 12x + 16) : (x + 4)$ d) $(-3x^3 - 9x^2 - 9x + 496{,}125) : (x - 4{,}5)$
   e) $(x^4 - 1) : (x - 1)$ f) $(2x^3 - 5x^2 - 11x - 4) : \left(x + \frac{1}{2}\right)$

2. Bei den folgenden Polynomen ist jeweils eine Nullstelle gegeben. Ermitteln Sie durch Polynomdivision alle Nullstellen von f.
   a) $f(x) = x^3 + 6x^2 - 7x - 60; \ x_1 = -5$
   b) $f(x) = 2x^3 - 38x^2 + 208x - 280; \ x_1 = 10$
   c) $f(x) = -x^3 - 4x^2 + 15x + 18; \ x_1 = -1$
   d) $f(x) = -2x^3 + 8x^2 - 18x + 72; \ x_1 = 4$

Hinweis:
Liegt eine Funktion vierten Grades vor, muss eventuell zwei Mal Polynomdivision durchgeführt werden.

3. Ermitteln Sie durch Probieren eine Nullstelle von f und berechnen Sie anschließend mit Polynomdivision die restlichen Nullstellen.
   a) $f(x) = 2x^3 - 14x^2 + 30x - 18$ b) $f(x) = x^3 - 13x + 12$
   c) $f(x) = 0{,}5x^3 - 3{,}5x^2 - 76{,}5x + 247{,}5$ d) $f(x) = x^3 - 7x^2 + 36$
   e) $f(x) = x^4 - 6x^3 + 13x^2 - 12x + 4$ f) $f(x) = x^4 - 5x^3 - x^2 + 5x$

4. a) Beschreiben Sie, wie Sie die Nullstellen des abgebildeten Graphen von f mit der Gleichung $f(x) = -x^3 + 3{,}1x^2 + 0{,}2x - 4{,}08$ ermitteln würden.
   b) Führen Sie die Polynomdivision durch. Beschreiben Sie, was Ihnen auffällt, und versuchen Sie, eine Erklärung zu finden.

   GTR
   c) Ermitteln Sie die Nullstellen von f mit dem GTR und erläutern Sie Ihr Ergebnis aus b).

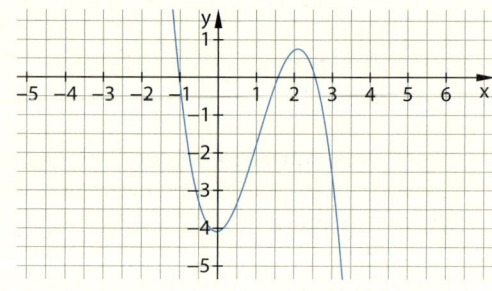

5. Der abgebildete Graph zu $f(x) = -\frac{1}{4}x^4 + \frac{27}{4}x^3 - 55x^2 + 128x$ gibt im Intervall [0; 12] näherungsweise die durchschnittliche Beschleunigung in $\frac{km}{h^2}$ eines Motorradfahrers in Abhängigkeit der gefahrenen Kilometer an. Vier Kilometer nach Beobachtungsbeginn beträgt die Beschleunigung 0.

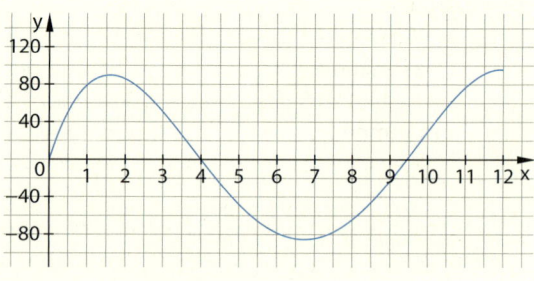

   a) Beschreiben Sie, welche Bedeutung die negativen Funktionswerte im Sachkontext haben.
   b) Erläutern Sie, wie das Fahrverhalten des Motorradfahrers bei den Nullstellen des Funktionsgraphen ist und ermitteln Sie die Nullstellen.
   c) Ermitteln Sie, nach wie vielen Kilometern der Motorradfahrer die größte Geschwindigkeit erreicht hat. Wann hat er die größte Strecke zurückgelegt?

2.5 Vermischte Aufgaben

1. Geben Sie an, welche Funktionen das gleiche Globalverhalten haben.

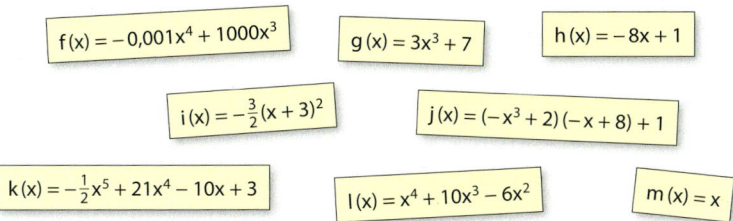

$f(x) = -0,001x^4 + 1000x^3$

$g(x) = 3x^3 + 7$

$h(x) = -8x + 1$

$i(x) = -\frac{3}{2}(x+3)^2$

$j(x) = (-x^3 + 2)(-x + 8) + 1$

$k(x) = -\frac{1}{2}x^5 + 21x^4 - 10x + 3$

$l(x) = x^4 + 10x^3 - 6x^2$

$m(x) = x$

2. Untersuchen Sie, ob die Aussage über ganzrationale Funktionen stimmt. Begründen Sie Ihre Entscheidung.
   a) Um das Globalverhalten anzugeben, betrachtet man immer den ersten Summanden im Funktionsterm.
   b) Funktionen mit ungeradem Grad haben für $x \to \infty$ und für $x \to -\infty$ das gleiche Globalverhalten.
   c) Wenn eine Funktion dritten Grades für $x \to \infty$ gegen $-\infty$ strebt, dann strebt sie für $x \to -\infty$ gegen ∞.
   d) Um das Globalverhalten der Funktion f mit $f(x) = (4x^3 - 7x)(-2x^2 + x)$ zu untersuchen, betrachtet man nur den Term $4x^3$.
   e) Es gibt ganzrationale Funktionen, die für $x \to \infty$ weder gegen ∞ noch gegen $-\infty$ streben.
   f) Die Funktionen f und g mit $f(x) = 7(-x^2 + 3)^3$ und $g(x) = -7x^6$ haben das gleiche Globalverhalten.

GTR 3. Ein kleiner Industriebetrieb produziert Stifte. Die Gesamtkosten in € für x Stifte können im Intervall [0; 150] durch die Funktion k mit
$k(x) = \frac{1}{8000}(x^3 - 180x^2 + 10\,800x + 584\,000)$
beschrieben werden.

   a) Zeichnen Sie die Kostenfunktion mit dem GTR und beschreiben Sie ihren Verlauf.
   b) Das Unternehmen verkauft die Stifte zu einem Stückpreis von 1,40 €. Erstellen Sie eine Funktion g, die den Gewinn des Unternehmens in Abhängigkeit von der verkauften Anzahl an Stiften darstellt. Begründen Sie, ob g eine ganzrationale Funktion ist.
   c) Bestimmen Sie, bei welcher Anzahl an verkauften Stiften das Unternehmen den größten Gewinn erwirtschaftet. Interpretieren Sie das Ergebnis.

4. Skizzieren Sie den Graphen einer ganzrationalen Funktion, deren Graph achsensymmetrisch zur y-Achse ist und bei $P(0|0)$ und $Q(3|4)$ Hochpunkte hat. Begründen Sie, wie viele Tiefpunkte der Graph mindestens haben muss.

5. Durch Addition und Multiplikation der Funktionsterme der Potenzfunktionen f, g, h und i mit $f(x) = x$, $g(x) = x^2$, $h(x) = x^3$ und $i(x) = x^4$ sollen ganzrationale Funktionen gebildet werden, deren Graphen achsensymmetrisch zur y-Achse oder punktsymmetrisch zum Ursprung sind. Ermitteln Sie alle Funktionen, die die Bedingung erfüllen, wenn jeder „Baustein" höchstens einmal genutzt werden darf.

6. Der Deutsche Aktienindex (DAX) zeigt die wirtschaftliche Entwicklung der 30 größten Wirtschaftsunternehmen. Das Diagramm zeigt den DAX-Verlauf am 30.11.2016.

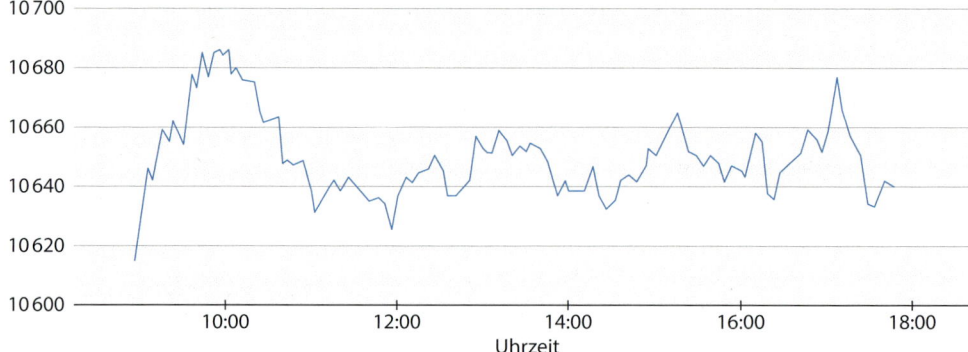

a) Entnehmen Sie der Grafik näherungsweise die Uhrzeiten, an denen der DAX den höchsten bzw. niedrigsten Wert erreicht hat und geben Sie den jeweiligen Wert an.

b) Erläutern Sie, ob es sinnvoll ist, das Globalverhalten der dargestellten Kurve zu betrachten.

7. a) Begründen Sie anschaulich, warum eine ganzrationale Funktion mit einem geraden Grad n mindestens einen lokalen Extrempunkt haben muss.

  b) Entscheiden und begründen Sie, ob die Aussage in a) auch für ganzrationale Funktionen mit einem ungeraden Grad n gilt.

  c) Untersuchen und begründen Sie, bei welchen Werten für den Grad n eine ganzrationale Funktion mindestens eine Nullstelle haben muss.

8. Das Volumen eines Zylinders mit Radius r und der Höhe 10 cm wird durch die Funktion $V(r)$ beschrieben.

  a) Stellen Sie einen Term für $V(r)$ auf und skizzieren Sie den Graphen.

  b) Erläutern Sie, welche Bedeutung der Tiefpunkt des Graphen in diesem Sachzusammenhang hat. Weshalb kann der Funktionsgraph keinen Hochpunkt haben?

  c) Geben Sie das Verhalten von $V(r)$ für $r \to \infty$ an.

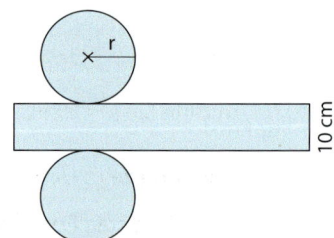

9. Die Wertetabelle gehört zu einer Funktion, deren Graph punktsymmetrisch zum Ursprung ist.

x	−4	−3	−2	−1	0	1	2	3	4
y	−20			2,5			−2	4,5	

a) Vervollständigen Sie die Wertetabelle in Ihrem Heft

b) Ermitteln Sie eine ganzrationale Funktion dritten Grades, zu der die Wertetabelle passt.

10. Gegeben sind die Funktionen f und g mit $f(x) = -50x + 2x^3$ und $g(x) = -x(x+3)(x-1)$.

  a) Bestimmen Sie die Nullstellen von f und g.

  b) Untersuchen Sie bei beiden Funktionen das Verhalten für $x \to \pm\infty$.

  c) Skizzieren Sie die Graphen von f und g in einem Koordinatensystem.

11. Untersuchen Sie, wie viele Lösungen die Gleichung in Abhängigkeit von a hat. Geben Sie die Lösungen an.

  a) $x^2 + 2ax + 1 = 0$ b) $x^3 - x^2 + ax = 0$ c) $x^3 - ax^2 + x = 0$

12. Untersuchen Sie das Globalverhalten der Funktion in Abhängigkeit der Parameter r und s mit $r, s \in \mathbb{R}$. Erläutern Sie, welchen Einfluss die Parameter auf das Verhalten für $x \to \pm\infty$ haben. Gehen Sie auch darauf ein, welches Globalverhalten für keinen Wert der Parameter vorkommen kann.

a) $f(x) = 2rx^4 - 11x$ b) $f(x) = s^2 x^3 + 2$ c) $f(x) = -\frac{1}{3}x^3 + sx^2$

d) $f(x) = r(2x + 5)^3$ e) $f(x) = r^3 - sx^2$ f) $f(x) = rsx^3 - r^2 - s^2$

13. Ermitteln Sie die Funktionsgleichung des Graphen.

a)

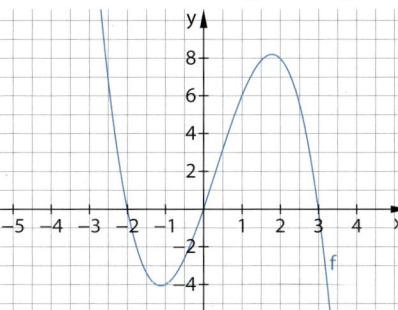

b)

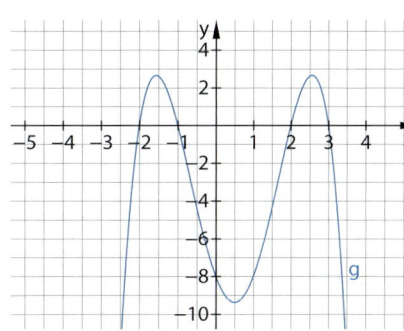

14. Untersuchen Sie die Funktion f auf Nullstellen, auf Symmetrie zur y-Achse und zum Ursprung sowie auf das Verhalten im Unendlichen. Erläutern Sie dabei, weshalb bei Funktionen mit Linearfaktordarstellung das Ausmultiplizieren des Funktionsterms bei der Symmetrieuntersuchung notwendig ist, bei der Untersuchung des Verhaltens im Unendlichen aber nicht unbedingt.

a) $f(x) = 2x^2 - 8x - 10$ b) $f(x) = -4x^3 + 24x^2 - 20x$

c) $f(x) = 2(x - 7)(x + 8)$ d) $f(x) = -x(x - 5)(x - 6)$

15. a) Geben Sie drei verschiedene Werte für t an, für die die Funktion f mit der Gleichung $f(x) = x(x - 1)(x^2 - t)^2$ vier verschiedene Nullstellen hat.

    b) Ermitteln Sie alle Werte für t, für die f zwei, drei oder vier verschiedene Nullstellen hat.

16. Die Abbildung zeigt den Graphen einer ganzrationalen Funktion.

 Finden Sie einen Funktionsterm in Linearfaktordarstellung, der zum abgebildeten Graphen passt.

 Tim sieht den Graphen und behauptet, dass die Nullstellen des dazugehörigen Funktionsterms durch Substitution ermittelt werden können. Nehmen Sie Stellung.

 Erläutern Sie allgemein, wie man anhand eines Funktionsgraphen erkennen kann, ob die Nullstellen des Funktionsterms in ausmultiplizierter Form durch die Substitutionsmethode berechnet werden können.

 Denken Sie sich vier Funktionen aus, deren Nullstellen man durch die Substitutionsmethode ermitteln kann. Beschreiben Sie Ihre Beobachtungen.

17. Lösen Sie die Gleichung $x^6 - 7x^3 - 8 = 0$ mithilfe einer geeigneten Substitution.

Lösungen
↗ S. 187/188

1. Geben Sie den Grad und die Koeffizienten der ganzrationalen Funktion f an.
   a) $f(x) = 2x^3 - 3x^2 + 2{,}5$
   b) $f(x) = -x^4 + x^3 - 6x$
   c) $f(x) = 5 - x + x^2 - x^5$
   d) $f(x) = bx^3 - 2x^2 + c - 1$
   e) $f(x) = x(x - 1)(x + 1)$
   f) $f(d) = d^2 + 2d - x$

2. Entscheiden und begründen Sie, ob die Funktion f ganzrational ist.
   a) $f(x) = (x - 1)^2$
   b) $f(x) = \pi$
   c) $f(x) = x^{-1} - 2x^{-2}$
   d) $f(x) = \sin(x)$
   e) $f(x) = \sqrt{2}x$
   f) $f(x) = \sqrt{2x}$

 3. Bestimmen Sie das Vorzeichen von $f(10^6)$ und $f(-10^5)$, ohne die Funktionswerte genau zu berechnen.
   a) $f(x) = 3x^7 - 3x^3 + 10$
   b) $f(x) = x^6 + x^5 - 3x^2 - 10^9$
   c) $f(x) = 10^{10} - x^2 - x^5$
   d) $f(x) = 0{,}01x^4 - \dfrac{1}{10^6}x^2$
   e) $f(x) = -0{,}01x^5 - \dfrac{1}{10^6}x^3$
   f) $f(x) = (x^2 - 1)(x^3 + 1)$

 4. Untersuchen Sie das Globalverhalten der Funktion f.
   a) $f(x) = 2x^3 - 3x^2 + 2{,}5$
   b) $f(x) = -x^4 + x^3 - 6x$
   c) $f(x) = 5 - x + x^2 - x^5$
   d) $f(a) = a^2 + 2a - x$
   e) $f(x) = x(x - 1)(x + 1)$
   f) $f(x) = ax^3 - 2x^2 + b - 1 \ (a < 0)$

 5. Zu jedem der Graphen ① bis ④ gehört genau eine der Funktionsgleichungen. Ordnen Sie die Graphen den Funktionsgleichungen zu. Begründen Sie die Zuordnung allein
   a) mithilfe des Verhaltens der Funktion im Unendlichen,
   b) mithilfe des Symmetrieverhaltens und weiteren Eigenschaften.

$f(x) = x^6 + 3x^4 - 5x^2$

$g(x) = -x^5 + x^3 + x$

$h(x) = -x^6 - x^2 + x$

$i(x) = x^3 - 4x^2 + 3x$

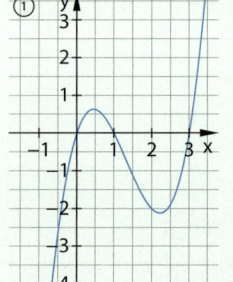
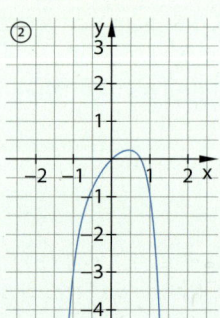
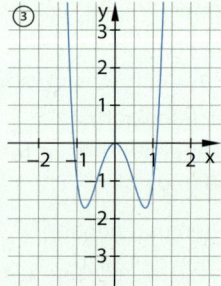
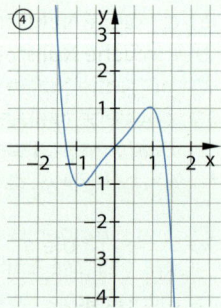

6. Lesen Sie vom nebenstehenden Graphen die lokalen und globalen Extrema näherungsweise mit den zugehörigen x-Werten für die angegebenen Intervalle ab.
   a) $-1 \le x \le 1{,}5$
   b) $-3 \le x \le 2$
   c) $-1{,}5 \le x \le 0{,}5$

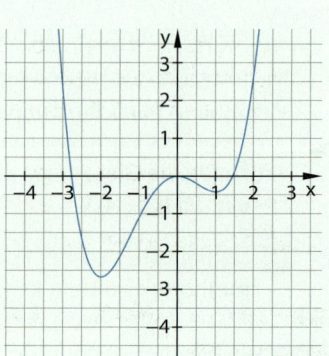

7. Gegeben ist die Funktion f mit $f(x) = \frac{1}{5}x^5 - \frac{19}{15}x^3 - \frac{4}{5}x$. Ermitteln Sie auf grafischem Wege mithilfe des GTR die Koordinaten der Hoch- und Tiefpunkte sowie die Nullstellen.

Lösungen
↗ S. 188/189

8. Skizzieren Sie den Graphen einer ganzrationalen Funktion vierten Grades, die achsensymmetrisch zur y-Achse ist und ein globales Maximum 5 sowie ein lokales Minimum −2 hat.

 9. Untersuchen Sie allein anhand der Funktionsgleichung, ob der Graph der Funktion f achsensymmetrisch zur y-Achse bzw. punktsymmetrisch zum Ursprung ist.

a) $f(x) = \frac{1}{2}x^3 - 2x$ b) $f(x) = x^2 - x^4$ c) $f(x) = -x^6 + 2x^4 - \sqrt{5}$

d) $f(x) = x$ e) $f(x) = x(x+1)(x-1)$ f) $f(x) = (x^3 + x)(x^3 - x)$

g) $f(x) = x^5 - a^2x^3 + a^4x$ h) $f(x) = (x^2 + 1)(5 - x^4) - 3$ i) $f(x) = -2$

10. Beurteilen Sie die Aussage.

a) Der Graph einer ganzrationalen Funktion ist entweder achsensymmetrisch zur y-Achse oder punktsymmetrisch zum Ursprung.

b) Es gibt ganzrationale Funktion, deren Graph punktsymmetrisch zum Ursprung ist und nur durch den II. und IV. Quadranten verläuft.

c) Es gibt keine ganzrationale Funktion, deren Graph symmetrisch zur y-Achse ist und nur im I. und II. Quadranten verläuft.

d) Jede ganzrationale Funktion dritten Grades hat mindestens eine Nullstelle.

e) Es gibt ganzrationale Funktionen mit dem Grad 3, die eine dreifache Nullstelle haben.

Hinweis zu 10 b und c:

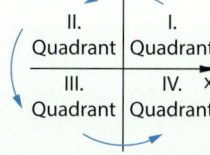

11. Berechnen Sie die Nullstellen der Funktion f.

a) $f(x) = (x^2 - 5)x$ b) $f(x) = 2x^4 - 3x^3 + 2x^2$

c) $f(x) = x(x+1) + x(x+1)$ d) $f(x) = x^3 - 3x^2 + 2x$

e) $f(a) = a^2(a^2 - 4)(a^2 + 4)$ f) $f(b) = -b^4 - 4$

12. Geben Sie – wenn möglich – eine Gleichung einer ganzrationalen Funktion f an, sodass die Funktion nur die angegebenen Nullstellen und den Grad n hat.

a) einfache Nullstellen 2 und −5; n = 2

b) einfache Nullstellen 2 und −5; n = 4

c) doppelte Nullstelle 2; einfache Nullstelle −5; n = 3

d) doppelte Nullstellen 0 und −5; n = 6

e) dreifache Nullstelle −2; doppelte Nullstelle π; n = 7

f) einfache Nullstellen 2 und −5; n = 3

 13. Gegeben ist die ganzrationale Funktion f mit der Gleichung $f(x) = x^3 - 3x^2 + 3x$. Ermitteln Sie die Koordinaten der Schnittpunkte des Graphen von f mit den Koordinatenachsen und geben Sie das Globalverhalten und das Symmetrieverhalten von f an.

14. Von einer ganzrationalen Funktion vierten Grades ist bekannt, dass ihr Graph achsensymmetrisch zur y-Achse ist, sie die doppelte Nullstelle $x = -\sqrt{2}$ hat und ihr Graph die y-Achse im Punkt S(0|8) schneidet. Ermitteln Sie eine Funktionsgleichung.

 15. Lösen Sie die Gleichung.

a) $x^4 - 104x^2 + 400 = 0$ b) $2x^4 + 24 = -14x^2$ c) $3c^2 - 8 = -\frac{1}{2}c^4$

d) $b^5 - 8b^3 + 16b = 0$ e) $(x^2 + 1)(x^2 + 2) = 6$ f) $d^5 = 9d$

16. Untersuchen Sie, wie viele Nullstellen die Funktion f mit $f(x) = x^4 + 2x^2 + a$ in Abhängigkeit von a hat.

Ganzrationale Funktionen	Eine Funktion f mit der Gleichung $f(x) = a_n x^n + a_{n-1} x^{n-1} + \ldots + a_2 x^2 + a_1 x + a_0$ mit $n \in \mathbb{N}$, $a_0, \ldots, a_n \in \mathbb{R}$ und $a_n \neq 0$ heißt **ganzrationale Funktion**.	Die Funktion f mit $f(x) = 0{,}5x^4 - x^2 + 0{,}5$ ist eine ganzrationale Funktion; Grad $n = 4$. Koeffizienten: $a_4 = 0{,}5$; $a_3 = 0$; $a_2 = -1$; $a_1 = 0$; $a_0 = 0{,}5$
	Der höchste Exponent n heißt **Grad** von f. $a_0, a_1, \ldots, a_n$ sind die **Koeffizienten**.	Die Funktion h mit $h(x) = x^2 + x^{-1} - 2$ ist wegen x^{-1} keine ganzrationale Funktion.

Globalverhalten	Der Graph einer ganzrationalen Funktion f mit $f(x) = a_n x^n + a_{n-1} x^{n-1} + \ldots + a_1 x + a_0$ mit $a_n \neq 0$ verhält sich für $x \to \pm\infty$ wie der Graph von g mit $g(x) = a_n x^n$.	$f(x) = 0{,}5x^4 - x^2 + 0{,}5$; $g(x) = 0{,}5x^4$ Für $x \to \infty$ gilt $g(x) \to \infty$, also auch $f(x) \to \infty$. Für $x \to -\infty$ gilt $g(x) \to \infty$, also auch $f(x) \to \infty$.

Lokale und globale Extrema	Der Graph einer Funktion f hat an der Stelle x_E einen **Hochpunkt** bzw. **Tiefpunkt**, wenn für alle x in einer Umgebung um x_E gilt: $f(x) \leq f(x_E)$ bzw. $f(x) \geq f(x_E)$.	$f(x) = 0{,}5x^4 - x^2 + 0{,}5$ Hochpunkt: $H(0|0{,}5)$ Tiefpunkte: $T_1(-1|0)$; $T_2(1|0)$ 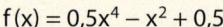
	Den Funktionswert $f(x_E)$ nennt man **lokales Maximum** bzw. **lokales Minimum**. Ist $f(x)$ der **größte** bzw. **kleinste** Funktionswert im Definitionsbereich von f, so ist $f(x)$ ein **globales Maximum** bzw. **globales Minimum** von f.	$f(0) = 0{,}5$ ist ein lokales Maximum. Das lokale Minimum $f(-1) = f(1) = 0$ ist zugleich ein globales Minimum.

Symmetrieverhalten	Der Graph einer ganzrationalen Funktion f ist genau dann **achsensymmetrisch zur y-Achse**, wenn der Funktionsterm von f nur **gerade Exponenten** hat.	$f(x) = 0{,}5x^4 - x^2 + 0{,}5$ Der Funktionsterm hat nur gerade Exponenten, also ist der Graph (s. o.) achsensymmetrisch zur y–Achse.
	Der Graph einer ganzrationalen Funktion f ist genau dann **punktsymmetrisch zum Ursprung**, wenn der Funktionsterm von f nur **ungerade Exponenten** hat.	$g(x) = -0{,}5x^5 + 1{,}5x^3 + 2x$ Der Funktionsterm hat nur ungerade Exponenten, also ist der Graph punktsymmetrisch zum Ursprung. 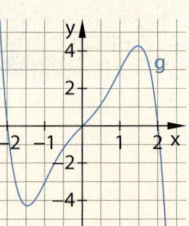

Nullstellen	Eine ganzrationale Funktion f vom Grad n hat **höchstens n Nullstellen**.	$f(x) = 0{,}5x^4 - x^2 + 0{,}5 = 0{,}5(x-1)^2(x+1)^2$ f hat die doppelten Nullstellen 1 und −1 (Graph s. o.).
	Wenn sich der Linearfaktor $(x - a)$ mehrfach aus einem Funktionsterm ausklammern lässt, hat die Funktion an der Stelle a eine **mehrfache Nullstelle**. Die **Vielfachheit** der Nullstelle lässt sich am Exponenten des Linearfaktors ablesen.	$g(x) = -0{,}5x(x-2)(x+2)(x^2+1)$ $= -0{,}5x^5 + 1{,}5x^3 + 2x$ g hat nicht 5, sondern nur die 3 Nullstellen 0, 2 und −2, da sich der Term (x^2+1) nicht in Linearfaktoren zerlegen lässt (Graph s. o.).

Biquadratische Gleichungen	Gleichungen der Form $x^4 + ax^2 + b = 0$ (**biquadratische Gleichungen**) können durch **Substitution** von x^2 auf eine quadratische Gleichung zurückgeführt werden.	Zu lösende Gleichung: $x^4 - 3x^2 - 4 = 0$ Substitution $x^2 = u$ also $u^2 - 3u - 4 = 0$ $u_1 = 4$; $u_2 = -1$ Resubstitution: $u_1 = x^2 = 4$ $x_{1/2} = \pm 2$ $u_2 = x^2 = -1$ keine Lösung Lösungen der Gleichung: $x_1 = 2$; $x_2 = -2$

3. Steigung und Ableitung

Beim Bergsteigen müssen Strecken mit flachen, aber auch sehr steilen Anstiegen überwunden werden. Auch bei Funktionsgraphen treten häufig verschiedene Anstiege auf. Diese können mithilfe der Ableitung beschrieben und berechnet werden.

Nach dem Kapitel können Sie …
- lokale Änderungsraten aus mittleren Änderungsraten entwickeln,
- Tangentensteigungen als Grenzwerte von Sekantensteigungen beschreiben und interpretieren
- Funktionen grafisch und rechnerisch ableiten,
- Gleichungen von Tangenten und Normalen bestimmen.

Lösungen
↗ S. 189

Termwerte berechnen

1. Berechnen Sie den Termwert.

a) $\frac{2}{3} : \frac{1}{9}$ b) $\frac{3}{7} : \frac{6}{7}$ c) $\frac{2}{9} : 4$ d) $6 : \frac{3}{5}$ e) $\frac{\frac{3}{5}}{\frac{5}{9}}$

f) $0,3 : 2$ g) $1,2 : 0,3$ h) $6 : 0,3$ i) $\frac{12}{\frac{3}{4}}$ j) $\frac{\frac{3}{4}}{5}$

2. Berechnen Sie den Termwert.

a) $\frac{2}{3} - \frac{1}{6}$ b) $\frac{5}{6} - 2$ c) $0,5 - \frac{2}{5}$ d) $\frac{2}{3} - \frac{2}{5}$ e) $\frac{1}{4} - \frac{2}{3}$

f) $\frac{6^1}{10^0}$ g) $\sqrt{144}$ h) $\sqrt[3]{64}$ i) $\sqrt{(-7)^2}$ j) $\frac{-5^2}{\sqrt{\frac{1}{25}}}$

k) $\frac{2 \cdot 3^2 - 2 \cdot 2^2}{3 - 2}$ l) $\frac{\frac{1}{2} \cdot 6^2 - \frac{1}{2} \cdot 4^2}{6 - 4}$ m) $\frac{-3 \cdot 2^2 - (-3 \cdot 1^2)}{2 - 1}$ n) $\frac{-\frac{1}{2} \cdot 2^2 - \left(-\frac{1}{2} \cdot 4^2\right)}{2 - 4}$ o) $\frac{2^2 - 5^2}{2 - 5}$

3. Überprüfen Sie, ob die Rechnung korrekt ist oder nicht, und korrigieren Sie sie, falls erforderlich.

a) $\frac{1}{2} + \frac{1}{4} = \frac{2}{6}$ b) $\frac{2}{3} : \frac{4}{9} = \frac{2}{3}$ c) $\frac{9}{10} : \frac{3}{5} = \frac{3}{2}$ d) $\frac{1}{5} + \frac{3}{10} = 0,5$ e) $2^2 : 2^0 = 0$

f) $\frac{7 - 13}{\sqrt{36}} = 1$ g) $\frac{2 \cdot 3^5}{9} = 54$ h) $2,1 : 0,3 = 0,7$ i) $\frac{\frac{1}{2} - \frac{1}{4}}{\frac{1}{10} - \frac{2}{5}} = -\frac{5}{6}$ j) $\frac{5^1}{\frac{1}{2^2}} = 20$

4. Frank hat die 24 km bis zum Freibad „ADRIA" in $1\frac{1}{4}$ h mit dem Fahrrad zurückgelegt. Berechnen Sie die Durchschnittsgeschwindigkeit für die gesamte Strecke.

Terme umformen

5. Formen Sie den Term so um, dass x im Zähler steht.

a) $\frac{2}{3x^2}$ b) $\frac{a}{bx^{-3}}$ c) $\frac{2x^2}{4x^4}$ d) $\frac{x^{-2}}{3x^2}$ e) $\frac{ax^3}{a^2x^7}$

6. Schreiben Sie den Term als Potenz.

a) $\sqrt{x}$ b) $\sqrt[3]{x}$ c) $\sqrt[6]{a^3}$ d) $\sqrt[3]{b^2}$ e) $\frac{1}{\sqrt[3]{y^2}}$

7. Begründen Sie die Korrektheit der Termumformung.

a) $\frac{x^2 - y^2}{x - y} = x + y \;\; (x \neq y)$ b) $\frac{(u + 3)^2 - 9}{u} = u + 6 \;\; (u \neq 0)$ c) $\frac{(\sqrt{x} - 2)^2 - 2^2}{\sqrt{x}} = \sqrt{x} - 4 \;\; (x > 0)$

8. Überprüfen Sie, ob die die Termumformung korrekt ist. Begründen Sie Ihre Entscheidung und korrigieren Sie falsche Umformungen.

a) $\frac{(2 + x)^2 - 4}{x} = x + 4$ b) $\frac{(1 + x)^2 - 1}{1 + x} = x$ c) $\frac{-4a^2 - (-4 \cdot 2^2)}{a - 2} = -4 \cdot (a + 2)$

d) $\frac{(x + y)^2 - x^2}{y} = x - y$ e) $\frac{a^2 - 1}{1 + a} = a - 1$ f) $\frac{(\sqrt{x} + \sqrt{y})(\sqrt{x} - \sqrt{y})}{x - y} = 1$

9. Erweitern Sie den Bruch mit dem in Klammern stehenden Term. Schreiben Sie das Ergebnis in der Form $a \cdot x^n$.

a) $\frac{x}{\sqrt{2}}; \; (\sqrt{2})$ b) $\frac{3}{\sqrt{x}}; \; (\sqrt{x})$ c) $\frac{x}{\sqrt[3]{4}}; \; (\sqrt[3]{2})$ d) $\frac{\sqrt{2} - \sqrt{8}}{(\sqrt{2} + \sqrt{8})x^{-2}}; \; (\sqrt{2} + \sqrt{8})$

Lineare Funktionen

Lösungen
↗ S. 189/190

10. Geben Sie zu jeder der abgebildeten Geraden eine Funktionsgleichung und die Nullstelle der Funktion an.

11. Vom Graphen einer linearen Funktion f sind die Punkte A und B gegeben. Berechnen Sie die Steigung m des Graphen.
    a) $A(2|-1); B(3|-0,5)$ b) $A(-3|1); B(3|-5)$
    c) $A(-2|-2,5); B(4|-1)$ d) $A(0|0,5); B(1|2,5)$

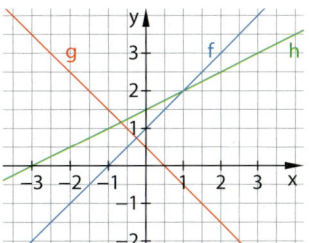

12. Von einer linearen Funktion f sind die Nullstelle x_0 und ein Punkt des Graphen bekannt. Ermitteln Sie eine Funktionsgleichung von f.
    a) $x_0 = 1$ und $(2|1)$ b) $x_0 = 0$ und $(-2|2)$ c) $x_0 = 0,5$ und $(3|5)$

Quadratische Funktionen

13. Geben Sie zu jeder der abgebildeten Parabeln eine Funktionsgleichung und alle Nullstellen an.

14. Erläutern Sie, warum man eine Funktionsgleichung der Form $f(x) = 2(x-2)^2 + 3$ Scheitelpunktform einer quadratischen Funktion und den Faktor 2 Streckfaktor nennt.

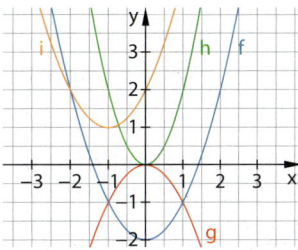

15. Beschreiben Sie die Veränderung des Graphen von g gegenüber dem Graphen von f mit $f(x) = x^2$. Geben Sie den Wertebereich, alle Nullstellen und – falls möglich – den größten (kleinsten) Funktionswert von g an.
    a) $g(x) = 0,5x^2$ b) $g(x) = -3x^2$ c) $g(x) = -x^2 - 1$
    d) $g(x) = (x-2)^2$ e) $g(x) = (x+2)^2 - 9$ f) $g(x) = x^2 - 4x + 3$

Vermischtes

16. Zeichnen Sie in ein Koordinatensystem einen Kreis mit dem Mittelpunkt $M(0|0)$ und mit dem Durchmesser 6 LE.
    a) Zeichnen Sie die Sekante durch die Punkte $A(0|3)$ und $B(3|0)$ und geben Sie eine Gleichung für diese Sekante an.
    b) Zeichnen Sie eine Tangente an den Kreis, die parallel zu dieser Sekante verläuft, und geben Sie deren Steigung an.

17. Geben Sie an, ob der Graph von f achsensymmetrisch zur y-Achse oder punktsymmetrisch zum Ursprung verläuft.
    a) $f(x) = x^2$ b) $f(x) = x$ c) $f(x) = x^3$ d) $f(x) = 2\sin(x)$ e) $f(x) = \sqrt{x}$

18. Geben Sie an, gegen welchen Wert der Term strebt, wenn x immer größer wird.
    a) $3 + \frac{2}{x}$ b) $\frac{4x+1}{x}$ c) $\frac{2x^2+1}{x}$ d) $\frac{x-x^2}{x^3}$ e) $\frac{3x+x^2}{x^2}$

3.1 Mittlere Änderungsrate

■ Die Tabelle zeigt Messwerte der 20. Etappe der Tour de France 2015.

Zeit (in h)	0,5	2	2,5	2,75	3,5
Strecke (in km)	24	56	84,5	96	110

a) Berechnen Sie für die gesamte Strecke und für die einzelnen Zeitabschnitte die Durchschnittsgeschwindigkeit in km/h.

b) Erläutern Sie die berechneten Geschwindigkeiten. ■

Die Tabelle zeigt die Höhen einer Wanderstrecke. Die erste Etappe hat eine horizontale Entfernung von 2 km = 2000 m. Die (vertikale) Höhendifferenz ist 1260 m – 860 m = 400 m. Aus diesen Werten kann nun die durchschnittliche Steigung

$$m = \frac{y_2 - y_1}{x_2 - x_1} = \frac{400}{2000}$$ berechnet werden.

horizontale Distanz (in km)	0	2	4	6
Höhe (in m)	860	1260	1870	870

1. Etappe:
$$m_1 = \frac{400}{2000} = 0,2$$

2. Etappe:
$$m_1 = \frac{610}{2000} = 0,305$$

3. Etappe:
$$m_1 = \frac{-1000}{2000} = -0,5$$

Die horizontale Entfernung ist auf der x-Achse und die Höhe auf der y-Achse eingetragen. Die Punkte wurden geradlinig zu einem Höhenprofil verbunden.
Die durchschnittliche Steigung entspricht der Sekantensteigung vom Anfangs- bis zum Endpunkt jeder Etappe.
Die Steigung an einzelnen Stellen innerhalb der Etappen kann davon mal mehr, mal weniger abweichen, wie das tatsächliche Höhenprofil zeigt.

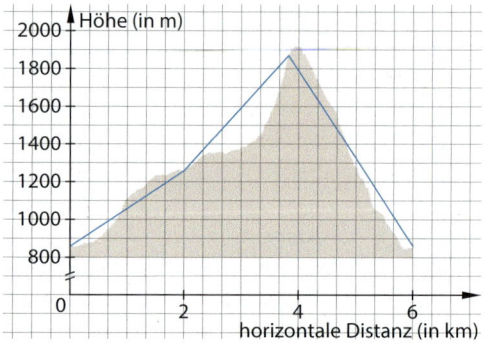

Erinnern Sie sich:
Steigung einer Geraden durch 2 Punkte:
$$m = \frac{y\text{-Unterschied}}{x\text{-Unterschied}}$$

Wissen: Mittlere Änderungsrate

Der **Differenzenquotient** $\frac{f(b) - f(a)}{b - a}$ gibt die **mittlere Änderungsrate** der Funktion f im Intervall [a; b] an.

Sie entspricht anschaulich der **Steigung** m der Sekanten durch die Punkte A (a | f(a)) und B (b | f(b)).

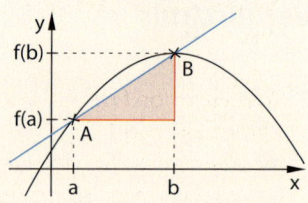

Beispiel 1: Berechnen Sie die mittlere Änderungsrate zu $f(x) = 3x^2 - x$ im Intervall [−1; 2].

Lösung:
Setzen Sie die Intervallgrenzen $a = -1$ und $b = 2$ in den Differenzenquotienten $\frac{f(b) - f(a)}{b - a}$ ein.

$$m = \frac{f(2) - f(-1)}{2 - (-1)}$$
$$= \frac{(3 \cdot 2^2 - 2) - (3 \cdot (-1)^2 - (-1))}{3}$$
$$= \frac{10 - 4}{3} = 2$$

Basisaufgaben

1. Berechnen Sie für die Funktion f die mittlere Änderungsrate in den Intervallen I = [1; 3], J = [−3; −1] und K = [−1; 2].
   a) $f(x) = x^2$ b) $f(x) = x^3 + 2x$ c) $f(x) = 2x^2 − x$

Hinweis zu 1:
Unter den Werten fin-
den Sie die mittleren
Änderungsraten.

2. Bestimmen Sie zu den Funktionen f und g die Steigung der Sekante im Intervall [−1; 2].
   a)
   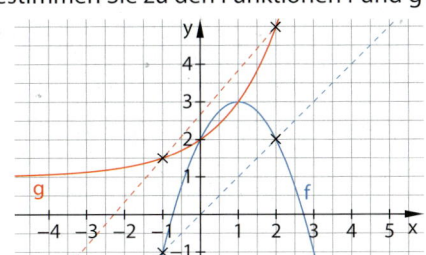
   b)
   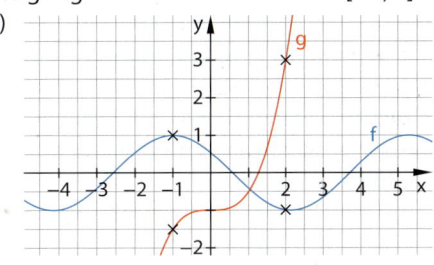

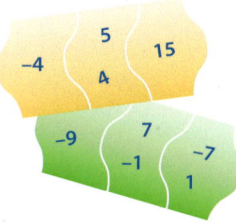

3. Die Funktion f mit $f(t) = 2 \cdot 1{,}15^t$ (t: Zeit in Stunden) gibt in etwa die von einem Schimmel-pilz bedeckte Fläche (in cm²) in einem Laborversuch an.
   a) Zeichnen Sie den Graphen für $0 \le t \le 8$.
   b) Zeichnen Sie die Sekanten für [0; 2] und [5; 8] ein und berechnen Sie für beide Intervalle die mittlere Änderungsrate mithilfe der Sekantensteigungen.

4. Die Tabelle zeigt die Entwicklung der Arbeitslosenzahlen in Deutschland.

Jahr	1995	1997	2001	2005	2008	2009	2012	2014	2016
Anzahl in Mio.	3,61	4,38	3,85	4,86	3,26	3,41	2,9	2,9	2,77

   a) Berechnen Sie für die angegebenen Zeitabschnitte die mittlere Änderungsrate der Arbeitslosenzahlen. Wann nahm diese Zahl am schnellsten zu bzw. ab?
   b) Tragen Sie die Arbeitslosenzahlen in ein Koordinatensystem ein (1995 bei x = 0). Wie lässt sich die Frage aus a) dort beantworten?

5. **Durchschnittsgeschwindigkeit:** Bei zwei Auto-bahnfahrten las der Beifahrer die angegebe-nen Werte ab. Ermitteln Sie für jede Fahrt, auf welchem Abschnitt die Durchschnittsge-schwindigkeit am größten war. Begründen Sie, weshalb dies bei ② besonders leicht ist.

①
h	0	1,4	3,8	4,7	6,8
km	0	150	400	520	750

②
h	0	1,5	3	4,5	6
km	0	120	330	480	660

6. Die Funktion f mit $f(t) = 5t^2$ beschreibt näherungsweise, welche Strecke ein Körper im freien Fall zurücklegt, wenn er zum Zeitpunkt t = 0 losgelassen wird (f(t) in m, t in s).
   a) Berechnen Sie die durchschnittliche Geschwindigkeit des Körpers für die ersten zwei, drei und vier Sekunden des Fallvorgangs.
   b) Berechnen Sie die Durchschnittsgeschwindigkeit innerhalb der ersten, zweiten, dritten und vierten Sekunde des Fallvorgangs.

7. Bestimmen Sie für die angegebene Funktion die Einheit der mittleren Änderungsrate. Geben Sie an, was die mittlere Änderungsrate beschreibt.
   a) vergangene Zeit in s → zurückgelegter Weg in m beim Laufen
   b) horizontale Entfernung in m → Höhe in m beim Fahrradfahren
   c) Zeit in Tagen → Anzahl der Infizierten bei einer Epidemie
   d) Höhe in km → Luftdruck in hPa (Hektopascal)

Weiterführende Aufgaben

8. Stolperstelle: Bei der Berechnung der Sekantensteigung der Funktion f mit $f(x) = x^2$ im Intervall [2; 5] sind die Schüler unterschiedlich vorgegangen.

Pierre: $m = \frac{f(2) - f(5)}{5 - 2}$ Marlene: $m = \frac{f(2) - f(5)}{2 - 5}$ Oskar: $m = \frac{f(5) - f(2)}{2 - 5}$

a) Prüfen Sie, bei welchem der drei Ansätze sich das richtige Ergebnis ergibt.

b) Geben Sie an, wie sich die falschen Ergebnisse zum richtigen Ergebnis verhalten.

c) Erläutern Sie, worauf es beim Aufstellen des Differenzenquotienten ankommt.

9. Der Graph der Funktion h mit $h(x) = -0{,}02x^2 + \cos(0{,}3x - 5{,}4) + 0{,}44x - 0{,}44$ gibt im Intervall [0; 19] in etwa das Profil einer Mountainbiketour wieder.

a) Berechnen Sie die y-Koordinaten der Punkte A bis G (auf 3 Nachkommastellen runden) und die durchschnittliche Steigung in den Abschnitten zwischen diesen Punkten.

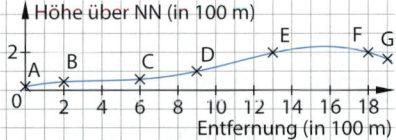

b) Geben Sie an, in welchem Abschnitt die Strecke am steilsten ist.

c) Geben Sie die Bedeutung des Vorzeichens der Steigung für den Fall an, dass das Profil von links nach rechts durchfahren wird.

d) Begründen Sie, in welchem Abschnitt die durchschnittliche Steigung das Profil besonders schlecht wiedergibt.

Erinnerung:
Die Normalparabel ist der Graph von f mit $f(x) = x^2$.

10. Es ist möglich, dass in einem Intervall die Sekantensteigung 0 ist, obwohl der Graph der Funktion in diesem Intervall nicht horizontal verläuft.

a) Prüfen Sie dies bei der Funktion f mit $f(x) = x^3 - 6x^2 + 9x - 1$ im Intervall [1; 4] durch eine Skizze des Graphen und Berechnung der Sekantensteigung.

b) Geben Sie zur Normalparabel ein Intervall mit der Sekantensteigung 0 an.

11. a) Betrachten Sie $f(x) = 2x - 3$ und $g(x) = \frac{1}{2}x + 1$. Berechnen Sie zu f und g die Sekantensteigung im Intervall [2; 6]. Beschreiben Sie, was Ihnen auffällt.

b) Erklären Sie das Ergebnis aus a), indem Sie die Graphen von f und g skizzieren. Erläutern Sie, dass das Ergebnis aus a) auch für beliebige Intervalle zutrifft.

12. Herr Müller wurde an einer Baustelle mit 120 km/h geblitzt. „Das kann nicht sein", meint er, „ich habe für die 90 km Autobahn zwischen Göttingen und Hildesheim 54 Minuten gebraucht!" Erläutern Sie, was Herr Müller meint, und erklären Sie seinen Denkfehler.

13. Ausblick: Die Grafik zeigt den Gesamtschuldenstand in Deutschland.

a) Geben Sie einen Zeitraum an, in dem die Verschuldung immer langsamer stieg, und einen, in welchem sie immer stärker anstieg.

b) Skizzieren Sie in ein Koordinatensystem einen Graphen, für den gilt: Je weiter nach rechts man den Graphen verfolgt, desto kleiner werden die mittleren Änderungsraten.

c) Betrachtet man die Normalparabel von links nach rechts, beschreibt sie eine Linkskurve. Geben Sie an, wie sich dies in den mittleren Änderungsraten ausdrückt.

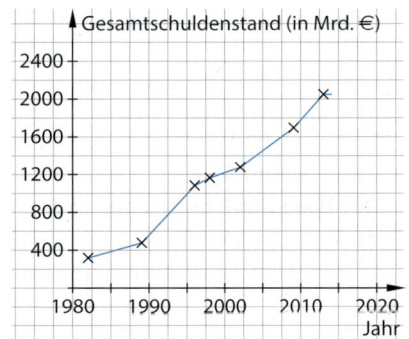

3.2 Lokale Änderungsrate – Ableitung

■ Zeichnen Sie den Graphen zu $f(x) = x^2$ mit dem GTR. Nutzen Sie die Zoom-Funktion, um die Ansicht des Graphen am Punkt $P(1|1)$ zu vergrößern und beschreiben Sie die Veränderung des Graphen beim Heranzoomen. Lesen Sie näherungsweise die Steigung des Graphen im Punkt $P(1|1)$ und im Punkt Q $\left(\frac{1}{2}\middle|\frac{1}{4}\right)$ ab, indem Sie an die Punkte P und Q mit dem GTR heranzoomen. ■

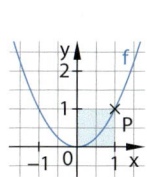

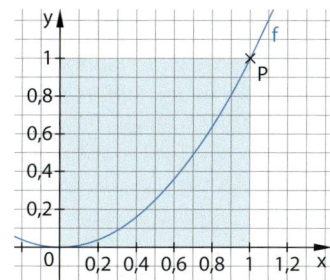

Mit der mittleren Änderungsrate kann man die Durchschnittsgeschwindigkeit in einem Zeitintervall berechnen. Nun soll die Momentangeschwindigkeit zu einem Zeitpunkt bestimmt werden.

Ein startendes Auto legt nach t Sekunden die Strecke $s(t) = 2t^2$ in Meter zurück.
Die Durchschnittsgeschwindigkeit (mittlere Änderungsrate) im Zeitintervall $[t_0; t]$ berechnet sich mit dem Differenzenquotienten $\frac{s(t) - s(t_0)}{t - t_0}$, also als $\frac{\text{Streckenänderung}}{\text{Zeitänderung}}$. Für $t = t_0$ ist dieser Term nicht definiert, da man durch 0 nicht dividieren kann. Also lässt sich so die **Momentangeschwindigkeit (lokale Änderungsrate)** zum Zeitpunkt t_0 nicht bestimmen.

Eine Näherung für die Momentangeschwindigkeit zum Zeitpunkt t_0 erhält man, indem man im Differenzenquotienten $\frac{s(t) - s(t_0)}{t - t_0}$ Werte für t wählt, die sehr nahe bei t_0 liegen.

Die **Näherungstabelle** lässt vermuten, dass sich die Momentangeschwindigkeit für $t_0 = 1$ immer stärker dem Wert $4\,\frac{m}{s}$ annähert.

t	$\frac{s(t) - s(1)}{t - 1}$
2	6
1,5	5
1,1	4,2
1,01	4,02
1,0001	4,0002

Die mittlere Änderungsrate entspricht der Steigung der Sekante durch die Punkte P und Q. Wählt man das Intervall für die mittlere Änderungsrate immer kleiner, so bedeutet dies am Graphen, dass der Punkt Q immer näher an den Punkt P heranwandert.

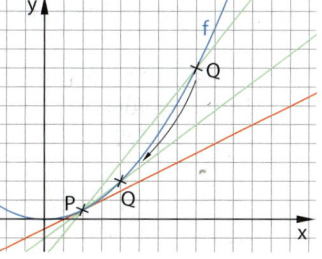

Die Sekanten (grün) nähern sich einer **Tangente** (rot) an. Ihre Steigung entspricht der Steigung des Graphen im Berührpunkt P und der lokalen Änderungsrate der Funktion.

Hinweis:
lateinisch:
tangere = berühren

Definition: Lokale Änderungsrate – Ableitung

Wenn sich der Wert des Differenzenquotienten $\frac{f(x) - f(x_0)}{x - x_0}$ für $x \to x_0$ einem festen Wert annähert, so heißt dieser Wert **Ableitung $f'(x_0)$**. Er gibt die **lokale Änderungsrate** der Funktion f an der Stelle x_0 an.

Die Ableitung $f'(x_0)$ entspricht der **Steigung der Tangente** an den Graphen im Punkt $P(x_0|f(x_0))$.

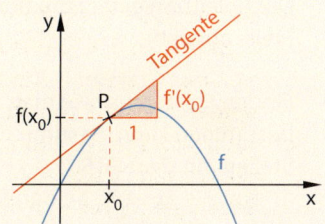

Hinweis:
Die Schreibweise $x \to x_0$ bedeutet, dass x sich immer stärker x_0 annähert.

Beispiel 1: Bestimmen Sie näherungsweise die Ableitung der Funktion $f(x) = -3x^2$ an der Stelle $x_0 = 4$.

Lösung:
Erstellen Sie eine Näherungstabelle.
Wenn Sie in den Differenzenquotienten
Werte für x einsetzen, die immer näher bei
4 liegen, so erkennen Sie, dass sich die
Werte des Differenzenquotienten immer
stärker -24 annähern.

Also gilt vermutlich $f'(4) = -24$.

x	$\dfrac{f(x) - f(x_0)}{x - x_0}$
5	$\dfrac{-3 \cdot 5^2 - (-3 \cdot 4^2)}{5 - 4} = -27$
4,1	$\dfrac{-3 \cdot 4,1^2 - (-3 \cdot 4^2)}{4,1 - 4} = -24,3$
4,01	$\dfrac{-3 \cdot 4,01^2 - (-3 \cdot 4^2)}{4,01 - 4} = -24,03$
4,001	$\dfrac{-3 \cdot 4,001^2 - (-3 \cdot 4^2)}{4,001 - 4} = -24,003$

Basisaufgaben

1. Bestimmen Sie näherungsweise die Ableitung an der Stelle $x_0 = 1$. Stellen Sie dazu eine Näherungstabelle für den Differenzenquotienten auf und setzen Sie für x die Werte 3; 2; 1,5; 1,1; 1,01; 1,001 ein.
    a) $f(x) = x^2$ \hspace{4cm} b) $g(x) = x^3$

2. Bestimmen Sie in Partnerarbeit näherungsweise die Ableitung der Funktion f mit $f(x) = \frac{2}{3}x^2$ an der Stelle $x_0 = 6$ mithilfe einer Näherungstabelle.
    Einer der Partner setzt nacheinander für x die Werte 10; 6,5; 6,1; 6,01 ein. Die andere Person setzt für x nacheinander die Werte 2; 5,5; 5,9; 5,99 ein.
    Vergleichen Sie Ihre Ergebnisse und formulieren Sie eine Beobachtung.

3. Bestimmen Sie die Ableitung der Funktion f an der Stelle x_0 mithilfe der Steigung der eingezeichneten Tangente.
    a) $x_0 = 0$ \hspace{3cm} b) $x_0 = 1$ \hspace{3cm} c) $x_0 = \frac{\pi}{2}$

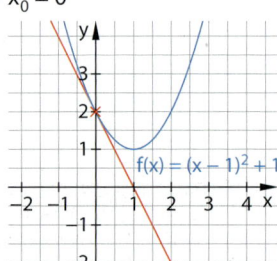 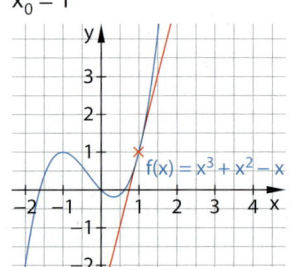 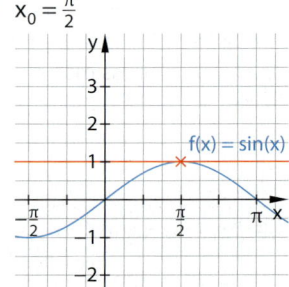

4. a) Zeichnen Sie den Graphen der Funktion f mit $f(x) = -\frac{1}{4}x^2 + 2$ für $0 \le x \le 4$. Zeichnen Sie möglichst exakt die Tangente an der Stelle 1 ein. Lesen Sie ihre Steigung ab.
    b) Überprüfen Sie Ihr Ergebnis aus a) mit einer Näherungstabelle.

5. Die Ableitung einer Funktion an einer Stelle ist 0. Erläutern Sie, wie die Tangente an dieser Stelle aussieht.

Hilfe zu GTR/CAS [GTR]
↗ S. 178
6. Finden Sie heraus, wie man mit dem GTR die Ableitung einer Funktion an einzelnen Stellen bestimmen kann. Bestimmen Sie den Wert der Ableitung von f an den angegebenen Stellen mit dem GTR.
    a) $f(x) = -2x^2 + 7$ an den Stellen 3 und 4 \hspace{1cm} b) $f(x) = \cos(x)$ an den Stellen $\frac{\pi}{2}$ und π
    c) $f(x) = x^4 + 2x^2$ an den Stellen -2 und 0

7. Die Bewegung eines Schlittens wird durch die Funktion s mit $s(t) = \frac{1}{2}t^2$ ($t \geq 0$ in Sekunden, $s(t)$ in Meter) beschrieben.

a) Berechnen Sie die Durchschnittsgeschwindigkeit des Schlittens während der ersten 5 Sekunden und für die Intervalle [4; 5], [4,9; 5] und [4,99; 5].

b) Geben Sie einen Wert für die Momentangeschwindigkeit nach 5 Sekunden an.

c) Bestimmen Sie wie in a) und b) einen Näherungswert für die Momentangeschwindigkeit nach 2 Sekunden und nach 3 Sekunden.

8. Skizzieren Sie einen Funktionsgraphen im Intervall [−4; 4], für den Folgendes gilt.

a) Die Steigung ist für $x < 1$ negativ, für $x = 1$ null und für $x > 1$ positiv.

b) Die Steigung ist für $1 \leq x \leq 3$ null und sonst positiv.

c) Die Steigung ist überall negativ und wird für zunehmendes x größer.

Ableitung an einer Stelle berechnen

Bisher wurde die Ableitung als Grenzwert der Sekantensteigungen näherungsweise ermittelt. Die Ableitung lässt sich exakt berechnen, wenn der Nenner $x - x_0$ des Differenzenquotienten $\frac{f(x) - f(x_0)}{x - x_0}$ gekürzt werden kann.

Hinweis:
Streben Zähler und Nenner für $x \to x_0$ gegen 0, lässt sich keine Aussage über das Verhalten des Bruchs treffen.

Das Kürzen des Nenners gelingt leichter, wenn man im Differenzenquotienten $x - x_0 = h$ setzt (**h-Methode**), also $x = x_0 + h$.

Dann steht im Nenner keine Differenz mehr:

$$\frac{f(x) - f(x_0)}{x - x_0} = \frac{f(x_0 + h) - f(x_0)}{h}.$$

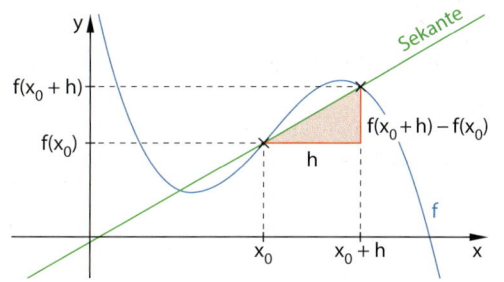

Zur exakten Berechnung der Ableitung an der Stelle x_0 muss man dann den Grenzwert für $h \to 0$ statt für $x \to x_0$ bestimmen.

Definition: Ableitung an einer Stelle

Die Ableitung der Funktion f an der Stelle x_0 kann man mit dem **Grenzwert (Limes) des Differenzenquotienten** berechnen. Schreibweise:

$$f'(x_0) = \lim_{x \to x_0} \frac{f(x) - f(x_0)}{x - x_0} \quad \text{oder} \quad f'(x_0) = \lim_{h \to 0} \frac{f(x_0 + h) - f(x_0)}{h}.$$

(„Limes für x gegen x_0" bzw. „Limes für h gegen 0")

Hinweis:
Da bei der h-Methode nicht zwischen x_0 und x unterschieden wird, kann man auch für die Ableitung an der Stelle x schreiben:

$$f'(x) = \lim_{h \to 0} \frac{f(x + h) - f(x)}{h}.$$

Beispiel 2: Berechnen Sie die Ableitung der Funktion f mit $f(x) = x^2$ an der Stelle $x_0 = 4$.

Lösung:

Setzen Sie $x_0 = 4$ in den Differenzenquotienten mit h ein und formen Sie ihn für $f(x) = x^2$ so lange um, bis h aus dem Nenner gekürzt werden kann.

$$\frac{f(x_0 + h) - f(x_0)}{h} = \frac{f(4 + h) - f(4)}{h} = \frac{(4 + h)^2 - 4^2}{h}$$

$$= \frac{16 + 8h + h^2 - 16}{h} = \frac{8h + h^2}{h} = \frac{h(8 + h)}{h}$$

$$= 8 + h$$

Dann lässt sich der Grenzwert für $h \to 0$ ablesen.

$$f'(4) = \lim_{h \to 0} \frac{f(4 + h) - f(4)}{h} = \lim_{h \to 0} (8 + h) = 8$$

Die Ableitung von f an der Stelle 4 ist 8.

Basisaufgaben

Hinweis zu 9:
Unter den Werten finden Sie die Ableitungen.

9. Berechnen Sie die Ableitung der Funktion an der Stelle $x_0 = 2$.

a) $f(x) = x^2$ b) $f(x) = 2x^2$ c) $f(x) = -x^2$ d) $f(x) = -\frac{1}{2}x^2 + 2$

10. Gegeben ist die Funktion f mit $f(x) = 3x - 4$.

a) Berechnen Sie die Ableitung der Funktion f an den Stellen 2, −2 und 0.

b) Begründen Sie die Ergebnisse aus a) anhand des Graphen von f

c) Formulieren Sie einen Merksatz zur Ableitung bei linearen Funktionen.

11. Grenzwertberechnung ohne h-Methode: Ella bestimmt die Ableitung der Funktion f mit $f(x) = -4x^2$ an der Stelle $x_0 = 2$ so:

$$f'(2) = \lim_{x \to 2} \frac{f(x) - f(2)}{x - 2} = \lim_{x \to 2} \frac{-4x^2 - (-4 \cdot 2^2)}{x - 2} = \lim_{x \to 2} \frac{-4(x^2 - 2^2)}{x - 2} = \lim_{x \to 2} \frac{-4(x + 2)(x - 2)}{x - 2}$$

$$= \lim_{x \to 2} -4(x + 2) = -4(2 + 2) = -16$$

a) Erklären Sie die einzelnen Rechenschritte von Ella.

b) Bestimmen Sie die Ableitung an der Stelle 2 mithilfe der h-Methode und geben Sie begründet an, welcher Weg Ihnen einfacher erscheint.

12. Vervollständigen Sie die Tabelle im Heft.

Bezeichnung des Terms	grafische Interpretation	Anwendung	Art der Geschwindigkeit
Differenzenquotient		mittlere Änderungsrate	
↓	↓	$\lim\limits_{h \to 0}$ ↓	↓
	Tangentensteigung		

13. a) Zeichnen Sie den Graphen zu f mit $f(x) = (x - 2)^2$ in ein Koordinatensystem. Zeichnen Sie vom Punkt $A(1|1)$ des Graphen aus Sekanten zu Punkten mit den x-Koordinaten $x = 1 + h$ für $h = 2$; $h = 1{,}5$; $h = 1$ und $h = 0{,}5$ ein.

b) Zeigen Sie, dass $f(1 + h) = 1 - 2h + h^2$ gilt.

c) Zeigen Sie mithilfe des Differenzenquotienten, dass für die Steigungen der Sekanten bei Punkt A gilt: $m_h = -2 + h$.

d) Überprüfen Sie die mit der Formel aus c) berechneten Sekantensteigungen anhand Ihrer Zeichnung.

Hinweis zu 14:
$(a + b)^3 = a^3 + 3a^2b + 3ab^2 + b^3$

e) Bestimmen Sie die Tangentensteigung im Punkt A rechnerisch und zeichnen Sie die Tangente.

14. Bestimmen Sie rechnerisch die Ableitung von g mit $g(x) = x^3$ an der Stelle $x_0 = -2$.

15. Tangentengleichung bestimmen: Gegeben ist die Funktion f mit $f(x) = 3x^2$.

a) Zeigen Sie, dass der Punkt $P(1|3)$ auf dem Graphen von f liegt.

b) Zeigen Sie, dass die Tangente an den Graphen von f im Punkt P die Steigung 6 hat.

c) Maria möchte die Gleichung der Tangente bestimmen. Sie wählt den Ansatz $y = m \cdot x + b$ und schreibt:

    Steigung: $m = f'(1) = 6$ *Einsetzen von P: $3 = m \cdot 1 + b$*

Erläutern Sie Marias Vorgehen. Bestimmen Sie b und geben Sie die Tangentengleichung an.

d) Bestimmen Sie wie in c) die Gleichung der Tangente an der Stelle $x_0 = \frac{2}{3}$ mit $f'\left(\frac{2}{3}\right) = 4$.

e) Bestimmen Sie die Gleichung der Tangente an den Graphen von g mit $g(x) = x^2$ in den Punkten $Q(1|1)$ und $R\left(-\frac{1}{2}\Big|\frac{1}{4}\right)$.

Weiterführende Aufgaben

16. Nehmen Sie Stellung zum Dialog.
Paul: „Laut Steigungsdreieck ist die Steigung zwischen 0,5
und 1,5 gleich 1."
Lisa: „Aber bei A ist sie flacher und bei B steiler als 1. Wie groß
ist denn die Steigung in den beiden Punkten?"
Paul: „In einem Punkt kann ich kein Steigungsdreieck zeichnen. Überhaupt: Innerhalb eines Punktes steigt doch gar
nichts! Eine Steigung in einem Punkt gibt es doch gar nicht."
Lisa: „Aber man sieht doch, dass die Steigung in jedem Punkt
anders ist!"

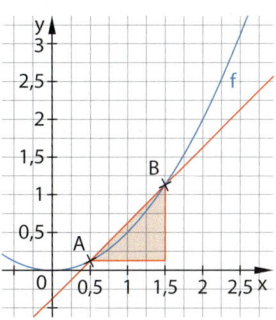

17. a) Ordnen Sie die Steigung an den
Punkten A, B, C, D, E und F des
abgebildeten Funktionsgraphen der
Größe nach.
b) Skizzieren Sie im Intervall [0; 10]
den Graphen einer Funktion f mit
$f'(7) > f'(3) > f'(5) > f'(9) > f'(1)$ und
$f'(5) = 0$.

18. Skizzieren Sie jeweils den Graphen der Funktionen f und g mit $f(x) = x^2$ und $g(x) = x^3$ im
Bereich $-2,5 \leq x \leq 2,5$.
a) Bestimmen Sie näherungsweise die Steigung der Tangenten an die Graphen von f und g
an der Stelle $x_0 = -1$ mithilfe einer Näherungstabelle.
b) Berechnen Sie $f'(-1)$ mithilfe der h-Methode.
c) Berechnen Sie $g'(-1)$ mithilfe der h-Methode.
d) Erläutern Sie Ihre Ergebnisse aus a) bis c) am jeweiligen Graphen.

19. Beim Bungeejumping erlebt der Springer die ersten Sekunden nach dem Absprung einen freien Fall. Bis das Seil den
Sprung aus 80 m Höhe abbremst, kann die Höhe eines
Springers in Meter näherungsweise mit der Funktion h mit
$h(t) = 80 - 4,9t^2$ beschrieben werden (t: Zeit in Sekunden).
a) Bestimmen Sie durch Einsetzen von Näherungswerten in
den Differenzenquotienten näherungsweise die Momentangeschwindigkeit des Springers nach 3 Sekunden.
b) Bestimmen Sie den exakten Wert der Geschwindigkeit
aus a) durch die Berechnung des Grenzwerts.
Vergleichen Sie diesen Wert mit Ihren Ergebnissen aus a).

20. Stolperstelle: Felix hat die Ableitung der Funktion f mit $f(x) = -5x^2$ an der Stelle $x_0 = 1$
bestimmt. Finden Sie den Fehler und korrigieren Sie ihn.

$$f'(1) = \lim_{h \to 0} \frac{f(1+h) - f(1)}{h} = \lim_{h \to 0} \frac{-5 \cdot 1^2 + h - (-5 \cdot 1^2)}{h} = \lim_{h \to 0} \frac{h}{h} = \lim_{h \to 0} 1 = 1$$

Erinnerung:
$f(x) = a(x - x_s)^2 + y_s$ ist
die **Scheitelpunktform**
einer quadratischen
Funktion mit dem **Streck-**
faktor a und dem **Schei-**
telpunkt $S(x_s | y_s)$.

21. Ermitteln Sie anhand der Funktionsgleichung – ohne konkrete Berechnungen anzustellen –
das Vorzeichen der Ableitung an den Stellen -3, -1, 0, 1 und 3.
a) $g(x) = \frac{1}{2}(x - 2)^2 + 1$
b) $k(x) = -(x + 1)^2 - 2$

● 22. Die Flugbahn eines Basketballwurfs kann mit der Funktionsgleichung $h(x) = -0{,}1x^2 + 0{,}8x + 2$ modelliert werden (h: Höhe in m; x: horizontale Entfernung des Balles vom Werfer in m).

a) Bestimmen Sie die Steigung der Tangente im Abwurfpunkt mit dem Grenzwert des Differenzenquotienten.

Hinweis zu 22 b:

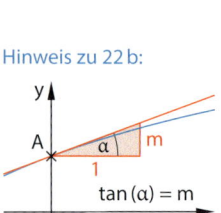

$\tan(\alpha) = m$

b) Ermitteln Sie, unter welchem Steigungswinkel der Ball die Hand des Werfers verlässt.

c) Der Ball trifft in der fallenden Bewegung den in 3,05 m Höhe aufgehängten Korb. Bestimmen Sie die Entfernung des Werfers zum Korb. Runden Sie das Ergebnis auf cm und ermitteln Sie den Flugwinkel, in dem der Ball den Korb trifft.

23. **Normale:** Zeichnen Sie den Graphen einer beliebigen Funktion auf Papier und markieren Sie einen gut ablesbaren Punkt P auf dem Graphen. Setzen Sie einen rechteckigen Taschenspiegel so auf P, dass der Graph im Spiegelbild ohne Knick fortgeführt wird.
Zeichnen Sie anschließend die Spiegelkante nach. Die so entstandene Gerade heißt **Normale** des Graphen in P.

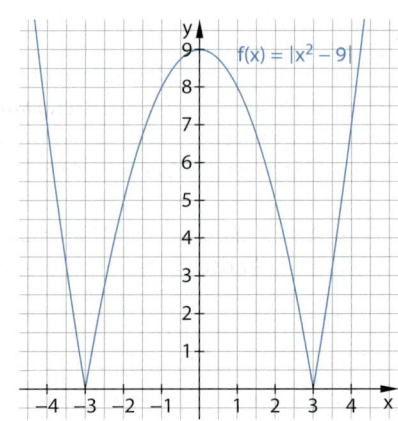

a) Skizzieren Sie die Tangente an den Graphen im Punkt P. Beschreiben Sie die Lage von Tangente und Normale zueinander.

b) Bestimmen Sie rechnerisch die Gleichung und die Nullstelle der Tangente t an den Graphen von f mit $f(x) = x^2$ im Punkt P (1|1).

c) Für die Steigung der Normalen im Punkt A (a|f(a)) gilt $m = -\frac{1}{f'(a)}$.
Bestimmen Sie damit rechnerisch die Gleichung und die Nullstelle der Normalen zu f mit $f(x) = x^2$ im Punkt P (1|1).

● 24. **Tangentengleichung:** Zur Bestimmung der Tangentengleichung t an den Graphen der Funktion f im Punkt (a|f(a)) gibt es die Formel $t(x) = f'(a) \cdot (x - a) + f(a)$.
Weisen Sie die Gültigkeit der Formel nach, indem Sie den Punkt und die Steigung der Tangente in die allgemeine Form der Geradengleichung einsetzen und nach dem y-Achsenabschnitt b auflösen.

● 25. **Ausblick:**

a) Bestimmen Sie für die Betragsfunktion f mit $f(x) = |x^2 - 9|$ den Grenzwert des Differenzenquotienten an der Stelle $x_0 = 3$ mithilfe einer Näherungstabelle. Setzen Sie dabei Werte für $x > 3$ und $x < 3$ ein, um sich der Stelle $x_0 = 3$ von links und von rechts zu nähern. Beschreiben Sie Ihre Beobachtung.

GTR b) Zeichnen Sie den Graphen von f mit dem GTR und zoomen Sie an der Stelle $x_0 = 3$ heran. Erläutern Sie, welche Probleme sich beim Zeichnen der Tangente an der Stelle $x_0 = 3$ ergeben.

Differenzierbarkeit

■ Zeichnen Sie mit dem GTR die Graphen zu den Funktionen f und g mit $f(x) = |x|$ und $g(x) = x^2$.
Nutzen Sie die Zoomfunktion, um eine größere Ansicht der Graphen beim Punkt $P(0|0)$ zu erhalten, und versuchen Sie so, die Steigung beider Graphen im Punkt P zu ermitteln. ■

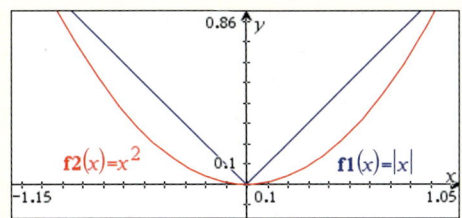

Der Graph zu $f(x) = |x|$ hat im Punkt $P(0|0)$ einen Knick. Jede Sekante durch P und einen Punkt links davon liegt auf dem linken Ast des Funktionsgraphen und hat die Steigung -1.
Jede Sekante durch P und einen Punkt rechts davon hat die Steigung 1. Beim Übergang von der Sekantensteigung zur Tangentensteigung gibt es keinen gemeinsamen Grenzwert.
Man spricht auch vom links- bzw. rechtsseitigen Grenzwert. Da der Grenzwert des Differenzenquotienten also nicht existiert, sagt man: f ist an der Stelle $x = 0$ nicht **differenzierbar**.

Definition: Differenzierbarkeit
Eine Funktion f heißt differenzierbar an einer Stelle x, wenn links- und rechtsseitiger Grenzwert des Differenzenquotienten existieren und übereinstimmen, wenn also
$\lim\limits_{h \to 0} \frac{f(x+h) - f(x)}{h}$ für $h < 0$ und für $h > 0$ übereinstimmt.

Beispiel 1: Differenzierbarkeit überprüfen
Überprüfen Sie, ob f mit $f(x) = |2x - 6|$ an der Stelle $x = 3$ differenzierbar ist.

Lösung:
Betrachten Sie den Differenzenquotienten für $x = 3$.

$$\frac{|2 \cdot (3+h) - 6| - |2 \cdot 3 - 6|}{h} = \frac{|6 + 2h - 6| - |0|}{h} = \frac{|2h|}{h}$$

Für $h > 0$ sind Zähler und Nenner positiv, für $h < 0$ hingegen ist der Zähler positiv und der Nenner negativ. Links- und rechtsseitiger Grenzwert existieren, stimmen aber nicht überein; f ist bei $x = 3$ nicht differenzierbar.

Für $h > 0$: $\lim\limits_{h \to 0} \frac{|2h|}{h} = \lim\limits_{h \to 0} (2) = 2$

Für $h < 0$: $\lim\limits_{h \to 0} \frac{|2h|}{h} = \lim\limits_{h \to 0} (-2) = -2$

Aufgaben

1. Betrachten Sie die Funktionen f und g mit $f(x) = |2x - 4|$, $g(x) = (x - 2)^2$ bei $x = 2$.
   a) Berechnen Sie jeweils den Differenzenquotienten für $h = -2; -1; -0,1; 0,1; 1; 2$.
   b) Prüfen Sie rechnerisch, ob f und g an der Stelle $x = 2$ differenzierbar sind.
   c) Skizzieren Sie die Graphen von f und g sowie die Sekanten für $h = -2; -1; -0,5; 0,5; 1; 2$.

2. Zur Beschreibung einer Rutschbahn wurde die Funktion f abschnittsweise definiert:
   $$f(x) = \begin{cases} -x + 2 & \text{für } 0 < x < 1 \\ (x - 2)^2 & \text{für } 1 \leq x \leq 2,5 \end{cases}$$
   Zeigen Sie rechnerisch, dass der Graph von f im Punkt $P(1|1)$ einen Knick hat und insofern zur Beschreibung der Rutschbahn ungeeignet ist.

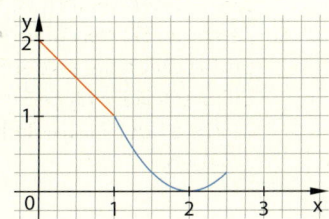

3.3 Ableitungsfunktionen

■ Eine Sprungschanze für Snowboarder soll im geraden Teil die Steigung m = 0,8 haben und im Punkt A knickfrei in eine durch $f(x) = \frac{1}{4}x^2$ gegebene Form übergehen. (1 LE entspricht 10 m.)

a) Bestimmen Sie die Steigung von f an den Stellen 1 und 2.

b) Ermitteln Sie den x-Wert von A. ■

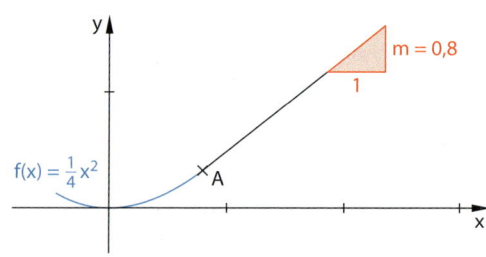

Wenn man den Wert der Ableitung einer Funktion an mehreren Stellen sucht, ist es mühselig, für jede Stelle einzeln den Differenzenquotienten zu bilden. Berechnet man allgemein für alle Stellen x die Ableitung, muss man den Differenzenquotienten nur einmal bilden. Dadurch wird jeder Stelle x ihre Ableitung f'(x) zugeordnet. Diese Zuordnung heißt **Ableitungsfunktion f'** von f oder kurz Ableitung von f.

Hinweis:
Das Berechnen der Ableitungsfunktion nennt man **Ableiten**. Spricht man von „**Ableitung**" ohne Angabe einer Stelle, so ist damit die Ableitungsfunktion gemeint.

> **Definition: Ableitungsfunktion**
>
> Die **Ableitungsfunktion f'** zu einer Funktion f ordnet jeder Stelle x ihre Ableitung f'(x) zu.

Die Ableitungsfunktion f' gibt einen Überblick über das gesamte Steigungsverhalten des Graphen von f.

Beispiel 1:

a) Bestimmen Sie zu der Funktion f mit $f(x) = x^2 + 4$ die Ableitungsfunktion f'.

b) Berechnen Sie mithilfe der Ableitungsfunktion f'(3) und die Steigung der Tangente im Punkt P(−5|29).

c) Berechnen Sie die Stellen, an denen der Graph von f die Steigung 7 hat.

Lösung:

a) Bilden und vereinfachen Sie den Differenzenquotienten. Verwenden Sie dafür die erste binomische Formel. Bestimmen Sie den Grenzwert des vereinfachten Differenzenquotienten.

$$\frac{f(x+h) - f(x)}{h} = \frac{(x+h)^2 + 4 - (x^2 + 4)}{h}$$
$$= \frac{x^2 + 2xh + h^2 + 4 - x^2 - 4}{h} = \frac{2xh + h^2}{h} = \frac{h(2x+h)}{h}$$
$$= 2x + h$$
$$f'(x) = \lim_{h \to 0} \frac{f(x+h) - f(x)}{h} = \lim_{h \to 0} (2x + h) = 2x$$

b) Setzen Sie x = 3 bzw. x = −5 in die Gleichung von f' ein.

$$f'(3) = 2 \cdot 3 = 6$$
Tangentensteigung: $f'(-5) = 2 \cdot (-5) = -10$

c) Setzen Sie f'(x) = 7 und lösen Sie nach x auf.

$$f'(x) = 7$$
$$2x = 7 \text{ also } x = 3,5$$

Basisaufgaben

1. Bestimmen Sie die Funktionsgleichung der Ableitungsfunktion mit dem Grenzwert des Differenzenquotienten.

a) $f(x) = x^2 + 5$ b) $f(x) = 3x^2$ c) $f(x) = -x^2 + 7x$ d) $f(x) = 3x^2 - 2x + 4$

2. Bestimmen Sie die Ableitungsfunktion als Grenzwert des Differenzenquotienten. Begründen Sie, dass die Ergebnisse sinnvolle momentane Änderungsraten linearer Funktionen darstellen.

a) $f(x) = 0,5x$ b) $f(x) = x + 3$ c) $f(x) = 2x + 3$ d) $f(x) = x$

GTR **3.** a) Bestimmen Sie die Ableitungsfunktion der Funktion f mit $f(x) = x^3$ mit dem Grenzwert des Differenzenquotienten.

b) Finden Sie heraus, wie man mit dem GTR Ableitungsfunktionen zeichnen kann.

c) Zeichnen Sie mit dem GTR die Ableitungsfunktion von f und vergleichen Sie mit dem Graphen der berechneten Ableitungsfunktion aus a).

Tipp zu 3a:
$(a + b)^3 = a^3 + 3a^2b + 3ab^2 + b^3$

Hilfe zu GTR/CAS
↗ S. 178

4. a) Bestimmen Sie die Ableitung zu $f(x) = -2x^2 + 4x$.

b) Berechnen Sie f'(0) und geben Sie die Steigung der Tangente im Punkt P(2|0) an.

c) Ermitteln Sie die x-Werte, für die gilt: $f'(x) = -2$.

5. In 14,80 m Höhe lässt Annika eine Kugel aus dem Fenster fallen. Drei Etagen tiefer versucht Jörg, die Kugel aufzufangen, verfehlt sie aber. Die Höhe der Kugel zum Zeitpunkt t ist näherungsweise gegeben durch $s(t) = 14{,}8 - 5t^2$ (s in Meter, t in Sekunden).

a) Bestimmen Sie die Funktionsgleichung für die Momentangeschwindigkeit v(t) = s'(t) der Kugel. Begründen Sie, warum s'(t) die Momentangeschwindigkeit beschreibt.

b) Geben Sie an, wie schnell die Kugel nach 1,4 Sekunden bei Jörg ist.

c) Berechnen Sie, wann und mit welcher Geschwindigkeit die Kugel am Boden aufprallt.

6. Der Start eines Airbus A320 kann bis zum Abheben von der Rollbahn (ohne Luftwiderstand) durch die Zeit-Weg-Funktion s mit $s(t) = 1{,}5\,t^2$ modelliert werden (s in Meter, t in Sekunden).

a) Berechnen Sie die Funktionsgleichung der Momentangeschwindigkeit v(t) = s'(t).

b) Geben Sie die Momentangeschwindigkeit nach 10 und nach 20 Sekunden an.

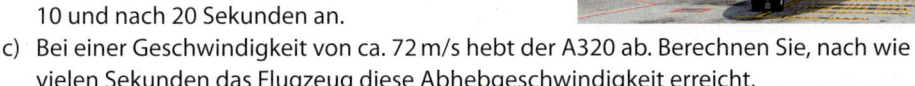

c) Bei einer Geschwindigkeit von ca. 72 m/s hebt der A320 ab. Berechnen Sie, nach wie vielen Sekunden das Flugzeug diese Abhebgeschwindigkeit erreicht.

d) Ermitteln Sie, welche Strecke das Flugzeug bis zum Abheben zurücklegt.

Weiterführende Aufgaben

7. Gegeben ist die Funktion f mit $f(x) = -\frac{1}{2}x^2 + 6$.

a) Bestimmen Sie die Ableitung als Grenzwert des Differenzenquotienten.

b) Zeichnen Sie die Graphen von f und f' in ein Koordinatensystem.

c) Zeichnen Sie an den Stellen −2; 0 und 1,5 mithilfe von f' Tangenten an den Graphen ein.

8. **Stolperstelle:** Diese Rechnung zur Bestimmung der Ableitung von f mit $f(x) = x^2 - 2x$ ist fehlerhaft:

$$\frac{f(x+h)-f(x)}{h} = \frac{(x+h)^2 - 2(x+h) - x^2 - 2x}{h} = \frac{x^2 + 2xh + h^2 - 2x - 2h - x^2 - 2x}{h} = \frac{2xh + h^2 - 2h - 4x}{h} \ldots$$

kann man nicht wegkürzen weil 4x kein h hat

$2x \cdot 2$

a) Begründen Sie, weshalb sich im letzten Term dieser Rechnung das h nicht kürzen lässt.

b) Korrigieren Sie den Fehler und berechnen Sie die Ableitung von f.

c) Formulieren Sie, welches Ziel beim Umformen des Differenzenquotienten verfolgt wird.

9. a) Zeichnen Sie den Graphen von f mit $f(x) = \frac{1}{2}x^2 - 2x$ und die Sekante durch die Punkte A(0|f(0)) und B(6|f(6)).

b) Berechnen Sie die Steigung der Sekante.

c) Berechnen Sie die Ableitungsfunktion von f.

d) Bestimmen Sie einen Punkt C des Graphen von f, in welchem die Tangente parallel zur Sekante AB verläuft. Ermitteln Sie die Gleichung der Tangente und zeichnen Sie sie.

10. Ableitung einer konstanten Funktion:
   a) Zeichnen Sie den Graphen der konstanten Funktion f mit $f(x) = 3$.
   b) Geben Sie die Funktionswerte $f(4)$, $f(-7)$ und $f(1000)$ an.
   c) Vereinfachen Sie für allgemeines x den Differenzenquotienten von f soweit es geht.
   d) Bilden Sie den Grenzwert des Differenzenquotienten und erklären Sie das Ergebnis.

11. Bestimmen Sie die Ableitungen zu $f(x) = x^2$, $g(x) = x^2 + 3$ und $k(x) = x^2 - 4$ und vergleichen Sie sie. Erklären Sie das Ergebnis anhand der Graphen der drei Funktionen.

12. Die Funktion f mit $f(x) = x^3 + 3x$ hat die Ableitung $f'(x) = 3x^2 + 3$.
   a) Berechnen Sie die Gleichung der Tangente t an den Graphen von f im Punkt $B(-2\,|\,f(-2))$.
   b) Ermitteln Sie die Gleichung einer zweiten Tangente, welche zu t parallel ist.

13. Durch $f(x) = -\frac{1}{20}x^2 + 20$ ist näherungsweise der Querschnitt eines 20 m hohen Damms gegeben, der auf der Wasserseite in Form einer Geraden der Steigung $m = 0{,}8$ abgeflacht abfällt. Der Übergang von der Parabel zur Geraden ist knickfrei.

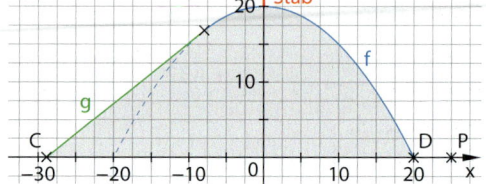

   a) Berechnen Sie die Geradengleichung und die Länge des Querschnitts $\overline{CD}$.
   b) Auf dem Damm steht ein 2 m hoher Stab. Prüfen Sie, ob man vom Punkt $P(25\,|\,0)$ die Spitze des Stabes sehen kann.

GTR c) Stellen Sie Ihre Ergebnisse mit dem GTR dar.

14. Ableitung zu $f(x) = \frac{1}{x}$:

Tipp zu 14 a:
Brüche macht man zur Subtraktion gleichnamig. Sie müssen außerdem einen Doppelbruch auflösen.
Beispiel:
$\frac{\frac{5}{9}}{2} = \frac{5}{9} : 2 = \frac{5}{9} \cdot \frac{1}{2} = \frac{5}{9 \cdot 2}$

   a) Zeigen Sie: Die mittlere Änderungsrate von f mit $f(x) = \frac{1}{x}$ im Intervall $[3; 7]$ beträgt $-\frac{1}{21}$.
   b) Zeigen Sie mit den gleichen Rechenschritten wie in a), dass $\frac{f(x+h) - f(x)}{h}$ sich vereinfachen lässt zu $-\frac{1}{x \cdot (x+h)}$.
   c) Bestimmen Sie nun die Ableitung von f und die Stellen mit $f'(x) = -\frac{1}{4}$.

15. Ableitung der Wurzelfunktion: Ziel der Umformungen des Differenzenquotienten ist, den Faktor h aus dem Nenner zu kürzen, damit der Grenzwert des Nenners nicht 0 ist. Bei der Wurzelfunktion zu $f(x) = \sqrt{x}$ gelingt dies mit einem Trick.
   a) Erweitern Sie den Differenzenquotienten $\frac{\sqrt{x+h} - \sqrt{x}}{h}$ mit $(\sqrt{x+h} + \sqrt{x})$ und zeigen Sie so, dass gilt: $\frac{\sqrt{x+h} - \sqrt{x}}{h} = \frac{1}{\sqrt{x+h} + \sqrt{x}}$.
   b) Bestimmen Sie nun die Ableitung der Wurzelfunktion und berechnen Sie $f'(4)$ und $f'(9)$.

Hilfe zu GTR/CAS GTR **16.** Zeichnen Sie mit dem GTR die Graphen zu $f(x) = (x+1)^2$, $g(x) = (x-3)^2$ und $h(x) = (x-5)^2$
↗ S. 178   und die Graphen der Ableitungen dieser Funktionen.

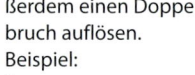
Ableitung geht immer durch den Scheitelpunkt

   a) Erläutern Sie, wie man erkennen kann, welche Ableitung zu welcher Funktion gehört.
   b) Beschreiben Sie die Zusammenhänge der Funktionen bzw. der Ableitungen untereinander.

17. Ausblick: Vielleicht haben Sie beim Ableiten von quadratischen Funktionen eine Regelmäßigkeit entdeckt.
   a) Berechnen Sie für allgemeines $a, b, c \in \mathbb{R}$ die Ableitung von f mit $f(x) = ax^2 + bx + c$.
   b) Prüfen Sie, ob Ihre früheren Ergebnisse beim Ableiten quadratischer Funktionen dem Ergebnis aus a) entsprechen.

3.4 Grafisches Ableiten und Ableiten der Sinus- und Kosinusfunktion

■ Prüfen Sie, ob die Funktion g die Ableitung der Funktion f sein kann. Notieren Sie die Zusammenhänge, auf die Sie dabei achten. ■

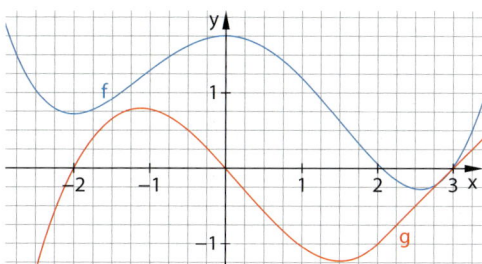

Grafisches Ableiten

Der Funktionswert der Ableitungsfunktion f' an einer Stelle a entspricht der Steigung des Graphen von f an dieser Stelle.

In den Intervallen, in denen der Graph von f steigt (bzw. fällt), in denen also die Steigung positiv (bzw. negativ) ist, verläuft der Graph von f' oberhalb (bzw. unterhalb) der x-Achse.

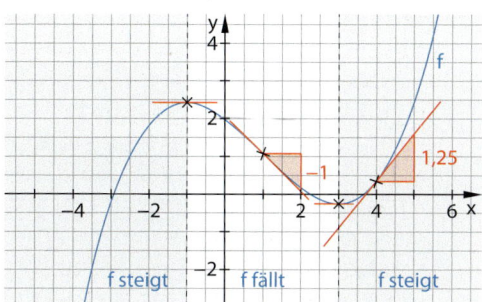

An den Hoch- und Tiefpunkten (hier bei x = −1 und x = 3) hat der Graph von f eine waagerechte Tangente. Die Steigung ist 0, f' hat eine Nullstelle.

Ab x = 3 wird der Graph von f immer steiler, die Funktionswerte von f' also immer größer. Der Graph von f fällt bei x = 1 am steilsten ab. An dieser Stelle hat der Graph von f' einen Tiefpunkt.
Die Tangente bei x = 4 hat die Steigung 1,25. Der Graph von f' verläuft durch den Punkt L (4|1,25).

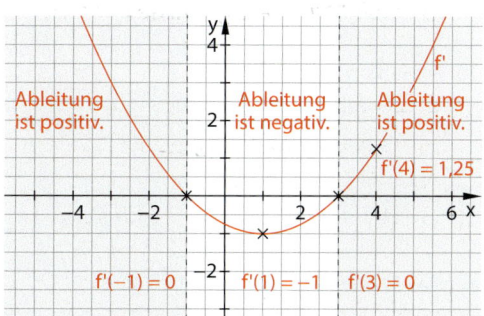

Beispiel 1: Skizzieren Sie zum abgebildeten Graphen von f den Graphen der Ableitung f'.
Markieren Sie die Nullstellen von f' sowie die Intervalle, in denen die Ableitung positiv bzw. negativ ist.

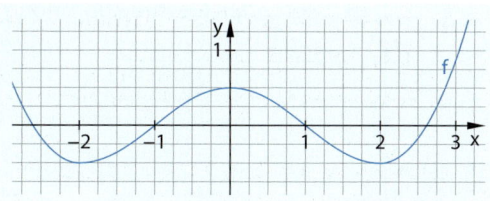

Lösung:
Der Graph von f hat Tiefpunkte bei x = − 2 und x = 2 sowie einen Hochpunkt bei x = 0. An diesen Stellen hat f' daher Nullstellen.

In den Bereichen x < − 2 und 0 < x < 2 fällt der Graph von f, hier ist f'(x) negativ.

In den Bereichen − 2 < x < 0 und x > 2 steigt der Graph von f, hier ist f'(x) positiv.

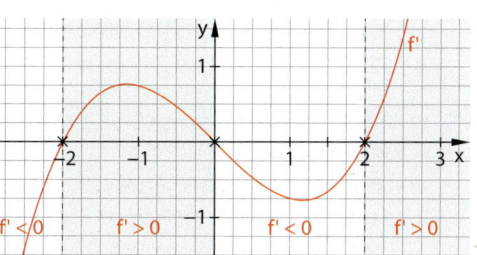

Hinweis:
f' < 0 ist die Kurzschreibweise für f'(x) < 0 für alle x im betrachteten Intervall.

Basisaufgaben

1. Schätzen Sie die Tangentensteigungen an den Punkten A bis K. Tragen Sie die diesen Steigungen entsprechenden Punkte des Graphen der Ableitung f′ in ein Koordinatensystem ein und skizzieren Sie so den Graphen der Ableitung von f.

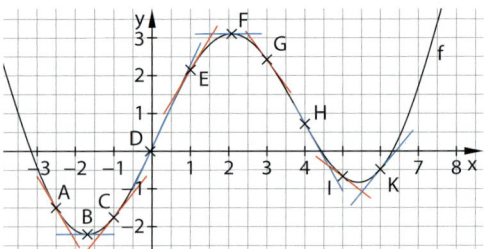

GTR 2. Skizzieren Sie den Graphen von f′ zum abgebildeten Graphen von f.
Kontrollieren Sie Ihr Ergebnis, indem Sie anschließend die Graphen von f und f′ mit dem GTR zeichnen.

Tipp zu 2:
Orientieren Sie sich an Beispiel 1.

a) $f(x) = -x^3 + 6x^2 - 9x + 1$

b) $f(x) = 0{,}2x^4 - 0{,}2x^3 - 1{,}2x^2 + 0{,}5$

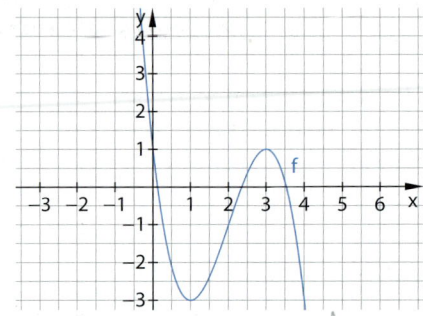

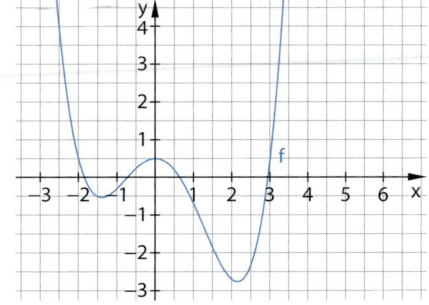

c) $f(x) = 2x - 1$ Steigung gerade ist Ableitung

d) $f(x) = \sin(x - 2) + 0{,}5x$

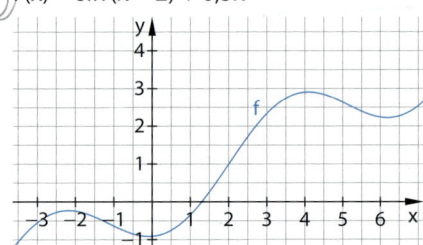

3. Finden Sie heraus, welche der Funktionen $g_1, \ldots, g_5$ Ableitung zu welcher der Funktionen $f_1, \ldots, f_5$ ist. Begründen Sie Ihre Zuordnung.

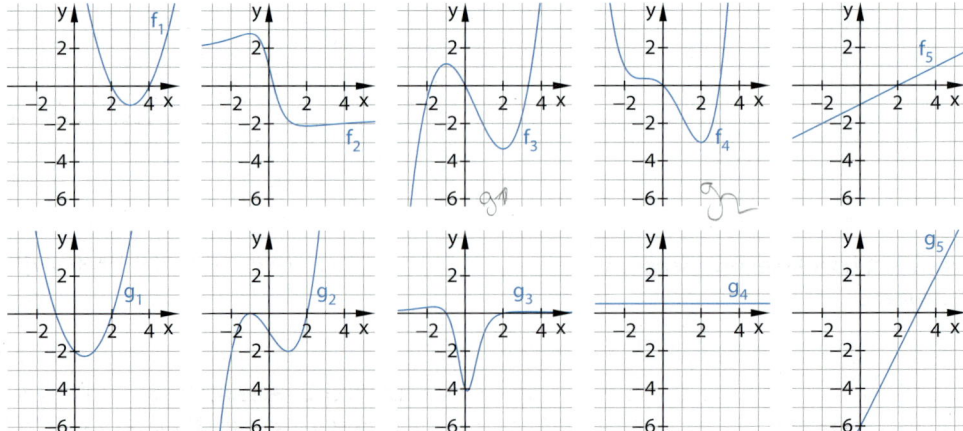

4. Skizzieren Sie die Graphen zu f und f' und erläutern Sie die Zusammenhänge.

a) $f(x) = x^2 - 4$; $f'(x) = 2x$ b) $f(x) = x^3 - 4x$; $f'(x) = 3x^2 - 4$

5. Ordnen Sie jeder Eigenschaft des Graphen einer Funktion die zugehörige Eigenschaft des Graphen der Ableitung zu. Legen Sie dazu eine Tabelle an.

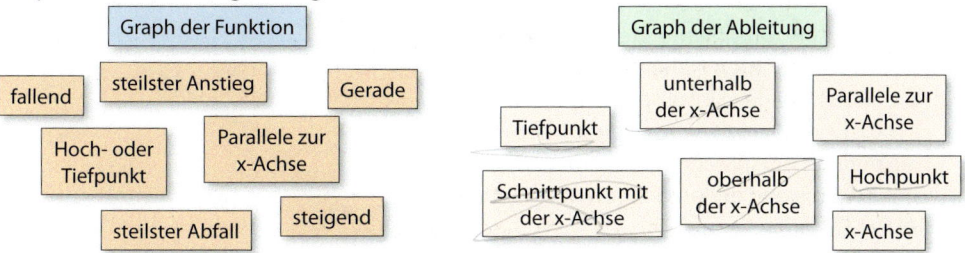

GTR **6.** Gegeben sind $f(x) = x^3 - 3x^2$ und die Ableitung $f'(x) = 3x^2 - 6x$. Beschreiben Sie begründet, was mit dem Graphen von f' geschieht, wenn der Graph von f wie angegeben verändert wird. Überprüfen Sie dann Ihre Antwort mit dem GTR.

a) Der Graph von f wird um 3 nach oben (um 2 nach unten) verschoben.
b) Der Graph von f wird um 1 nach rechts (um 2 nach links) verschoben.
c) Der Graph von f wird an der x-Achse gespiegelt.
d) Der Graph von f wird an der y-Achse gespiegelt.

Tipp zu 6:
Für die Eingabe der neuen Funktion in den GTR:
b) Ersetzen Sie x durch (x − 1) bzw. durch (x + 2).
c) Ersetzen Sie f(x) durch −f(x).
d) Ersetzen Sie x durch (−x).

Ableiten der Sinus- und Kosinusfunktion

Leitet man die Sinusfunktion f mit $f(x) = \sin(x)$ grafisch ab, so ergeben sich mithilfe der eingezeichneten Tangenten folgende Werte:

x	$-\frac{3}{2}\pi$	$-\pi$	$-\frac{1}{2}\pi$	0	$\frac{1}{2}\pi$	π	$\frac{3}{2}\pi$	2π	$\frac{5}{2}\pi$
f'(x)	0	−1	0	1	0	−1	0	1	0

Erinnerung:
Die x-Werte sind im **Bogenmaß** angegeben.

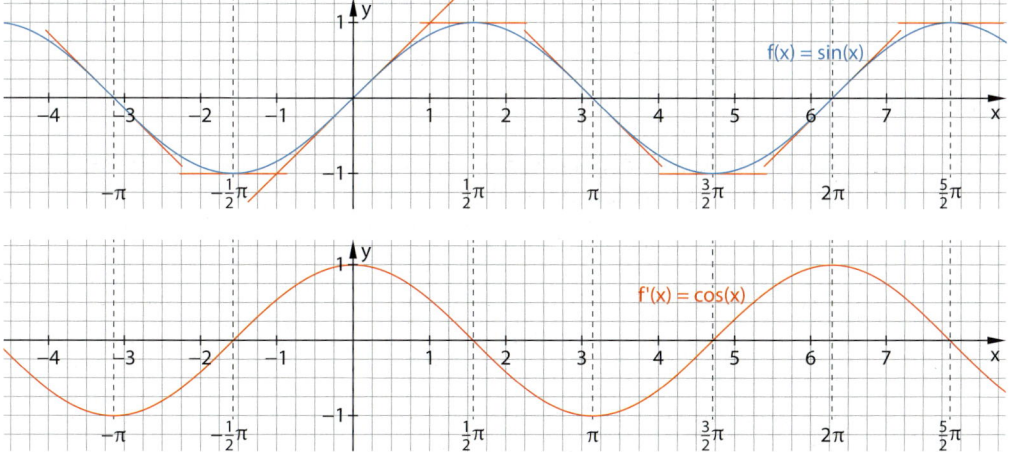

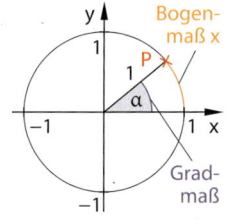

Die Punkte der Ableitung liegen auf dem Graphen der Kosinusfunktion. Tatsächlich lässt sich beweisen:

> **Satz: Ableitung von Sinus- und Kosinusfunktion**
> Die **Sinusfunktion** f mit $f(x) = \sin(x)$ hat die Ableitung $f'(x) = \cos(x)$.
> Die **Kosinusfunktion** f mit $f(x) = \cos(x)$ hat die Ableitung $f'(x) = -\sin(x)$.

Basisaufgaben

7. Erläutern Sie, wie man an der Abbildung des Graphen der Sinusfunktion auf der vorigen Seite erkennt, dass die Ableitung des Sinus an der Stelle x = 0 gleich 1 ist. Begründen Sie, dass dadurch auch die Ableitung an den anderen Nullstellen der Sinusfunktion bekannt ist.

8. Ermitteln Sie mithilfe der Steigungsdreiecke der Tangenten Näherungswerte für die Ableitung des Sinus bei x = 0,3; x = 0,6; x = 0,9 und x = 1,2. Vergleichen Sie mit den entsprechenden Werten des Kosinus und erklären Sie die Abweichungen.

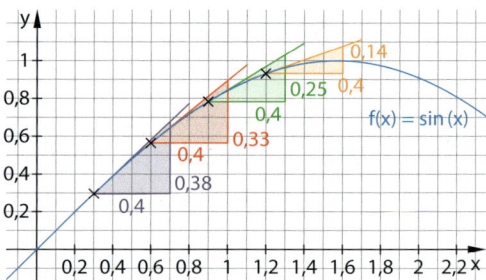

9. Zeichnen Sie mit dem GTR die beiden Graphen und vergleichen Sie.
   a) Kosinusfunktion und Ableitung der Sinusfunktion
   b) Sinusfunktion und Ableitung der Kosinusfunktion

Tipp zu 10 und 11:
Stellen Sie Ihren Taschenrechner auf das Bogenmaß ein.

10. Bestimmen Sie die Ableitung der Sinusfunktion an der angegebenen Stelle.
    a) $x = \frac{\pi}{2}$ b) $x = \pi$ c) $x = 0,8$ d) $x = -4$ e) $x = 10$ f) $x = 90$

11. Bestimmen Sie die Ableitung der Kosinusfunktion an der angegebenen Stelle.
    a) $x = \frac{\pi}{2}$ b) $x = \pi$ c) $x = 0,8$ d) $x = -2$ e) $x = 10$ f) $x = 180$

12. Geben Sie mit Begründung an, welcher der abgebildeten Graphen den Graphen der Sinusfunktion als Ableitung hat.

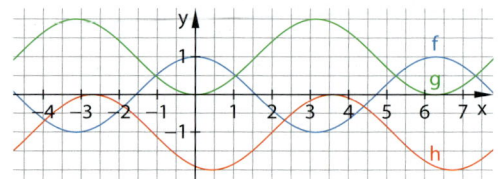

Weiterführende Aufgaben

13. Skizzieren Sie den Graphen von f und leiten Sie f grafisch ab. Berechnen Sie mithilfe des Differenzenquotienten die Ableitung und vergleichen Sie mit Ihrer grafischen Ableitung.
    a) $f(x) = x^2 - 3$ b) $f(x) = x^3 - 5x$

 14. **Stolperstelle:** Erklären Sie den Fehler beim Skizzieren von f′ und korrigieren Sie ihn.

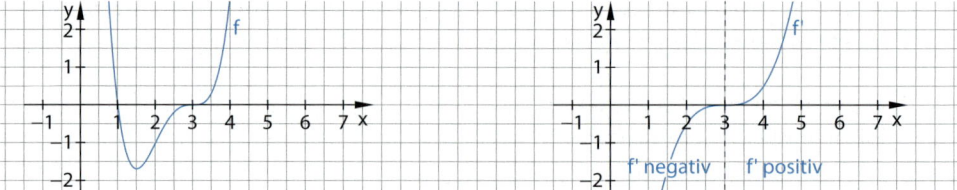

15. Partnerarbeit: Jeder skizziert mit dem GTR den Graphen einer beliebigen Funktion. Die GTR werden ausgetauscht, und der Partner skizziert auf Papier den Verlauf der Ableitung. Überprüfen Sie das Ergebnis wiederum mit dem GTR.

16. „Die Ableitung einer periodischen Funktion ist auch periodisch." Nehmen Sie Stellung.

17. Abgebildet ist der Graph von f. Prüfen Sie, ob die Aussage über die Ableitungsfunktion f' wahr oder falsch ist.
    a) f' hat die Nullstelle x = −2. *falsch* −1,1
    b) f' hat die Nullstelle x = −3,19. *ja*
    c) Der Graph von f' hat bei x = −0,04 einen Hochpunkt.
    d) f'(x) ist für x > 2,14 negativ. *falch*
    e) Der Graph von f' hat bei x = 2,14 einen Tiefpunkt. *Richtig*
    f) f'(−2) < 0   *Richtig*

18. **GTR** Der Screenshot zeigt den Graphen der Sinusfunktion, welcher ab x > 2 durch die Tangente fortgesetzt wird. Stellen Sie dieses Bild auf dem GTR her. Ermitteln Sie dazu die Gleichung der Tangente.

Hilfe zu GTR/CAS
↗ S. 179

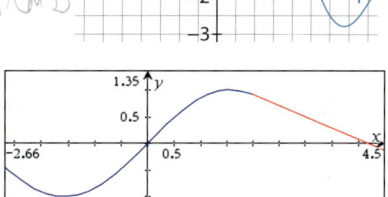

19. Die Funktion f gebe für einen Zeitraum von 8 Tagen die Höhe des Wasserstandes im Ausgleichsbecken einer Kanalisation wieder.
    a) Skizzieren Sie den Graphen der Ableitung f'.
    b) Es gilt f'(3) = −0,45. Erklären Sie die Bedeutung dieser Zahl im Sachzusammenhang.
    c) Beschreiben Sie den Verlauf des Graphen von f' im Sachzusammenhang.

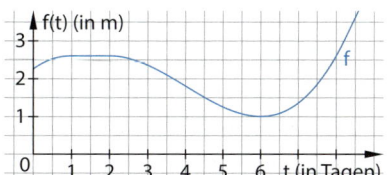

20. Der Graph von f stelle die Anzahl der Infizierten (in 100) bei einer Epidemie dar.
    a) Geben Sie an, nach wie vielen Wochen die Epidemie ihren Höhepunkt erreichte und wann sie beendet war.
    b) Skizzieren Sie den Graphen der Ableitung und beschreiben Sie den Verlauf der Infektionsrate.

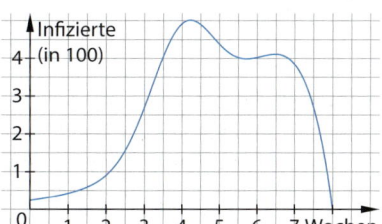

21. Bei einem Riesenrad ist im Punkt B eine Gondel aufgehängt. Der Einfachheit halber sei der Radius des Rades gleich 1 und der Drehwinkel (im Bogenmaß) entspreche der Zeit t in geeigneter Zeiteinheit.
    a) Begründen Sie, dass die Höhe von B durch h(t) = cos(t) gegeben ist.
    b) Geben Sie die Ableitungsfunktion h'(t) an und erläutern Sie ihre Bedeutung. Beschreiben Sie das Vorzeichenverhalten von h'(t) im Sachzusammenhang.

22. Gegeben ist die Ableitung einer Funktion f durch f'(x) = (x − 2)² − 1. Skizzieren Sie einen möglichen Verlauf des Graphen von f. Erläutern Sie, weshalb es mehrere Lösungen gibt.

23. **Ausblick:**
    a) Zeichnen Sie mithilfe einer Wertetabelle den Graphen der Funktion f mit f(x) = 0,1x · (x + 1)(x − 3)(x − 5) in ein Koordinatensystem und leiten Sie f grafisch ab.
    b) Bilden Sie grafisch die Ableitung zu f'.
    c) Geben Sie an, welches Verhalten der ursprünglichen Funktion f dazu führt, dass die Ableitung von f' positiv oder negativ ist oder eine Nullstelle hat.

Hinweis:
Die Ableitung von f'
bezeichnet man als f''.

3.5 Ableitung von Potenzfunktionen

■ Die Tabelle zeigt die Terme einiger Funktionen und ihrer Ableitungen.

a) Vermuten Sie aufgrund der Ableitungen zu $f(x) = x^2$ und $f(x) = x^3$ eine Regel für die Ableitung zu $f(x) = x^n$. Überprüfen Sie Ihre Vermutung, indem Sie mit dem GTR die Ableitung zu $f(x) = x^4$ und die von Ihnen vermutete Ableitung zeichnen. Verfahren Sie ebenso mit $f(x) = x^5$.

b) Prüfen Sie, ob die Ableitungen zu $f(x) = x$, $f(x) = \frac{1}{x}$ und $f(x) = \sqrt{x}$ dieser Regel entsprechen. ■

$f(x)$	$f'(x)$
x	1
x^2	$2x$
x^3	$3x^2$
$\frac{1}{x}$	$-\frac{1}{x^2}$
$\sqrt{x}$	$\frac{1}{2\sqrt{x}}$

Potenzregel für natürliche Exponenten

Es gibt Regeln, die das Ableiten erheblich vereinfachen.
Beim Ableiten von $f(x) = x^3$ oder $f(x) = x^2$ wird der Exponent von $f(x)$ zum Vorfaktor von $f'(x)$. Außerdem verkleinert sich der Exponent um 1.
Dies gilt allgemein für alle Potenzfunktionen mit natürlichen Exponenten.

$f(x) = x^3$
$f'(x) = 3x^2$
$f(x) = x^2$
$f'(x) = 2x^1 = 2x$

Hinweis:
Für den Beweis der Potenzregel siehe Aufgabe 17.

> **Satz: Potenzregel**
> Die Funktion f mit $f(x) = x^n$ und $n \in \mathbb{N}$ hat die Ableitung $f'(x) = n \cdot x^{n-1}$.

Erinnerung:
$x^1 = x$
$x^0 = 1$

Auch die Ableitung zu $f(x) = x$ entspricht dieser Regel, wie die Rechnung zeigt.

$f(x) = x = x^1$
$f'(x) = 1 \cdot x^{1-1} = 1 \cdot x^0 = 1$

> **Beispiel 1:** Berechnen Sie $f'(-2)$ für die Funktion f mit $f(x) = x^6$.
>
> **Lösung:**
> Beim Ableiten von f wird der Exponent 6 zum Vorfaktor, der Exponent in f' um 1 verkleinert.
> Setzen Sie $x = -2$ in f' ein.
>
> $f(x) = x^6$
> $f'(x) = 6x^5$
>
> $f'(-2) = 6 \cdot (-2)^5 = 6 \cdot (-32) = -192$

Basisaufgaben

1. Bestimmen Sie zu der Funktion die Ableitung.
   a) $f(x) = x^7$
   b) $f(x) = x^9$
   c) $h(x) = x^{100}$
   d) $f(x) = x^{m+1}$
   e) $g(x) = x^{2n}$
   f) $v(t) = t^2$

Hinweis zu 2:
Unter den Werten finden Sie die Ableitungen.

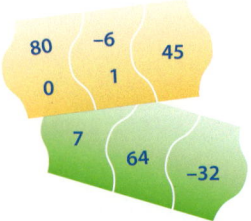

2. Bestimmen Sie die Ableitung der Funktion an der Stelle x_0.
   a) $f(x) = x^5$; $x_0 = 2$
   b) $f(x) = x^2$; $x_0 = -3$
   c) $f(x) = x^3$; $x_0 = 4$
   d) $f(x) = x^4$; $x_0 = -2$
   e) $f(x) = x^7$; $x_0 = -1$
   f) $f(x) = x$; $x_0 = 9$

3. Die Potenzfunktion f mit $f(x) = x^4$ hat eine Ableitungsfunktion mit ungeradem Exponenten. Skizzieren Sie die Graphen von f und f' im Koordinatensystem und erklären Sie anhand der Tangentensteigungen das Symmetrieverhalten von f'.

4. Verfahren Sie wie in Aufgabe 3 mit der Potenzfunktion f mit $f(x) = x^5$.

5. Untersuchen Sie mithilfe der Ableitung der Potenzfunktion f mit $f(x) = x^n$ und $n \in \mathbb{N}$, für welche x die Steigung des Graphen positiv, negativ oder null ist. Unterscheiden Sie die Fälle, ob n ungerade oder n gerade ist.

Potenzregel für rationale Exponenten

Die Potenzregel kann auf rationale Exponenten erweitert werden. Die **Ableitung zu** $f(x) = \frac{1}{x}$ wurde in Aufgabe 14 auf Seite 94 als Grenzwert des Differenzenquotienten ermittelt. Das gleiche Resultat erhält man mit der Potenzregel, wenn man $\frac{1}{x}$ als x^{-1} schreibt.

$$\left[\tfrac{1}{x}\right]' = [x^{-1}]' = (-1) \cdot x^{-1-1}$$
$$= -x^{-2}$$
$$= -\frac{1}{x^2}$$

abkürzende Schreibweise für die Ableitung von $\frac{1}{x}$ bzw. $\sqrt{x}$

Auch die **Ableitung der Wurzelfunktion** mit $f(x) = \sqrt{x}$ lässt sich durch Umschreiben von $\sqrt{x}$ in $x^{\frac{1}{2}}$ mit der Potenzregel ermitteln.

Das Resultat stimmt mit der in Aufgabe 15 auf Seite 94 ermittelten Ableitung der Wurzelfunktion überein.

$$[\sqrt{x}]' = \left[x^{\frac{1}{2}}\right]' = \frac{1}{2} \cdot x^{\frac{1}{2}-1}$$
$$= \frac{1}{2} \cdot x^{-\frac{1}{2}} = \frac{1}{2} \cdot \frac{1}{\sqrt{x}}$$
$$= \frac{1}{2\sqrt{x}}$$

Erinnerung:
$\frac{1}{a^n} = a^{-n}$
$\sqrt{a} = a^{\frac{1}{2}}$
$\sqrt[n]{a^m} = a^{\frac{m}{n}}$

Hinweis:
Es ist oft praktisch, den Ableitungsstrich direkt an den Term zu schreiben:
$\left[\frac{1}{x}\right]'$ bezeichnet die Ableitung von $\frac{1}{x}$.

> **Satz: Potenzregel für Potenzen mit rationalen Exponenten**
> Die Funktion f mit $f(x) = x^r$ und $r \in \mathbb{Q}$, $r \neq 0$, hat die Ableitung $f'(x) = r \cdot x^{r-1}$.
>
> Für $r = -1$ ergibt sich: $f(x) = \frac{1}{x}$ Für $r = \frac{1}{2}$ ergibt sich: $f(x) = \sqrt{x}$
> $$f'(x) = -\frac{1}{x^2} \text{ mit } x \neq 0$$ $$f'(x) = \frac{1}{2\sqrt{x}} \text{ für } x > 0$$

Basisaufgaben

6. Leiten Sie mithilfe der Potenzregel ab.
   a) $f(x) = x^{-4}$ b) $f(x) = x^{-1}$ c) $g(x) = x^{-2}$ d) $h(x) = x^{\frac{1}{2}}$ e) $g(x) = x^{\frac{1}{3}}$

   handschriftlich: $-2x^{-3}$ $\frac{1}{2}x^{-\frac{1}{2}}$ $\frac{1}{3}x^{-\frac{1}{2}}$

7. Formen Sie den Funktionsterm so um, dass x im Zähler steht. Bestimmen Sie dann die Ableitung.
   a) $f(x) = \frac{1}{x^2}$ b) $f(x) = \frac{1}{x^5}$ c) $h(x) = \frac{1}{x}$ d) $f(x) = \frac{1}{x^7}$ e) $g(x) = \frac{1}{x^9}$

8. Schreiben Sie den Funktionsterm als Potenz mit der Basis x. Bestimmen Sie dann die Ableitung.
   a) $f(x) = \sqrt{x}$ b) $f(x) = \sqrt[3]{x}$ c) $f(x) = \sqrt[4]{x}$ d) $f(x) = \sqrt[3]{x^2}$ e) $f(x) = \frac{1}{\sqrt{x}}$

9. Bestimmen Sie die Ableitung der Funktion an der Stelle x_0.
   a) $f(x) = \frac{1}{x^4}$; $x_0 = -2$ b) $f(x) = \sqrt{x}$; $x_0 = 2$ c) $h(x) = \frac{1}{x}$; $x_0 = \frac{1}{2}$

   d) $g(x) = \frac{1}{x^6}$; $x_0 = -1$ e) $f(x) = \sqrt[4]{x^3}$; $x_0 = 16$ f) $f(x) = x^{-\frac{1}{4}}$; $x_0 = 1$

Hinweis zu 9:
Unter den Werten finden Sie die Ableitungen.

Weiterführende Aufgaben

10. Die Steigung der Gerade zu $f(x) = x$ kann unmittelbar angegeben werden. Vergleichen Sie dieses Ergebnis mit dem, welches Sie durch Ableiten von f mithilfe der Potenzregel erhalten.

11. **Stolperstelle:** Finden Sie den Fehler beim Ableiten von $f(x) = \frac{1}{x^5}$ und verbessern Sie ihn.
    $f'(x) = [x^{-5}]' = -5 \cdot x^{-4} = -\frac{5}{x^4}$

12. Bestimmen Sie für f mit $f(x) = \frac{1}{x^2}$ die Ableitung f' mit dem Grenzwert des Differenzenquotienten $\lim\limits_{h \to 0} \frac{f(x+h) - f(x)}{h}$. Vergleichen Sie das Ergebnis mit dem Ergebnis, welches Sie durch Anwendung der Potenzregel erhalten.

13. Es sei f eine Potenzfunktion mit $f(x) = x^n$ und $n \in \mathbb{N}$. Zeigen Sie:
   a) Ist der Graph von f achsensymmetrisch zur y-Achse, so ist der Graph von f' punkt-symmetrisch zum Ursprung. Ist umgekehrt der Graph von f punktsymmetrisch zum Ursprung, so ist der Graph von f' achsensymmetrisch zur y-Achse.
   b) Für jedes $n \geq 2$ hat f genau eine Stelle mit waagerechter Tangente.
   c) Ist n ungerade, so gibt es zu jeder Tangente an den Graphen von f mit Steigung $m > 0$ eine parallele Tangente. Erläutern Sie, welcher besondere Fall sich für $n = 1$ ergibt.

14. Es sei $f(x) = \frac{1}{x}$ und $g(x) = \frac{1}{x^2}$. Zeigen Sie:
   a) Es gibt zwei Stellen, an denen der Graph von f die Steigung $m = -1$ hat.
   b) Es gibt nur eine Stelle, an der der Graph von g die Steigung $m = -2$ hat.
   c) Für jedes $a < 0$ gibt es zwei Stellen x, für die gilt: $f'(x) = a$.
   d) Für jedes $a \neq 0$ gibt es genau eine Stelle x mit $g'(x) = a$.
   [GTR] e) Veranschaulichen Sie sich diese Resultate an den Graphen von f und g mit dem GTR.

15. Steigung der Wurzelfunktion:
   a) Zeigen Sie mithilfe der Ableitung, dass die Steigung des Graphen von f mit $f(x) = \sqrt{x}$ für alle $x > 0$ positiv ist. Zeichnen Sie zur Veranschaulichung den Graphen von f.
   b) Bestimmen Sie die Gleichung der Tangente an den Graphen von f mit der Steigung $m = \frac{1}{4}$.
   c) Bestimmen Sie die x-Werte, bei denen die Steigung des Graphen größer als $\frac{1}{6}$ ist.
   d) Geben Sie mit Begründung eine Stelle an, an welcher die Wurzelfunktion, nicht aber ihre Ableitung definiert ist.

16. In der Abbildung ist $f(x) = \frac{1}{x^2}$. Für $a > 0$ seien $A(-a \mid f(-a))$ und $B(a \mid f(a))$ Punkte des Graphen mit den Tangenten AS und BS.
   a) Berechnen Sie für $a = 1$ den Flächeninhalt des Dreiecks CDS und den des Dreiecks ABS.
   b) Verfahren Sie ebenso für $a = \frac{1}{2}$.
   c) Zeigen Sie, dass in a) und b) das Verhältnis der Flächeninhalte $9 : 4$ beträgt.
   d) Zeigen Sie allgemein für $a > 0$, dass das Verhältnis des Flächeninhalts von CDS zu ABS $9 : 4$ beträgt.

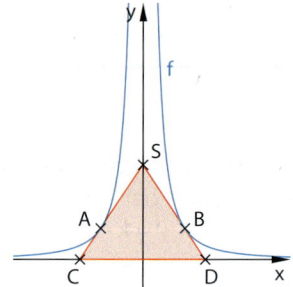

17. Herleitung der Potenzregel:
   a) Es gilt: $(x + h)^4 = x^4 + 4x^3h + 6x^2h^2 + 4xh^3 + h^4 = x^4 + 4x^3h + h^2 \cdot (\ldots)$
   Bestimmen Sie den Term in der blauen Klammer. Begründen Sie, warum es möglich ist, h^2 auszuklammern.
   b) Zeigen Sie, dass die Funktion f mit $f(x) = x^4$ die Ableitung $f'(x) = 4x^3$ hat. Erläutern Sie dazu die folgende Umformung und führen Sie die Bestimmung des Grenzwerts zu Ende.
   $$\lim_{h \to 0} \frac{(x+h)^4 - x^4}{h} = \lim_{h \to 0} \frac{x^4 + 4x^3h + h^2 \cdot (\ldots) - x^4}{h} = \lim_{h \to 0} \frac{4x^3h + h^2 \cdot (\ldots)}{h} = \ldots$$
   c) Zeigen Sie, dass die Funktion f mit $f(x) = x^n$ und $n \in \mathbb{N}$ die Ableitung $f'(x) = nx^{n-1}$ hat. Gehen Sie vor wie in b). Verwenden Sie die Umformung $(x + h)^n = x^n + nx^{n-1}h + h^2 \cdot (\ldots)$.

18. Ausblick: Zeigen Sie, dass die blaue, aus den Graphen zu f_1 und f_2 mit $f_1(x) = \frac{1}{x^2}$ und $f_2(x) = -x^2 + 2$ zusammengesetzte Kurve an den Anschlusspunkten A und B keinen Knick hat. Hinweis zum Ableiten von f_2: Ist $g(x) = -x^2$, so ist $f'_2 = g'$, und die Ableitung von g lässt sich aus der Ableitung zur Normalparabel erschließen.

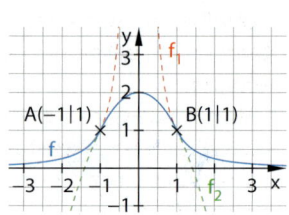

3.6 Weitere Ableitungsregeln

■ Die Tabelle zeigt Ableitungen, welche in Abschnitt 3.3 mit dem Differenzenquotienten ermittelt wurden.
Die Funktionsterme enthalten Potenzfunktionen. Beschreiben Sie, wie man die Ableitungen dieser Funktionen direkt aus den Ableitungen der jeweiligen Potenzfunktionen erhalten kann. ■

$f(x)$	$f'(x)$
$2x^2$	$4x$
$x^2 + 4$	$2x$
$-x^2 + 7x$	$-x + 7$
$3x^2 - 2x + 4$	$6x - 2$
$x^3 + 3x$	$3x^2 + 3$

Eine Funktion kann aus „Grundbausteinen" mit bekannter Ableitung (siehe Tabelle) gebildet sein. Für einige solche Funktionen lässt sich die Ableitung mit den Regeln dieses Abschnitts aus den Grundbausteinen gewinnen. Es wird stets vorausgesetzt, dass die Ableitungen dieser Funktionen existieren, diese also differenzierbar sind.

$f(x)$	$f'(x)$
x^n	$n \cdot x^{n-1}$
$\sin(x)$	$\cos(x)$
$\cos(x)$	$-\sin(x)$
$\frac{1}{x}$	$-\frac{1}{x^2}$
$\sqrt{x}$	$\frac{1}{2\sqrt{x}}$
c (Konstante)	0

Hinweis:
Sie sollten die Ableitungen der unteren Tabelle auswendig kennen.

Faktorregel

Der Graph von f mit $f(x) = 3x^3$ entsteht aus dem Graphen von g mit $g(x) = x^3$ durch eine Streckung in y-Richtung mit dem **konstanten Faktor** 3.

Bei der Streckung des Graphen wird jede beliebige Tangente dreimal so steil, wie man am gestreckten Steigungsdreieck erkennt.
Es gilt: $f'(x) = 3 \cdot g'(x)$.

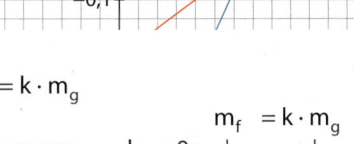

Allgemeine Begründung:
Es sei g eine beliebige Funktion, k eine reelle Zahl und $f(x) = k \cdot g(x)$.
Dann gilt für die Sekantensteigung m_f von f:

$$m_f = \frac{f(x+h) - f(x)}{h} = \frac{k \cdot g(x+h) - k \cdot g(x)}{h} = k \cdot \frac{g(x+h) - g(x)}{h} = k \cdot m_g$$

Die Ableitung ist der Grenzwert der Sekantensteigungen:

$$h \to 0: \quad \begin{array}{c} m_f = k \cdot m_g \\ \downarrow \qquad \downarrow \\ f'(x) = k \cdot g'(x) \end{array}$$

Satz: Faktorregel
Für die Funktion f mit $f(x) = k \cdot g(x)$ und der Konstanten $k \in \mathbb{R}$ gilt: $f'(x) = k \cdot g'(x)$.

Merkregel:
Ein konstanter Faktor bleibt beim Ableiten erhalten.

Beispiel 1: Bestimmen Sie die Ableitung zu f, g und h mit $f(x) = -6x^3$, $g(x) = \frac{5}{x}$ und $h(x) = \frac{\sqrt{x}}{5}$.

Lösung:
Schreiben Sie bei g und h den Funktionsterm so um, dass ein konstanter Faktor entsteht.
Leiten Sie dann den Term ab, der x enthält. Multiplizieren Sie anschließend den konstanten Faktor mit dem durch das Ableiten entstandenen neuen Vorfaktor.

$f'(x) = [-6x^3]' = -6 \cdot [x^3]' = -6 \cdot 3x^2 = -18x^2$

$g'(x) = \left[\frac{5}{x}\right]' = \left[5 \cdot \frac{1}{x}\right]' = 5 \cdot \left[\frac{1}{x}\right]' = 5 \cdot \left(-\frac{1}{x^2}\right) = -\frac{5}{x^2}$

$h'(x) = \left[\frac{\sqrt{x}}{5}\right]' = \left[\frac{1}{5} \cdot \sqrt{x}\right]' = \frac{1}{5} \cdot [\sqrt{x}]' = \frac{1}{5} \cdot \frac{1}{2\sqrt{x}} = \frac{1}{10\sqrt{x}}$

Basisaufgaben

1. Bestimmen Sie zu der Funktion die Ableitungsfunktion.
   a) $f(x) = 3x^4$
   b) $f(x) = 2\sqrt{x}$
   c) $f(x) = 5\sin(x)$
   d) $f(x) = \frac{1}{2} \cdot \cos(x)$
   e) $f(x) = -\frac{1}{3} \cdot x^3$
   f) $f(x) = -2 \cdot \frac{1}{x}$

2. Schreiben Sie den Funktionsterm so um, dass ein konstanter Faktor entsteht, und leiten Sie dann ab.
   a) $f(x) = \frac{x^4}{2}$
   b) $f(x) = \frac{7}{x}$
   c) $f(x) = -\frac{3}{x^2}$
   d) $f(x) = \frac{\cos(x)}{2}$
   e) $f(x) = (3x)^3$
   f) $f(x) = \sqrt{9x}$

3. Bestimmen Sie die Ableitung der Funktion an der Stelle x_0.
   a) $f(x) = -4x^2$; $x_0 = -3$
   b) $f(x) = 3\sin(x)$; $x_0 = \frac{\pi}{2}$
   c) $f(x) = \frac{3}{x}$; $x_0 = 6$
   d) $f(x) = \frac{1}{3x}$; $x_0 = 2$
   e) $f(x) = 8$; $x_0 = 2$
   f) $f(x) = 5x$; $x_0 = -9$

Hinweis zu 3:
Unter den Werten finden Sie die Ableitungen.

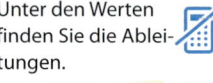
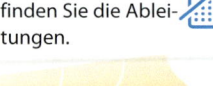
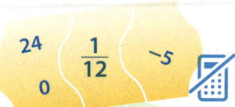

4. Bestimmen Sie zu der Funktion die Ableitungsfunktion.
   a) $f(x) = ax^2$
   b) $g(y) = -2y^3$
   c) $h(t) = v\,t$
   d) $f(a) = 5ab$
   e) $f(x) = k^2$
   f) $s(t) = \frac{3}{a\sqrt{t}}$

5. Bestimmen Sie alle Stellen, an denen die Funktion die Steigung m hat.
   Beispiel: $f(x) = 4x^3$; $m = 48$
   $f'(x) = 12x^2$; $12x^2 = 48$; $x^2 = 4$, also $x_1 = 2$; $x_2 = -2$
   a) $f(x) = 2x^3$; $m = 6$
   b) $f(x) = \frac{3x^4}{2}$; $m = 48$
   c) $f(x) = \frac{-4}{x}$; $m = \frac{1}{9}$
   d) $f(x) = \frac{x^2}{5}$; $m = 10$
   e) $f(x) = 3x$; $m = 3$
   f) $f(x) = 5x$; $m = 3$
   g) $f(x) = 3\sqrt{x}$; $m = 6$
   h) $f(x) = 2\sin(x)$ für $0 \leq x \leq 2\pi$; $m = -2$

6. Ermitteln Sie die Ableitungsfunktion zu $f(x) = 6x^2$ mit dem Grenzwert des Differenzenquotienten $\lim\limits_{h \to 0} \frac{f(x+h) - f(x)}{h}$. Vergleichen Sie das Ergebnis mit dem Anwenden der Faktorregel.

Summenregel

Um für f mit $f(x) = \frac{1}{3}x^2 + \frac{1}{2}x$ die Steigung der Tangente bei $x = 2$ zu ermitteln, kann man f als **Summe** der Funktionen zu $g(x) = \frac{1}{3}x^2$ und $k(x) = \frac{1}{2}x$ auffassen: $f(x) = g(x) + k(x)$.

Mit der Faktor- und Potenzregel erhält man $g'(x) = \frac{2}{3}x$ und $k'(x) = \frac{1}{2}$, also $g'(2) = \frac{4}{3} \approx 1{,}33$ und $k'(2) = \frac{1}{2} = 0{,}5$.

Die Abbildung zeigt, dass $f'(2) = k'(2) + g'(2)$ gilt.

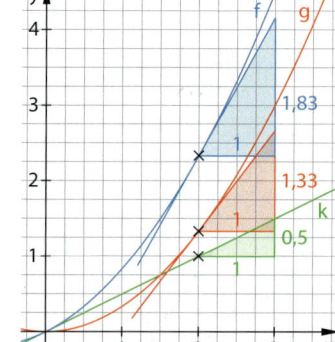

Allgemeine Begründung:
Es seien f, g und k Funktionen mit $f(x) = g(x) + k(x)$ für alle $x \in D$. Dann gilt für die Sekantensteigung m_f von f:

$$m_f = \frac{f(x+h) - f(x)}{h} = \frac{[g(x+h) + k(x+h)] - [g(x) + k(x)]}{h} = \frac{g(x+h) - g(x) + k(x+h) - k(x)}{h}$$

$$= \frac{g(x+h) - g(x)}{h} + \frac{k(x+h) - k(x)}{h} = m_g + m_k$$

Grenzwerte dürfen summandenweise gebildet werden:

$$
\begin{array}{ccc}
m_f & = & m_g + m_k \\
h \to 0 \downarrow & \downarrow & \downarrow \\
f'(x) & = & g'(x) + k'(x)
\end{array}
$$

Satz: Summenregel
Für die Funktion f mit $f(x) = g(x) + k(x)$ gilt: $f'(x) = g'(x) + k'(x)$.

Merkregel:
Die Ableitung der Summe zweier Funktionen ist die Summe der Ableitungen der beiden Funktionen.

Beispiel 2: Bestimmen Sie die Ableitungsfunktion.
a) $f(x) = x^3 + 7x$ \qquad b) $f(x) = 1 + x^2 - \sin(x)$ \qquad c) $s(t) = vt + c$

Lösung:
Leiten Sie jeweils summandenweise ab.

a) $f(x) = x^3 + 7x$
$f'(x) = 3x^2 + 7$

b) $f(x) = 1 + x^2 - \sin(x)$
$f'(x) = 0 + 2x - \cos(x) = 2x - \cos(x)$

In c) sind c und v als Konstanten zu betrachten. Deshalb bleibt v beim Ableiten erhalten, c wird zu 0.

c) $s(t) = vt + c$
$s'(t) = v + 0 = v$

Basisaufgaben

7. Bestimmen Sie die Ableitung.
a) $f(x) = x^3 + x^2$ \qquad b) $f(x) = x^4 - x^3 + 5$ \qquad c) $f(x) = x + \cos(x)$
d) $f(x) = x^2 - \frac{1}{x} - 5$ \qquad e) $f(x) = 5 + x + \sqrt{x}$ \qquad f) $f(x) = \sin(x) + x^{-2}$

8. Bestimmen Sie die Ableitung. Geben Sie die Ableitungsregeln an, die Sie verwenden.
a) $f(x) = 7x^3 - 5x^2 + 9x - 2$ \qquad b) $f(x) = 5 - 6x^3$ \qquad c) $f(x) = 3\sin(x) - \cos(x)$
d) $f(x) = \frac{1}{8}x^4 - \frac{1}{6}x^3 + 5\sqrt{x}$ \qquad e) $f(x) = \frac{x^3}{4} - \frac{x^2}{6}$ \qquad f) $f(x) = \frac{4}{x} + \frac{3}{x^2}$

9. Bestimmen Sie die Ableitung der Funktion an der Stelle x_0.
a) $f(x) = 3x^4 - 2x^3$; $x_0 = -1$ \qquad b) $f(x) = 2x - 6$; $x_0 = 8$ \qquad c) $f(x) = \frac{3}{x} + 2x^2$; $x_0 = 2$
d) $f(x) = 3x - 2\sin(x)$; $x_0 = 0$ \qquad e) $f(x) = \frac{3x^2}{4} - 2\sqrt{x}$; $x_0 = 4$ \qquad f) $f(x) = \frac{3}{4}\left(x^3 - \frac{1}{2}x^2\right)$; $x_0 = 1$

Hinweis zu 9:
Unter den Werten finden Sie die Ableitungen.

10. Bestimmen Sie zu der Funktion die Ableitung.
a) $f(s) = s^2 - 3sy - 2$ \qquad b) $f(x) = ax^3 + bx^2$ \qquad c) $f(t) = k - t$
d) $t(x) = mx + b$ \qquad e) $s(t) = \frac{9}{2}t^2 - 0{,}3t + 2$ \qquad f) $f(x) = ax^4 + bx^3 + cx^2 + dx + e$

11. Multiplizieren Sie den Funktionsterm aus und bestimmen Sie die Ableitungsfunktion.
a) $f(x) = x(x^2 - 3)$ \qquad b) $f(x) = (x - 2)(x + 4)$ \qquad c) $f(x) = (x - 3)(x + 3)$
d) $f(x) = 2(x - 9)^2$ \qquad e) $f(x) = 4(x^2 + 1)^2(x^2 - 1)$ \qquad f) $f(x) = \frac{x^2 + 3}{4} \cdot \frac{\sin(x)}{x^2 + 3}$

Weiterführende Aufgaben

12. Ordnen Sie ohne Verwendung des GTR jedem Funktionsterm den passenden Ableitungsterm zu. Eine der Ableitungen ist auf den ersten Blick erstaunlich und erfordert besondere Begründung. Zeichnen Sie dazu den entsprechenden Graphen mit dem GTR.

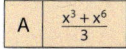
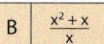
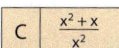

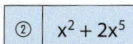
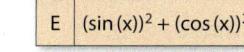
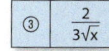
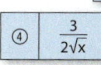

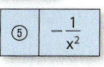

13. Wenn g und k lineare Funktionen sind, ergibt sich die Summenregel unmittelbar. Zeigen Sie dies für $g(x) = 3x + 6$ und $k(x) = 4x - 9$.

14. Prüfen Sie am Beispiel $f(x) = x^2 \cdot x^3$, ob man beim Ableiten eines Produktes einfach die einzelnen Faktoren ableiten kann.

15. Bestimmen Sie die Ableitung und erläutern Sie Ihren Rechenweg.

a) $f(x) = \frac{1}{10}(3x^7 - 5x^2 + 2)$

b) $f(x) = \frac{x^3 + x^2}{3}$

c) $f(x) = \frac{3 - 2x + 2x^2 - x^3}{x}, x \neq 0$

d) $f(x) = \frac{x^3 - 5x^2 + x - 1}{3x^2}, x \neq 0$

16. Stolperstelle: Beschreiben und korrigieren Sie die Fehler.

a) $f(x) = x^2 - 6$
$f'(x) = 2x - 6$

b) $f(x) = a^2 + x$
$f'(x) = 2a + 1$

c) $f(x) = x^2(3x - 1)$
$f'(x) = 2x \cdot 3$

17. Begründen Sie mithilfe der Summenregel: Zwei Funktionen, die sich um eine Konstante unterscheiden, haben die gleiche Ableitungsfunktion.

18. Tom hat Merkregeln aufgeschrieben. Überprüfen und korrigieren Sie sie, falls nötig.

a) Die Streckung der Funktion mit dem Faktor a in y-Richtung ändert die Ableitung nicht.

b) Die Verschiebung des Graphen in y-Richtung verändert die Ableitung nicht.

c) Ist der Funktionsterm eine Summe, erhält man die Ableitung durch Ableiten der Summanden.

d) Die Ableitung einer ganzrationalen Funktion mit Grad n hat den Grad (n – 1).

e) Der Graph der Ableitung einer quadratischen Funktion ist eine Gerade. Ihre Steigung ist so groß wie der Vorfaktor von x^2.

19. Der Verlauf einer Kaimauer ist zwischen den Punkten A und B gegeben durch den Graphen zu $f(x) = x^3 - 3x^2 + 4$, zwischen A und N_1 durch die Tangente g_1 an den Graphen von f im Punkt $A\left(-\frac{1}{2} \middle| f\left(-\frac{1}{2}\right)\right)$, und zwischen B und N_2 durch die Tangente g_2 im Punkt B.

a) Ermitteln Sie die Steigung und die Gleichung von g_1.

b) Die Gerade g_2 hat die Steigung $m_2 = -3$. Berechnen Sie die Koordinaten von B und die Gleichung von g_2.

c) N_1 und N_2 sind die Schnittpunkte der beiden Tangenten mit der x-Achse. Berechnen Sie die Koordinaten dieser Punkte.

d) Berechnen Sie den Schnittpunkt S der beiden Tangenten und den Flächeninhalt des Dreiecks $N_1 N_2 S$. Sie erhalten damit einen Näherungswert für den Flächeninhalt der Figur.

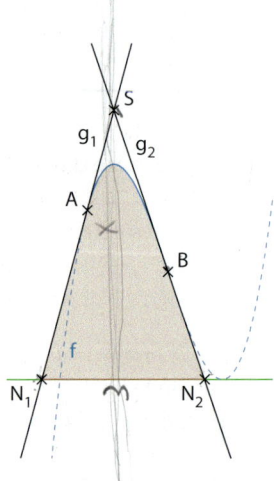

20. Die Funktion f mit $f(t) = 5t^3 - 30t^2 + 60t$ gibt die seit Freitag 0 Uhr gefallene Niederschlagsmenge (in mm) an einem verregneten Wochenende wieder (t in Tagen).

a) Berechnen Sie die Niederschlagsmenge für das Ende des ersten, zweiten und dritten Tages.

b) Berechnen Sie $f'(1)$ und geben Sie die Bedeutung dieser Zahl im Sachkontext an.

c) Weisen Sie rechnerisch nach, dass es am Ende des zweiten Tages eine (sehr kurze) Regenpause gab.

d) Entnehmen Sie der Grafik den Zeitpunkt t mit $0 \leq t \leq 3$, an welchem es am stärksten geregnet hat und berechnen Sie die Stärke dieses Regens.

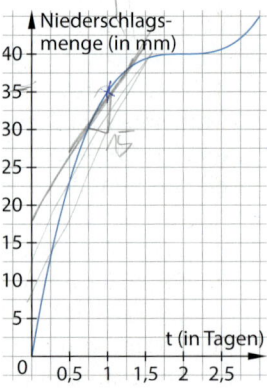

21. Eine Skisprungschanze steht an einem Hang, dessen Profil durch

$$h(x) = -\frac{2}{5}x^3 + \frac{6}{5}x^2 - \frac{359}{250}x + \frac{9}{10}$$

(in 100 m) gegeben ist. Die Schanze entspricht dem Graphen zu

$$s(x) = -\frac{5}{8}x^5 + \frac{3}{4}x^4 + \frac{1}{2}x^3 - \frac{3}{2}x + \frac{6}{5}.$$

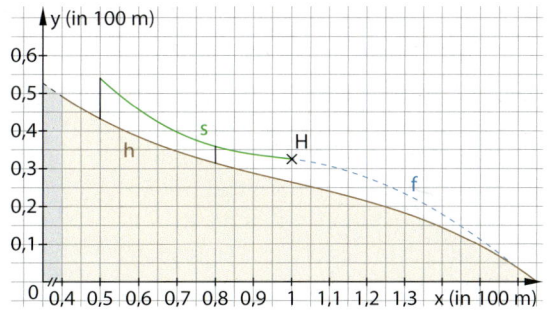

a) Zeigen Sie, dass bei $x = 0,8$ die Schanze genau so steil ist wie der Hang.

b) Eine Kugel, welche die Schanze herunterrollt, würde ohne Erdanziehung ab dem Punkt H$(1\,|\,0,325)$ geradlinig weiterfliegen. Ermitteln Sie die Gleichung dieser Geraden.

c) Zeigen Sie, dass der Graph zu $f(x) = -\frac{3}{5}x^2 + \frac{43}{40}x - \frac{3}{20}$ eine mögliche Flugbahn eines Skispringers beschreibt, indem Sie nachweisen, dass der Graph von f im Punkt H knickfrei an den Graphen von s anschließt.

d) Ermitteln Sie mit dem GTR die Steigung der Schanze an ihrem höchsten Punkt bei $x = 0,5$ und den Steigungswinkel.

e) Ermitteln Sie mit dem GTR den x-Wert des Punktes, an dem die Flugbahn f auf den Hang auftrifft, und den Steigungswinkel des Hanges an diesem Punkt.

Hinweis zu 21 d und e:
Steigungswinkel:

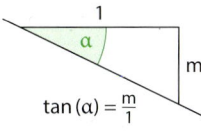

$$\tan(\alpha) = \frac{m}{1}$$

22. Eine wellenförmige Wasserrutschbahn ist gegeben durch $f(x) = \frac{1}{2}x + \frac{1}{2}\sin(x)$.

a) Nach der Summenregel setzt sich die Steigung von f aus zwei Summanden zusammen. Da der erste Summand die konstante Steigung 0,5 hat, ist die Steigung dort am größten, wo die Steigung des Sinus am größten ist.

Ermitteln Sie die Stellen mit der größten und der kleinsten Steigung für $0 \le x \le 2\pi$ und geben Sie diese Steigungen an.

b) Der untere Rand der Rutschbahn entspricht einer Geraden g, welche sich aus der Tangente an den Graphen von f im Punkt $A\left(\frac{3}{2}\pi\,\middle|\,f\left(\frac{3}{2}\pi\right)\right)$ durch Verschiebung um 0,3 nach unten ergibt. Ermitteln Sie die Gleichung dieser Geraden. Zeichnen Sie die Graphen von f und g mit dem GTR.

23. Bestimmen Sie die Gleichung der Tangente und der Normalen an den Graphen von f an der Stelle x_0.

a) $f(x) = x^3 - 2x + 6$; $x_0 = 1$ b) $f(x) = 2x^2 + 6x$; $x_0 = -2$ c) $f(x) = \frac{1}{x} - 6x$; $x_0 = -0,5$

Hinweis:
Nähere Informationen zu Normale finden Sie auf S. 90 in Aufgabe 23.

24: Höhere Ableitungen: Leitet man bei einer Funktion f die Ableitungsfunktion f' erneut ab, erhält man die 2. Ableitung f'' („f zwei Strich"). Die Ableitung der 2. Ableitung ergibt die 3. Ableitung f''' („f drei Strich").
Bestimmen Sie die ersten drei Ableitungen der Funktion.

a) $f(x) = 3x^4 - 2x^3 + x^2 - 5x - 3$ b) $f(x) = x^2 - 3x + 1$
c) $f(x) = \sin(x)$ d) $f(x) = \frac{1}{x}$

Beispiel:
Funktion: $f(x) = x^4$
1. Ableitung: $f'(x) = 4x^3$
2. Ableitung: $f''(x) = 12x^2$
3. Ableitung: $f'''(x) = 24x$

Hinweis:
Leitet man eine Funktion f n-mal ab, erhält man die **n-te Ableitung** von f.
Für $n \ge 4$ bezeichnet man sie mit $f^{(n)}$.

25. Ausblick: Ableiten von Produkten

a) Zeigen Sie mit dem GTR, dass die Ableitung zu $f(x) = x^2 \sin(x)$ der Funktion g mit $g(x) = 2x \sin(x) + x^2 \cos(x)$ entspricht.

b) Stellen Sie anhand der Gleichung $f'(x) = g(x)$ eine Regel für das Ableiten von Produkten der Form $f(x) = r(x) \cdot s(x)$ auf. Überprüfen Sie diese Regel am Beispiel von Aufgabe 14.

3.7 Vermischte Aufgaben

1. Die Tabelle zeigt die fahrplanmäßigen An- und Abfahrtszeiten des ICE 846 und des IC 1927 von Berlin-Spandau bis Essen Hauptbahnhof. Nicht aufgeführt ist, dass der IC zusätzlich in Herford und Gütersloh hält.

km	Bahnhof	ICE 846		IC 1927	
		an	ab	an	ab
0	Berlin-Spandau		16:01		07:15
167	Wolfsburg	16:54	16:56	08:18	08:20
241	Hannover	17:28	17:31	08:53	08:56
351	Bielefeld	18:20	18:22	09:51	09:53
418	Hamm	18:48	18:52	10:24	10:26
449	Dortmund	19:09	19:12	10:48	10:52
467	Bochum	19:22	19:24	11:01	11:03
482	Essen	19:34		11:12	

   a) Berechnen Sie für beide Züge die Durchschnittsgeschwindigkeit für die gesamte Strecke Berlin – Essen in km/h.

   b) Ermitteln Sie für beide Züge die größte und kleinste auf einem Abschnitt erreichte Durchschnittsgeschwindigkeit in km/min und km/h.

   c) Prüfen Sie, ob für den ICE gilt: Je länger der Streckenabschnitt, desto größer die Durchschnittsgeschwindigkeit.

   d) Prüfen Sie, ob es Streckenabschnitte gibt, auf denen der IC schneller ist als der ICE.

   e) Von Spandau bis Essen-Zentrum sind es 512 Straßenkilometer. Berechnen Sie, mit welcher Durchschnittsgeschwindigkeit ein PKW fahren müsste, um die Strecke von Berlin-Spandau bis Essen in der gleichen Zeit zurückzulegen wie der ICE bzw. wie der IC.

2. Die bayerische Zugspitzbahn ist eine Zahnradbahn, die von Garmisch-Partenkirchen (705 m über NN) bis auf das Zugspitzplatt (2588 m über NN) führt. Der Gipfel der Zugspitze hat eine Höhe von 2962 m über NN.

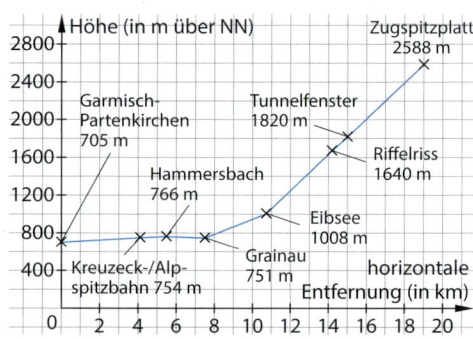

   a) Ermitteln Sie die durchschnittliche Steigung der Zugspitzbahn zwischen Garmisch-Partenkirchen und Zugspitzplatt in Prozent.

   b) Die eigentliche Bergstrecke beginnt im Bahnhof Grainau (751 m über NN). Bestimmen Sie die durchschnittliche Steigung von hier bis zum Zugspitzplatt in Prozent.

   c) Die maximal überwundene Steigung beträgt 25 %. Ermitteln Sie, wie lang eine Strecke mit dem gleichen Gesamthöhenunterschied wäre, wenn die Bahn durchgehend diese Steigung überwinden würde.

3. Gegeben sind die Funktionen f mit $f(x) = x^2$ und g mit $g(x) = \sqrt{x}$.

   a) Bestimmen Sie für beide Funktionen Stellen x, bei denen die Ableitung den Wert 50 bzw. 500 hat.

   b) Begründen Sie, dass es sowohl für f als auch für g Stellen x mit beliebig großer Ableitung gibt. Erläutern Sie, wie sich der Wert von x verändert, wenn der Wert der Ableitung immer größer wird.

GTR 4. a) Zeichnen Sie die Graphen dreier quadratischer Funktionen und ihrer Ableitungen mit dem GTR. Beschreiben Sie, was Ihnen auffällt.

b) Überprüfen Sie Ihre Beobachtung aus a), indem Sie eine quadratische Funktion in allgemeiner Form mit Parametern angeben und ableiten.

GTR 5. Gegeben sind die Funktionen f mit $f(x) = \frac{1}{4}x^3 - \frac{1}{2}x^2 + 1$ und g mit $g(x) = \frac{1}{4}x^3 + x^2 + x$.

Bestimmen Sie die Hoch- und Tiefpunkte der Graphen von f und g mit dem GTR und die Steigung der Tangente an diesen Punkten.

Zeigen Sie rechnerisch, dass der Graph von g aus dem von f durch Verschiebung um 2 LE nach links und 1 LE nach unten erfolgt.

Bestimmen Sie die Koordinaten aller Punkte, an denen der Graph von f bzw. g die Steigung 1 hat.

Betrachten Sie den Verlauf der Graphen von f und g. Stellen Sie eine Vermutung auf, wie sich die Graphen von f' und g' zueinander verhalten, und prüfen Sie sie.

6. Bestimmen Sie den y-Achsenabschnitt b der Geraden g mit $g(x) = 4x + b$ so, dass die Gerade eine Tangente der Funktion f mit $f(x) = x^2$ ist.

7. Die Ränder der Mathematik-Station einer Minigolf-bahn sind durch die Graphen der zwei Funktionen f und g beschrieben:
$f(x) = x^3 + x$ und $g(x) = -(x-4)^3 - (x-4)$.
Der erste Spieler hat den Ball so geschlagen, dass er am linken Rand am Graphen der Funktion f entlang läuft und dann von Punkt B aus geradlinig weiterrollt. Der Ball des zweiten Spielers rollt am rechten Rand am Graphen von g entlang und von Punkt C aus ge-radlinig weiter. Bestimmen Sie, welcher der beiden Bälle das Loch bei $A(1{,}9 \mid 1{,}9)$ trifft.

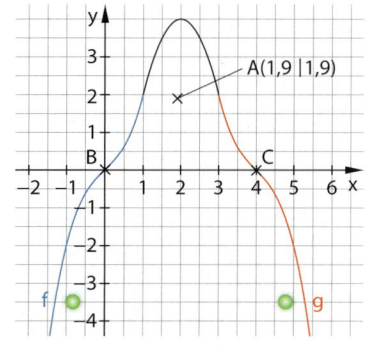

8. Untersuchen Sie mithilfe der Ableitung, für welche x die Steigung des Graphen von f mit $f(x) = \frac{1}{x^n}$ positiv oder negativ ist ($n \geq 1$ ist eine natürliche Zahl).
Unterscheiden Sie die Fälle „n ungerade" und „n gerade".

9. Begründen Sie mithilfe der Summenregel: Zwei Funktionen, die die gleiche Ableitung haben, unterscheiden sich nur um eine Konstante.

10. Zeichnen Sie den Graphen von f mit $f(x) = a^x$ für verschiedene Werte von a mit dem GTR.
GTR Zeichnen Sie dazu auch den Graphen der zugehörigen Ableitungsfunktion.

a) Begründen Sie anschaulich, dass die Ableitungsfunktion durch $f'(x) = c \cdot a^x$ beschrieben wird, wobei c eine konstante reelle Zahl ist.

b) Schreiben Sie den Differenzenquotienten von f auf und zeigen Sie, dass sich $f(x)$ aus diesem Differenzenquotienten ausklammern lässt. Welche Bedeutung hat demnach der Faktor c? Erläutern Sie.

c) Das Wachstum einer Population (z. B. Bakterien, Bevölkerung) kann durch eine Expo-nentialfunktion in der Form $f(x) = a^x$ beschrieben werden. Interpretieren Sie in diesem Zusammenhang, was es bedeutet, dass die Ableitung von $f(x) = a^x$ durch $f'(x) = c \cdot a^x$ beschrieben wird.

Lösungen
↗ S. 190

1. Die Bevölkerungszahl der Erde betrug im Jahr 1700 etwa 600 Millionen, im Jahr 1800 etwa 900 Millionen, im Jahr 1900 etwa 1,6 Milliarden Menschen und im Jahr 2000 ca. 6 Milliarden Menschen. Für das Jahr 2100 wird die Erdbevölkerung auf etwa 10 Milliarden Menschen geschätzt.

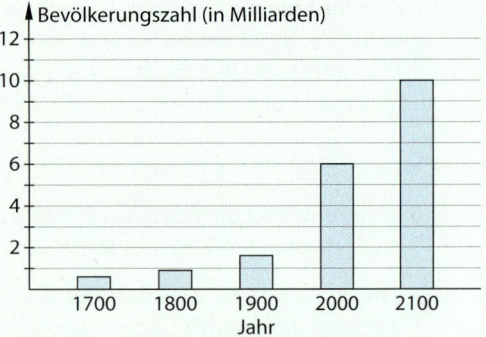

a) Berechnen Sie die mittlere Zuwachsrate der Erdbevölkerung während des gesamten Zeitraums.

b) Ermitteln Sie, in welchem der vier Zeitintervalle die Erdbevölkerung am stärksten (am wenigsten) wuchs.

2. a) Zeichnen Sie den Graphen der Funktion f mit $f(x) = x - x^2$ für $-1 \leq x \leq 2$.

b) Zeichnen Sie die Sekante zum Differenzenquotienten $\frac{f(1) - f(-1)}{1 - (-1)}$ und geben Sie eine Gleichung dieser Sekante an.

c) Ermitteln Sie die Steigung von f an der Stelle $x_0 = 1$ mit dem Grenzwert des Differenzenquotienten.

d) Geben Sie die Gleichung der Tangente an den Graphen von f an der Stelle $x_0 = 1$ an.

3. Gegeben ist die Funktion f mit $f(x) = \frac{1}{4}x^2$.

a) Ermitteln Sie die mittlere Änderungsrate von f im Intervall [0; 1].

b) Bestimmen Sie die Ableitungsfunktion $f'(x)$ mit dem Grenzwert des Differenzenquotienten.

4. Bestimmen Sie $f'(-0,5)$ mithilfe der eingezeichneten Tangente t.

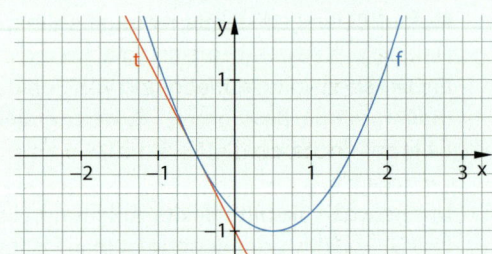

5. Gegeben sei die Funktion f mit $f(x) = 2x^3 - 2x$.

a) Ermitteln Sie die Ableitung an den Stellen $x_1 = -1$, $x_2 = 0$ und $x_3 = 1$.

b) Bestimmen Sie die Gleichungen der Tangenten an den Graphen von f an den Stellen x_1, x_2 und x_3.

c) Begründen Sie, welche der Tangenten aus b) sich schneiden und welche nicht.

6. Ermitteln Sie zur Funktion f die Ableitung f'. Alle Exponenten sind natürliche Zahlen.

a) $f(x) = x^3$
b) $f(x) = 2x$
c) $f(t) = 3t^2$
d) $f(x) = \frac{1}{3}x^3$

e) $f(x) = 3^2$
f) $f(u) = 2u^0$
g) $f(a) = a \cdot \sin\left(\frac{\pi}{2}\right)$
h) $f(x) = \frac{1}{3}x^n$

i) $f(x) = x^{n+2}$
j) $f(p) = p^{n-1}$
k) $f(t) = 0,5\,t^{2n}$
l) $f(v) = a^n v^{n+1}$

7. Der zurückgelegte Weg eines Turmspringers vom 10-m-Brett (freier Fall) lässt sich mit der Funktion s mit $s(t) = 5t^2$ berechnen (t: Zeit in Sekunden; s: Weg in Metern).

a) Ermitteln Sie die Momentangeschwindigkeit des Turmspringers nach einer halben Sekunde und nach einer Sekunde.

b) Berechnen Sie die Geschwindigkeit, mit der ein Turmspringer in das Wasser eintaucht.

8. Ordnen Sie jedem Graphen der Funktion f den Graphen ihrer Ableitungsfunktion f' zu.

Lösungen
↗ S. 190/191

Graph der Funktion f

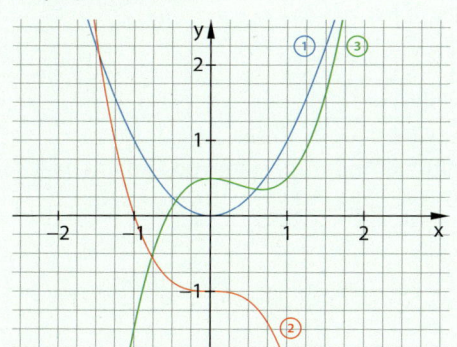

Graph der Ableitungsfunktion f'

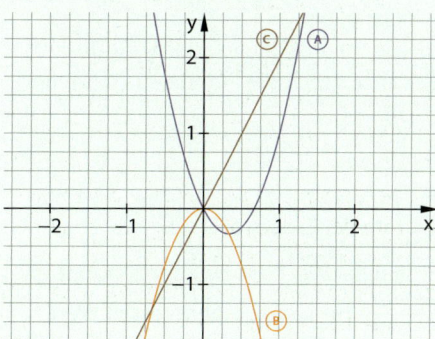

9. Geben Sie die Ableitung der Funktion f an.

a) $f(x) = x^{-3}$

b) $f(x) = -2\frac{1}{x^2}$

c) $f(t) = \frac{2}{t}$

d) $f(v) = \frac{3}{4v^2}$

e) $f(x) = 3x^3 + 2x^2$

f) $f(x) = \sqrt{x}$

g) $f(t) = t^4 - t + 1$

h) $f(x) = 4 - 2\sin(x)$

i) $f(x) = 2 \cdot \cos(x)$

j) $f(x) = \frac{1}{x} + \sin(x)$

k) $f(x) = (3 + x)(3 - x)$

l) $f(x) = -(x-2)(x+2)$

m) $f(x) = 3x^2 - 4a^2$

n) $f(a) = 3x^2 - \underline{4a^2}$

o) $f(x) = 2(x - a)^2$

p) $f(x) = \frac{2(x^2 - 1)}{4x - 4}$

10. Bestimmen Sie – falls möglich – die Ableitung der Funktion f an der Stelle x_0.

a) $f(x) = x^2$; $x_0 = 5$

b) $f(x) = x^3$; $x_0 = \sqrt{2}$

c) $f(x) = \frac{1}{x^2}$; $x_0 = -2$

d) $f(x) = 2\sqrt{x}$; $x_0 = 0$

11. Ermitteln Sie, an welchen Stellen die Tangente an den Graphen der Funktion f mit
$f(x) = 0{,}2x^3 - 0{,}3x^2 - 3{,}6x + 2$ parallel zur x-Achse verläuft.

12. Geben Sie zwei verschiedene Funktionen f mit der Ableitungsfunktion $f'(x) = 5$ an.

13. Überprüfen Sie, ob die Ableitung f' richtig gebildet wurde und korrigieren Sie diese, falls
erforderlich.

a) $f(x) = x^3 - \sin(30°)$ $f'(x) = 3x^2$

b) $f(x) = 2x^{-4}$ $f'(x) = -8x^{-3}$

c) $f(x) = x^{3a}$ $f'(x) = 3x^{3a-1}$

d) $f(x) = -2x^{-2}$ $f'(x) = -4x^{-3}$

14. a) Stellen Sie eine Funktionsgleichung für den Flächeninhalt eines Kreises in Abhängigkeit
vom Radius auf.

b) Weisen Sie nach, dass die lokale Änderungsrate des Flächeninhalts eines Kreises in
Abhängigkeit vom Radius den Umfang des Kreises angibt.

15. Gegeben ist die Funktion f mit $f(x) = \frac{1}{x}$.

a) Berechnen Sie die Steigung der Sekante durch die Punkte $A(0{,}25 \mid f(0{,}25))$ und $B(4 \mid f(4))$.

b) Ermitteln Sie die Punkte des Graphen von f, in denen die Steigung der Tangente mit
der berechneten Sekantensteigung übereinstimmt, und bestimmen Sie jeweils die
Gleichung der Tangente.

16. Das Profil einer Rutsche kann mit der Funktion f mit $f(x) = 0{,}1x^3 - 0{,}6x^2 + 3{,}2$ für $0 \le x \le 4$
näherungsweise beschrieben werden.

GTR a) Stellen Sie den Graphen der Funktion f mit dem GTR dar.

b) Berechnen Sie das durchschnittliche Gefälle der Rutsche.

c) Bestimmen Sie, an welcher Stelle das Gefälle der Rutsche am größten ist.

Mittlere Änderungsrate

Der Differenzenquotient $\frac{f(b) - f(a)}{b - a}$ gibt die **mittlere Änderungsrate** der Funktion f im Intervall [a; b] an.
Sie entspricht anschaulich der **Steigung m der Sekante** durch die Punkte A (a | f(a)) und B (b | f(b)).

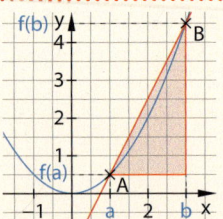

$f(x) = 0,5x^2$

mittlere Änderungsrate von f im Intervall [1; 3]:
$$\frac{f(3) - f(1)}{3 - 1} = \frac{0,5 \cdot 3^2 - 0,5 \cdot 1^2}{2} = \frac{4}{2} = 2$$

Lokale Änderungsrate

Wenn sich der Wert des Differenzenquotienten $\frac{f(x) - f(x_0)}{x - x_0}$ für $x \to x_0$ einem festen Wert annähert, so gibt dieser Wert die **lokale Änderungsrate** der Funktion f an der Stelle x_0 an.
Sie entspricht der **Steigung der Tangente** an den Graphen von f im Punkt P $(x_0 | f(x_0))$.

Die lokale Änderungsrate von f an der Stelle x_0 nennt man **Ableitung f'(x_0)**.

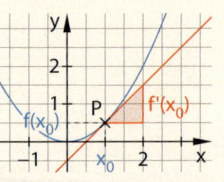

$f(x) = 0,5x^2$

Näherungsweises Bestimmen von f'(1):

x	$\frac{f(x) - f(x_0)}{x - x_0}$
1,1	$\frac{0,5 \cdot 1,1^2 - 0,5 \cdot 1^2}{1,1 - 1} = \frac{0,105}{0,1} = 1,05$
1,01	$\frac{0,5 \cdot 1,01^2 - 0,5 \cdot 1^2}{1,01 - 1} = \frac{0,01005}{0,01} = 1,005$
1,001	$\frac{0,5 \cdot 1,001^2 - 0,5 \cdot 1^2}{1,001 - 1} = \frac{0,0010005}{0,001} = 1,0005$

Also gilt vermutlich f'(1) = 1.

Die Ableitung der Funktion f an der Stelle x_0 kann man mit dem Grenzwert (Limes) des Differenzenquotienten berechnen:
$$f'(x_0) = \lim_{x \to x_0} \frac{f(x) - f(x_0)}{x - x_0} \text{ oder mit } x = x_0 + h$$
$$f'(x_0) = \lim_{h \to 0} \frac{f(x_0 + h) - f(x_0)}{h}$$

Berechnen von f'(1):
$$f'(1) = \lim_{h \to 0} \frac{f(1 + h) - f(1)}{h} = \lim_{h \to 0} \frac{0,5(1 + h)^2 - 0,5}{h}$$
$$= \lim_{h \to 0} \frac{0,5(1 + 2h + h^2) - 0,5}{h}$$
$$= \lim_{h \to 0} \frac{h + 0,5h^2}{h} = \lim_{h \to 0} (1 + 0,5h) = 1$$

Ableitungsfunktion

Die **Ableitungsfunktion f'** zu einer Funktion f ordnet jeder Stelle x ihre Ableitung f'(x) zu.

Der Funktionswert f'(a) entspricht der Steigung des Graphen von f an der Stelle a.

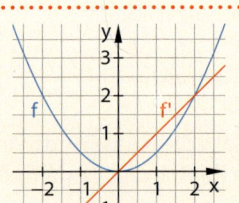

Funktion: $f(x) = 0,5x^2$

Ableitungsfunktion:
$f'(x) = x$

Ableitungsregeln

Funktion	Ableitung
$f(x) = x^r$ ($r \in \mathbb{Q}; r \neq 0$)	$f'(x) = r \cdot x^{r-1}$
$f(x) = c$ (Konstante)	$f'(x) = 0$
$f(x) = \sin(x)$	$f'(x) = \cos(x)$
$f(x) = \cos(x)$	$f'(x) = -\sin(x)$

Faktorregel

$f(x) = k \cdot g(x)$ mit $k \in \mathbb{R}$ $\qquad$ $f'(x) = k \cdot g'(x)$

Summenregel

$f(x) = g(x) + h(x)$ $\qquad$ $f'(x) = g'(x) + h'(x)$

Funktion	Ableitung
$f(x) = x^3$	$f'(x) = 3x^2$
$f(x) = \frac{1}{x} = x^{-1}$ mit $x \neq 0$	$f'(x) = -1 \cdot x^{-2} = -\frac{1}{x^2}$
$f(x) = \sqrt{x} = x^{\frac{1}{2}}$ mit $x > 0$	$f'(x) = \frac{1}{2}x^{-\frac{1}{2}} = \frac{1}{2\sqrt{x}}$
$f(x) = 2\sin(x)$	$f'(x) = 2\cos(x)$
$f(x) = 2x^5 + \cos(x)$	$f'(x) = 10x^4 - \sin(x)$

4. Funktionen mithilfe der Ableitung untersuchen

Achterbahnfahren ist für viele Menschen ein großer Spaß, für Konstrukteure jedoch eine echte Herausforderung. Bei der Planung der Linienführung wird unter anderem darauf geachtet, dass an Übergängen zwischen Geraden und Kurven die Steigungen identisch sind und dass an Übergangspunkten die Krümmungen übereinstimmen.

Nach dem Kapitel können Sie …
– das Monotonie- und das Krümmungsverhalten von Funktionsgraphen beschreiben,
– Hoch-, Tief- und Wendepunkte berechnen,
– Optimierungsprobleme mithilfe der Ableitung lösen.

Lösungen
↗ S. 191/192

Funktionswerte untersuchen

 1. Entscheiden Sie, für welche der gegebenen x-Werte der Funktionswert f(x) positiv, negativ bzw. null ist. x-Werte: -2; -1; 0; $0,5$; 1; 2; $2,5$

   a) $f(x) = 2x - 5$ b) $f(x) = 2x + 1$ c) $f(x) = x^2 - 1$ d) $f(x) = x^3 + 1$

 2. Geben Sie alle x-Werte an, für die die Funktionswerte positiv, negativ bzw. null sind.

   a) $f(x) = 2x - 5$ b) $f(x) = 2x + 1$ c) $f(x) = x^2 - 1$ d) $f(x) = x^3 + 1$

 3. Eine Funktion und ihre Nullstelle(n) sind gegeben. Geben Sie die Bereiche an, in denen die Funktionswerte positiv bzw. negativ sind.

   a) $f(x) = 4x - 3$; $x_0 = 0,75$ b) $f(x) = -2x - 3$; $x_0 = -1,5$ c) $f(x) = 4 - x^2$; $x_1 = 2$; $x_2 = -2$

 4. Ermitteln Sie alle x-Werte, für die die Funktionswerte null sind.

   a) $f(x) = 2x^2 - 18$ b) $f(x) = x^2 - 3x$ c) $f(x) = x^2 - 2x + 1$

 5. Ermitteln Sie alle x-Werte, sodass für die Funktion f Folgendes gilt.

   a) $f(x) = 0,5x + 3 < 0$ b) $f(x) = 0,5x^2 - 8 < 0$ c) $f(x) = x^3 - x^2 > 0$

 6. Berechnen Sie die Koordinaten der Schnittpunkte des Graphen von f mit den Koordinatenachsen.

   a) $f(x) = 3 - 7x$ b) $f(x) = x^2 + 3x + 4$ c) $f(x) = 2x^3 - 2x^2 + x$

Steigen und Fallen von Graphen erkennen und beschreiben

7. Beschreiben Sie das Verhalten des Funktionsgraphen, indem Sie die Bereiche angeben, in denen der Graph steigt bzw. fällt.

   a)   b)   c)

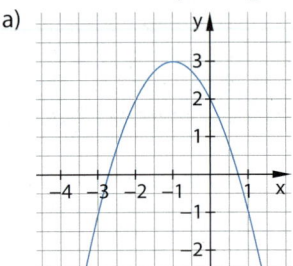 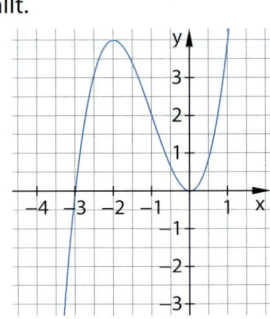 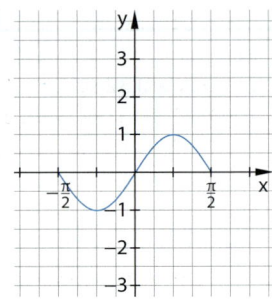

Hinweis zu 8:
Wenn nicht anders angegeben, dann ist jeweils der größtmögliche Definitionsbereich gemeint.

 8. Geben Sie an, in welchen Bereichen des Definitionsbereiches der Graph der Funktion f fallend bzw. steigend ist.

   a) $f(x) = -\frac{1}{3}x + 3$ b) $f(x) = (x + 3)^2 - \pi$ c) $f(x) = \cos(x)$ $(0 \le x \le 2\pi)$

   d) $f(x) = |x + 1|$ e) $f(x) = \frac{1}{x}$ f) $f(x) = -\frac{1}{x^2}$

9. Geben Sie die Gleichung einer linearen Funktion an, deren Nullstelle bei x = 1 liegt und deren Graph von links nach rechts fällt.

10. Zeichnen Sie die Graphen zweier quadratischer Funktionen, die für x ≤ 2 von links nach rechts fallen und für x > 2 von links nach rechts steigen. Geben Sie jeweils eine passende Funktionsgleichung an.

Größte und kleinste Funktionswerte einer Funktion ermitteln

Lösungen
↗ S. 192

11. Geben Sie – falls möglich – den größten und den kleinsten Funktionswert der Funktion f an.

a) $f(x) = x^2 - 2$ b) $f(x) = -x^2 - 3$ c) $f(x) = x^3$ d) $f(x) = 2\sin(x)$

12. Lesen Sie den größten und den kleinsten Funktionswert sowie die zugehörigen x-Werte des dargestellten Funktionsgraphen in den angegebenen Intervallen ab.

a)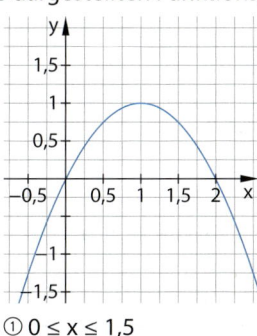

① $0 \leq x \leq 1,5$
② $0 \leq x \leq 2$

b)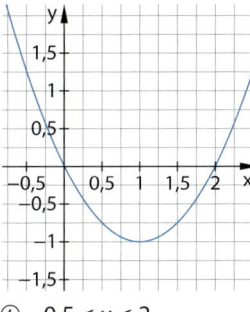

① $-0,5 \leq x \leq 2$
② $0 \leq x \leq 1$

c)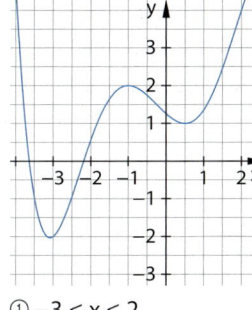

① $-3 \leq x \leq 2$
② $-1,5 \leq x \leq 1$

13. Ermitteln Sie den größten und den kleinsten Funktionswert sowie die zugehörigen x-Werte der Funktion f im angegebenen Intervall.

a) $f(x) = -3x - 5; \ 0 \leq x \leq 2$ b) $f(x) = -x^2 + 4; \ -2 \leq x \leq 1$ c) $f(x) = x^2 - 4; \ -2 \leq x \leq -1$

Vermischtes

14. Stellen Sie zur Ermittlung der Zahlen eine Gleichung auf.

a) Die Summe aus dem Kehrwert einer Zahl und ihrem Fünffachen beträgt −2.
b) Die Zahl 32 soll so in zwei Summanden zerlegt werden, dass das Produkt 255 ist.
c) Die Zahl 8 soll so in zwei Summanden zerlegt werden, dass die Summe der Quadrate der Summanden 34 beträgt.
d) Die Zahl 8 soll so in zwei Faktoren zerlegt werden, dass die Summe der Faktoren 16,5 ist.

15. Bestimmen Sie die gesuchten Größen, stellen Sie zur Ermittlung eine Gleichung auf.

a) Bei einem Rechteck ist eine Seite um 5 cm länger als die andere Seite. Der Flächeninhalt des Rechtecks beträgt 644 cm². Gesucht sind die Seitenlängen.
b) Ein Rechteck hat einen Umfang von 64 m und einen Flächeninhalt von 240 m². Wie lang sind die Seiten?
c) Ein rechtwinkliges Dreieck hat einen Umfang von 30 cm und einen Flächeninhalt von 30 cm². Die Hypotenuse ist 13 cm lang. Wie lang sind die Katheten?

16. Geben Sie Koordinaten der Punkte A und B an, wenn Folgendes gilt.

a) Längeneinheit 1 m
b) Längeneinheit 5 m

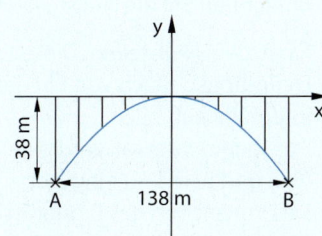

Hinweis zu 14 und 15: Sind mehrere Zahlen oder Größen gesucht, kann es sinnvoll sein, zunächst mehrere Gleichungen aufzustellen. Diese können dann zu einer zusammengefasst werden.

4.1 Monotonie

■ Das Bild zeigt den Graphen der Funktion f mit
$f(x) = \frac{1}{3}x^3 - x^2 + 2$.

a) Geben Sie die Bereiche an, in denen der Graph von links
nach rechts ansteigt bzw. abfällt.

b) Untersuchen Sie die Ableitungsfunktion f' in diesen
Bereichen. Beschreiben Sie Ihre Beobachtungen. ■

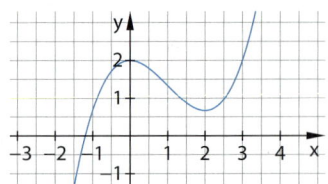

Steigt der Graph einer Funktion von links nach rechts, so wachsen die Funktionswerte in diesem Bereich. Fällt der Graph, so werden die Funktionswerte für zunehmende x-Werte kleiner.

Definition: Monotonie

Gegeben sind eine Funktion f und ein Intervall I.

– f heißt **streng monoton steigend** auf I, wenn für alle x_1
und x_2 aus I mit $x_1 < x_2$ gilt: $f(x_1) < f(x_2)$.

– f heißt **streng monoton fallend** auf I, wenn für alle x_1
und x_2 aus I mit $x_1 < x_2$ gilt: $f(x_1) > f(x_2)$.

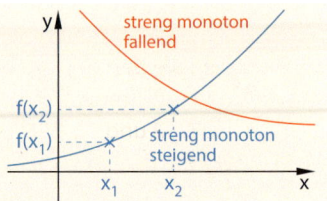

Die Steigung ist für steigende Funktionen positiv, für fallende Funktionen negativ.
Da die Ableitungsfunktion f' die Steigung des Graphen der Funktion f beschreibt, kann man
das Monotonieverhalten von f mithilfe von f' untersuchen.

Satz: Kriterium für Monotonie

– Gilt **f'(x) > 0** für alle x aus dem Intervall I, ist die Funktion f **streng monoton steigend** auf I.

– Gilt **f'(x) < 0** für alle x aus dem Intervall I, ist die Funktion f **streng monoton fallend** auf I.

Erinnerung:
$f'(x) < 0$ (bzw. > 0)
bedeutet, dass die
Steigung von f negativ
(bzw. positiv) ist.

Die Nullstellen der Ableitungsfunktion f' teilen
den Definitionsbereich von f in **Monotonieintervalle** auf. Nur an diesen Nullstellen kann
sich das Monotonieverhalten von f ändern.
Das Monotonieverhalten auf einem dieser
Intervalle lässt sich bestimmen, indem man
eine beliebige Teststelle aus diesem Intervall
in f' einsetzt.

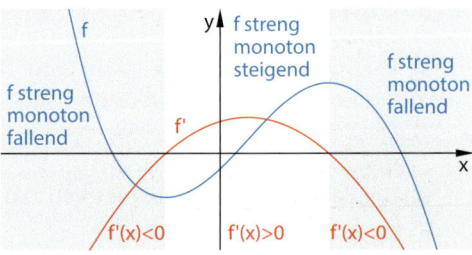

Beispiel 1: Untersuchen Sie die Funktion f mit $f(x) = \frac{1}{3}x^3 - 2x^2 + 3x$ mithilfe ihrer Ableitung
auf Monotonie.

Lösung:

Bilden Sie die Ableitung.

$f(x) = \frac{1}{3}x^3 - 2x^2 + 3x$
$f'(x) = x^2 - 4x + 3$

Berechnen Sie die Nullstellen von f'.

$x^2 - 4x + 3 = 0$ also $x_1 = 1$ und $x_2 = 3$

f' hat zwei Nullstellen. Diese teilen den
Definitionsbereich von f in drei Monotonie-
intervalle auf.
Aus jedem Intervall wird eine Teststelle
(0, 2 und 5) in f'(x) eingesetzt.
Das Vorzeichen des Ergebnisses gibt das
Monotonieverhalten von f an.

$x < 1$: $f'(0) = 0^2 - 4 \cdot 0 + 3 = 3 > 0$
f ist streng monoton steigend für $x < 1$.

$1 < x < 3$: $f'(2) = 2^2 - 4 \cdot 2 + 3 = -1 < 0$
f ist streng monoton fallend für $1 < x < 3$.

$x > 3$: $f'(5) = 5^2 - 4 \cdot 5 + 3 = 8 > 0$
f ist streng monoton steigend für $x > 3$.

Basisaufgaben

1. Geben Sie an, auf welchen Intervallen die dargestellte Funktion streng monoton steigend bzw. streng monoton fallend ist.

a) 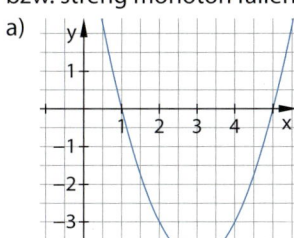   b) 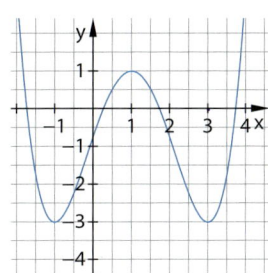   c)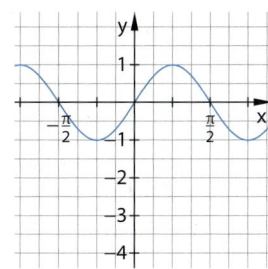

2. Zeichnen Sie den Graphen einer Funktion, die
   a) für $x < -2$ streng monoton steigend und für $x > -2$ streng monoton fallend ist,
   b) für $x < -2$ und $x > 3$ streng monoton fallend und für $-2 < x < 3$ streng monoton steigend ist.

3. Die Abbildungen zeigen den Graphen der Ableitung einer Funktion f.

① 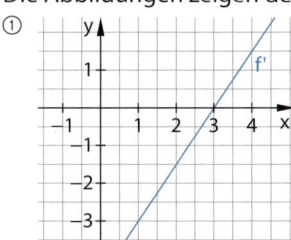   ② 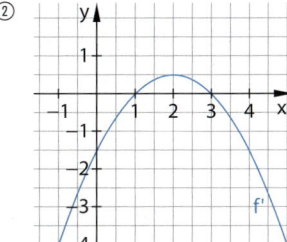   ③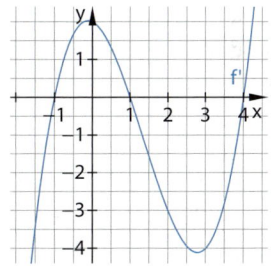

   a) Geben Sie an, auf welchen Intervallen f streng monoton steigend bzw. streng monoton fallend ist.
   b) Skizzieren Sie einen möglichen Verlauf des Graphen von f.

 4. Zeichnen Sie mit dem GTR den Graphen der Funktion und geben Sie die Monotonieintervalle an. Zeichnen Sie dann den Graphen der Ableitung und überprüfen Sie Ihr Resultat mithilfe der Nullstellen von f'.
   a) $f(x) = 3x^4 + 8x^3 - 48x^2 + 3$ b) $f(x) = 0{,}5x^4 - x^3 - 0{,}1x^2 + 1{,}5$

Hilfe zu GTR/CAS
↗ S. 178

 5. Untersuchen Sie die Funktion mithilfe der Ableitung auf Monotonie.
   a) $f(x) = 3x^2 - 4$ b) $f(x) = x^3 - 3x^2 - 24x + 6$ c) $f(x) = x^3 + 2x$
   d) $f(x) = -5x$ e) $f(x) = -x^3 + 6x - 12$ f) $f(x) = \frac{1}{9}x^3 - \frac{1}{3}x^2 - \frac{8}{3}x + \frac{26}{9}$

Hinweis zu 5:
Unter den Angaben finden Sie die Monotonieintervalle zu a)–c)

6. Geben Sie eine geeignete Funktion zum Monotonieverhalten an.
   a) Für $x < 3$ streng monoton fallend und für $x > 3$ streng monoton steigend.
   b) Für $x < -1$ streng monoton steigend und für $x > -1$ streng monoton fallend.

7. Der Graph einer Funktion f ist streng monoton fallend auf $\mathbb{R}$ und verläuft durch die Punkte $P(1|5)$, $Q(3|2)$ und $R(5|0)$. Zudem gilt $f'(3) = 0$. Skizzieren Sie einen passenden Graphen.

8. Von einer ganzrationalen Funktion f dritten Grades ist bekannt, dass sie nur eine Nullstelle hat und dass f' für $x < 2$ positiv und für $x > 5$ ebenfalls positiv ist. Außerdem existiert ein Intervall, auf dem f streng monoton fallend ist. Skizzieren Sie einen möglichen Graphen von f.

Weiterführende Aufgaben

9. Gegeben ist der Graph der Ableitung einer
   Funktion f. Beurteilen Sie begründet, ob die
   Aussage wahr oder falsch ist. Achtung: Nicht
   alle Aussagen sind entscheidbar!
   a) An der Stelle 0 steigt der Graph von f.
   b) An der Stelle 2 steigt der Graph von f.
   c) f hat eine Nullstelle zwischen −2 und −1.
   d) Der Graph von f fällt zwischen −1 und 0,5.
   e) $f'(2) > 0$
   f) $f(2) > 0$

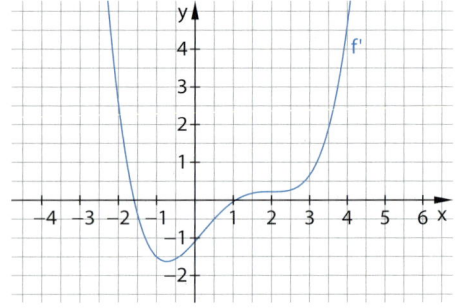

 10. **Stolperstelle:** Die Abbildung zeigt den Graphen einer
    Ableitung f'.
    Ein Schüler sagt: „f ist streng monoton fallend für
    x < 0 und streng monoton steigend für x > 0".
    Beurteilen Sie seine Aussage.

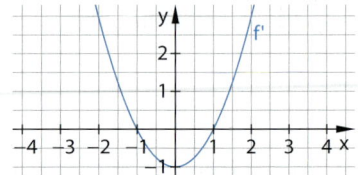

11. Die Funktion f ist streng monoton steigend (streng monoton fallend) auf $\mathbb{R}$.
    a) Begründen Sie, dass f höchstens eine Nullstelle hat.
    b) Geben Sie eine Beispielfunktion für f an, die keine Nullstelle hat.

12. Eine Ableitung f' ist gegeben in der Form
    $f'(x) = 5(x + 3)(x − 7)$, sodass ihre Nullstellen
    $x_1 = −3$ und $x_2 = 7$ leicht ablesbar und die
    Monotonieintervalle daraus leicht herleitbar
    sind.

	$x < -3$	$-3 < x < 7$	$x > 7$
$x + 3$	−	+	+
$x − 7$	−	−	+
f'(x)	+	−	+
f	streng monoton steigend	streng monoton fallend	streng monoton steigend

    a) Erläutern Sie die Herleitung des Monoto-
       nieverhaltens von f mithilfe der Tabelle.
    b) Ermitteln Sie analog das Monotonie-
       verhalten der Funktionen g und h, wenn g' und h' gegeben sind: $g'(x) = (x + 1)(x − 2)$
       und $h'(x) = (x − 4)(x − 6)^2(x − 8)$.

13. Die Funktion f mit $f(x) = 0,002x^3 − 0,09x^2 + 1,35x + 7,65$
    beschreibt für $0 \leq x \leq 24$ das Höhenprofil einer Berg-
    etappe bei einem Radrennen. Die Werte auf der
    x-Achse beschreiben hierbei die horizontale Entfer-
    nung vom Start in km, die auf der y-Achse die Höhe
    über dem Meeresspiegel in 100 m.
    a) Berechnen Sie die Steigung, die beim Start
       zu überwinden ist, in Prozent.
    b) Geben Sie an, in welchen Abschnitten des
       Rennens es bergauf bzw. bergab geht.

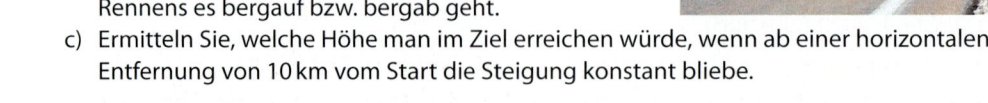

    c) Ermitteln Sie, welche Höhe man im Ziel erreichen würde, wenn ab einer horizontalen
       Entfernung von 10 km vom Start die Steigung konstant bliebe.

14. **Ausblick: Monotonie und Definitionslücken**
    Jemand behauptet: „Die Funktion f mit $f(x) = \frac{1}{x}$ ist streng monoton fallend auf $\mathbb{R}$, da f'(x)
    immer kleiner als 0 ist." Widerlegen Sie die Behauptung mit einem Gegenbeispiel.
    Erläutern Sie, wie es zu dieser Fehlannahme kommen könnte.

4.2 Hoch- und Tiefpunkte

■ Ein Kugelstoßer erreicht mit seinem besten Versuch 21,66 m. Die Flugbahn der Kugel wird näherungsweise durch die Funktion f mit $f(x) = -\frac{1}{20}x^2 + x + 1,8$ beschrieben.
a) Zeichnen Sie den Graphen von f mit dem GTR. Lesen Sie den höchsten Punkt der Flugbahn ab.
b) Entwickeln Sie eine Methode, den höchsten Punkt der Flugbahn mithilfe der Ableitung zu berechnen. Überlegen Sie dazu, wie sich das Monotonieverhalten von f am höchsten Punkt ändert. ■

Die **Hoch- bzw. Tiefpunkte** des Graphen einer Funktion f haben in einer gewissen Umgebung die größten bzw. kleinsten Funktionswerte. Sie heißen auch **lokale Extrempunkte**.

Die x-Koordinaten von Hoch- und Tiefpunkten heißen **lokale Extremstellen**, die y-Koordinaten sind **lokale Maxima** bzw. **lokale Minima**.

In den lokalen Extrempunkten des Graphen hat f immer eine waagerechte Tangente, allerdings muss nicht jede waagerechte Tangente an einer Extremstelle liegen. Mit den Nullstellen der Ableitungsfunktion f' erhält man alle Stellen, an denen lokale Extrempunkte vorliegen könnten.

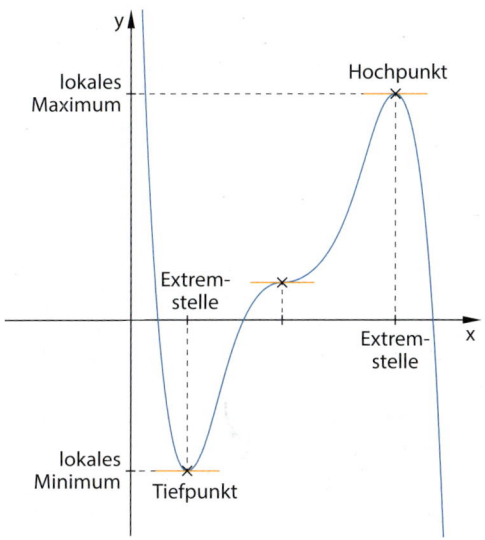

Hinweis:
Bei einem globalen Extremum am Rand eines Definitionsbereiches (Randextremum) muss keine waagerechte Tangente vorliegen. Siehe Aufgaben 23–25.

Hinweis:
Notwendige Bedingung bedeutet: Ist diese Bedingung nicht erfüllt, so liegt kein lokaler Extrempunkt vor.

> **Satz: Notwendige Bedingung für lokale Extrempunkte**
> Wenn der Graph einer Funktion f an der Stelle x_E einen **Hochpunkt** oder **Tiefpunkt** hat, dann gilt $f'(x_E) = 0$.

Nur an den Nullstellen der Ableitungsfunktion f' kann es lokale Extrempunkte geben. Ob es sich bei diesen „Kandidaten" wirklich um Extremstellen handelt und ob die zugehörigen Extrempunkte Hoch- oder Tiefpunkte sind, hängt vom Monotonieverhalten des Graphen von f ab.

Die Bilder zeigen, dass die Steigung links von einem Hochpunkt positiv und rechts von ihm negativ ist. An einem Tiefpunkt ist es umgekehrt.

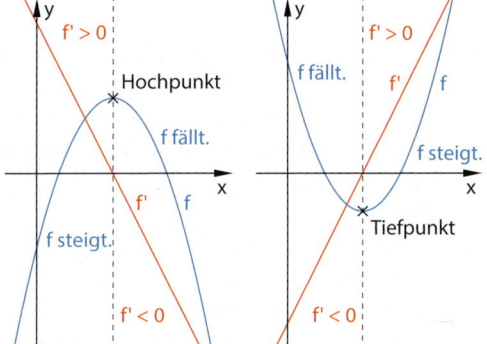

Hinweis:
Hinreichende Bedingung bedeutet: Ist diese Bedingung erfüllt, so liegt immer ein lokaler Extrempunkt vor.

> **Satz: Hinreichende Bedingung für lokale Extrempunkte**
> – Wenn $f'(x_E) = 0$ gilt und das **Vorzeichen von f'** an der Stelle x_E **von + nach –** wechselt, dann hat der Graph der Funktion f an der Stelle x_E einen **Hochpunkt**.
> – Wenn $f'(x_E) = 0$ gilt und das **Vorzeichen von f'** an der Stelle x_E **von – nach +** wechselt, dann hat der Graph der Funktion f an der Stelle x_E einen **Tiefpunkt**.

Hinweis
„Vorzeichenwechsel"
wird oft mit VZW
abgekürzt.

Beispiel 1: Bestimmen von Hoch- und Tiefpunkten mit dem VZW-Kriterium

Bestimmen Sie die Hoch- und Tiefpunkte des Graphen der Funktion f mit $f(x) = -x^3 - 3x^2 + 1$.

Lösung:

Bilden Sie die Ableitung.

$$f(x) = -x^3 - 3x^2 + 1$$
$$f'(x) = -3x^2 - 6x$$

Die Nullstellen von f' liefern die „Kandidaten" $x_1 = -2$ und $x_2 = 0$ für mögliche Extremstellen.

$$-3x^2 - 6x = 0 \quad \text{also} \quad x_1 = -2 \text{ und } x_2 = 0$$

Prüfen Sie mit einer Wertetabelle auf einen VZW an den möglichen Extremstellen. Setzen Sie Teststellen aus den Intervallen ein, die von den möglichen Extremstellen gebildet werden. An der Stelle $x = -2$ liegt ein Tief- und an der Stelle $x = 0$ ein Hochpunkt vor.

x	-3	-2	-1	0	1
f'(x)	-9	0	3	0	-9
	↘	→	↗	→	↘

VZW von – nach +, also Tiefpunkt   VZW von + nach –, also Hochpunkt

Die y-Koordinaten des Tiefpunkts T und des Hochpunkts H ergeben sich durch Einsetzen der Extremstellen in f(x).

$$f(-2) = -(-2)^3 - 3 \cdot (-2)^2 + 1 = -3$$
$$f(0) = -0^3 - 3 \cdot 0^2 + 1 = 1$$
$$T(-2|-3) \qquad H(0|1)$$

Wenn f an einer Stelle zwar eine waagerechte Tangente hat ($f'(x) = 0$), sich aber das Monotonieverhalten von f nicht ändert (kein Vorzeichenwechsel von f'), so liegt an dieser Stelle kein Extrempunkt, sondern ein **Sattelpunkt**. Die x-Koordinate eines Sattelpunktes heißt **Sattelstelle**.

Bei einer Sattelstelle von f berührt der Graph der Ableitungsfunktion f' die x-Achse, schneidet sie aber nicht (z. B. doppelte, vierfache, … Nullstelle von f').

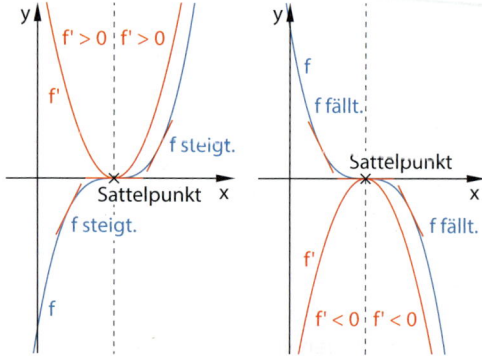

Hinweis
Diese Bedingung gilt
bei allen bisher behan-
delten Funktionstypen
(Potenz-, und
Exponentialfunktionen
sowie
trigonometrischen
und ganzrationalen
Funktionen).

Satz: Hinreichende Bedingung für Sattelpunkte

Wenn $f'(x_E) = 0$ gilt und das **Vorzeichen von f'** an der Stelle x_E **nicht** wechselt, dann hat der Graph der Funktion f an der Stelle x_E einen **Sattelpunkt**.

Beispiel 2: Sattelpunkt

Untersuchen Sie die Funktion f mit $f(x) = -x^3 + 3x^2 - 3x + 3$ auf Extrem- und Sattelpunkte.

Lösung:

Bilden Sie die Ableitung.

$$f(x) = -x^3 + 3x^2 - 3x + 3$$
$$f'(x) = -3x^2 + 6x - 3$$

Die Nullstelle von f' liefert den „Kandidaten" $x = 1$ als mögliche Extrem- oder Sattelstelle.

$$-3x^2 + 6x - 3 = 0 \quad \text{also} \quad x = 1$$

Die Wertetabelle zeigt, dass bei $x = 1$ kein VZW stattfindet. Deshalb liegt ein Sattelpunkt vor. Es gibt keine Extrempunkte.

x	0	1	2
f'(x)	-3	0	-3
	↘	→	↘

Durch Einsetzen der Sattelstelle $x = 1$ in f(x) erhält man den Sattelpunkt S.

$$f(1) = -1 + 3 - 3 + 3 = 2$$
$$S(1|2)$$

Basisaufgaben

1. Geben Sie die Koordinaten der Hoch- und Tiefpunkte des Graphen an. Bestimmen Sie zudem das Vorzeichen der Ableitung in der Umgebung der entsprechenden Stellen.

a)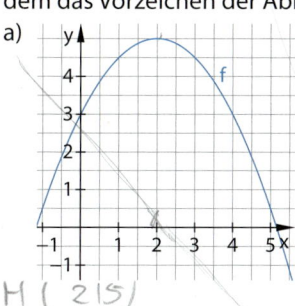

b)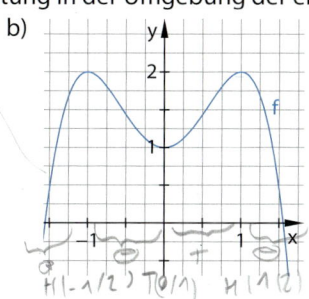

c)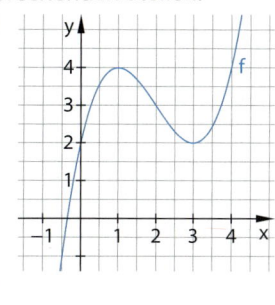

2. Der Graph einer Funktion f hat die angegebenen Hochpunkte H und Tiefpunkte T. Skizzieren Sie einen entsprechenden Graphen und geben Sie an, in welchen Intervallen f streng monoton steigend bzw. fallend ist.

   a) $H(1|2), T(4|-1)$ b) $T(2|-3), H(5|1)$ c) $H_1(-2|2), T(1|1), H_2(4|6)$

3. Gegeben ist der Graph der Ableitung einer Funktion f. Bestimmen Sie die Stellen, an denen der Graph von f Hoch- oder Tiefpunkte hat.

a)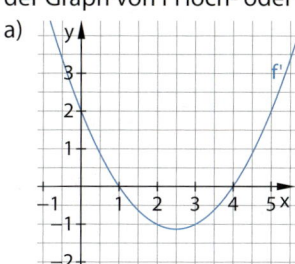

b)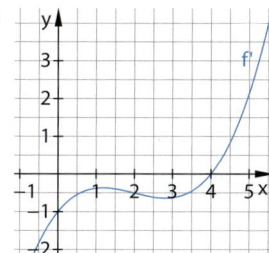

c)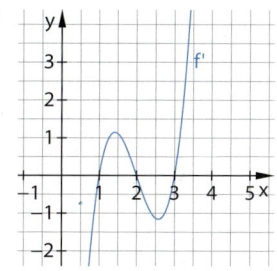

4. Bestimmen Sie die Ableitung der Funktion f und berechnen Sie mit f'(x) = 0 die möglichen Extremstellen von f. Überprüfen Sie anschließend mithilfe des Vorzeichenwechselkriteriums, ob an diesen Stellen ein lokales Maximum oder Minimum vorliegt.

   a) $f(x) = x^2 - 8x + 15$ b) $f(x) = 2x^3 - 3x^2 - 12x + 4$

5. Bestimmen Sie ohne GTR die Koordinaten der Hoch- und Tiefpunkte des Graphen von f. Zeichnen Sie zur Kontrolle den Graphen mit dem GTR.

   a) $f(x) = 3x^2 + 2$
   b) $f(x) = 4x^3 - 6x^2 + 5$
   c) $f(x) = x^3 - 9x^2 + 24x - 16$
   d) $f(x) = -\frac{1}{2}x^3 + 6x^2 - \frac{45}{2}x + 25$

6. Bestimmen Sie ohne GTR die Extremstellen der Funktion f sowie die zugehörigen lokalen Maxima und Minima. Zeichnen Sie zur Kontrolle den Graphen mit dem GTR.

   a) $f(x) = x^4 - \frac{9}{2}x^2 + 3$
   b) $f(x) = -x^3 - x^2 + x + 1$
   c) $f(x) = \frac{1}{9}x^4 - \frac{4}{3}x^3 + 4x^2 - 4$
   d) $f(x) = x - \sqrt{x}$

7. Untersuchen Sie die Funktion auf Extrem- und Sattelstellen.

   a) $f(x) = x^2 - 4$
   b) $f(x) = -1,5x^2 + 3x - 7$
   c) $f(x) = x^3 + 3x^2 + 1$
   d) $f(x) = 2x^3 - 18x^2 + 11$
   e) $f(t) = t^4 - 2t^2$
   f) $f(a) = -a^3 + 2,5a^2 + 3,5$
   g) $f(x) = x^5 - 15x^3 - 30$
   h) $f(x) = -3x^4 + 4x^3 + 8$

Hinweis zu 7:
Unter den Werten finden Sie die Extrem- und Sattelstellen zu a)–d).

8. Bestimmen Sie die Hoch-, Tief- und Sattelpunkte des Graphen der Funktion.
    a) $f(x) = x^2 + 24x + 144$ b) $f(x) = 2x^3 - 6x^2 + 6x + 4$
    c) $f(x) = x^3 - 6x^2 + 9x - 4$ d) $f(x) = 5x^4 - 40x^2 + 15$
    e) $f(x) = 0{,}25x^3 + 15x - 1$ f) $f(x) = 2x^3 - 15x^2 - 84x$

9. **Notwendige und hinreichende Bedingungen:**
    Entscheiden Sie, ob die Aussage notwendige, hinreichende
    oder gar keine Bedingung dafür ist, dass ein Viereck ein Parallelo-
    gramm ist.
    a) Die Diagonalen sind gleich lang.
    b) Gegenüberliegende Seiten sind jeweils parallel.
    c) Die Diagonalen stehen senkrecht aufeinander.
    d) Es gibt zwei gegenüberliegende Seiten, die parallel sind.

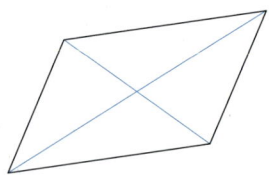

10. Entscheiden Sie, ob der erste Sachverhalt jeweils eine notwendige, hinreichende oder
    keine Bedingung für den zweiten Sachverhalt ist.
    a) Zur Bushaltestelle gehen/Busfahren   b) Volljährigkeit/Wahlrecht
    c) Regen/nasse Straße   d) Licht/Pflanzenwachstum
    e) Hunger/Essen   f) Unwissenheit/schlechtes Klausurergebnis
    g) Leerer Autotank/stehendes Auto   h) Müdigkeit/natürliches Einschlafen

11. Die Funktion g mit $g(x) = -20x^3 + 240x^2 - 420x - 760$ gibt den täglichen Gewinn eines
    Unternehmens in Euro an, wenn ihr Produkt in der Stückzahl x produziert wird.
    a) Berechnen Sie den monatlichen Gewinn des Unternehmens, wenn täglich eine Stück-
        zahl von $x = 5$ hergestellt wird.
    b) Berechnen Sie die Stückzahl x, für die das Unternehmen maximalen Gewinn erreicht.

Weiterführende Aufgaben

12. Gegeben ist der Graph einer Ableitungsfunktion von f. Geben Sie an, an welchen Stellen f
    Hoch-, Tief- bzw. Sattelpunkte hat. Übertragen Sie den Graphen von f' in ein Koordinaten-
    system und skizzieren Sie dort einen möglichen Graphen einer Ausgangsfunktion f.
    a)   b)   c)

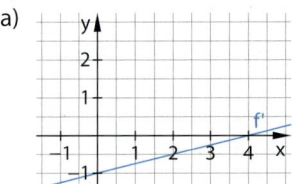   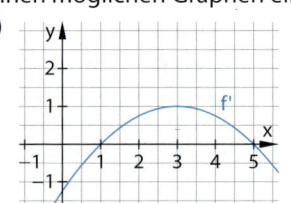   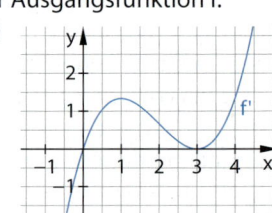

13. Erläutern Sie, welches Monotonieverhalten eine Funktion links und rechts ihrer Hoch-, Tief-
    und Sattelpunkte hat. Erstellen Sie dazu eine Übersichtstabelle in Ihrem Heft.

14. **Extremstellen bei trigonometrischen Funktionen:** Untersuchen Sie die Funktion f mit
    $f(x) = x + 2\sin(x)$ für $-2\pi \le x \le 2\pi$ auf lokale Extremstellen.

15. Der Graph der Funktion g mit $g(x) = -0{,}08x^3 + 5x^2 - 86x + 1500$ beschreibt für $0 \le x \le 40$
    den Querschnitt eines Geländes.
    a) Berechnen Sie die Koordinaten der für Mountainbikefahrer interessanten Punkte.
    b) Geben Sie für die Größen auf der x- und der y-Achse sinnvolle Einheiten an.

16. Stolperstelle: Entscheiden Sie, ob die Aussage wahr oder falsch ist. Begründen Sie sie, falls die Aussage wahr ist, und geben Sie ein Gegenbeispiel an, falls sie falsch ist.

a) Wenn f'(a) = 0 ist, dann ist a lokale Extremstelle von f. *Ja, weil waag. Tangente*

b) Bei einem Sattelpunkt hat der Funktionsgraph eine waagerechte Tangente. *ja / Extremstelle*

c) Die Ableitungsfunktion f' hat Nullstellen an den lokalen Extremstellen von f. *Ja*

d) Wenn die Funktion f keine Extremstellen hat, dann hat die Ableitungsfunktion f' keine Nullstellen. *Nein Ja*

e) An den Stellen mit waagerechter Tangente hat der Graph Sattelpunkte. *Nein an allen Extrema*

f) Wenn a lokale Extremstelle von f ist, dann ist f'(a) = 0. *Ja*

g) Wenn das Vorzeichen der Steigung wechselt, dann hat der Graph an dieser Stelle einen Extrempunkt. *Ja auch im Sattelpunkt*

GTR **17.** Die Kosten für die tägliche Herstellung der Menge x eines Produktes lassen sich durch die Funktion k mit $k(x) = \frac{1}{1250}x^3 - \frac{2}{125}x^2 + \frac{6}{125}x + 400$ beschreiben. Auf der x-Achse bedeutet dabei eine Einheit 200 hergestellte Stücke, auf der y-Achse ist die Einheit €.

a) Bestimmen Sie die Fixkosten.

b) In der Firma können täglich maximal 40 000 Teile hergestellt werden. Geben Sie den zugehörigen Definitionsbereich für x an.

c) 200 Teile werden jeweils als Einheit für 50 € verkauft. Geben Sie eine Funktion e(x) an, mit der sich die täglichen Einnahmen berechnen lassen.

d) Der Gewinn der Firma berechnet sich aus der Differenz von Einnahmen und Kosten. Geben Sie eine Funktion g(x) an, mit der sich der tägliche Gewinn berechnen lässt.

e) Untersuchen Sie die Funktion g. Ermitteln Sie, bei welchen Produktionsmengen ein Gewinn erzielt wird. Geben Sie an, wann er maximal ist.

GTR **18.** Die elektrische Leitfähigkeit f der Schwefelsäure in einer Autobatterie ist von der Konzentration x abhängig. Bei einer Temperatur von 18 °C berechnet man die Leitfähigkeit für die Konzentration zwischen 0 und 0,6 $\frac{mol}{l}$ durch $f(x) = -4,6x^4 + 13,75x^3 - 15,2x^2 + 5,9x$.

a) Stellen Sie den Graphen der Funktion mit dem GTR dar und geben Sie an, bei welcher Konzentration die Leitfähigkeit am größten ist.

b) Setzen Sie den Wert, den Sie als Extremstelle in a) notiert haben, in die Ableitung von f ein. Erläutern Sie, warum das Ergebnis nicht exakt 0 ist.

19. Gegeben sind die zwei Funktionen f mit $f(x) = 2x^3 - 4x^2 + x + 8$ und g mit $g(x) = 2x^3 - x^2 - 2x + 2$.

a) Berechnen Sie die Schnittpunkte der beiden Funktionsgraphen.

b) Berechnen Sie, an welcher Stelle zwischen den beiden Schnittpunkten der vertikale Abstand der Funktionsgraphen am größten ist.

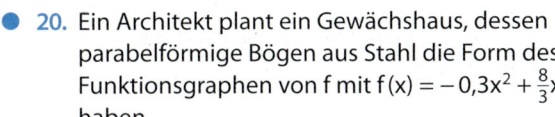

20. Ein Architekt plant ein Gewächshaus, dessen parabelförmige Bögen aus Stahl die Form des Funktionsgraphen von f mit $f(x) = -0,3x^2 + \frac{8}{3}x$ haben.

a) Berechnen Sie die Höhe des Gewächshauses.

b) Berechnen Sie den Winkel, den die Stahlbögen mit dem Erdboden bilden.

21. Begründen Sie die Gültigkeit der Aussage für eine ganzrationale Funktion n-ten Grades.
    a) Die Funktion hat höchstens $(n-1)$ lokale Extremstellen.
    b) Die Funktion hat höchstens eine Nullstelle mehr als lokale Extremstellen.

● 22. Überprüfen Sie die folgende Aussage: Eine ganzrationale Funktion, deren Graph achsensymmetrisch zur y-Achse ist, hat an der Stelle $x = 0$ ein lokales Extremum. Begründen Sie dies, falls die Aussage stimmt, oder geben Sie ein Gegenbeispiel an, falls sie nicht stimmt.

23. **Globale Extrema bestimmen:** Extremstellen, die als Nullstellen der ersten Ableitung einer Funktion f gefunden werden, liefern lokale Maxima bzw. Minima. In ihrer unmittelbaren Umgebung gibt es keine größeren bzw. kleineren Funktionswerte. Ist f auf einem Intervall definiert, so ist es möglich, dass die größten bzw. kleinsten Funktionswerte (globales Maximum bzw. Minimum) an den Intervallrändern angenommen werden (**Randextrema**), ohne dass hierbei waagerechte Tangenten vorliegen.

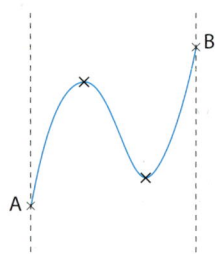

Im Bild liegt bei A ein globales Minimum, bei B ein globales Maximum.
    a) Bestimmen Sie die lokalen Maxima und Minima der Funktion f mit $f(x) = x^3 - 12x + 7$ für $-3 \leq x \leq 5$.
    b) Vergleichen Sie mit den Funktionswerten an den Intervallrändern und geben Sie das globale Maximum und das globale Minimum im Intervall $[-3; 5]$ an.

24. Skizzieren Sie den Graphen einer Funktion f und geben Sie als Definitionsbereich ein Intervall $[a; b]$ mit $a, b \in \mathbb{R}$ an, so dass f auf dem Intervall folgende Eigenschaften hat.
    a) Der Graph von f hat einen Hoch- und einen Tiefpunkt. Das globale Minimum und das globale Maximum werden auf den Intervallrändern a und b angenommen.
    b) Der Graph von f hat einen Sattelpunkt, an beiden Intervallrändern liegen globale Minima vor.
    c) Der Graph von f hat genau zwei lokale Extrempunkte. Das globale Minimum und das globale Maximum werden nicht auf den Intervallrändern angenommen.
    d) Der Graph von f hat genau einen lokalen Extrempunkt, das globale Maximum liegt auf einem Intervallrand, das globale Minimum nicht.

25. Aus schmalen parallel zum Ufer verlegten Holzlatten soll ein Steg gebaut werden, der eine geschwungene Form aufweist und 1,5 m weit auf das Wasser ragt. Die krummlinigen Ränder des Stegs werden beschrieben durch die Funktionen f und g mit $f(x) = \frac{5}{2}x^3 - 4x^2 + x + 5$ und $g(x) = 2x^3 - 7x^2 + \frac{17}{2}x$.

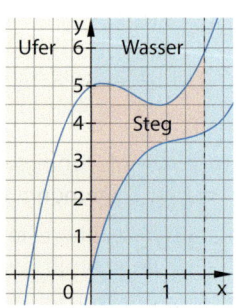

Bestimmen Sie die maximale und minimale Länge der Holzlatten, wenn beim Verlegen der Latten nicht gestückelt werden soll.

● 26. **Ausblick: Parameteraufgaben**
    a) Gegeben ist die Funktion f mit $f(x) = x^3 + 3x^2 - bx + c$.
       ① Bestimmen Sie b so, dass $x = 1$ und $x = -3$ Extremstellen sind.
       ② Bestimmen Sie anschließend c so, dass der Tiefpunkt die y-Koordinate -8 hat.
       ③ Geben Sie an, für welche Werte von b die Funktion f keine Extremstellen hat.
    b) Die Funktion f hat die Funktionsgleichung $f(x) = \frac{1}{4}x^4 - \frac{a}{3}x^3 + \frac{1}{2}x^2$ mit $a \in \mathbb{R}$.
       ① Untersuchen Sie die Funktion f für $a = -2$ auf Extrem- und Sattelstellen.
       ② Bestimmen Sie a so, dass die Funktion f genau eine Extremstelle hat.
       ③ Bestimmen Sie a so, dass f die größtmögliche Anzahl von Extremstellen hat.

4.3 Krümmung

■ Der Graph der Funktion f mit der Funktionsgleichung $f(x) = -\frac{1}{20}(x^3 - 9x^2 + 17x - 27)$ stellt den Verlauf einer Straße aus der Vogelperspektive dar. Ermitteln Sie die Bereiche, in denen der Fahrradfahrer eine Links- bzw. Rechtskurve durchfährt.
Beschreiben Sie auch den Graphen der Ableitungsfunktion f′ in diesen Bereichen. ■

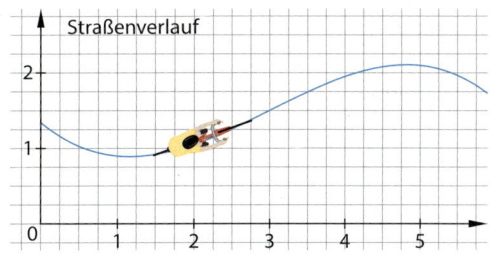

Nimmt in einem Intervall die Steigung eines Graphen von f stetig zu, so stellt man fest, dass der Graph von f dort eine Linkskrümmung hat.
Umgekehrt ist ein Graph, dessen Steigung kleiner wird, rechtsgekrümmt.

Die Steigung wird durch die Ableitung f′ beschrieben. Bei einer Linkskrümmung des Graphen von f ist die Ableitung f′ streng monoton steigend.
Ist der Graph von f hingegen rechtsgekrümmt, so ist f′ streng monoton fallend.

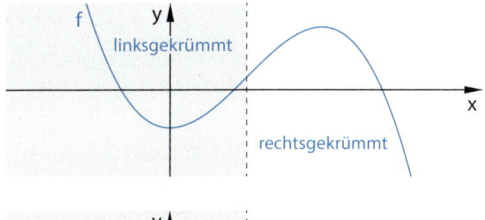

Die Änderung der Steigung wird durch die Ableitung von f′ beschrieben. Sie heißt **zweite Ableitung f″**.
f′ ist streng monoton steigend bzw. fallend, wenn die Ableitung von f′, also f″, größer als 0 bzw. kleiner als 0 ist.

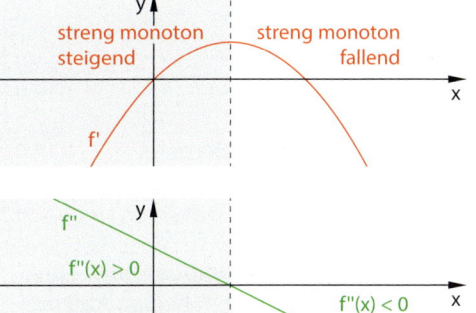

Satz: Krümmungsverhalten

– Gilt **f″(x) > 0** für alle x aus dem Intervall I, so ist der Graph der Funktion f auf I **linksgekrümmt**, er beschreibt eine **Linkskurve**.

– Gilt **f″(x) < 0** für alle x aus dem Intervall I, so ist der Graph der Funktion f auf I **rechtsgekrümmt**, er beschreibt eine **Rechtskurve**.

Beispiel 1: Untersuchen Sie die Funktion f mit $f(x) = x^3 - 3x^2$ mithilfe der zweiten Ableitung auf ihr Krümmungsverhalten.

Lösung:

Bilden Sie die erste und die zweite Ableitung von f.

$f(x) = x^3 - 3x^2$ $f'(x) = 3x^2 - 6x$
$f''(x) = 6x - 6$

Berechnen Sie die Nullstelle von f″.

$6x - 6 = 0$ also $x = 1$

f″ hat eine Nullstelle. Sie teilt den Definitionsbereich von f in zwei Krümmungsintervalle auf.
Aus jedem Intervall wird eine Teststelle (0 und 4) in f″(x) eingesetzt. Das Vorzeichen gibt das Krümmungsverhalten von f an.

x < 1: $f''(0) = 6 \cdot 0 - 6 = -6 < 0$
Der Graph ist für x < 1 rechtsgekrümmt.

x > 1: $f''(4) = 6 \cdot 4 - 6 = 18 > 0$
Der Graph ist für x > 1 linksgekrümmt.

Hinweis:
Die Ableitung f′ einer Funktion f wird auch als erste Ableitung bezeichnet.

Basisaufgaben

Hinweis zu 1:
Die Intervallgrenzen
sind ganzzahlig.

1. Geben Sie an, auf welchen Intervallen der Graph der Funktion f linksgekrümmt bzw. rechts-gekrümmt ist.

a) 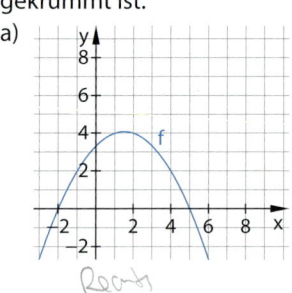 b) 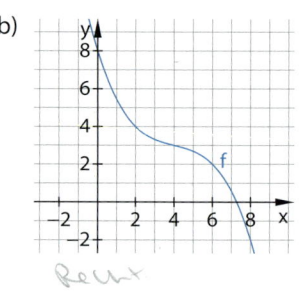 c)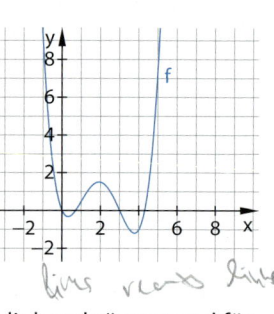

2. Zeichnen Sie einen Funktionsgraphen, der für x < −4 sowie x > 1 linksgekrümmt und für −4 < x < 1 rechtsgekrümmt ist.

3. Die Abbildung zeigt den Graphen der zweiten Ableitung der Funktion f. Geben Sie an, auf welchen Intervallen der Graph von f linksgekrümmt bzw. rechtsgekrümmt ist.

a) 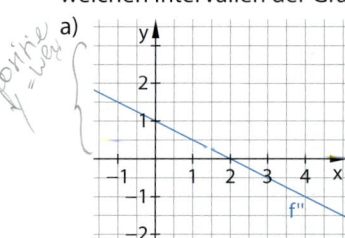 b) 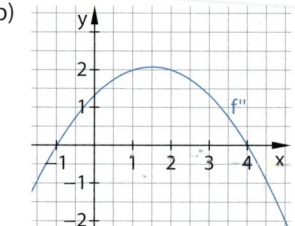 c)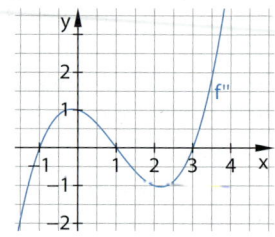

4. Gegeben sind die Graphen einer Funktion f und ihrer ersten beiden Ableitungen f′ und f″. Erläutern Sie den Zusammenhang zwischen dem Krümmungsverhalten von f, dem Monotonieverhalten von f′ und dem Graphen von f″.

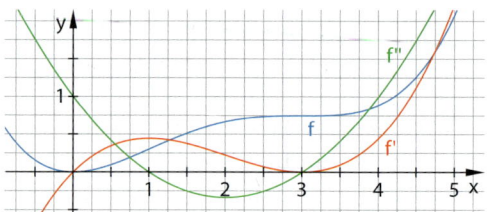

 5. Berechnen Sie die erste und zweite Ableitung der Funktion f.

a) $f(x) = x^3 - 2x^2 + 5x - 1$ b) $f(x) = -x^4 - 2x^3 + 8x$ c) $f(x) = \frac{1}{x}$

Hinweis zu 7:
Unter den Werten
finden Sie die Null-stellen von f″.

6. Berechnen Sie ohne GTR die Nullstellen der zweiten Ableitung und bestimmen Sie das Krümmungsverhalten des Graphen von f. Überprüfen Sie Ihre Ergebnisse mit dem GTR.

a) $f(x) = \frac{1}{2}x^3 - 3x^2 + 3x - 6$ b) $f(x) = -\frac{1}{2}x^2 + 7x - 18$ c) $f(x) = \frac{1}{3}x^4 - 2x^2 + 4x$

d) $f(x) = 0{,}25x^5 + 10x - 1$ e) $f(x) = x^4 - 6x$ f) $f(x) = \frac{1}{3}x^3 - 2x^2 - 5x + 2$

7. Untersuchen Sie die Funktion mithilfe der zweiten Ableitung auf ihr Krümmungsverhalten.

a) $f(x) = -x^2 + 2x + 1$ b) $f(x) = x^3 - 7x^2 + 15x - 9$ c) $f(x) = -\frac{1}{12}x^4 + \frac{1}{3}x^3 + x$

d) $f(x) = -\frac{1}{12}x^4 - \frac{1}{3}x^3 - x^2$ e) $f(x) = x^4 + 3x^3 + 3x^2 + x$ f) $f(x) = \frac{1}{4}x^4 - \frac{2}{3}x^3 + \frac{1}{2}x^2 - 1$

Hilfe zu GTR/CAS
↗ **S. 178**

GTR 8. Lassen Sie sich den Graphen von f′ mit dem GTR anzeigen und beschreiben Sie das Krümmungsverhalten von f.

a) $f'(x) = -\frac{1}{4}x + 2$ b) $f'(x) = \frac{1}{3}x^2 - 2x + 4$ c) $f'(x) = -\frac{1}{5}x^3 - 2x$

Überprüfen von lokalen Extrempunkten mithilfe der zweiten Ableitung

Im Hochpunkt eines Graphen von f liegt immer eine Rechtskrümmung und im Tiefpunkt immer eine Linkskrümmung vor. Anstatt einen Vorzeichenwechsel von f' zu überprüfen, ist es möglich, mithilfe der zweiten Ableitung f″ zu prüfen, ob der Graph an den potentiellen Extremstellen von f eine Linkskrümmung ($f''(x) > 0$) oder eine Rechtskrümmung ($f''(x) < 0$) ausweist.

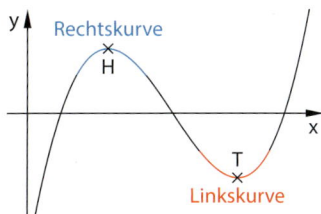

Satz: Hinreichende Bedingung für lokale Extrempunkte mit der zweiten Ableitung

Eine **hinreichende Bedingung** für eine lokale Extremstelle x_E einer Funktion f ist:

$f'(x_E) = 0$ **und** $f''(x_E) \neq 0$.

– Ist $f''(x_E) < 0$, so hat der Graph der Funktion f an der Stelle x_E einen **Hochpunkt**.

– Ist $f''(x_E) > 0$, so hat der Graph der Funktion f an der Stelle x_E einen **Tiefpunkt**.

Ist $f'(x_E) = 0$ und $f''(x_E) = 0$, so lässt sich daraus nicht folgern, dass dort keine lokale Extremstelle vorliegt. In diesem Fall zieht man das VZW-Kriterium hinzu.

Hinweis:
Für Fälle mit $f'(x_E) = 0$ und $f''(x_E) = 0$ siehe Aufgaben 15–19.

Beispiel 2: Bestimmen Sie die Hoch- und Tiefpunkte des Graphen der Funktion f mit $f(x) = x^3 - 9x^2 + 24x - 18$ mithilfe der zweiten Ableitung.

Lösung:

Bilden Sie die ersten zwei Ableitungen von f.

$$f(x) = x^3 - 9x^2 + 24x - 18$$
$$f'(x) = 3x^2 - 18x + 24$$
$$f''(x) = 6x - 18$$

Berechnen Sie die Nullstellen von f'. $x_1 = 2$ und $x_2 = 4$ sind die möglichen Extremstellen.

$3x^2 - 18x + 24 = 0$ also $x_1 = 2$ und $x_2 = 4$

Setzen Sie diese Stellen in die zweite Ableitung f″(x) ein. Das Ergebnis ist jeweils ungleich 0. Das Vorzeichen gibt an, ob dort ein Hoch- oder Tiefpunkt liegt.

$f''(2) = 6 \cdot 2 - 18 = -6 < 0$
Bei 2 liegt ein Hochpunkt.
$f''(4) = 6 \cdot 4 - 18 = 6 > 0$
Bei 4 liegt ein Tiefpunkt.

Die y-Koordinaten des Hochpunkts H und des Tiefpunkts T ergeben sich durch Einsetzen der Extremstellen in f(x).

$f(2) = 2^3 - 9 \cdot 2^2 + 24 \cdot 2 - 18 = 2$
$f(4) = 4^3 - 9 \cdot 4^2 + 24 \cdot 4 - 18 = -2$
$H(2|2)$ $T(4|-2)$

Basisaufgaben

9. Bestimmen Sie die Hoch- und Tiefpunkte des Graphen mithilfe der ersten und zweiten Ableitung von f.

a) $f(x) = -4x^2 + 8x$

b) $f(x) = \frac{1}{8}x^3 - \frac{3}{4}x^2 + 2$

c) $f(x) = \frac{1}{10}x^3 - \frac{3}{10}x^2 + \frac{12}{5}$

d) $f(x) = \frac{1}{8}x^3 - \frac{3}{2}x^2 + \frac{9}{2}x$

e) $f(x) = \frac{1}{9}x^3 - \frac{1}{3}x^2 - \frac{8}{3}x + \frac{26}{9}$

f) $f(x) = \frac{1}{4}x^4 - 2x^2$

Hinweis zu 9:
Unter den angegebenen Punkten finden Sie die Lösungen.

$(1|4)$ $(4|-6)$
$(4|-2)$
$(2|2)$ $(0|2)$ $(0|\frac{12}{5})$

$(2|4)$ $(-2|-4)$ $(-2|6)$
$(6|0)$ $(2|-4)$
$(-2|-2)$

10. Zeichnen Sie die Graphen der Funktionen f, g und h mit $f(x) = x^3$, $g(x) = \frac{1}{4}x^4 - x^3 + 4x$ und $h(x) = -\frac{1}{2}x^3 + 3x^2 - 6x$ mit dem GTR.

a) Lesen Sie die Koordinaten der Sattelpunkte ab.

b) Untersuchen Sie das Verhalten der ersten beiden Ableitungen der Funktionen an den Sattelstellen.

Weiterführende Aufgaben

11. Ordnen Sie begründet die drei Graphen den Funktionen f, f' und f" zu.

a)
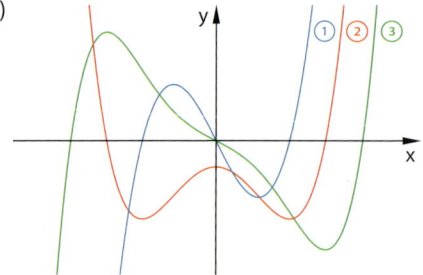

b)
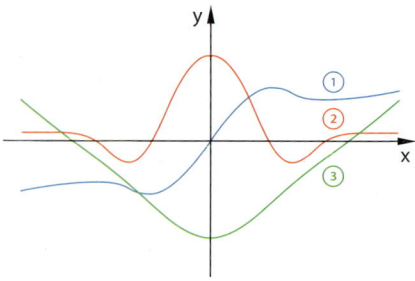

12. Skizzieren Sie einen möglichen Graphen von f.
   a) Der Graph von f ist rechtsgekrümmt und hat den Hochpunkt H(2|4).
   b) Der Graph von f hat im Punkt P(−3|2) eine waagerechte Tangente und geht in diesem Punkt von einer Links- in eine Rechtskrümmung über.
   c) Der Graph von f hat zwei Stellen mit waagerechter Tangente und wechselt nur an einer dieser Stellen seine Krümmung.
   d) Der Graph von f ist linksgekrümmt und hat keine Extremstellen.
   e) Es gilt: f'(x) < 0 und f"(x) > 0.

13. Die Funktion h mit $h(t) = -0,03t^3 + 0,9t^2 + 4$ beschreibt für $0 \leq t \leq 20$ die Wuchshöhe einer Pflanze. Dabei bezeichnet t die Anzahl der Tage nach Beobachtungsbeginn und h(t) die Höhe der Pflanze in cm.
   a) Berechnen Sie die Pflanzenhöhe nach 5 und 15 Tagen.
   b) Weisen Sie rechnerisch nach, dass die Wachstumsgeschwindigkeit innerhalb der ersten 10 Tage ständig steigt.
   c) Für t > 10 gilt h"(t) < 0. Erläutern Sie dies im Sachzusammenhang.
   d) Zeigen Sie, dass die minimale und maximale Pflanzenhöhe zu Beginn und am Ende der Beobachtung angenommen werden.

14. Ableitungen in der Physik: In der Physik werden Bewegungen durch die Größen s (Weg), v (Geschwindigkeit) und a (Beschleunigung) beschrieben. Die Geschwindigkeit ist die zeitliche Veränderung des Weges, die Beschleunigung ist die zeitliche Veränderung der Geschwindigkeit. Es gilt also s"(t) = v'(t) = a(t) und s'(t) = v(t).
   a) Erläutern Sie die Bedeutung einer positiven/negativen Beschleunigung für die Geschwindigkeit und den Weg in diesem Sachzusammenhang.
   b) Auch die Schwingung eines Federpendels wird durch die Größen s, v und a beschrieben. In der Abbildung sind diese drei Größen dargestellt (T ist die Schwingdauer). Geben Sie begründet an, welcher Graph zu welcher Größe der Schwingung gehört.

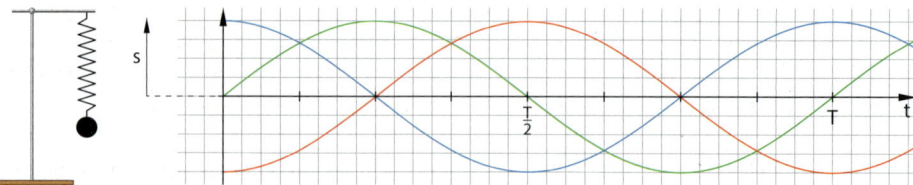

15. Stolperstelle: Max untersucht die Funktion f mit $f(x) = x^4 - 8x^3 + 24x^2 - 32x + 15$. Er sagt: „Zwar ist f'(2) = 0, aber weil f"(2) = 0 ist, ist 2 keine Extremstelle von f." Nehmen Sie Stellung.

16. „Die notwendige Bedingung ist nicht hinreichend, die hinreichende ist nicht notwendig."
Erläutern Sie diese Aussage, indem Sie die Extremstellen zu $f(x) = x^2$, $g(x) = x^3$ und
$h(x) = x^4$ untersuchen.

 17. Untersuchen Sie die Funktion auf Hoch- und Tiefpunkte. Verwenden Sie, falls nötig, das
Vorzeichenwechselkriterium. Geben Sie auch die Sattelpunkte an.

a) $f(x) = \frac{1}{4}x^4 + x^3 - \frac{11}{4}$
b) $f(x) = 3x^5 - 5x^3$

18. Bestimmen Sie die Punkte des Graphen mit waagerechter Tangente. Untersuchen Sie, ob
diese Punkte Extrempunkte sind.

a) $f(x) = x^4 - 4x^3 + 4x^2$
b) $f(x) = \frac{1}{4}x^3 - \frac{3}{2}x^2 + 8$

c) $f(x) = -\frac{1}{8}x^3 + \frac{3}{2}x$
d) $f(x) = 3x^3 - 27x^2 + 81x - 84$

e) $f(x) = \frac{3}{8}x^5 - \frac{5}{4}x^3 + \frac{15}{8}x$
f) $f(x) = -\frac{3}{8}x^4 + 2x^3 - 3x^2$

 19. **Vergleich der hinreichenden Bedingungen für Extrempunkte:**
Bestimmen Sie in Partnerarbeit die Extrempunkte der folgenden Funktionen. Eine/r nutzt
als hinreichende Bedingung die zweite Ableitung, die/der andere das VZW-Kriterium.

$f(x) = \frac{1}{6}x^3 - \frac{3}{4}x^2 - 2x + 3$ $\qquad$ $g(x) = \frac{1}{3}x^3 - 2x^2 + 4x$ $\qquad$ $h(x) = x^6 - \frac{3}{2}x^4$

Vergleichen Sie anschließend die Rechenwege. Stellen Sie Vor- und Nachteile der beiden
hinreichenden Bedingungen gegenüber.

20. Beim Bau von Straßen, Bahngleisen oder
Achterbahnen wird bei der Berechnung
der Linienführung immer darauf geachtet, dass Richtungswechsel möglichst
kräftearm verlaufen, um eine ruckfreie
Fahrdynamik zu erreichen. Hierbei reicht
es nicht, dass beim Übergang von z. B.
Geraden zu Kurven und umgekehrt die
Steigungen identisch sind, d. h. keine
„Knicke" auftreten. Damit sich auch die
Richtungsänderung nicht abrupt ändert,
ist zudem zu fordern, dass auch die Krümmungen der Linien in den Übergangspunkten
übereinstimmen.

Als Beispiel hierzu sollen zwei gerade Straßenenden durch eine Kurve verbunden werden.
Die Straßenenden seien gegeben durch die Geraden $y = 2$ für $x \leq 0$ und $y = -2x + 9$ für
$x \geq 4$.

a) Zeigen Sie, dass die Kurve 1, beschrieben durch den Graphen der Funktion f mit
$f(x) = -\frac{3}{32}x^3 + \frac{5}{16}x^2 + 2$ für $0 \leq x \leq 4$, an den Anschlussstellen zwar keinen Knick aufweist, die Krümmung sich aber abrupt ändert.
Skizzieren Sie auch die Graphen mit dem GTR.

b) Untersuchen Sie die Tauglichkeit der Kurvenverläufe 2 und 3 an den Anschlussstellen
nach obigen Kriterien, wenn sie beschrieben werden durch die Graphen der Funktionen
g und h mit $g(x) = -\frac{5}{256}x^4 + \frac{1}{16}x^3 + 2$ und $h(x) = \frac{9}{512}x^5 - \frac{41}{256}x^4 + \frac{11}{32}x^3 + 2$.

21. **Ausblick:** Der Graph einer ganzrationalen Funktion f dritten Grades hat im Koordinatenursprung einen Tiefpunkt und ist für $x < 1$ linksgekrümmt sowie für $x > 1$ rechtsgekrümmt.

a) Bestimmen Sie einen möglichen Funktionsterm von f und zeichnen Sie den zugehörigen
Graphen.

b) Geben Sie die allgemeine Funktionsgleichung aller Lösungen an.

4.4 Wendepunkte

■ Der Graph von f stellt links das Höhenprofil einer Straße und rechts die Draufsicht einer anderen Straße dar. Welche Bedeutung hat die Stelle $x = 3$ für den Radfahrer in der jeweiligen Situation? Stellen Sie einen Zusammenhang zwischen diesen beiden Bedeutungen her. Erläutern Sie, wie man diese Stelle bei gegebener Funktionsgleichung berechnen könnte. ■

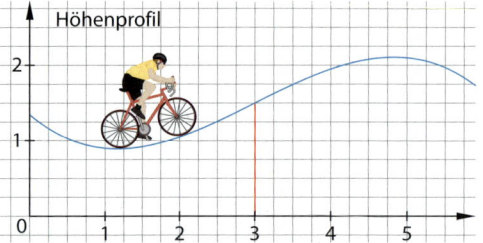

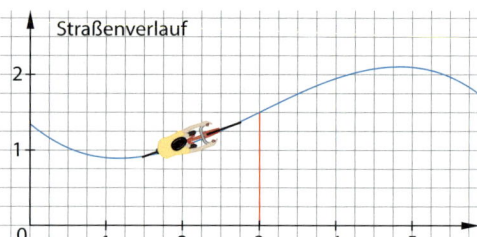

Die Grafik zeigt die Zusammenhänge zwischen den Graphen einer Funktion f und ihren ersten beiden Ableitungsfunktionen f' und f''.

Die Stellen, an denen sich das Krümmungsverhalten des Graphen ändert, heißen **Wendestellen**.

An diesen Stellen ist die **Steigung des Graphen maximal** (beim Wechsel von Links- zu Rechtskrümmung) bzw. **minimal** (beim Wechsel von Rechts- zu Linkskrümmung).

Eine Wendestelle ist folglich eine lokale Extremstelle der ersten Ableitungsfunktion und damit eine Nullstelle der zweiten Ableitungsfunktion.

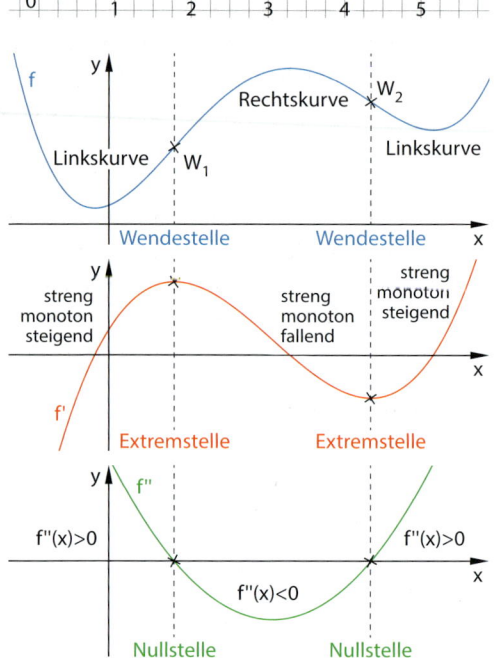

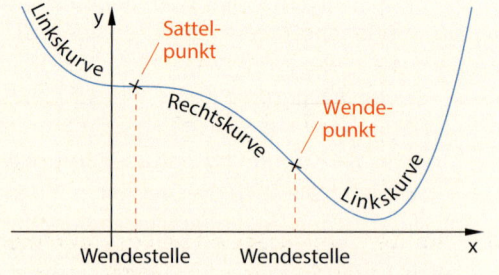

Definition: Wendepunkt
Der Graph einer Funktion f hat an der Stelle x_W einen **Wendepunkt**, wenn dort der Graph von einer Linkskrümmung in eine Rechtskrümmung übergeht oder umgekehrt.

Ein **Sattelpunkt** ist ein Wendepunkt mit einer waagerechten Tangente.

Da eine Wendestelle von f eine lokale Extremstelle der ersten Ableitung f' ist, ist eine notwendige Bedingung, dass dort die Ableitung von f', also die zweite Ableitung f'', den Wert 0 hat.

Satz: Notwendige Bedingung für Wendepunkte
Hat der Graph einer Funktion f an der Stelle x_W einen **Wendepunkt**, dann gilt $f''(x_W) = 0$.

Basisaufgaben

1. Lesen Sie die Koordinaten der Wendepunkte ab. Geben Sie an, ob es sich um Sattelpunkte handelt.

a)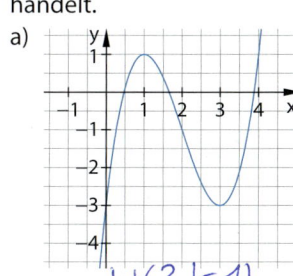
$W(2|-1)$

b)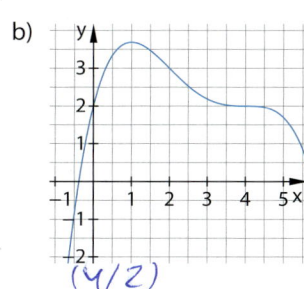
$(4/2)$

c)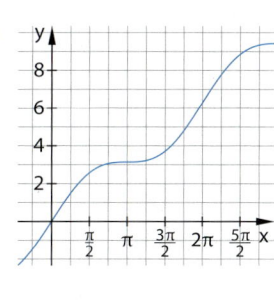

2. Skizzieren Sie den Graphen einer Funktion mit den angegebenen Eigenschaften.
   a) Der Graph hat genau einen Wendepunkt bei $W(1|2)$ mit lokal maximaler Steigung.
   b) Der Graph hat genau einen Wendepunkt bei $W(0|0)$ mit lokal minimaler Steigung.
   c) Der Graph hat einen Sattelpunkt und zwei Wendepunkte mit lokal maximaler Steigung.
   d) Der Graph hat einen Hoch-, Tief- und Sattelpunkt.

GTR 3. Wendestellen einer Funktion f lassen sich als Extremstellen der Ableitung f' bestimmen.

Hilfe zu GTR/CAS
↗ S. 178

   a) Zeichnen Sie mit dem GTR für die Funktion f mit $f(x) = \frac{1}{4}x^4 - \frac{8}{3}x^3 + \frac{19}{2}x^2 - 12x + \frac{9}{4}$ den Graphen der ersten Ableitung f' und bestimmen Sie die Extremstellen von f'.
   b) Zeichnen Sie nun auch den Graphen von f mit dem GTR und überprüfen Sie anhand des Verlaufs des Graphen, dass die in a) ermittelten Extremstellen von f' Wendestellen von f sind. Bestimmen Sie auch die Koordinaten der Wendepunkte.

GTR 4. Bestimmen Sie mit dem GTR die Wendepunkte der angegebenen Funktion. Geben Sie außerdem an, ob es sich um Sattelpunkte handelt.

Hilfe zu GTR/CAS
↗ S. 179

   a) $f(x) = \frac{1}{3}x^3 - x^2 + \frac{2}{3}$
   b) $f(x) = x^3 - 6x^2 + 12x - 7$
   c) $p(x) = \frac{1}{60}x^4 - \frac{2}{5}x^2 + \frac{7}{3}$
   d) $f(x) = \frac{1}{81}(2x^4 - 4x^3 - 24x^2 - 28x + 152)$

5. Gegeben ist der Graph von f'. Geben Sie die Wendestellen von f an, und welcher Krümmungswechsel beim Graphen von f an diesen Stellen vorliegt.

a)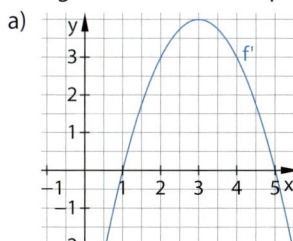

b)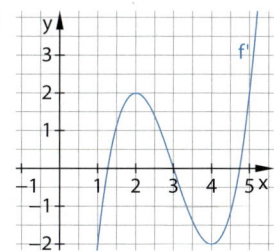

c)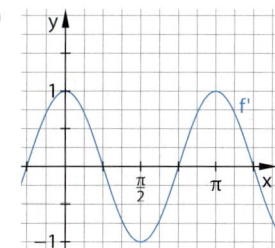

6. „Am Wendepunkt ändert sich das Krümmungsverhalten des Graphen." – „Nein, am Wendepunkt ist die Steigung am kleinsten oder größten!"
   Nehmen Sie Stellung.

7. Formulieren Sie eine notwendige Bedingung für einen Sattelpunkt.

8. Untersuchen Sie am Beispiel der Funktion f mit $f(x) = x^6$, ob die notwendige Bedingung $f''(x) = 0$ für Wendepunkte auch hinreichend ist.

Hinreichende Bedingungen für Wendepunkte

Da Wendestellen von f lokale Extremstellen von f′ sind, lassen sich die hinreichenden Bedingungen für lokale Extremstellen auf Wendestellen übertragen.

> **Satz: Hinreichende Bedingung für Wendepunkte mit VZW der zweiten Ableitung**
> Wenn $f''(x_W) = 0$ gilt und das **Vorzeichen von f″** an der Stelle x_W wechselt, dann hat der Graph der Funktion f an der Stelle x_W einen **Wendepunkt**.

> **Satz: Hinreichende Bedingung für Wendepunkte mit der dritten Ableitung**
> Wenn $f''(x_W) = 0$ und $f'''(x_W) \neq 0$ gilt, dann hat der Graph der Funktion f an der Stelle x_W einen **Wendepunkt**.

Beispiel 1: Bestimmen Sie rechnerisch die Wendepunkte des Graphen der Funktion f mit $f(x) = -\frac{1}{16}x^4 + \frac{1}{4}x^3$. Prüfen Sie, ob die Wendepunkte auch Sattelpunkte sind.

Lösung:

Bilden Sie die ersten drei Ableitungen von f.

$$f(x) = -\frac{1}{16}x^4 + \frac{1}{4}x^3 \qquad f'(x) = -\frac{1}{4}x^3 + \frac{3}{4}x^2$$
$$f''(x) = -\frac{3}{4}x^2 + \frac{3}{2}x$$
$$f'''(x) = -\frac{3}{2}x + \frac{3}{2}$$

Die Nullstellen von f″ liefern die „Kandidaten" für mögliche Wendestellen.

$-\frac{3}{4}x^2 + \frac{3}{2}x = 0$ also $x_1 = 0$ und $x_2 = 2$

Es gibt zwei Möglichkeiten, diese „Kandidaten" zu untersuchen.

1. Prüfen Sie mit einer Wertetabelle auf einen VZW an den möglichen Wendestellen. Setzen Sie dazu geeignete Teststellen ein.

1. Möglichkeit: VZW-Kriterium

x	− 1	0	1	2	3
f″(x)	$-\frac{9}{4}$	0	$\frac{3}{4}$	0	$-\frac{9}{4}$
	↘	→	↗	→	↘

VZW, also Wendepunkt

2. Setzen Sie die potentiellen Wendestellen in f‴(x) ein. Prüfen Sie, ob die Ergebnisse ungleich 0 sind.

2. Möglichkeit: Einsetzen in f‴
$f'''(0) = \frac{3}{2} \neq 0$ Bei 0 liegt ein Wendepunkt.
$f'''(2) = -\frac{3}{2} \neq 0$ Bei 2 liegt ein Wendepunkt.

Einsetzen der Wendestellen in f(x) liefert die y-Koordinaten der Wendepunkte W_1 und W_2.

$f(0) = 0 \qquad W_1(0|0)$
$f(2) = 1 \qquad W_2(2|1)$

Einsetzen der Wendestellen in f′(x) zeigt, ob die Wendepunkte Sattelpunkte sind.

$f'(0) = 0 \qquad W_1$ ist Sattelpunkt.
$f'(2) = 1 \neq 0 \quad W_2$ ist kein Sattelpunkt.

Basisaufgaben

9. Gegeben sind die Graphen der zweiten Ableitung einer Funktion. Treffen Sie Aussagen über die Existenz von Wendestellen sowie über das Krümmungsverhalten von f.

a) 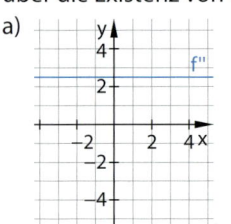   b) 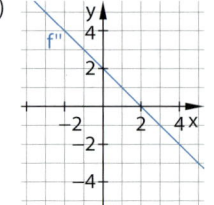   c) 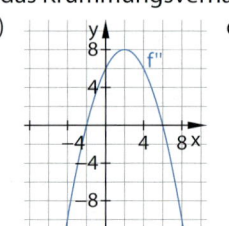   d)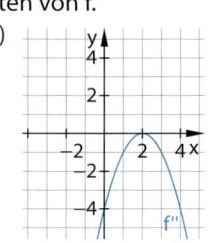

10. Bestimmen Sie, falls vorhanden, die Wendestellen des Graphen der Funktion.

a) $f(x) = x^3 - 3x^2$ b) $f(x) = x^4 - 24x^2 + 8x$ c) $f(x) = x^4 + 24x^2 + 8x$

d) $f(x) = \frac{1}{12}x^4 + \frac{1}{6}x^3 - x^2 + 5x$ e) $f(x) = x^4 - 12x^2 + 4x$ f) $f(x) = 6x^5 - 15x^4 + 10x^3$

Hinweis zu 10:
Unter den Werten finden Sie die Wende-stellen.

11. Gegeben sind die Funktionen f, g, h und k mit den angegebenen Funktionsgleichungen.

$f(x) = x^3 - 6x^2 + 12x + 2$ $g(x) = \frac{1}{2}x^3 + \frac{3}{2}x^2 + \frac{7}{2}x + \frac{3}{2}$

$h(x) = 4x^5 - \frac{10}{3}x^4 - \frac{20}{3}x^3$ $k(x) = x^4 - 8x^3 + 30x^2 + 7$

a) Bestimmen Sie die Wendepunkte der Graphen der Funktionen.

b) Prüfen Sie, ob die in a) bestimmten Wendepunkte auch Sattelpunkte sind.

c) Geben Sie an, ob es sich bei den in a) bestimmten Wendepunkten um Punkte maximaler oder minimaler Steigung handelt.

12. Die Funktion f mit $f(t) = -0{,}32t^3 + 4{,}8t^2 + 18{,}4$ beschreibt den Temperaturverlauf eines Back-ofens für die ersten 10 Minuten nach dem Ein-schalten. Hierbei wird t in Minuten und $f(t)$ in Grad Celsius angegeben.

a) Bestimmen Sie den Zeitpunkt, an dem sich die Temperatur am stärksten ändert.

b) Bestimmen Sie für den ermittelten Zeitpunkt die erreichte Temperatur und die Geschwin-digkeit, mit der sich die Temperatur ändert.

c) Beschreiben Sie im Sachzusammenhang die Bedeutung des Krümmungsverhaltens vor und nach diesem Zeitpunkt.

13. Gegeben ist die Funktion f mit $f(x) = 5x^7 - 7x^5 + 2$. Diese Funktion hat drei Wendestellen, von denen eine Wendestelle eine Sattelstelle ist. Zeigen Sie, dass zum Nachweis dieser drei Wendestellen mindestens einmal das VZW-Kriterium genutzt werden muss.

14. Formulieren Sie eine hinreichende Bedingung für einen Sattelpunkt.

Weiterführende Aufgaben

15. Der Graph der Funktion f hat bei x_W einen Wendepunkt. Erläutern Sie, wie man anhand des Vorzeichenwechsels von f'' bzw. anhand von f''' erkennen kann, ob der Graph bei x_W von einer Rechts- in eine Linkskrümmung wechselt oder umgekehrt.

16. Wendetangente: Die Tangente durch den Wendepunkt eines Graphen heißt Wendetangente.

Beispiel: Für die Funktion f mit $f(x) = x^3 - 3x^2$ erhält man den Wendepunkt $W(1|-2)$. Mit der Steigung $m = f'(1) = -3$ lässt sich der y-Achsenabschnitt b durch Einsetzen der Koordi-naten von W in die allgemeine Geradengleichung $y = mx + b$ errechnen: $-2 = -3 \cdot 1 + b \rightarrow b = 1$.
Die Gleichung der Wendetangente ist $t(x) = -3x + 1$.

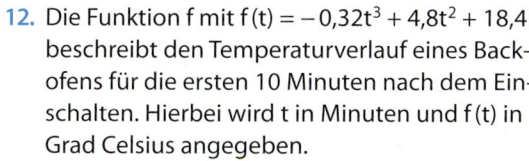

Bestimmen Sie die Gleichung der Wendetangente.

a) $f(x) = x^3 - 3x$ b) $f(x) = 2x^3 - 6x^2 + 10x$

c) $f(x) = x^3 + 4x + 2$ d) $f(x) = x^3 - 3x^2 + 3x - 5$

Hilfe zu GTR/CAS **GTR**
↗ S. 179

Hinweis zu 17 c:

Für die Steigung gilt:
$m = \tan(\alpha)$

17. Der Graph der Funktion f mit $f(x) = \frac{1}{9}x^3 - \frac{1}{2}x^2 + \frac{3}{2}$ beschreibt
für $0 \le x \le 3$ den Verlauf einer Rutschbahn. Die Einheiten der
Achsen sind m.

   a) Stellen Sie den Graphen mit dem GTR dar und bestimmen
      Sie die Stelle, an der die Rutschbahn das größte Gefälle
      aufweist.
   b) Bestimmen Sie die Gleichung der Wendetangente.
   c) Geben Sie das maximale Gefälle der Rutschbahn in Grad
      an.

18. Bestimmen Sie ohne GTR die Nullstellen der Funktion f sowie die Koordinaten der Extrem-
und Wendepunkte. Zeichnen Sie zur Kontrolle den Graphen mit dem GTR.

  a) $f(x) = x^3 + 6x^2 + 9x$ b) $f(x) = x^4 - 8x^3 + 18x^2$

  c) $f(x) = 3x^4 - 16x^3 + 24x^2$ d) $f(x) = x^3 + 3x^2$

  e) $f(x) - \frac{1}{4}x^4 + 2x^3 + \frac{9}{2}x^2$ f) $f(x) = -\frac{3}{8}x^4 + 2x^3 - 3x^2$

19. Stolperstelle: Für eine Funktion f gilt: $f'(5) = 0$, $f''(5) = 0$, $f'''(5) = -4$. Beurteilen Sie die
folgenden Aussagen.
Max sagt: „Um zu prüfen, ob bei x = 5 ein Extremum vorliegt, muss man f' dort auf einen
Vorzeichenwechsel untersuchen, da die 2. Ableitung 0 ist."
Farina sagt: „Das ist nicht nötig. Da die 2. Ableitung 0 und die 3. Ableitung ungleich 0 ist,
liegt bei x − 5 ein Wendepunkt und somit kein Extremum."
Yusuf sagt: „Man sieht sofort, dass bei x = 5 ein Sattelpunkt liegt."

20. Bestimmen Sie die Hoch-, Tief-, Wende- und Sattelpunkte des Graphen von f sowie die Gleichungen aller Wendetangenten.

  a) $f(x) = 2x^8$ b) $f(x) = 7x^5$ c) $f(x) = \frac{1}{4}x^4 - x^3 + 3$ d) $f(x) = \frac{3}{4}x^5 + \frac{15}{4}x^4 + 5x^3$

21. Ein Kinosaal wird 35 Minuten vor Film-
beginn geöffnet. Die Funktion B mit
$B(t) = \frac{3}{102\,400}t^5 - \frac{3}{1024}t^4 + \frac{5}{64}t^3$, $0 \le t \le 35$
beschreibt die Anzahl der Besucher B im
Kinosaal t Minuten nach der Öffnung.
Bestimmen Sie, wann der Andrang am
größten ist.

22. Beim Prozess der Photosynthese produ-
zieren Pflanzen u. a. Sauerstoff, den sie
an ihre Umgebung abgeben. Die Funk-
tion s mit $s(t) = -\frac{1}{3}t^3 + 14t^2 - 132t + 360$
gibt an, wie viel Liter Sauerstoff eine
Pflanze zwischen 6 Uhr und 20 Uhr
insgesamt produziert hat, dabei gibt t
die Tageszeit an.

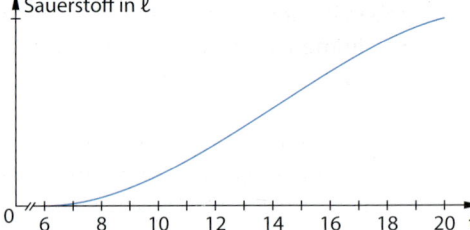

  a) Ermitteln Sie, wie viel Liter Sauerstoff die Pflanze bis 10 Uhr produziert hat.
  b) Berechnen Sie, um wie viel Uhr die Pflanze am meisten Sauerstoff produziert.
  c) Geben Sie die durchschnittliche Sauerstoffproduktion pro Stunde dieser Pflanze im
     Zeitraum von 6 bis 20 Uhr an.
  d) Geben Sie an, in welchem Zeitraum der Graph der Funktion s linksgekrümmt ist.
     Erläutern Sie, welche Bedeutung dies im Sachzusammenhang hat.

23. Die Funktion r mit $r(x) = \frac{1}{480}x^4 - \frac{1}{15}x^3 + \frac{3}{4}x^2$ gibt für 8 Stunden ab Mitternacht die gefallene Niederschlagsmenge (in mm/m²) an.

a) Geben Sie an, wie viel Regen bis 2 Uhr (4 Uhr, 8 Uhr) gefallen ist.

b) Ermitteln Sie, wann der Regen im betrachteten Zeitraum am stärksten war.

c) Berechnen Sie, wie viel mm/m² Niederschlag registriert worden wäre, wenn es ab 1 Uhr für 5 Stunden konstant weiter geregnet hätte.

Hinweis zu 23:
links: Die meisten Niederschlagsmesser sammeln den Regen in einem Messgefäß. Ein Millimeter Wasserhöhe entspricht dabei genau einem Liter pro Quadratmeter.
rechts: Automatische Niederschlagsmesser senden elektrische Impulse, die zentral ausgewertet werden können.

24. Untersuchen Sie, wie viele Wendestellen eine ganzrationale Funtion n-ten Grades höchstens haben kann.

25. f sei eine ungerade ganzrationale Funktion n-ten Grades.

a) Zeigen Sie, dass der Graph von f für n = 5 den Wendepunkt W(0|0) hat.

b) Untersuchen Sie, für welche n der Graph von f den Wendepunkt W(0|0) hat.

Hinweis zu 25:
Der Funktionsterm von f hat nur ungerade Exponenten.

26. Die Funktion f mit $f(x) = \frac{1}{9}x^3 - x^2 + \frac{8}{3}x$ beschreibt das Höhenprofil (in 100 m) einer 6 km langen Radtour. Die Variable x ist die horizontale Entfernung vom Startpunkt in Kilometer.

a) Bestimmen Sie die durchschnittliche Steigung der Strecke, bevor es bergab geht.

b) Ermitteln Sie, um wie viel Prozent die größte Steigung auf diesem ersten Bergauf-Abschnitt größer ist als die durchschnittliche Steigung.

c) Geben Sie an, über welche horizontale Entfernung die Tour bergab verläuft.

d) Geben Sie an, welcher Höhenunterschied hierbei absolviert wird.

e) Ermitteln Sie, an welcher Stelle der Strecke es am steilsten bergab geht.

f) Berechnen Sie, an welchen Stellen der Strecke die Steigung am größten ist.

27. Gegeben ist eine ganzrationale Funktion f dritten Grades mit $f(x) = ax^3 + bx^2 + cx + d$.

a) Zeigen Sie: f hat genau eine Wendestelle.

b) Zeigen Sie: f hat entweder genau zwei oder keine Extremstellen.

28. Gegeben ist eine ganzrationale Funktion f dritten Grades mit $f(x) = x^3 + 3ax^2 + bx + c$.

a) Bestimmen Sie die Koordinaten des Wendepunktes.

b) Bestimmen Sie die Steigung der Wendetangente.

29. **Ausblick:** In einem Funktionsterm können außer der Variablen x noch Parameter wie z. B. a auftreten. Für jeden Wert von a gibt es die zugehörige Funktion f_a. Alle diese Funktionen bilden eine sogenannte **Funktionenschar**.

GTR

Gegeben ist die Funktionenschar f_a mit $f_a(x) = -\frac{1}{a^2} \cdot x^3 + \frac{3}{a} \cdot x^2$, mit a > 0.

a) Zeichnen Sie die Graphen von f_2 und f_3 mit dem GTR.

b) Berechnen Sie die Nullstellen von f_a. Kontrollieren Sie für f_2 und f_3 mit dem GTR.

c) Bestimmen Sie f_a', f_a'' und f_a'''.

d) Bestimmen Sie die Extrem- und Wendepunkte des Graphen von f_a.

e) Zeigen Sie, dass alle Wendepunkte auf einer Geraden liegen.

Hinweis zu 29:
Bei Funktionenscharen wird der Parameter nicht wie eine Variable, sondern wie eine Konstante behandelt.
So hat z. B. $f_a(x) = ax^2$ die Ableitungen
$f_a'(x) = 2ax$ und
$f_a''(x) = 2a$ und
$f_a'''(x) = 0$

4.5 Optimierungsprobleme

■ Aus einem rechteckigen Stück Pappe von der Größe einer DIN-A4-Seite (21 cm × 29,7 cm) soll eine offene Schachtel werden.

a) Stellen Sie eine Funktionsgleichung für das Volumen in Abhängigkeit von x auf.

b) Geben Sie das lokale Maximum der Funktion aus a) an. Erläutern Sie seine Bedeutung im Sachzusammenhang. ■

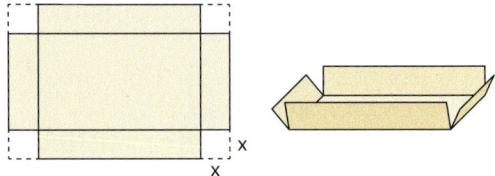

Hinweis:
Optimierungsprobleme werden oft auch als **Extremwertaufgaben** bezeichnet.

Bei einem **Optimierungsproblem** wird das **globale Maximum** oder **Minimum** einer Größe gesucht. Man stellt für die Größe eine Funktion (**Zielfunktion**) auf, die nur von einer Variablen abhängt. Für quadratische Zielfunktionen kennen Sie bereits die Möglichkeit, den Scheitelpunkt der zugehörigen Parabel zu bestimmen. Mithilfe der Ableitung lässt sich auch für viele andere Funktionen ein Optimierungsproblem lösen.

Wissen: Lösungsstrategie für Optimierungsprobleme

1. Gleichung aufstellen für die **Größe**, die **maximal/minimal** werden soll.
2. **Nebenbedingungen** finden, wenn die Größe von mehreren Variablen abhängt.
3. **Zielfunktion** (mit nur einer Variablen) für die Größe mithilfe der Nebenbedingungen aufstellen und den **Definitionsbereich** angeben.
4. **Lokale Maxima/Minima** der Zielfunktion im Definitionsbereich mithilfe der Ableitungen ermitteln.
5. **Globales Maximum/Minimum** ermitteln. Dazu prüfen, ob die Zielfunktion an den Rändern des Definitionsbereichs größere bzw. kleinere Funktionswerte annimmt.
6. Lösung im **Sachzusammenhang** interpretieren.

Beispiel 1: Ein rechteckiges Spielfeld mit Länge x und Breite y soll von einer 400 m langen, an den kurzen Rechtecksseiten halbkreisförmigen Laufbahn umgeben sein. Bestimmen Sie die Abmessungen, für die das Spielfeld maximalen Flächeninhalt hat.

Erinnerung:
Umfang eines Kreises:
$u = 2\pi r$

Lösung:

1. Gleichung:

> Flächeninhalt der Rasenfläche

$A = x\,y$

2. Aufstellen der Nebenbedingung:

> Umfang der Laufbahn

NB: $u = 2x + \pi y = 400$

$y = \frac{400}{\pi} - \frac{2}{\pi}x$

3. Zielfunktion und Definitionsbereich:

> NB in Formel einsetzen

$A(x) = x\left(\frac{400}{\pi} - \frac{2}{\pi}x\right) = \frac{400}{\pi}x - \frac{2}{\pi}x^2$ mit $0 \leq x \leq 200$

4. Bestimmung des lokalen Maximums:

Ableitungen bestimmen: $A'(x) = \frac{400}{\pi} - \frac{4}{\pi}x$ und $A''(x) = -\frac{4}{\pi}$

Nullstelle von A' bestimmen: $\frac{400}{\pi} - \frac{4}{\pi}x = 0$ liefert $x = 100$.

Wegen $A''(100) = -\frac{4}{\pi} < 0$ liegt ein lokales Maximum vor.

$A(100) = \frac{400}{\pi} \cdot 100^2 - \frac{2}{\pi} \cdot 100^2 \approx 6366,2$

5. Randwerte prüfen, globales Maximum:

$A(0) = A(200) = 0 < 6366,2$ also kein Randmaximum

Das lokale Maximum bei $x = 100$ ist auch globales Maximum.

6. Interpretation:

$x = 100$ in die NB einsetzen: $\frac{400}{\pi} - \frac{2}{\pi} \cdot 100 \approx 63,7$

Das Spielfeld ist 100 m lang und 63,7 m breit, der Flächeninhalt ist 6366,2 m².

Basisaufgaben

1. Stellen Sie Zielfunktionen mithilfe von Nebenbedingungen auf.
   a) Ein Rechteck hat einen Umfang von 28 cm. Drücken Sie seinen Flächeninhalt in Abhängigkeit von einer Seitenlänge x aus.
   b) Bei einem Rechteck ist die Seite x doppelt so lang wie die andere Seite y. Drücken Sie den Flächeninhalt in Abhängigkeit von x aus.
   c) Geben Sie für einen Würfel das Volumen V in Abhängigkeit von der Gesamtkantenlänge K an und auch umgekehrt K in Abhängigkeit von V.
   d) Für das Volumen eines Quaders mit den Kantenlängen a, b und c gelten: a = 2b und b = 2c. Geben Sie für jede Variable a, b und c eine Formel zur Berechnung des Quadervolumens an, die nur von dieser Variablen abhängt. Also: $V(a) = \ldots$, $V(b) = \ldots$, $V(c) = \ldots$

2. **GTR** a) Stellen Sie den Graphen der Funktion f mit $f(x) = -x^3 + 9x^2 - 24x + 22$ mit dem GTR dar und ermitteln Sie die Extrempunkte des Graphen von f.
   b) Bestimmen Sie sowohl die lokalen als auch die globalen Maxima und Minima der Funktion f auf den folgenden Intervallen. Prüfen Sie dazu die Werte der Funktion an den Intervallrändern.

      ① [0; 6]　　② [1; 6]　　③ [1,5; 4,5]　　④ [2,5; 3,5]

   Erinnerung:
   Die Intervallschreibweise [0; 6] bedeutet $0 \le x \le 6$.

3. Das Produkt zweier nichtnegativer Zahlen soll maximal werden. Es gilt die Nebenbedingung, dass die Summe der beiden Zahlen 20 ist.
   a) Geben Sie einen Term für das Produkt an, das maximal sein soll.
   b) Stellen Sie eine Nebenbedingung auf und formen Sie sie nach einer der Variablen um.
   c) Ersetzen Sie im Term von a) eine Variable mithilfe der Gleichung aus b). Geben Sie die Zielfunktion und ihren Definitionsbereich an.
   d) Bestimmen Sie das lokale Extremum der Zielfunktion im Definitionsbereich mithilfe der Ableitungen. Zeigen Sie, dass es sich um ein lokales Maximum handelt.
   e) Prüfen Sie das Verhalten der Zielfunktion an den Rändern des Definitionsbereichs und geben Sie das globale Maximum der Zielfunktion im Definitionsbereich an.
   f) Geben Sie die beiden gesuchten Zahlen und den Wert des maximalen Produkts an.

4. Bestimmen Sie die Abmessungen eines Rechtecks mit dem Umfang 1 m, das einen möglichst großen Flächeninhalt hat.

5. Ein Bauer will für seine Kühe an einem Kanal eine möglichst große rechteckige Weide mit einem 200 m langen Zaun abstecken. Das Ufer des Kanals soll dabei eine der Rechtecksseiten sein und braucht nicht mit einem Zaun versehen zu werden.

   a) Stellen Sie eine Zielfunktion für den Flächeninhalt der Weide auf.
   b) Bestimmen Sie das Maximum der Zielfunktion mithilfe der Ableitungen.
   c) Bestimmen Sie das Maximum der Zielfunktion, indem Sie die Lage des Scheitelpunkts der Parabel ohne die Verwendung von Ableitungen ermitteln.
   d) Vergleichen Sie den Rechenaufwand der beiden Methoden aus b) und c).
   e) Geben Sie die Maße der Weide an, die den Tieren möglichst viel Platz bietet.

   Tipp zu 5c:
   Die Koordinaten des Scheitelpunkts können Sie durch quadratische Ergänzung oder durch seine Lage bzgl. der Nullstellen ermitteln.

6. Begründen Sie: Wenn die Zielfunktion eine quadratische Funktion ist und sich die Extremstelle des lokalen Maximums (Minimums) im Definitionsbereich befindet, dann ist das lokale Maximum (Minimum) auch globales Maximum (Minimum) auf dem Defintionsbereich.

7. **Randextrema:** Die Größe G hängt von den beiden Variablen a und b ab und berechnet sich mit der Formel $G = 2a^2 b + 20$. Zwischen a und b gilt zudem die Bedingung $2a - b = 4$.
   a) Stellen Sie die Zielfunktion $G(a)$ auf.
   b) Bestimmen Sie die lokalen Maxima und Minima.
   c) Bestimmen Sie die globalen Extrema auf dem Intervall [0; 1].

8. Für ein öffentliches Kunstwerk soll aus 36 m Stahlrohr das Kantenmodell eines Quaders mit quadratischer Grundfläche hergestellt werden.
   a) Bestimmen Sie die Abmessungen des Quaders so, dass sein Volumen maximal wird.
   b) Bestimmen Sie das maximale Volumen, wenn die Kantenlänge der Grundfläche nicht größer als 2,5 m sein darf.
   c) Bestimmen Sie das maximale Volumen, wenn die Höhe auf maximal 2 m beschränkt ist.

9. Gesucht ist unter allen Rechtecken mit dem Flächeninhalt 1 m² das mit dem kleinsten Umfang. Ermitteln Sie seine Seitenlängen.

Weiterführende Aufgaben

10. Dem Graphen der Funktion f mit $f(x) = -\frac{1}{2}x^2 + 6$ wird ein gleichschenkliges Dreieck wie in der Abbildung einbeschrieben. Bestimmen Sie den maximalen Flächeninhalt des Dreiecks.

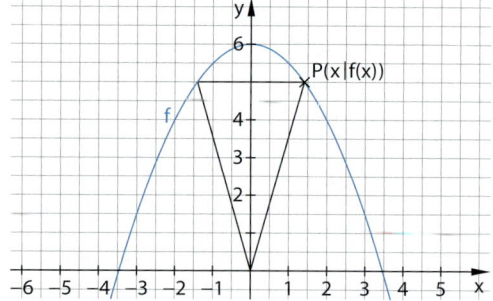

11. Dem Graphen der Funktion aus Aufgabe 10 wird ein möglichst großes Rechteck einbeschrieben. Bestimmen Sie den maximalen Flächeninhalt des Rechtecks.

12. Dem Graphen der Funktion f mit $f(x) = -\frac{1}{2}x^2 + 2$ wird ein symmetrisches Trapez wie in der Abbildung einbeschrieben. Bestimmen Sie den maximal möglichen Flächeninhalt des Trapezes.

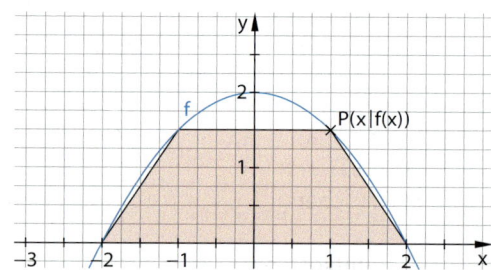

13. Gegeben ist die Parabel p mit $p(x) = -x^2 + \frac{1}{4}x + \frac{5}{4}$. Dieser Parabel wird oberhalb der x-Achse ein rechtwinkliges Dreieck mit den Punkten $A(-1|0)$, $B(u|0)$ und $C(u|p(u))$ einbeschrieben.
   a) Stellen Sie eine Funktion A auf, die den Flächeninhalt des Dreiecks in Abhängigkeit von u angibt.
   b) Berechnen Sie die Nullstellen von p und geben Sie den Definitionsbereich von A an.
   c) Bestimmen Sie das Maximum von A und den zugehörigen Wert für u.

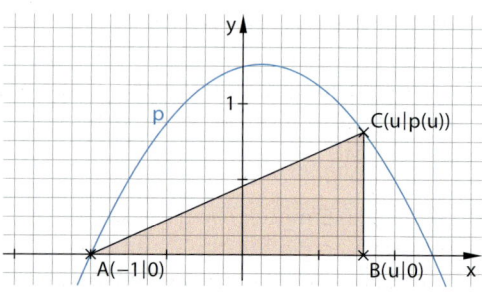

14. Die Tragfähigkeit eines Balkens ist proportional zu seiner Breite b und zum Quadrat seiner Höhe h. Seine Tragfähigkeit T kann deshalb mit der Formel $T = b \cdot h^2$ beschrieben werden.

Bestimmen Sie die optimalen Maße eines Balkens, der aus einem Rundholz mit dem Durchmesser 30 cm geschnitten werden soll und eine möglichst große Tragfähigkeit hat.

15. Typische Konservendosen können modellhaft als Zylinder mit einem Volumen von 750 ml aufgefasst werden.

a) Bestimmen Sie die Abmessungen einer Dose, die bei diesem vorgegebenen Volumen eine minimale Oberfläche (also einen möglichst geringen Materialverbrauch) aufweist.

b) Erläutern Sie, dass es in der Praxis Gründe geben kann, von diesen Abmessungen abzuweichen.

16. Stolperstelle: Aus einem rechteckigen Blechstück mit den Abmessungen 20 cm × 15 cm soll eine oben offene, zylindrische Blechdose hergestellt werden, die ein möglichst großes Volumen hat.

a) Tom erhält mit der Skizze $V(r) = -2\pi r^3 + 20\pi r^2$ als Zielfunktion und ihr lokales Maximum bei $r \approx 6{,}67$ cm. Erläutern Sie, wie Tom zu seinen Ergebnissen kommt.

b) Erklären Sie, warum die Dose mit $r = 6{,}67$ cm nicht hergestellt werden kann.

c) Ermitteln Sie das größtmögliche Volumen der Dose.

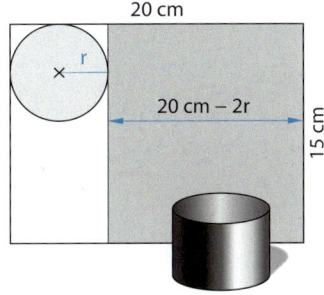

17. Eine Kaffeerösterei setzt bei einem Verkaufspreis von 10 € pro Kilogramm Kaffee erfahrungsgemäß etwa 10 000 kg pro Monat ab. Aufgrund seiner langjährigen Erfahrungen vermutet der Geschäftsführer, dass eine Verkaufspreisreduzierung um jeweils 25 Cent zu einem Mehrabsatz von 2000 kg pro Monat führen würde. Die Selbstkosten betragen nahezu unabhängig vom Absatz 5,50 € pro Kilogramm.

a) Bestimmen Sie den Gewinn für die Verkaufspreise von 10 €, 9,50 € und 6 € pro kg.

b) Stellen Sie eine allgemeine Gewinnfunktion auf und bestimmen Sie den für die Firma besten Preis.

c) Diskutieren Sie anschließend den oben beschriebenen Ansatz und versuchen Sie einen realistischeren Zusammenhang zwischen Preissenkung und Gewinn zu beschreiben.

GTR 18. Die Gesamtkosten für die Herstellung von x tausend Einheiten einer Ware lassen sich für $0 \leq x \leq 9$ berechnen mit $K(x) = 2x^3 - 16x^2 + 48x + 100$.

Pro tausend Einheiten dieser Ware wird beim Verkauf ein Erlös E von 118 € erzielt.

a) Ermitteln Sie mit dem GTR die Produktionsmenge x, bei der die durchschnittlichen Herstellungskosten $\frac{K(x)}{x}$ am geringsten sind.

b) Bestimmen Sie, bei welcher Produktionsmenge x der Gewinn $G(x) = E(x) - K(x)$ maximal ist.

19. Ausblick: Ermitteln Sie die Koordinaten derjenigen Punkte des Graphen der Funktion f, die von dem vorgegebenen Punkt Q den kleinsten Abstand haben. Nutzen Sie, dass die Abstandsfunktion d zwischen dem Punkt Q und dem Graphen von f keine negativen Werte annimmt und daher an denselben Stellen extremal wird wie die Funktion $D = d^2$.

a) $Q(0|0)$; $f(x) = -\frac{1}{2}x + 3$ b) $Q(4|3)$; $f(x) = -\frac{1}{2}x + 3$ c) $Q(1|0)$; $f(x) = 2x$

4.6 Vermischte Aufgaben

1. a) Bestimmen Sie die lokalen Maxima und Minima der Funktion f mit $f(x) = x^3 - \frac{5}{2}x + 5$ im Intervall [−1; 2].
    b) Berechnen Sie die Funktionswerte an den Rändern des Intervalls [−1; 2].
       Prüfen Sie, ob die lokalen Extrema aus a) auch globale Extrema im Intervall [−1; 2] sind.
    c) Geben Sie die globalen Extrema im Intervall [−1; 2] und die zugehörigen x-Werte an.

GTR 2. Ein Wirtschaftsforschungsinstitut ermittelt fortlaufend einen Index für das Geschäftsklima. Zu Beginn des Jahres steht dieser Index bei 300. Zwei Arbeitsgruppen prognostizieren die zu erwartende Entwicklung dieses Index für die kommenden 12 Monate mithilfe der Funktionen f und g mit diesen Funktionsgleichungen (mit $0 \le x \le 12$):
   $f(x) = x^3 - 18x^2 + 81x + 300$ und $g(x) = 9x + 300$.

   ▸ Zeigen Sie, dass in beiden Prognosen für den Anfang und das Ende des Jahres der gleiche Index angenommen wird. Stellen Sie die Graphen von f und g mit dem GTR dar.

   ▸ Berechnen Sie den Zeitraum, in dem der Index nach der Prognose f abnimmt.

   ▸ Diskutieren Sie, welche Prognose Sie für realistischer halten.

   ▸ Ermitteln Sie den Index am Ende des Monats Juni nach der Prognose f. Untersuchen Sie, um was für einen speziellen Zeitpunkt es sich im Sachzusammenhang handelt.

   ▸ Untersuchen Sie, an welchen Zeitpunkten der Unterschied zwischen den Prognosen f und g am größten ist. Begründen Sie, dass genau an diesen Zeitpunkten beide Indexprognosen gleiche Zuwachsraten aufweisen.

3. Entscheiden Sie, ob die Aussage wahr oder falsch ist. Begründen Sie, falls die Aussage wahr ist, und geben Sie ein Gegenbeispiel an, falls sie falsch ist.
    a) Bei einer ganzrationalen Funktion muss zwischen zwei Hochpunkten ein Tiefpunkt liegen.
    b) Eine ganzrationale Funktion zweiten Grades hat immer einen Extrempunkt.
    c) Eine ganzrationale Funktion dritten Grades hat immer eine Stelle mit waagerechter Tangente.

4. Am Eingang eines Clubs wird registriert, wie viele Besucher hinein- und herausgehen, sodass jederzeit die genaue Personenzahl im Club feststeht. Die Besucherzahl (in hundert Personen) wird durch die Funktion f mit $f(x) = -\frac{1}{15}x^3 + \frac{2}{5}x^2 + \frac{1}{15}$ gut beschrieben, wobei x die Anzahl der Stunden nach Öffnung des Clubs um 20 Uhr ist.

   a) Berechnen Sie die Anzahl der Besucher um 21 Uhr, um 23 Uhr und um 1 Uhr.
   b) Ermitteln Sie, wann die meisten Besucher im Club sind. Geben Sie die Anzahl an.
   c) Erläutern Sie die Bedeutung des Werts f'(3) im Sachzusammenhang.
   d) Bestimmen Sie, zu welcher Uhrzeit der Andrang am Eingang am größten ist.
   GTR e) Aus Sicherheitsgründen muss das Aufsichtspersonal verstärkt werden, wenn mehr als 150 Besucher im Club sind. Stellen Sie den Graphen der Funktion f mit dem GTR dar und ermitteln Sie grafisch, ob und wenn ja in welchem Zeitraum eine Verstärkung des Aufsichtspersonals nötig ist.

5. Die Abbildung zeigt die Graphen von f'
und g'. Bestimmen Sie möglichst viele
Eigenschaften der Graphen von f und g.

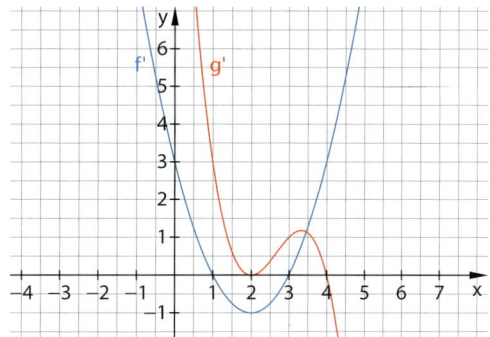

6. a) Die Summe zweier positiver Zahlen x
und y, deren Produkt 100 ist, soll minimal werden. Drücken Sie dazu die
Summe durch einen Term aus, der nur
noch eine der Variablen x und y enthält. Bestimmen Sie mithilfe des
Terms das gesuchte Minimum.

b) Begründen Sie, dass es für die Summe zweier positiver Zahlen, deren Produkt 100 ist,
keinen maximalen Wert geben kann.

7. Der Graph der Funktion f mit
$f(x) = -\frac{1}{24}x^4 - \frac{1}{12}x^3 + \frac{15}{16}x^2$ beschreibt für
$-6 \le x \le 4$ das Bodenprofil (Längen-
einheit 10 m) und der Graph von g mit
$g(x) = h$ den Meeresspiegel.
Eine wanderfreudige Schildkröte will
ohne Umwege geradeaus über die Insel
laufen, um auf der anderen Seite das
offene Meer zu erreichen. Beim Berg-
auflaufen ist sie jedoch nur in Lage,
einen Steigungswinkel von maximal 60°
zu überwinden.

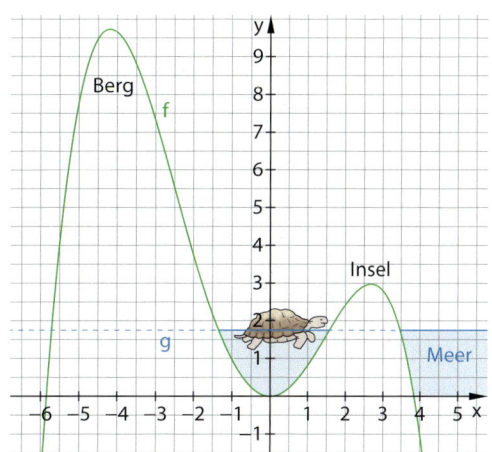

a) Zeigen Sie, dass die Schildkröte unabhängig von der Höhe des Meeres-
spiegels in der Lage ist, über die Insel zu laufen.

b) Ermitteln Sie, welche Höhe h der Meeresspiegel mindestens haben müsste, damit sie
die steilste Stelle des Bodenprofils schwimmend überwinden kann.

c) Bestimmen Sie den Höhenunterschied zwischen dem Berggipfel und der Inselkuppe.

8. In den zitierten Texten wird über die Entwicklung von Änderungsraten gesprochen.

> „Das Wirtschaftswachstum gewinnt an Tempo."
>
> „Aufgrund von Zuwanderung: Die Zahl der Bundesbürger nimmt langsamer ab."
>
> „Ende des EDV-Booms?
> Im vergangenen Jahr hat sich die Zunahme der in der IT-Branche Beschäftigten erstmals nicht wei-
> ter beschleunigt."
>
> „Die Geschwindigkeit, mit der sich die Erdmitteltemperatur erhöht, hat seit 1980 jährlich zugenom-
> men. Mit den nun beschlossenen Maßnahmen erwarten wir, dass sich ab 2020 die Geschwindigkeit
> der Temperaturerhöhung verringern wird."
>
> „Nachdem sich die monatliche Zahl der Parteiaustritte auf einen konstanten Wert stabilisiert hatte,
> nimmt sie seit der jüngsten Personalentscheidung kontinuierlich zu."
>
> „Der Rückgang der Anzahl der mit der Krankheit Infizierten hatte sich verlangsamt. Erst nach der
> Impfkampagne konnte wieder ein beschleunigter Rückgang verzeichnet werden."

a) Skizzieren Sie jeweils qualitativ einen möglichen Graphen für die Änderungsrate und
die beschriebene Größe.

b) Erläutern Sie, wie sich das Verhalten jeweils mathematisch beschreiben bzw. wie es sich
bei bekanntem Funktionsterm rechnerisch untersuchen lässt.

Prüfen Sie Ihr neues Fundament

Lösungen
↗ S. 192/193

1. Geben Sie die Intervalle an, auf denen die dargestellte Funktion streng monoton fallend bzw. streng monoton steigend ist.

a) 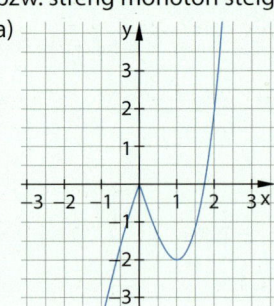 b) 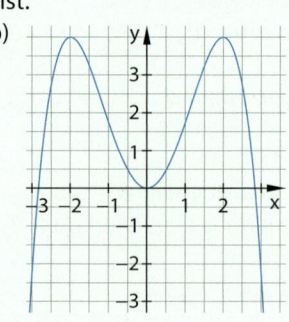 c)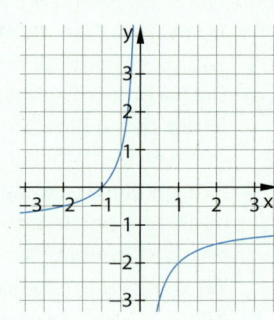

2. Untersuchen Sie die Funktion f mithilfe der Ableitung auf Monotonie.
   a) $f(x) = 4x - 0{,}5x^2$ b) $f(x) = x^3 - 3x^2$ c) $f(x) = x + \frac{1}{x}$ für $x > 0$

3. Von einer Funktion f ist bekannt:
   $f(0) = 1$; $f'(x) > 0$ für $x < -3$ und für $x > 1$; $f'(x) < 0$ für $-3 < x < 1$.
   Skizzieren Sie einen möglichen Graphen der Funktion f und der zugehörigen Funktion f'.

4. Beurteilen Sie unter Verwendung der Definition der strengen Monotonie die Aussage
   „Die Funktion f mit $f(x) = -\frac{1}{x}$ ist in ihrem gesamten Definitionsbereich streng monoton steigend."

5. Lesen Sie – sofern vorhanden – die Koordinaten von Hoch- und Tiefpunkten sowie von Wende- bzw. Sattelpunkten ab und geben Sie Intervalle mit Links- bzw. Rechtskrümmung an.

a) 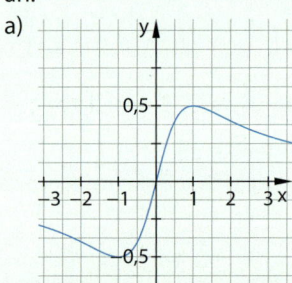 b) 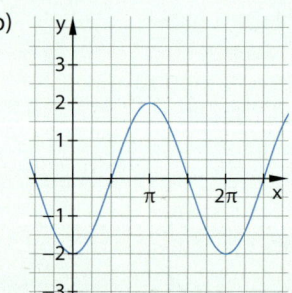 c)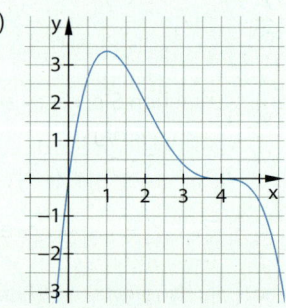

Hinweis zu 6:
Es bedeutet:
T – Tiefpunkt
H – Hochpunkt
S – Sattelpunkt
W – Wendpunkt

6. Skizzieren Sie einen möglichen Graphen einer ganzrationalen Funktion f, die bzw. deren Graph die gegebenen Eigenschaften hat.
   a) $T(0|0)$; $W(0{,}3|0{,}2)$; $S(1|0{,}5)$
   b) eine Funktion dritten Grades; $T(-1|3)$; auf der y-Achse liegt ein Wendepunkt; Anstieg im Punkt $P(2|3)$: $m = -9$
   c) $T(-0{,}8|-2{,}1)$; $H(-2|0)$; $W(0|-1)$; $f'(1) = 0$; Wechsel von Rechtskrümmung zu Linkskrümmung an der Stelle 1.
   d) Der Graph ist punktsymmetrisch zum Koordinatenursprung und hat im Intervall $1 \le x \le 4$ genau ein lokales Extremum und genau eine Nullstelle.

7. Bestimmen Sie rechnerisch die Koordinaten der Hoch- und Tiefpunkte sowie der Wende- und Sattelpunkte des Graphen der Funktion f.
   a) $f(x) = x^3 - 3x^2$ b) $f(x) = x^6 - \frac{1}{2}x + 7$
   c) $f(x) = \frac{1}{8}x^3 + \frac{3}{2}x^2 + 6x + 8$ d) $f(x) = \frac{1}{5}x^5 - x^3 - 6$

8. Gegeben ist der Satz: Wenn für eine Funktion $f'(x_m) = 0$ und $f''(x_m) > 0$ gilt, dann hat die Funktion f an der Stelle x m ein lokales Minimum.

Lösungen
↗ S. 193/194

a) Formulieren Sie diesen Satz mithilfe der Redeweisen „hinreichende Bedingung" und „notwendige Bedingung".

b) Formulieren Sie die Umkehrung dieses Satzes und untersuchen Sie, ob die Umkehrung wahr ist.

9. Berechnen Sie die lokalen Extremstellen sowie die zugehörigen lokalen Extrema der Funktion f. Ermitteln Sie dann die globalen Extrema sowie die zugehörigen x-Werte in den angegebenen Intervallen.

a) $f(x) = x^3 + 4x^2 - 3x - 8$ $I_1: -4 \leq x \leq 1$ $I_2: -2 \leq x \leq 0$ $I_3: -4 \leq x \leq 3$

b) $f(x) = -\frac{1}{10}x^3 + \frac{3}{4}x^2$ $I_1: -2 \leq x \leq 8$ $I_2: -3 \leq x \leq 7$ $I_3: 0 \leq x \leq 3$

10. Untersuchen Sie den Graphen der Funktion f auf sein Krümmungsverhalten.

a) $f(x) = -x^4 + 6x^2$ b) $f(x) = x^4 - 8x^3 + 24x^2 + 12x$ c) $f(x) = -x^6 + x + 3$

11. Gegeben ist die Funktion f mit $f(x) = x^4 - 4ax^3 + 6a^2x^2 - 4a^3x + a^4 + b$. Weisen Sie nach, dass der Graph von f den Tiefpunkt $T(a|b)$ hat.

12. Nebenstehend ist der Graph der zweiten Ableitungsfunktion f″ einer Funktion f dargestellt. Außerdem gilt: $f'(-4) = 1$. Formulieren Sie davon ausgehend Aussagen über

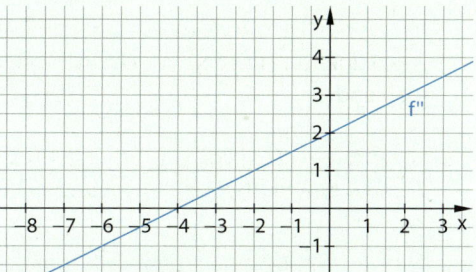

a) lokale Extremstellen der 1. Ableitungsfunktion von f,

b) Wendestellen der Funktion f,

c) die Monotonie von f.

13. Untersuchen Sie, ob es eine Stelle gibt, an der sich die Funktionswerte der Funktionen f und g am wenigsten unterscheiden.

a) $f(x) = x^2 + 2$; $g(x) = -x^2 + 6x - 9$ b) $f(x) = \frac{1}{x}$; $g(x) = -x^2$ für $x > 0$

14. Die Zahl 10 soll so in zwei Summanden zerlegt werden, dass

a) das Produkt,   b) die Summe der Quadrate,

c) die Differenz der Quadrate,   d) die Differenz der dritten Potenzen

der beiden Summanden einen maximalen oder minimalen Wert annimmt.

Ermitteln Sie – falls möglich – die Summanden.

15. Ein quaderförmiges Bassin soll eine rechteckige Grundfläche mit dem Seitenlängenverhältnis 2:1 und ein Fassungsvermögen von 32 m³ haben. Die Abmessungen sollen so gewählt werden, dass beim Auskleiden des Bassins innen möglichst wenig Folie benötigt wird.

a) Fertigen Sie eine Skizze vom Bassin an, tragen Sie gegebene Informationen mithilfe von Variablen ein und stellen Sie eine Zielfunktion auf.

b) Ermitteln Sie die Abmessungen.

Monotonie

Die Funktion f ist streng monoton steigend bzw. streng monoton fallend auf dem Intervall I, wenn für alle x_1 und x_2 aus I mit $x_1 < x_2$ gilt: $f(x_1) < f(x_2)$ bzw. $f(x_1) > f(x_2)$.

Gilt $f'(x) > 0$ bzw. $f'(x) < 0$ für alle x aus dem Intervall I, so ist die Funktion f streng monoton steigend bzw. fallend auf I.

$f(x) = x^2 - 3x + 1$
$f'(x) = 2x - 3$
$f'(x) = 0$ für x = 1,5
Für x < 1,5, ist $f'(x) < 0$ f streng monoton fallend
Für x > 1,5 ist $f'(x) > 0$ f streng monoton steigend

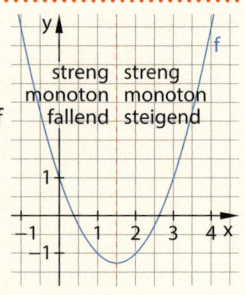

Lokale Extrempunkte

Wenn der Graph einer Funktion f an der Stelle x_E einen **lokalen Extrempunkt** hat, dann gilt $f'(x_E) = 0$.

$f(x) = -1,5x^4 + 4x^3 - 3x^2$
$f'(x) = -6x^3 + 12x^2 - 6x = -6x(x-1)^2$
$f'(x) = 0$ also $x_1 = 0$ und $x_2 = 1$

Wenn $f'(x_E) = 0$ gilt und das Vorzeichen von f' an der Stelle x_E von + nach − bzw. von − nach + wechselt, dann hat der Graph der Funktion f an der Stelle x_E einen Hochpunkt bzw. Tiefpunkt.

x	− I	0	0,5	1	2
VZ von f'(x)	+	0	−	0	−

Vorzeichenwechsel von f' bei $x_1 = 0$ von + nach − also Hochpunkt
Kein Vorzeichenwechsel bei $x_2 = 1$ also kein lokaler Extrempunkt

Wenn $f'(x_E) = 0$ und $f''(x_E) \neq 0$, so ist x_E eine **lokale Extremstelle** der Funktion f.
Für $f''(x_E) > 0$ bzw. $f''(x_E) < 0$ ist x_E eine lokale Minimumstelle bzw. Maximumstelle.

$f''(x) = -18x^2 + 24x - 6$
$f'(0) = 0$ und $f''(0) = -6 < 0$: Hochpunkt bei x_1
$f'(1) = 0$ und $f''(1) = 0$: keine Aussage bei x_2

Krümmung, Wendepunkte und Sattelpunkte

Wenn $f''(x) > 0$ bzw. $f''(x) < 0$ für alle x ∈ I, so ist der Graph der Funktion f in dem Intervall I linksgekrümmt bzw. rechtsgekrümmt.

Der Graph einer Funktion f hat an der Stelle x_W einen **Wendepunkt**, wenn sich die Krümmung des Graphen ändert (Linkskrümmung ↔ Rechtskrümmung). Ein **Sattelpunkt** ist ein Wendepunkt mit einer waagerechten Tangente.

Wenn der Graph einer Funktion f an der Stelle x_W einen **Wendepunkt** hat, dann gilt $f''(x_W) = 0$.

Wenn $f''(x_W) = 0$ gilt und das Vorzeichen von f'' an der Stelle x_W wechselt, dann ist $(x_W | f(x_W))$ ein **Wendepunkt** des Graphen von f.
Wenn $f''(x_W) = 0$ und $f'''(x_W) \neq 0$ gilt, dann ist $(x_W | f(x_W))$ ein **Wendepunkt** des Graphen von f.

Wenn $f'(x_W) = 0$ gilt und das Vorzeichen von f' an der Stelle x_W nicht wechselt, dann hat der Graph von f an der Stelle x_W einen **Sattelpunkt**.

$f(x) = -1,5x^4 + 4x^3 - 3x^2$
$f''(x) = -18x^2 + 24x - 6 = -18\left(x - \frac{1}{3}\right)(x - 1)$
$f''(x) = 0$ also $x_1 = \frac{1}{3}$ und $x_2 = 1$
$f''(x) < 0$ für $x < \frac{1}{3}$ und x > 1: rechtsgekrümmt
$f''(x) > 0$ für $\frac{1}{3} < x < 1$ linksgekrümmt

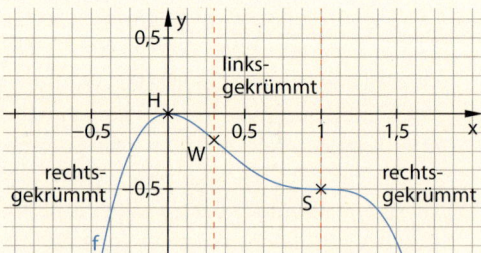

Da $f''\left(\frac{1}{3}\right) = 0$ und $f''(1) = 0$ und sich an diesen Stellen bei f'' das Vorzeichen ändert, liegen bei $x_1 = \frac{1}{3}$ und $x_2 = 1$ Wendepunkte.
Außerdem gilt: $f'''(x) = -36x + 24$
$f'''\left(\frac{1}{3}\right) = 12 \neq 0$ und $f'''(1) = -12 \neq 0$

Da $f'(1) = 0$ und f' an der Stelle 1 das Vorzeichen nicht wechselt, liegt bei $x_2 = 1$ ein Sattelpunkt.

5. Beschreibende Statistik

Viele Unternehmen führen statistische Untersuchungen vor, während und nach der Einführung neuer Produkte oder neuer Serviceangebote durch. Die dabei erhobenen Kundenmeinungen werden ausgewertet und bilden eine wichtige Grundlage für weitere Produktentwicklungen.

Nach dem Kapitel können Sie …
- Durchschnittswerte von Häufigkeitsverteilungen berechnen und diese deuten,
- Lagemaße und Streumaße von Häufigkeitsverteilungen berechnen und interpretieren,
- aus unterschiedlichen Diagrammen Informationen entnehmen und interpretieren.

Lösungen
↗ S. 194/195

Durchschnitte und Häufigkeiten ermitteln

1. Ergänzen Sie die Tabelle im Heft.

Gruppe	A	B	C	gesamt
absolute Häufigkeit			45	60
relative Häufigkeit	20 %			

2. Beim Sportfest erreichten die Jungen der Klasse 10 a beim Kugelstoßen (5 kg) folgende Ergebnisse: 6,85 m; 10,00 m; 11,20 m; 7,95 m; 7,00 m; 9,50 m; 7,00 m; 9,35 m; 9,85 m und 10,50 m. Bestimmen Sie das Maximum, das Minimum, die Spannweite, den Modalwert und das arithmetische Mittel der erzielten Weiten.

3. Berechnen Sie den Zensurendurchschnitt der Mathematik-Klausur der beiden Klassen.
Klasse 10 a:

Zensur	1	2	3	4	5	6
Anzahl	2	3	10	3	2	0

Klasse 10 b:

Zensur	1	2	3	4	5	6
Anzahl	2	4	9	6	2	1

In welcher Klasse gab es absolut bzw. relativ mehr Schülerinnen und Schüler, die in der Klausur die Zensuren 1 und 2 erhalten haben?

Erinnerung:
Der **Modalwert** ist der am häufigsten vorkommende Wert einer Messreihe.

4. Gegeben ist der Messwert 10,5 cm. Geben Sie weitere Messwerte so an, dass eine Messreihe mit fünf Werten und folgenden Eigenschaften entsteht:
   a) ihr arithmetisches Mittel ist 10,0 cm;
   b) ihr größter Messwert ist 12,0 cm und das arithmetische Mittel ist 9,0 cm;
   c) ihr Modalwert ist 10,5 cm, ihre Spannweite 2,0 cm und ihr arithmetisches Mittel 9,5 cm.

5. Im Internet bewerteten 28 von 40 Kunden das Hotel "Zur Linde" mit „sehr gut" oder „ausgezeichnet". Das Hotel „Weintraube" erhielt von 70 Bewertungen 36-mal „sehr gut" oder „ausgezeichnet". Für welches Hotel sollte man sich allein unter Berücksichtigung dieser Bewertungen entscheiden? Begründen Sie Ihre Entscheidung.

6. In einem Gefäß befinden sich 20 Kugeln, die sich nur durch ihre Farbe unterscheiden. Es wird mehrmals hintereinander eine Kugel zufällig entnommen und dessen Farbe notiert. Danach wird die Kugel wieder zurückgelegt. Die Tabelle zeigt das Ziehungsergebnis.
   a) Ermitteln Sie die relativen Häufigkeiten für das Ziehen von roten, grünen und blauen Kugeln.
   b) Wie viele rot, grüne und blaue Kugeln würden Sie im Gefäß vermuten? Begründen Sie.

Farbe	rot	grün	blau
Anzahl	16	20	44

Diagramme erstellen und auswerten

7. Das Diagramm stellt die Anzahl der Jungen (J) und Mädchen (M) der Klassen 10 a, 10 b und 10 c einer Schule dar.
   a) Entnehmen Sie dem Diagramm, wie viele Jungen insgesamt die drei zehnten Klassen besuchen.
   b) Ermitteln Sie, wie viele Schülerinnen und Schüler insgesamt die drei zehnten Klassen besuchen.

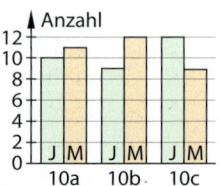

8. Im Schuljahr 2015/16 besuchten in Deutschland 2,8 Millionen Schülerinnen und Schüler die Primarstufe, 4,1 Millionen die Sekundarstufe I und etwa 1 Million die Sekundarstufe II. Nach Schätzungen werden 2030 ca. 3,2 Millionen die Primarstufe, 4,5 Millionen die Sekundarstufe I und etwa 0,9 Millionen die Sekundarstufe II besuchen.
   a) Stellen Sie die Schülerzahlen des Schuljahres 2015 in einem Säulen- und in einem Kreisdiagramm dar.
   b) Stellen Sie die Entwicklung der Schülerzahlen in einem geeigneten Diagramm dar.

Lösungen
↗ S. 195

9. Die Veranstalter einer Kunstausstellung erfassten anhand der verkauften Eintrittskarten die Anzahl der Besucher. Stellen Sie den Sachverhalt in einem Diagramm dar.

ermäßigt	normal	Kinder und Jugendliche
354	412	257

10. 48 Jugendliche wurden befragt, wie viel Zeit sie etwa täglich für ihre Hausaufgaben (HA) benötigen. Alle Befragten gaben eine Zeitdauer t in Minuten an.

Zeit für HA	$t < 60$	$60 \leq t \leq 120$	$t > 120$
Anzahl der Befragten	16	24	8

Welches Kreisdiagramm stellt den Sachverhalt richtig dar? Geben Sie die Bedeutung der einzelnen Segmente an.

(A)
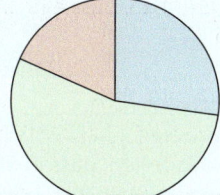

(B)
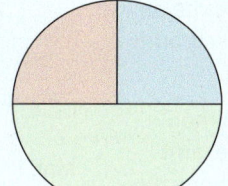

(C)
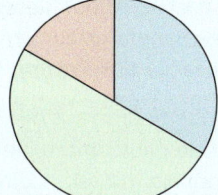

Vermischtes

11. Berechnen Sie ohne Taschenrechner.
   a) $\dfrac{2 \cdot 3 \cdot 4 \cdot 5}{4 \cdot 5 \cdot 6} + \dfrac{5 \cdot 6 \cdot 7}{3 \cdot 4 \cdot 5}$ b) $\dfrac{(1,5 - 1,3)^2 + 2 \cdot (1,2 - 1,3)^2 + (1,6 - 1,3)^2}{3}$ c) $\dfrac{2 - 7 + 4 + 1}{4} + \dfrac{1 \cdot 2 \cdot 3}{2 + 3 + 4}$
   d) $0,1 \cdot (24,4 - 24,5)^2 + 0,2 \cdot (24,7 - 24,5)^2 + 0,7 \cdot (25,0 - 24,5)^2$ e) $\dfrac{4 + 3 + 1}{3} + \dfrac{3 + 4 + 5}{5}$

12. Übertragen Sie die Tabelle in Ihr Heft und vervollständigen Sie sie.

Anteil als Bruch	$\frac{1}{100}$			$\frac{2}{5}$			$\frac{2}{3}$
Anteil als Dezimalzahl			0,25			0,125	
Anteil in Prozent		10 %			33,$\overline{3}$ %		

13. Geben Sie den Anteil in Prozent an.
   a) Jeder zehnte Junge des Schiller-Gymnasiums spielt ein Instrument.
   b) Jedes sechste Mädchen des Gymnasiums treibt regelmäßig Sport.
   c) Jedes zweite Mädchen des Gymnasiums liest gern.
   d) 3 von 12 Jungen spielen Gitarre.
   e) $\frac{2}{5}$ der Mädchen haben ein Haustier.

5.1 Datenerhebungen

■ Max möchte wissen, wie viel die Schüler seiner Jahrgangsstufe pro Monat für ihre Handygebühren ausgeben.

a) Beschreiben Sie ein mögliches Vorgehen.

b) Erläutern Sie, ob es reicht, wenn Max drei, zehn oder 25 Mitschüler befragt. ■

Bei **statistischen Erhebungen** sind **Daten** das Rohmaterial, aus denen man **Informationen** gewinnen möchte.

Die Eigenschaften der Daten sind die **Merkmale**, ihre Werte heißen **Merkmalsausprägungen**. Oft fasst man Bereiche von Merkmalsausprägungen in **Klassen** zusammen.

Quantitative Merkmale wie *Körpergröße*, *Bruttoverdienst* und *Körpergewicht* lassen sich durch reelle Zahlen in eine Rangfolge bringen und so ordnen und vergleichen.
Qualitative Merkmale wie *Farbe*, *Familienstand* und *Geschlecht* lassen sich in keine natürliche Rangfolge zur Vergleichbarkeit bringen, was die Auswertung erschwert.

In der Regel kann aus der Menge an möglichen Datenlieferanten, der **Grundgesamtheit**, nur ein (oft sehr kleiner) Ausschnitt zur Datengewinnung herangezogen werden. Daher ist die **Repräsentativität** dieser **Stichprobe** für die Auswertung von entscheidender Bedeutung.

Merkmal beim Roulette: *Farbe*
Merkmalsausprägungen: *rot*, *schwarz*

00	3	6	9	12	15	18	21	24	27	30	33	36	2 to 1
	2	5	8	11	14	17	20	23	26	29	32	35	2 to 1
0	1	4	7	10	13	16	19	22	25	28	31	34	2 to 1
	1st 12				2nd 12				3rd 12				
	1-18	EVEN		◆		◇		ODD		19-36			

Beispiel zur Klasseneinteilung bei einer Umfrage in der Münchener Innenstadt:

Monatsgehalt (brutto in €)	< 2000	2000 – 3500	3500 – 5000	> 5000
Anzahl	37	207	412	244

Man kann davon ausgehen, dass in der Münchener Innenstadt viele Besserverdiener arbeiten. Die Stichprobe ist nicht repräsentativ für ganz Deutschland.

> **Wissen: Phasen einer Datenerhebung**
> – **Planung:** Merkmale, Merkmalsausprägungen und ggf. Klassenbildung definieren
> – **Durchführung/Erhebung:** Passende Fragen formulieren und aus einer repräsentativen Stichprobe die Daten erheben
> – **Aufbereitung:** Berechnungen (z. B. Lagemaße, Streumaße) und Visualisierungen (z. B. Balkendiagramme, Kreisdiagramme) mit den Daten durchführen
> – **Interpretation**

Basisaufgaben

1. Laura möchte ein Haustier. Um ihre Eltern zu überreden, möchte sie wissen, wie viele Schüler an ihrer Schule Haustiere haben.
   Geben Sie an, wie sie das ermitteln könnte.

2. Entscheiden Sie, ob das untersuchte Merkmal quantitativ oder qualitativ ist. Geben Sie mögliche Merkmalsausprägungen an.
   a) Einige Personen werden nach ihrer Lieblingsfarbe befragt.
   b) Schüler werden gefragt, ob ihr Lehrer beliebt ist.
   c) Bauingenieure werden nach ihrem aktuellen Jahresgehalt befragt.

3. Begründen Sie, bei welchen Fragestellungen eine Stichprobe ausgewählt werden muss.
   a) geplante Wahlentscheidung beim Klassensprecher einer Klasse
   b) geplante Wahlentscheidung bei der Bundestagswahl
   c) Lieblingsspeisen der Europäer
   d) Lieblingsserien in einer Familie
   e) durchschnittlicher Wasserverbrauch eines deutschen Haushalts
   f) meistgesprochene Sprachen der Welt
   g) häufigster Buchstabe in deutschsprachigen Texten

4. a) Geben Sie die typische Klassenbildung beim Merkmal *Noten* an.
   b) Entscheiden Sie begründet, welche anderen Klassenbildungen sinnvoll wären.

Weiterführende Aufgaben

5. Das Gesundheitsamt möchte die durchschnittliche Körpergröße von 15-jährigen männlichen Jugendlichen bestimmen.
   Beschreiben Sie, welche Probleme dabei auftreten und wie sie gelöst werden könnten.
   Erläutern Sie zusätzliche Probleme, wenn die Aufgabe lauten würde, die durchschnittliche Körpergrößenzunahme zwischen dem 14. und dem 16. Lebensjahr zu bestimmen.

6. **Stolperstelle:** Erklären Sie den Unterschied.
   a) Mitschüler werden gefragt, ob sie ein Haustier haben.
   b) Mitschüler werden nach ihrem Haustier gefragt.

7. Begründen Sie, ob es sich um eine repräsentative Stichprobe handeln kann.
   a) *Thema:* Stromverbrauch eines Haushalts im Jahr. Stichprobe: Schüler Ihrer Klasse;
   b) *Thema:* Durchschnittsalter der Europäer. Stichprobe: Bewohner eines Altersheims;
   c) *Thema:* Haarfarben in Europa. Stichprobe: Schüler Ihrer Klasse.

8. a) Bewerten Sie die Fragestellung „Welche Urlaubsorte sind besonders beliebt?", insbesondere im Hinblick auf die mit verträglichem Aufwand realisierbare Stichprobengröße.
   b) Wäre diese Fragestellung prinzipiell realisierbar, wenn der Aufwand keine Rolle spielt, und wären die Ergebnisse sinnvoll? Erläutern Sie.
   c) Beschreiben Sie Möglichkeiten, die Fragestellung anzupassen, um ggf. mit geringerer Stichprobengröße aussagekräftige Ergebnisse zu bekommen.

9. **Ausblick:** Die Klasse 11a erhält eine Klausur zurück und analysiert das Ergebnis.
   a) Geben Sie die Grundgesamtheit der Daten an.
   b) Geben Sie das untersuchte Merkmal und die Merkmalsausprägungen an. Entscheiden Sie, ob das Merkmal qualitativ oder quantitativ ist.
   c) Welche Kennwerte werden für gewöhnlich aus diesen Daten gewonnen? Nennen Sie ferner zwei gängige Visualisierungsarten für die Daten.
   d) Erläutern Sie typische Probleme bei der Interpretation des Klassenspiegels.

5.2 Mittelwerte

■ Die nebenstehende Tabelle enthält die Ergebnisse des letzten Mathe-Tests einer Klasse.

Zensur	1	2	3	4	5	6
Anzahl	4	6	8	7	4	1

Erläutern Sie, wie Sie den Zensurendurchschnitt ermitteln würden. ■

Arithmetisches Mittel und Median

Lagemaße geben Auskunft darüber, wo die Werte einer Stichprobe im Mittel liegen.
Das **arithmetische Mittel** ist der „Standardmittelwert", der oft gemeint ist, wenn man umgangssprachlich vom „Durchschnitt" spricht.

> **Definition: Arithmetisches Mittel**
> Bei einer Reihe mit n Daten $x_1, x_2, \ldots, x_n$ gilt für das arithmetische Mittel: $\bar{x} = \frac{x_1 + x_2 + \ldots + x_n}{n}$.

Der **Median** basiert auf der Idee, „den Wert in der Mitte" als Mittelwert zu nehmen. Das hat den Vorteil, dass Ausreißer weniger Einfluss haben. Zur Bestimmung des Medians müssen zunächst alle Daten aufsteigend sortiert werden.

> **Definition: Median (Zentralwert)**
> Der Median $\tilde{x}$ ist der mittlere Wert einer geordneten Datenliste (bei ungerader Anzahl) bzw. das arithmetische Mittel der beiden mittleren Werte (bei gerader Anzahl von Daten).

> **Beispiel 1:** Eine Stichprobe liefert die Werte 4; 3; 2; 3; 1; 8; 6; 9.
> a) Bestimmen Sie den Median.
> b) Bestimmen Sie das arithmetische Mittel und bewerten Sie die Abweichung.

Lösung:

a) Sortieren Sie die Werte. Da die Anzahl der Werte gerade ist, ist der Median das arithmetische Mittel der beiden mittleren (unterstrichenen) Werte, also 3,5.

$$4; 3; 2; 3; 1; 8; 6; 9 \rightarrow 1; 2; 3; \underline{3; 4}; 6; 8; 9$$

$$\tilde{x} = \frac{3+4}{2} = \frac{7}{2} = 3,5$$

b) Das arithmetische Mittel beträgt 4,5. Die Abweichung rührt aus der Verteilung der Daten her. Kleinen Zahlen stehen recht große gegenüber. Oft bietet in solchen Fällen der Median den aussagekräftigeren Wert.

$$\bar{x} = \frac{1+2+3+3+4+6+8+9}{8}$$

$$= \frac{36}{8} = 4,5$$

(Anzahl der Werte)

Hinweis zu 2:
Unter den Werten finden Sie die gerundeten Maßzahlen der Lösungen.

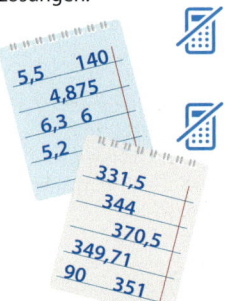

5,5   140
4,875
6,3   6
5,2
331,5
344
370,5
349,71
90   351

Basisaufgaben

1. Bestimmen Sie das arithmetische Mittel und den Median.
   a) 2; 5; 8; 8; 2; 3
   b) 9; 1; 6; 7; 8; 5; 5; 4; 2; 1; 4

2. Bestimmen Sie den Median und das arithmetische Mittel.
   a) 5; 6; 8; 7; 1; 2; 4; 6
   b) 8; 9; 7; 7; 7; 0; 5; 2; 3; 4
   c) 120 g; 508 g; 407 g; 256 g; 845 g; 87 g
   d) 3 m; 45 cm; 65 cm; 2,5 m; 80 cm; 1 m
   e) 3 km; 145 m; 1289 m; 543 m; 34,55 m; 86,7 m

3. Erzeugen Sie mit dem GTR sechs ganzzahlige Zufallszahlen im Intervall [0, 10] und nutzen Sie den GTR zur Bestimmung des Medians und des arithmetischen Mittels. Erstellen Sie eine Schritt-für-Schritt-Anleitung, indem Sie die GTR-Befehle notieren.

Hilfe zu GTR/CAS
↗ S. 180

 4. a) Schätzen Sie zuerst, ob der Median oder das arithmetische Mittel größer ist. Berechnen Sie dann beide Mittelwerte und vergleichen Sie.
① 5; 6; 4; 5; 5; 8; 12   ② 24; 3; 2; 3; 54; 4; 2; 1; 0; 1
  b) Schreiben Sie eine Zahlenliste auf, bei der man unmittelbar sieht, welcher der beiden Mittelwerte größer ist.
  c) Geben Sie jeweils den Modalwert an.

Erinnerung:
Der **Modalwert** ist der am häufigsten vorkommende Wert in einer Liste.

 5. a) Berechnen Sie für die Datenreihe 2; 6; 6; 2; 2; 6 das arithmetische Mittel und den Median zunächst im Kopf. Kontrollieren Sie dann per Rechnung.
  b) Was würde mit den Mittelwerten aus a) passieren, wenn eine 3 eingefügt würde? Kontrollieren Sie Ihre Vermutung durch einen rechnerischen Nachweis.
  c) Ändern Sie in der Datenreihe 1; 2; 3; 1; 7; 5; 3 eine Zahl so, dass arithmetisches Mittel und Median identisch sind.

6. a) Nehmen Sie sich den Klassenspiegel der letzten Klausur (idealerweise Mathematik) zur Hand und berechnen Sie das arithmetische Mittel sowie den Median.
  b) Welchen Einfluss haben viele gute und schlechte bzw. viele mittelmäßige Zensuren? Bewerten Sie die Aussagekraft beider Lagemaße.

Mittelwerte bei Häufigkeitsverteilungen

Ein Mathematik-Grundkurs mit 20 Schülern erzielte das nebenstehende Klausurergebnis. Das arithmetische Mittel gibt den Klassendurchschnitt an.

Note	1	2	3	4	5	6
Anzahl	0	3	8	3	4	2

Arithmetisches Mittel:

$$\overline{x} = \frac{2+2+2+3+3+\ldots+6+6}{20} = \frac{74}{20} = 3{,}7$$

jeweils Anzahl mal Note

$$\overline{x} = \frac{0 \cdot 1 + 2 \cdot 3 + 8 \cdot 3 + 3 \cdot 4 + 4 \cdot 5 + 2 \cdot 6}{20}$$

Anstatt alle Werte einzeln aufzusummieren, ist es leichter, gleiche Summanden zu einem Produkt zusammenzufassen, z. B. $3 \cdot 4$ statt $4 + 4 + 4$.

$$= \frac{6 + 24 + 12 + 20 + 12}{20} = \frac{74}{20}$$

Teilt man die absoluten Häufigkeiten durch die Anzahl n = 20, ergeben sich relative Häufigkeiten. Die vorkommenden Daten werden also mit ihren relativen Häufigkeiten, ihrem „Anteil am Ganzen", gewichtet.

$$\overline{x} = \frac{0}{20} \cdot 1 + \frac{3}{20} \cdot 2 + \frac{8}{20} \cdot 3 + \frac{3}{20} \cdot 4 + \frac{4}{20} \cdot 5 + \frac{6}{20} \cdot 6$$

$$= 0 \cdot 1 + 0{,}15 \cdot 2 + 0{,}4 \cdot 3 + 0{,}15 \cdot 4 + 0{,}2 \cdot 5 + 0{,}3 \cdot 6$$

$$= 3{,}7$$

Satz: Arithmetisches Mittel bei einer Häufigkeitsverteilung mit relativen Häufigkeiten
Das arithmetische Mittel eines Merkmals mit den Werten x_i und ihren relativen Häufigkeiten h_i errechnet sich durch
$$\overline{x} = h_1 \cdot x_1 + h_2 \cdot x_2 + \ldots + h_k \cdot x_k$$

Hinweis:
Die vorkommenden Werte der Daten werden mit ihren relativen Häufigkeiten gewichtet.

Beispiel 2: Bei einem Quiz wurden 5 Fragen gestellt. Die Tabelle zeigt, wie viele richtige Antworten von wie vielen Kandidaten gegeben wurden.
Ergänzen Sie die Tabelle und berechnen Sie, wie viele richtige Antworten im Mittel gegeben wurden.

Anzahl richtige Antworten	1	2	3	4	5
Anzahl Kandidaten	4	7	12	9	2
Relative Häufigkeit					

Lösung:

Anzahl richtige Antworten	1	2	3	4	5
Anzahl Kandidaten	4	7	12	9	2
Relative Häufigkeit	$\frac{4}{34}$	$\frac{7}{34}$	$\frac{12}{34}$	$\frac{9}{34}$	$\frac{2}{34}$

Insgesamt haben 34 Kandidaten teilgenommen (Summe der Kandidaten).
Teilen Sie die absoluten Häufigkeiten durch die Gesamtzahl. Setzen Sie die errechneten relativen Häufigkeiten in die Formel ein.
Im Mittel wurden knapp 3 Fragen richtig beantwortet.

$$h_1 = \frac{4}{34}; h_2 = \frac{7}{34}; h_3 = \frac{12}{34}; h_4 = \frac{9}{34}; h_8 = \frac{2}{34}$$

$$\bar{x} = h_1 \cdot x_1 + h_2 \cdot x_2 + \dots + h_k \cdot x_k$$

$$= \frac{4}{34} \cdot 1 + \frac{7}{34} \cdot 2 + \frac{12}{34} \cdot 3 + \frac{9}{34} \cdot 4 + \frac{2}{34} \cdot 5$$

$$= \frac{100}{34} = \frac{50}{17} \approx 2{,}94$$

Basisaufgaben

 7. Das Diagramm zeigt das Ergebnis einer Klassenarbeit.
   a) Geben Sie an, wie viele Schüler die Klausur mitgeschrieben haben.
   b) Ermitteln Sie das arithmetische Mittel der erteilten Zensuren.

 8. Die Tabelle zeigt einen Klausurspiegel.
   a) Berechnen Sie das arithmetische Mittel, indem Sie jeden Wert mit seiner absoluten Häufigkeit multiplizieren und die Gesamtsumme durch die Gesamtzahl teilen.
   b) Berechnen Sie das arithmetische Mittel mithilfe der relativen Häufigkeiten. Vergleichen Sie die beiden Methoden.

Note	1	2	3	4	5	6
Anzahl	2	3	10	11	7	2

 9. **Median bei einer Häufigkeitsverteilung**
   Eine Gruppe von Personen wurde nach der Anzahl ihrer Geschwister befragt.
   a) Geben Sie die Grundgesamtheit an.
   b) Erläutern Sie, wie man den Median berechnen kann, und geben Sie seinen Wert an.

Geschwister	0	1	2	3	4	7
Nennungen	34	56	21	11	4	1

 10. Gegeben ist eine Häufigkeitsverteilung.
   a) Zeichnen Sie ein Säulendiagramm.
   b) Berechnen Sie das arithmetische Mittel.
   c) Ermitteln Sie den Median.

Messwert	3	1	8	4	0	6
Häufigkeit	2	7	7	4	3	0

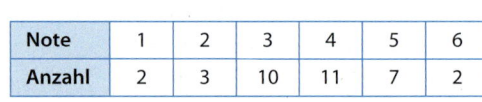

Weiterführende Aufgaben

11. Im Pfadfinderlager gibt es einen Hindernislauf durch den Wald. Die schnellere Gruppe soll einen Preis bekommen. Die Zeiten aller Teilnehmer sind:

    Gruppe A: 50 s; 58 s; 1 min 2 s; 53 s   Gruppe B: 59 s; 51 s; 1 min 23 s; 45 s; 52 s

    Finden Sie für beide Gruppen eine Begründung, warum sie den Preis verdienen.

12. **Stolperstelle:** Chris erzählt seinen Freunden vom letzten Mathe-Test. Er hatte eine 3 bekommen und behauptet: „Ich war besser als der Durchschnitt, also gibt es mehr Schüler mit einer schlechteren Note, als Schüler mit einer besseren Note."

    Beurteilen Sie die Aussage von Chris. Finden Sie verschiedene Beispiele für die Situation.

13. Denken Sie sich eine Wertesequenz sowie einen dazu passenden Kontext aus, in der der Median keine Aussagekraft besitzt.

14. 20 Schüler wurden gefragt, wie viele Haustiere sie haben.
    a) Bestimmen Sie das arithmetische Mittel.
    b) Erstellen Sie ein Säulendiagramm und erläutern Sie, warum es bei diesem Kreisdiagramm einfacher ist, den Median anzugeben.

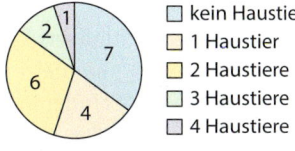

- ☐ kein Haustier
- ☐ 1 Haustier
- ☐ 2 Haustiere
- ☐ 3 Haustiere
- ☐ 4 Haustiere

15. 20 Schrauben in einer Kiste wiegen durchschnittlich 5 g.
    a) Eine 7 g schwere Schraube wird in die Kiste gelegt. Berechnen Sie das neue Durchschnittsgewicht der Schrauben.
    b) Geben Sie an, wie schwer die neue Schraube sein müsste, um das Durchschnittsgewicht um 1 g anzuheben.
    c) Bearbeiten Sie Teilaufgabe b) für den Fall, dass in der Kiste 15 Schrauben mit einem Durchschnittsgewicht von 6 g liegen.

16. Das arithmetische Mittel der sechs Zahlen 10; 32; 11; x; 20; 10; 47 ist 30. Bestimmen Sie den Wert von x.

17. Eine Kursarbeit ist wie in der Tabelle angegeben ausgefallen. Geben Sie an, welcher Durchschnittnote dies entspricht.

Note	1	2	3	4	5	6
Anzahl	2%	10%	45%	25%	18%	0%

18. In vielen Sportarten erfolgt eine Einteilung in Gewichtsklassen. Beim Karate gibt es für 16- und 17-jährige Kämpferinnen die Gewichtsklassen unter 48 kg, 48–53 kg, 53–59 kg und über 59 kg. Es werden 40 Kämpferinnen gemeldet, 10 pro Gewichtsklasse. Diskutieren Sie die Problematiken, die hier bei der Berechnung des Mittelwertes der Körpergewichte der 40 Kämpferinnen auftreten, und schlagen Sie eine Lösung vor.

19. **Ausblick: Histogramm** Während eines Sportfestes wurden beim Weitsprung die angegebenen Weiten erreicht.
    a) Teilen Sie die Daten in Klassen mit gleicher Breite ein und bestimmen Sie die absoluten Häufigkeiten.
    b) Informieren Sie sich über Histogramme und visualisieren Sie die Erhebung mithilfe eines Histogramms.
    c) Reflektieren Sie die Unterschiede zu Balken- und Säulendiagrammen. Erläutern Sie, warum die Klassenbreite dafür entscheidend ist.

3,14 m; 2,98 m; 4,12 m; 2,90 m;
3,18 m; 3,62 m; 4,65 m; 2,92 m;
3,77 m; 2,99 m; 3,89 m; 3,95 m;
4,35 m; 4,77 m; 3,88 m; 3,76 m;
4,26 m; 4,12 m; 4,41 m; 3,88 m;
4,48 m; 3,46 m; 3,48 m; 3,79 m;
4,72 m; 4,75 m; 4,26 m; 4,81 m;
3,96 m; 3,75 m;

5.3 Streumaße

■ Ein Fußballfan führt die Anzahl an geschossenen Toren von zwei Champions-League-Teilnehmern auf.
Mannschaft A schoss in den letzten fünf Spielen 3, 2, 3, 2 und 2 Tore, Mannschaft B schoss 0, 4, 1, 1, 6 Tore. Zeigen Sie, dass das arithmetische Mittel keine Aussage über die Konstanz der Mannschaften macht. ■

Erinnerung:
Die **Spannweite** einer Datenliste ist die Differenz zwischen dem größten Wert (**Maximum**) und dem kleinsten Wert (**Minimum**).

Neben den Lagemaßen als komprimierte, aussagekräftige Maßzahlen für Daten gibt es **Streumaße**. Sie geben Auskunft darüber, wie stark die Daten um einen Mittelwert streuen bzw. von ihm abweichen. Ein bereits bekanntes Streumaß ist die **Spannweite**. Diese berücksichtigt aber nur den größten und kleinsten Wert der Datenliste.

Trotz gleichem Mittelwert kann die Streuung variieren. Die Diagramme zeigen die Anzahl der Fehler zweier Schüler in den letzten sechs Vokabeltests. Das arithmetische Mittel beträgt für beide Schüler 5.

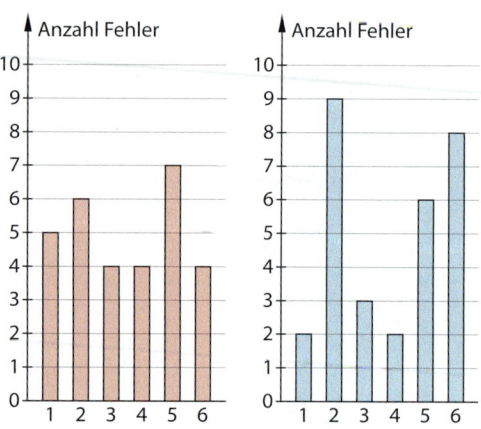

Für ein aussagekräftiges Streumaß um den Mittelwert sollen große Abweichungen stärker ins Gewicht fallen als kleine. Ferner sollen sich die Abweichungen nicht aufheben können, alle Werte sollen positiv sein. Daher geht man zum Quadrat der Differenz zwischen dem jeweiligen Wert x_i und dem Mittelwert $\bar{x}$ über, also zu $(x_i - \bar{x})^2$.

Die **mittlere quadratische Abweichung** (die **Varianz**) der Werte vom arithmetischen Mittel berechnet sich für die Diagramme wie folgt:

rot: $s^2 = \frac{1}{6} \cdot \left((5-5)^2 + (6-5)^2 + (4-5)^2 + (4-5)^2 + (7-5)^2 + (4-5)^2 \right) = \frac{8}{6} = \frac{4}{3}$

blau: $s^2 = \frac{1}{6} \cdot \left((2-5)^2 + (9-5)^2 + (3-5)^2 + (2-5)^2 + (6-5)^2 + (8-5)^2 \right) = \frac{48}{6} = 8$

Hinweis:
Der Begriff „empirisch" bedeutet, dass sich die Daten auf Stichproben beziehen.

> **Definition: Empirische Varianz und empirische Standardabweichung**
> Bei einer Liste mit n Daten $x_1, x_2, \ldots, x_n$ und dem arithmetischen Mittel $\bar{x}$ heißt die mittlere quadratische Abweichung s^2 der Daten vom Mittelwert **empirische Varianz:**
> $s^2 = \frac{1}{n} \cdot \left((x_1 - \bar{x})^2 + (x_2 - \bar{x})^2 + \ldots + (x_n - \bar{x})^2 \right)$.
> Die Wurzel s aus der empirischen Varianz ist die **empirische Standardabweichung**.

Oft wird die Standardabweichung statt der Varianz betrachtet, damit das Streumaß und die Daten die gleiche Einheit haben.
Analog zu den Lagemaßen lässt sich diese Formel mit relativen Häufigkeiten formulieren.

Hinweis:
Die quadratischen Abweichungen der Werte von $\bar{x}$ werden mit ihren relativen Häufigkeiten gewichtet.

> **Definition: Empirische Standardabweichung mit relativen Häufigkeiten**
> Bei einer Liste mit Daten x_i, ihren relativen Häufigkeiten h_i und dem arithmetischen Mittel $\bar{x}$ heißt die Wurzel aus der mittleren quadratischen Abweichung der Daten vom Mittelwert
> **empirische Standardabweichung** $s = \sqrt{h_1 \cdot (x_1 - \bar{x})^2 + h_2 \cdot (x_2 - \bar{x})^2 + \ldots + h_k \cdot (x_k - \bar{x})^2}$.

Beispiel 1: Die Tabelle zeigt das Ergebnis der letzten Klausur von zwei Kursen mit je 40 Teilnehmern.

Note	1	2	3	4	5	6
Kurs 1	3	5	16	12	3	1
Kurs 2	8	10	5	5	5	7

a) Berechnen Sie jeweils das arithmetische Mittel.
b) Berechnen Sie die empirische Standardabweichung und bewerten Sie die Aussagekraft.
c) Visualisieren Sie die Noten in geeigneter Weise.

Lösung:

a) Beide Kurse haben trotz deutlicher Unterschiede in der Notenverteilung die gleiche Durchschnittsnote.

Kurs 1:
$$\bar{x} = \frac{3 \cdot 1 + 5 \cdot 2 + 16 \cdot 3 + 12 \cdot 4 + 3 \cdot 5 + 1 \cdot 6}{40} = 3{,}25$$

Kurs 2:
$$\bar{x} = \frac{8 \cdot 1 + 10 \cdot 2 + 5 \cdot 3 + 5 \cdot 4 + 5 \cdot 5 + 7 \cdot 6}{40} = 3{,}25$$

b) Die unterschiedliche Notenverteilung wird in der deutlichen Abweichung im Streumaß deutlich.
Die empirische Standardabweichung s ist in Kurs 1 geringer als in Kurs 2.
Es gibt in Kurs 1 mehr Noten in der Nähe des arithmetischen Mittels und weniger Ausreißer (Einsen und Sechsen).

Kurs 1:
$$s^2 = \frac{3}{40} \cdot (1 - 3{,}25)^2 + \frac{5}{40} \cdot (2 - 3{,}25)^2$$
$$+ \frac{16}{40} \cdot (3 - 3{,}25)^2 + \frac{12}{40} \cdot (4 - 3{,}25)^2$$
$$+ \frac{3}{40} \cdot (5 - 3{,}25)^2 + \frac{1}{40} \cdot (6 - 3{,}25)^2 = 1{,}1875$$
$$s \approx 1{,}1$$

Kurs 2:
$$s^2 = \frac{8}{40} \cdot (1 - 3{,}25)^2 + \frac{10}{40} \cdot (2 - 3{,}25)^2$$
$$+ \frac{5}{40} \cdot (3 - 3{,}25)^2 + \frac{5}{40} \cdot (4 - 3{,}25)^2$$
$$+ \frac{5}{40} \cdot (5 - 3{,}25)^2 + \frac{7}{40} \cdot (6 - 3{,}25)^2 = 3{,}1875$$
$$s \approx 1{,}8$$

c) In den Diagrammen sieht man die unterschiedliche Notenverteilung und die größere Streuung um den Mittelwert deutlich. Daher ist das Ergebnis aus b) völlig plausibel.

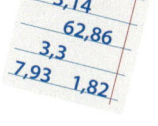

Hinweis zu 1:
Unter den Werten finden Sie die gerundeten Maßzahlen der Lösungen.

Basisaufgaben

1. Bestimmen Sie das arithmetische Mittel, die empirische Varianz und die empirische Standardabweichung.
   a) 1; 5; 6; 10; 10; 25; 20
   b) 2 cm; 3 cm; 5 cm; 1 cm; 1 cm; 6 cm; 40 mm

2. Machen Sie sich damit vertraut, wie man am einfachsten per GTR eine Datenliste erstellt und die empirische Standardabweichung dazu berechnet.

Hilfe zu GTR/CAS
↗ S. 180

3. Eine schulinterne Vergleichsklausur zum Ende der Mittelstufe ergab in zwei Kursen folgendes Ergebnis: Kurs 1: 1: 3; 2: 3; 3: 5; 4: 2; 5: 8; 6: 4; Kurs 2: 1: 0; 2: 4; 3: 11; 4: 5; 5: 4; 6: 0.
   a) Schätzen Sie begründet, welcher der Kurse eine größere Standardabweichung haben wird und erläutern Sie, worauf Sie dabei besonders achten.
   b) Überprüfen Sie Ihre Vermutung aus a) per Rechnung.

4. Denken Sie sich einen Sachkontext aus, der zu einer Zahlenreihe führt, für den Sie dann das arithmetische Mittel sowie die Standardabweichung berechnen.
   a) Lassen Sie Ihre Werte von Ihrer Nachbarin bzw. Ihrem Nachbarn überprüfen.
   b) Ergänzen Sie nun einen Wert. Erläutern Sie, wann dieser ergänzte Wert beide Größen nennenswert ändert, und überprüfen Sie für verschiedene Werte.

5. Gegeben sind zwei Häufigkeitsverteilungen:

①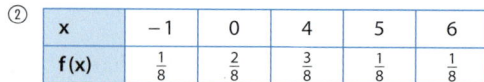

x	1	2	3	4
f(x)	$\frac{1}{8}$	$\frac{2}{8}$	$\frac{3}{8}$	$\frac{2}{8}$

②

x	−1	0	4	5	6
f(x)	$\frac{1}{8}$	$\frac{2}{8}$	$\frac{3}{8}$	$\frac{1}{8}$	$\frac{1}{8}$

Berechnen Sie jeweils das arithmetische Mittel, die Varianz sowie die empirische Standardabweichung und visualisieren Sie die Häufigkeitsverteilung per GTR oder manuell in einer geeigneten Form.

6. Eine Klausur in einer Klasse mit 31 Schülerinnen und Schülern fiel wie folgt aus:

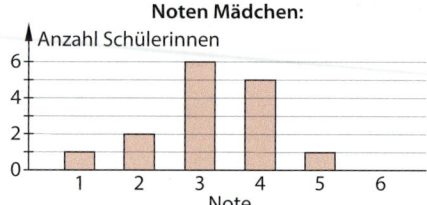
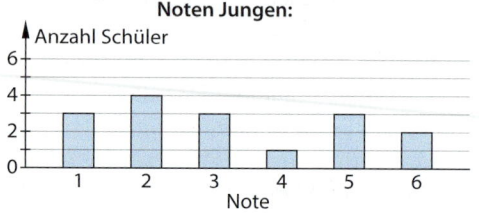

   a) Berechnen Sie Durchschnittsnote und Spannweite für beide Geschlechter.
   b) Berechnen Sie die Standardabweichung für beide Geschlechter und interpretieren Sie sie. Haben die Mädchen oder die Jungen besser abgeschnitten? Erläutern Sie.

7. Zwei Sportler eines Teams vergleichen ihre Leistungen im Kniebeugen über das letzte Trainingshalbjahr hinweg. Es ergeben sich folgende Werte:

Monat	1	2	3	4	5	6
Sportler A	150 kg	170 kg	175 kg	175 kg	180 kg	180 kg
Sportler B	180 kg	183 kg	185 kg	184 kg	188 kg	180 kg

   a) Vergleichen Sie die Ergebnisse der beiden Sportler hinsichtlich der Kenngrößen Median, arithmetisches Mittel, Standardabweichung und Spannweite. Interpretieren Sie diese Größen, bewerten Sie ihre Aussagekraft und geben Sie mögliche Ursachen für die unterschiedliche Entwicklungskurve der beiden Sportler im Sachkontext an.

   b) Verglichen werden ein professioneller Gewichtheber und ein Hobbysportler in diesem Bereich.
   Begründen Sie, welcher der beiden jeweils die größere Spannweite, den größeren Mittelwert, die größere Standardabweichung und das größere Maximum haben wird.

8. 30 Schüler einer Klasse haben ein Durchschnittsgewicht von 70 kg. Nach langer Krankheit hat ein Schüler 20 kg abgenommen.
   a) Geben Sie an, wie sich das arithmetische Mittel ändert.
   b) Tom behauptet, das auch die Standardabweichung kleiner wird.
   Beurteilen Sie seine Aussage. Geben Sie verschiedene Beispiele an.

Weiterführende Aufgaben

9. Mike Powell stellte 1991 bei der Leichtathletik-Weltmeisterschaft in Tokio mit 8,95 m einen Weltrekord im Weitsprung auf. Die Tabelle zeigt seine Versuche sowie die seines größten Rivalen Carl Lewis (beide USA).

Versuch	1	2	3	4	5	6
Powell	7,85 m	8,54 m	8,29 m	x	8,95 m	x
Lewis	8,68 m	x	8,83 m	8,91 m	8,87 m	8,84 m

Bestimmen Sie die Standardabweichung der Sprungserien auf zwei Weisen: Ignorieren Sie ungültige Sprünge (x) oder werten Sie sie mit einer Weite von 0 m. Erläutern Sie, weshalb man argumentieren könnte, dass Carl Lewis den Sieg mehr verdient hätte.

 10. Teilen Sie Ihren Kurs in drei Gruppen auf. Aus jeder Gruppe werden drei Vermesser ernannt. Jeder Vermesser misst die Körpergrößen aller Mitglieder einer Gruppe mit einem Maßband und hält die Ergebnisse in einer Tabelle fest.
Berechnen Sie nun in der Gruppe geeignete Kenngrößen und vergleichen Sie die Ergebnisse der verschiedenen Gruppen miteinander.

11. **Stolperstelle:** Nehmen Sie Stellung zu folgender Aussage: „Bei zwei Datenreihen hat die mit der größeren Spannweite auch die größere empirische Standardabweichung."

12. Das Säulendiagramm zeigt 10 Messwerte aus einem Experiment.
    a) Geben Sie den Stichprobenumfang an.
    b) Geben Sie an, ob es sich hier um die Darstellung von relativen oder absoluten Häufigkeiten handelt und grenzen Sie kurz diese Begriffe voneinander ab.
    c) Berechnen Sie den Median, das arithmetische Mittel und die empirische Standardabweichung.

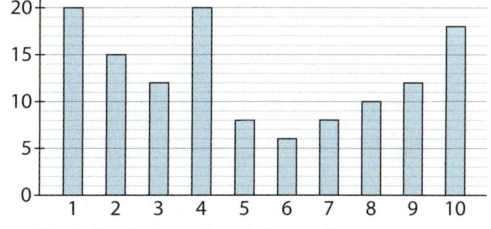

    d) Erläutern Sie, welche dieser Sachkontexte realistisch sind und welche nicht.
       ① Anzahl vorbeifahrender Autos pro Minute
       ② maximale Dauer in Sekunden, die ein Jugendlicher die Luft anhalten kann
       ③ Gewicht einer Katze in Kilogramm
       ④ Höhe eines Gebäudes in Meter

13. Bei einem Sportwettbewerb wurden die Wurfweiten (in m) von 13 Schülern visualisiert.
    a) Berechnen Sie den Median, die empirische Standardabweichung und die Spannweite.
    b) Bewerten Sie die Probleme, die bei dieser Art der Datenauswertung auf Grund ihrer Visualisierung entstehen und bewerten Sie deren Relevanz.

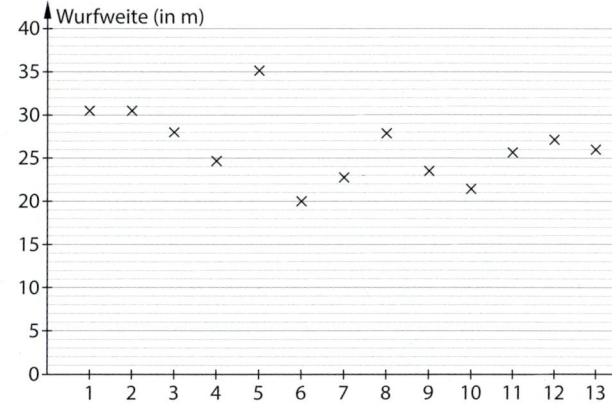

14. Quartile und Quartilsabstand: Teilt man eine geordnete Datenliste in eine untere und eine obere Datenhälfte, dann bezeichnet man den Median der unteren Datenhälfte als **unteres Quartil** (oder 25 %-Quartil) und den Median der oberen Datenhälfte als **oberes Quartil** (oder 75 %-Quartil).

unsortierte Daten	3	5	6	7	2	1	4
sortierte Daten	1	2	3	4	5	6	7
		unteres Quartil		Median		oberes Quartil	

Der Median der Gesamtdatenmenge teilt die Daten in zwei gleich große Hälften. Die Quartile teilen diese Hälften ebenfalls in der Mitte, sie teilen die Gesamtdatenmenge also in Viertel. Die Differenz von oberem und unterem Quartil ist der **Quartilsabstand**. Er enthält 50 % der Daten.

a) Bestimmen Sie das untere und das obere Quartil sowie den Quartilsabstand.
   ① 25; 30; 80; 60; 55; 55; 40   ② 2; 5; 6; 3; 1; 1; 0; 5; 8; 5

Hilfe zu GTR/CAS
↗ S. 180

b) Informieren Sie sich, wie Sie Quartile und den Quartilsabstand mit Ihrem GTR bestimmen, und testen Sie an Aufgabe a).

c) Bei kleinen Datenmengen kann man die Daten geordnet notieren und dann in vier gleich große Pakete teilen. Bei großen Datenmengen ist das jedoch nicht praktikabel. Für n geordnete Daten lassen sich die Quartile daher mit folgenden Formeln berechnen:

$$n \cdot p \text{ ganzzahlig: } \tilde{x}_p = \frac{1}{2} \cdot (x_{n \cdot p} + x_{n \cdot p + 1});$$

$$n \cdot p \text{ nicht ganzzahlig: } \tilde{x}_p = x_{\lceil n \cdot p \rceil}$$

Dabei wird mit p = 0,25 das untere, mit p = 0,75 das obere Quartil errechnet. Die Schreibweise $\lceil n \cdot p \rceil$ bedeutet, dass der Wert von $n \cdot p$ auf die nächstgrößere ganze Zahl aufgerundet werden muss.
Überprüfen Sie die Richtigkeit der Formeln an den Daten aus a). Erläutern Sie die Formeln mit eigenen Worten.

15. Bewerten Sie folgende Aussagen unter fundierter Einbeziehung der Fachtermini.
a) Das untere Quartil liegt in der Mitte zwischen Minimum und Median, das obere Quartil in der Mitte zwischen Median und Maximum.
b) Unteres Quartil, Median und oberes Quartil teilen eine Datenliste in vier Teile mit gleich vielen Werten.
c) Je größer der Quartilsabstand, desto mehr weichen die Datenwerte vom Median ab.
d) Der Quartilsabstand ist immer kleiner als die Spannweite.
e) Der Median ist der mittlere Wert einer Datenfolge.
f) Genau 50 % der geordneten Daten sind größer als ihr Median, genau 50 % sind kleiner.
g) Mindestens 50 % der geordneten Daten sind größer oder gleich dem Median und mindestens 50 % sind kleiner oder gleich dem Median.

16. Ausblick: Zwei unterschiedlich farbige Würfel werden geworfen. Betrachten Sie die Augensumme beider Würfel.

a) Nehmen Sie an, dass bei 36 Würfen jedes mögliche Resultat genau einmal vorkam.
   Erstellen Sie eine Tabelle und ein Säulendiagramm mit den relativen Häufigkeiten der Augensummen.
b) Was fällt Ihnen am Säulendiagramm auf? Welche Schlussfolgerungen kann man an Hand dieser besonderen Verteilung direkt ziehen? Erläutern Sie.
c) Berechnen Sie das arithmetische Mittel, den Median und die Standardabweichung.
d) Jemand schlägt Ihnen ein Spiel vor: Sie würfeln mit beiden Würfeln und gewinnen 1 €, falls Ihre Augensumme 6, 7 oder 8 beträgt. Andernfalls verlieren Sie 1 €.
   Erklären Sie, ob Sie sich auf das Spiel einlassen sollten.

Boxplots

■ Zwei Gruppen mit jeweils fünf Schülern geben die
Höhe ihres wöchentlichen Taschengeldes an:

Gruppe 1: 4 €; 9 €; 7 €; 6 €; 15 €

Gruppe 2: 6 €; 7 €; 5 €; 9 €; 10 €

Ermitteln Sie für jede Gruppe alle Lage- und Streumaße.
Geben Sie an, welche die Abbildung zeigt. ■

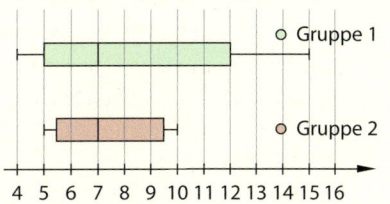

Zur Auswertung und Interpretation von Daten benutzt man häufig grafische Veranschau-
lichungen, in denen die wesentlichen Informationen sofort erkennbar sind, wie **Boxplots**.
Mithilfe eines Rechtecks werden optisch schnell die mittleren 50 % erkannt, und die Breite
der „Antennen" lässt die Verteilung der anderen 50 % schnell erfassen.

Definition: Boxplot

Ein **Boxplot** enthält Streu- und Lagemaße
einer Datenreihe.

Ein Boxplot besteht aus einem **Rechteck**
und zwei **„Antennen"**. Im Rechteck liegt
die Hälfte aller darzustellenden Daten,
wobei der Strich im Rechteck den **Median**
markiert. Die linke Antenne markiert alle

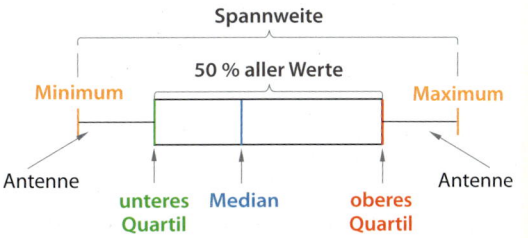

Daten vom **Minimum** bis zum **unteren Quartil** der Daten und die rechte Antenne alle Daten
vom **oberen Quartil** bis zum **Maximum** aller Daten.

Erinnerung:
Das obere (untere)
Quartil ist der Median
der oberen (unteren)
Hälfte einer Datenreihe.

Boxplots erstellen

Beispiel 1: Auf die Frage: „Wie viel Euro habt ihr bei euch?" antworteten 13 Schüler:
6 €; 2 €; 12 €; 9 €; 4 €; 9 €; 15 €; 7 €; 7 €; 7 €; 6 €; 0 €; 1 €.
Zeichnen Sie einen Boxplot zu diesen Daten.

Lösung:

Ordnen Sie die Daten aufsteigend der
Größe nach und ermitteln Sie Median
und Quartile.

Zeichnen Sie einen Zahlenstrahl mit einer
sinnvollen Einteilung.

Tragen Sie darüber den Median, die
Quartile sowie den kleinsten und größten
Wert ab.

Zeichnen Sie die Box mit einer selbst-
gewählten Breite.

Tragen Sie links und rechts die Antennen
als Strecken an.

0; 1; 2; 4; 6; 6; 7; 7; 7; 9; 9; 12; 15 (in €)

Median: 7 €

Unteres Quartil: $\frac{2 € + 4 €}{2} = 3 €$

Oberes Quartil: $\frac{9 € + 9 €}{2} = 9 €$

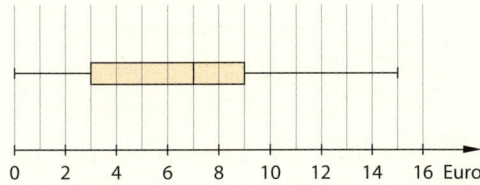

Hinweis:
Etwa 50 % der Daten
liegen innerhalb der
Box. Die Antennen
repräsentieren jeweils
etwa 25 % aller Werte.

Aufgaben

1. a) Erstellen Sie einen Boxplot für die Antworten der Schüler auf die Frage: „Wie viele Minuten hat euer Schulweg heute gedauert?": 10; 15; 8; 5; 20; 17; 9; 16; 13; 3; 6; 15; 5.

b) Erstellen Sie den Boxplot mit Ihrem GTR. Nutzen Sie dazu die Bedienungsanleitung.

GTR

2. Zu welcher der drei angegebenen Listen A, B oder C gehört der Boxplot? Beschreiben Sie, wie Sie bei Ihrer Lösung vorgegangen sind, und begründen Sie Ihre Entscheidung.

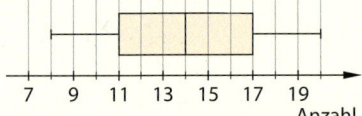

A	8	10	12	14	14	17	17	20
B	8	9	11	14	14	16	18	20
C	8	8	12	14	14	17	19	20

3. a) Erstellen Sie einen Boxplot zu den Weitsprungergebnissen (in m) der Jungen einer Klasse bei einem Sportfest:
3,70; 4,00; 2,90; 3,90; 3,08; 3,65; 3,70; 3,55; 3,77; 4,40; 3,88; 4,01; 4,11; 4,10; 3,80.

   b) Ersetzen Sie ①, ②, ③ und ④ so, dass wahre Aussagen entstehen:
   Ungefähr die Hälfte aller Schüler ist mindestens ①m gesprungen. Ungefähr die Hälfte aller Schüler ist mindestens ②m, aber höchstens ③m gesprungen. Ungefähr 75 % aller Schüler sind mindestens ④m gesprungen.

4. Die Tabelle zeigt die Gehaltsverteilung in einer Firmenabteilung.

Anzahl Mitarbeiter	2	1	3	3	1	1
Gehalt in €	1600	2000	2400	3000	3500	5000

   a) Geben Sie Maximum, Minimum, Median sowie das untere und obere Quartil an.

   b) Erstellen Sie einen Boxplot für diese Gehaltsverteilung in einer Firmenabteilung.

5. Übertragen Sie die Abbildung in Ihr Heft, beschriften Sie sie, nennen Sie die wichtigsten Eigenschaften der einzelnen Bestandteile und erläutern Sie Ihr Vorgehen bei der Berechnung aller relevanten Größen.

Boxplots vergleichen

Boxplots eignen sich gut zum Vergleich von Verteilungen. Die Kompaktheit der Box gibt an, wie weit die mittleren 50 % der Daten beieinander liegen. Die Breite der Antennen gibt die Streuung der unteren/oberen 25 % um diese mittleren 50 % der Daten an.

Beispiel 2: Nach einem Sportfest vergleichen die Schüler der 7 a und der 7 b ihre Zeiten beim 75-m-Lauf.
Lesen Sie die Kennwerte ab und vergleichen Sie die Ergebnisse.

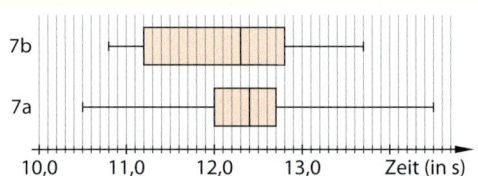

Lösung:
Die Zeiten der 7 a liegen in einem größeren Bereich als die der 7 b. Der schnellste und der langsamste Schüler gehen also in die 7 a.

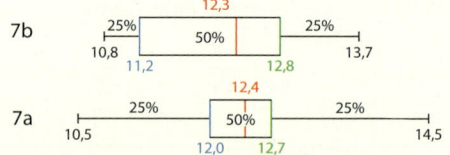

Allerdings ist die Box bei der 7 a sehr viel kompakter als in der 7 b. Die mittlere Hälfte der Schüler der 7 a hat recht ähnliche Laufzeiten, während die mittlere Hälfte der 7 b sehr viel größere Unterschiede in den Laufzeiten aufweist, eine breitere Streuung.

Insgesamt liegt eine höhere Leistungsdichte in der 7 a vor.

Aufgaben

6. 13 Jungen und 15 Mädchen einer Klasse haben angegeben, wie viele Kurznachrichten sie pro Tag verschicken. Geben Sie sowohl für die Jungen als auch für die Mädchen die Kenngrößen an. Interpretieren Sie beide Boxplots im Zusammenhang und bewerten Sie die Extremwerte für beide Gruppen.

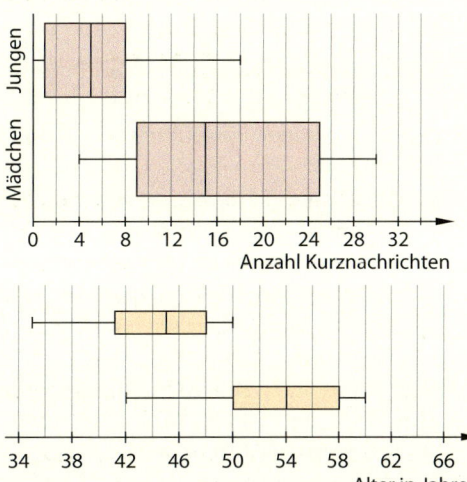

7. In den beiden Boxplots sind die Altersverteilungen der Lehrerinnen und Lehrer einer Schule heute (unten) und vor zehn Jahren (oben) veranschaulicht. Beschreiben Sie die Lagemaße und erklären Sie ihre Bedeutung im Sachzusammenhang.

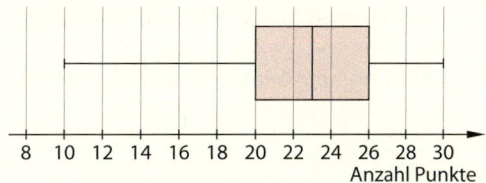

GTR 8. 40 Teilnehmern in zwei Kursen erzielten das abgebildete Leistungsbild. Visualisieren Sie die Noten jeweils per Boxplot mit GTR oder CAS. Vergleichen Sie sie.

Note	1	2	3	4	5	6
Kurs 1	3	5	16	12	3	1
Kurs 2	8	10	5	5	5	7

9. Für 10 Schüler sind die Testergebnisse dargestellt; es gab maximal 30 Punkte.
   a) Interpretieren Sie den Boxplot.
   b) Finden Sie eine Liste 10 möglicher Ergebnisse, die diesen Boxplot ergeben.

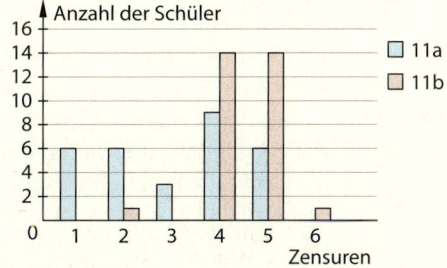

10. a) Herr Ambacher notiert den Benzinverbrauch seines neuen Autos in Liter pro 100 km:
    6,5; 7,4; 7,4; 7,8; 6,7; 6,7; 7,6; 6,4; 7,5; 6,5; 6,9; 7,8; 7,2; 6,9; 10,0
    Erstellen Sie dazu einen Boxplot.
    b) Herr Ambacher fährt mit einigen Freunden in einen Kurzurlaub und verzeichnet folgenden Kraftstoffverbrauch (in Liter pro 100 km): 6,4; 11,2; 10,2; 9,8; 10,8.
    Erstellen Sie dazu ebenfalls einen Boxplot. Erklären Sie die stark veränderten Werte.
    c) Bewerten Sie Vergleichbarkeit und Aussagekraft der Daten ohne Hintergrundwissen.

11. Im Säulendiagramm sind die Ergebnisse eines Tests dargestellt, der in den Klassen 11 a und 11 b geschrieben wurde.
    a) Geben Sie an, wie viele Schüler pro Klasse am Test teilgenommen haben.
    b) Erstellen Sie aus dem Säulendiagramm eine Darstellung mit Boxplots.
    c) Vergleichen Sie die arithmetischen Mittelwerte, die Mediane und die empirischen Standardabweichungen beider Klassen und bewerten Sie damit die Ergebnisse beider Klassen.

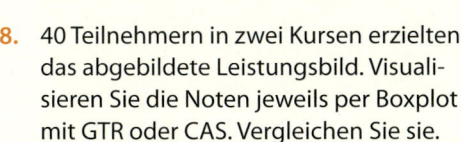

d) Erklären Sie für diesen Fall die Vorteile eines Boxplots zu einem Säulendiagramm.
    e) Erklären Sie, wann ein Boxplot und wann ein Säulendiagramm mehr Vorteile bietet.

5.4 Vermischte Aufgaben

1. Begründen Sie jeweils, ob das arithmetische Mittel oder der Median als Information aussagekräftiger ist.
   a) Für den neuen Reiseführer sollen mittlere Temperaturen für jeden Monat angegeben werden.
   b) Ihr Lehrer möchte wissen, wie viel Taschengeld Ihre Klasse „im Mittel" erhält.

2. Im Jahr 2011 betrug das arithmetische Mittel aller Geldvermögen in Deutschland etwa 195 000 €, der Median hingegen nur 51 000 €.
   Erklären Sie, woran das liegen könnte.

3. Nele ermittelt die Durchschnittstemperatur von den zehn Tageshöchsttemperaturen 15 °C, 16 °C, 15 °C, 14 °C, 14 °C, 18 °C, 17 °C, 15 °C, 16 °C und 16 °C folgendermaßen:
   „Es gab genau fünf Temperaturwerte, nämlich 14 °C, 15 °C, 16 °C, 17 °C und 18 °C. Deren Durchschnittswert beträgt 16 °C. Also war die Durchschnittstemperatur für alle zehn Tage 16 °C."
   Prüfen Sie, ob Neles Überlegungen richtig sind.

4. Eine Kantine wertet einmal monatlich ihre Kassendaten aus, um die Beliebtheit ihrer Gerichte objektiver beurteilen zu können.
   Die Verteilung auf die Gruppierungen im Februar ist dem Kreisdiagramm zu entnehmen.
   Es waren 1000 Gerichte zu Grunde gelegt.

   Mittagessen – Verkaufszahlen

   18 % | 21 %
   20 % | 18 %
   23 %

   ☐ Sandwiches
   ☐ Salate
   ☐ Suppen
   ☐ Getränke
   ☐ Desserts

   a) Geben Sie die zu den Prozentzahlen passenden relativen und absoluten Häufigkeiten an.
   b) Stellen Sie die Daten in einem Säulendiagramm dar.
   c) Erläutern Sie, ob die Mittelwerte in diesem Fall sinnvoll angegeben werden können.

5. In einer Liste stehen Einsen, Dreien und Fünfen. Insgesamt enthält die Liste 10 Zahlen.
   a) Erläutern Sie, wie die Einträge der Liste aussehen müssten, damit das arithmetische Mittel gleich 5 ist.
      Erläutern Sie auch, ob das arithmetische Mittel 6 sein kann.
   b) Bestimmen Sie die Anzahl der möglichen verschiedenen Listen mit dem arithmetischen Mittel 3.

6. Nicht jede Art erhobener Daten liefert direkt Werte, mit denen man rechnen kann. Hat ein Merkmal eine **Ordinalskala** (z. B. sehr oft, oft, manchmal, selten, nie), so stellt sich die Frage, wie man mit diesen "nicht-Zahlen" aussagekräftige Mittelwerte berechnen soll.
   Ein Fragebogen bietet obige fünf Ankreuzmöglichkeiten für je 20 Fragen an. Beschreiben Sie, wie man den Mittelwert berechnen könnte.

7. „Im letzten Vokabeltest gab es durchschnittlich 5,2 Fehler. Das deckt sich mit den vorherigen Tests, der Test ist also normal ausgefallen."
   Nehmen Sie Stellung zu dieser Aussage.

8. Beim Tanzwettbewerb erreichten die 20 Mädchen im Durchschnitt 8,4 Punkte, die 12 Jungen 7,0 Punkte.
   Die durchschnittliche Punktzahl der Jugendlichen soll bestimmt werden. Elena rechnet:
   $(8,4 + 7,0) : 2 = 7,7$
   Nehmen Sie Stellung zu Elenas Rechnung.

9. Teilen Sie Ihre Klasse in Fünfer- oder Sechsergruppen ein und führen Sie folgendes Experiment durch:
   - Ein Gruppenmitglied schätzt die Zeitspanne von einer Minute ab.
   - Die anderen Gruppenmitglieder kontrollieren mit einer Uhr und notieren die Zeit.
   - Jedes Gruppenmitglied muss einmal die Zeitspanne abschätzen.
   Ermitteln Sie Varianz und Standardabweichung der Messergebnisse Ihrer Gruppe. Vergleichen Sie mit den anderen Gruppen.

10. In einer Umfrage wurden 20 Personen gefragt, wie oft sie in Ihrem Leben bereits geflogen sind. Die Tabelle zeigt das Ergebnis.

Antwort	0	4	6	8	12	14	15	16	20	80
Häufigkeit	1	2	3	2	4	2	2	2	1	1

   a) Erstellen Sie zu der gegebenen Datenliste einen Boxplot. Was fällt Ihnen auf?
   b) Erstellen Sie einen weiteren Boxplot, bei dem Sie diesmal die obere Antenne nur bis zum zweitgrößten Wert der Liste zeichnen. Zeichnen Sie das Maximum als einzelnen Punkt in Ihrem Boxplot ein.
   c) Beschreiben Sie die Veränderung des Boxplots aus b) im Vergleich zu a) und erklären Sie, warum einzelne Punkte in Boxplots als Ausreißer bezeichnet werden.
   d) Welcher der beiden Boxplots ist für diese Datenliste aussagkräftiger? Begründen Sie Ihre Entscheidung.
   e) Recherchieren Sie zum Thema „Maximale Länge von Whiskern". Erklären Sie, wie Sie beim Erstellen eines Boxplots allgemein mit Ausreißern umgehen können.

11. Die Tabelle zeigt für zwei Firmen, wie viel Prozent der Mitarbeiter welches monatliche Bruttoeinkommen bekommen.

Einkommen	2200 €	2600 €	2900 €	3100 €	3400 €	3600 €	4000 €
Firma A	4 %	14 %	18 %	24 %	21 %	16 %	3 %
Firma B	23 %	16 %	7 %	5 %	8 %	16 %	25 %

Zeigen Sie, dass arithmetisches Mittel und Spannweite für beide Gehaltsstrukturen identisch sind.

Welcher auffällige Unterschied besteht zwischen den beiden Datenlisten bei der Verteilung der Werte? Berechnen Sie für beide Datenlisten die Kenngröße, die diesen Unterschied deutlich macht.

Zeichnen Sie für beide Listen einen Boxplot, vergleichen und interpretieren Sie sie.

Erläutern Sie, in welcher Firma Sie als Berufseinsteiger lieber arbeiten würden.

Lösungen
↗ S. 195/196

1. Aus 789 Schülerinnen und Schülern des Cantor-Gymnasiums wurden durch Losverfahren 120 ausgewählt und befragt, ob sie Gitarre spielen können.
    Geben Sie die Grundgesamtheit, die Stichprobe, das Auswahlverfahren und die interessierende Aussage an.

2. Entscheiden Sie, ob das zu untersuchende Merkmal qualitativ oder quantitativ ist. Geben Sie mögliche Merkmalsausprägungen an.
    a) Wasserverbrauch einer Person pro Tag zum Trinken und Kochen;
    b) Lieblingsreiseziele 16-jähriger Gymnasiasten;
    c) Alter der Schülerinnen und Schüler einer zehnten Klasse.

3. Bei Umfragen oder Tests werden Auskünfte zu verschiedenen Merkmalen erfasst. Geben Sie an, welche der folgenden Merkmale qualitativer oder quantitativer Art sind. Manche qualitativen Merkmale können je nach Definition von Merkmalsausprägungen quantifiziert werden.
    (1) Geschlecht; (2) benötigte Zeit für den Schulweg; (3) Lieblingsfarbe; (4) Ergebnisse eines Tests zur Merkfähigkeit; (5) Höhe des Taschengeldes von 16-jährigen Jugendlichen; (6) Zufriedenheit mit dem Kundendienst einer Firma; (7) Beliebtheit von Politikern; (8) Größe von Wohnungen

4. a) Ermitteln Sie von folgenden Punktzahlen das arithmetische Mittel, den Modalwert und den Median: 11; 6; 9; 16; 9; 7; 8.
    b) Ermitteln Sie die Mittelwerte für diese Datenliste unter Hinzunahme der Punktzahlen 1 und 3. Wie verändern sich dadurch die Mittelwerte?
    c) Fügen Sie zur Datenliste in a) eine Punktzahl hinzu, so dass das arithmetische Mittel 12 wird. Wie groß sind nun der Modalwert und der Median?

Hinweis:
Die Abkürzung mA steht für Milliampere und ist eine Maßeinheit der Stromstärke.

5. Geben Sie eine Datenliste bestehend aus 9 Daten an, deren arithmetisches Mittel 18 mA, deren Median 19 mA und deren Modalwert 16 mA ist.

6. Im Training einer Sportgruppe mussten die Teilnehmer möglichst viele Klimmzüge machen. Dabei wurde folgendes Ergebnis erzielt:

Name	Paul	Leo	Tom	Timo	Otto	Karl	Jens	Mark	Jan	Sven
Anzahl der Klimmzüge	20	18	16	20	18	20	16	18	22	19

    a) Berechnen Sie das arithmetische Mittel der in der Gruppe gemachten Klimmzüge.
    b) Ermitteln Sie Median, Spannweite und Modalwert.
    c) Stellen Sie den Sachverhalt in einem geeigneten Diagramm dar.

7. Das Diagramm zeigt die Anzahl richtiger Antworten von 20 Schülerinnen und Schülern bei einem Quiz mit 10 Fragen.
    a) Berechnen Sie das arithmetische Mittel der Anzahl richtiger Antworten pro Person.
    b) Ermitteln Sie Median und Modalwert.

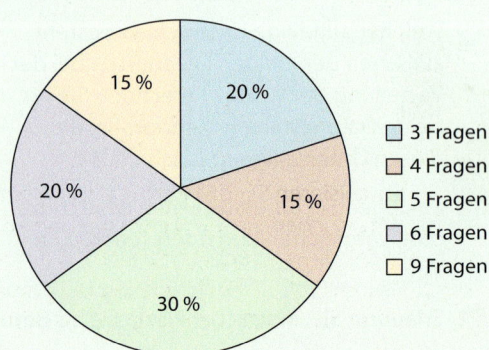

8. Bestimmen Sie das arithmetische Mittel, die Varianz und die empirische Standardabweichung.

Lösungen
↗ S. 196

a) 2; 5; 7; 7; 8; 8; 10; 12; 12; 14

b) 2,5 g; 3,0 g; 2,5 g; 1,8 g; 3,0 g

9. Die folgenden Datenreihen sind Weitsprungergebnisse von Janin und Paula aus der letzten Trainingseinheit.

Janin: 4,60 m; 4,10 m; 3,95 m; 4,55 m; 4,60 m

Paula: 4,50 m; 4,55 m; 4,50 m; 4,15 m; 4,60 m

a) Schätzen Sie, welche der Datenreihen eine größere Standardabweichung haben wird und begründen Sie Ihre Entscheidung.

b) Überprüfen Sie Ihre Vermutung mit einer Rechnung.

10. Die Tabelle zeigt das Ergebnis einer Befragung zur Anzahl von Geschwistern.

Anzahl von Geschwistern	0	1	2	3	4	5	6
Anzahl der Befragten	12	7	2	2	1	1	0

a) Berechnen Sie das arithmetische Mittel, die Varianz und die Standardabweichung und formulieren Sie das Ergebnis mit eigenen Worten.

b) Geben Sie den Median und den Modalwert an.

11. Die Tabelle zeigt die Anzahl richtig gegebener Antworten der Klassen 10a und 10b in einem Multiple-Choice-Test in Mathematik mit fünf Aufgaben.

Anzahl der richtigen Antworten	0	1	2	3	4	5
10a	0	4	6	4	4	2
10b	2	4	5	1	3	5

a) Vergleichen Sie die Ergebnisse der beiden Klassen mithilfe von Lagemaßen und Streumaßen und interpretieren Sie das Ergebnis.

b) Visualisieren Sie die Daten in geeigneter Weise.

12. Bei einer Untersuchung aus dem Jahr 1965 wurde Schülern aus 10. Klassen unter anderem folgende Frage gestellt:

„Wie würden Sie einmal Ihre Kinder erziehen?"

(A) Genauso, wie Ihre Eltern Sie erzogen haben

(B) Ungefähr so

(C) Bedeutend anders"

In der Tabelle sind die Befunde getrennt nach der sozialen Umgebung der Jugendlichen (Stadt, Land) dargestellt.

Antwort	Häufigkeit in der Stadt	Häufigkeit auf dem Land
(A)	94	150
(B)	165	150
(C)	31	25
Summe	290	325

a) Visualisieren Sie diese Befunde in einem geeigneten Diagramm.

b) Untersuchen Sie, ob die Einstellung zu dieser Frage bei Jugendlichen auf dem Lande anders ist als bei Jugendlichen in der Stadt.

c) Führen Sie in Ihrer Schule in der entsprechenden Altersstufe eine Erhebung dazu durch.

d) Untersuchen Sie, ob sich die Einstellung zu dieser Frage im Vergleich zu 1965 verändert hat.

Mittelwerte

Bei einer Reihe mit n Daten x_1, x_2, ..., x_n gilt

für das **arithmetische Mittel**:

$$\overline{x} = \frac{x_1 + x_2 + \ldots + x_n}{n}.$$

Das **arithmetische Mittel eines Merkmals bei einer Häufigkeitsverteilung** mit den Werten x_i und ihren relativen Häufigkeiten h_i errechnet sich durch
$$\overline{x} = h_1 \cdot x_1 + h_2 \cdot x_2 + \ldots + h_n \cdot x_n.$$

Der **Median (Zentralwert)** ist der mittlere Wert einer geordneten Datenliste (bei ungerader Anzahl) bzw. das arithmetische Mittel der beiden mittleren Werte (bei gerader Anzahl von Daten).

Ergebnisse einer Messreihe (in mm):
58; 57; 57; 55; 54; 56; 55; 57; 55; 54

$$\overline{x} = \frac{58 + 57 + 57 + 55 + 54 + 56 + 55 + 57 + 55 + 54}{10}$$
$$= 55,8$$

Messreihe als Häufigkeitsverteilung:

x_i (in mm)	54	55	56	57	58
Anzahl a_i	2	3	1	3	1
$h_i = \frac{a_i}{n}$	0,2	0,3	0,1	0,3	0,1

$$\overline{x} = 0,2 \cdot 54 + 0,3 \cdot 55 + 0,1 \cdot 56 +$$
$$0,3 \cdot 57 + 0,1 \cdot 58 = 55,8 \, \text{mm}$$

Geordnete Messreihe (in mm):
54; 54; 55; 55; 55; 56; 57; 57; 57; 58
Wegen der geraden Anzahl der Daten ist der Median $\frac{55 + 56}{2} = 55,5 \, \text{mm}$.

Streumaße

Die **Spannweite** ist die Differenz zwischen größtem und kleinstem Wert einer Datenliste.

Die **empirische Varianz** bei einer Liste mit n Daten x_1, x_2, ..., x_n und dem arithmetischen Mittel $\overline{x}$ ist die mittlere quadratische Abweichung s^2 der Daten vom Mittelwert:
$$s^2 = \frac{1}{n}[(x_1 - \overline{x})^2 + (x_2 - \overline{x})^2 + \ldots + (x_n - \overline{x})^2]$$

Die **empirische Standardabweichung** ist die Wurzel s aus der empirischen Varianz.

Sind die Daten als Häufigkeitsverteilung gegeben (Daten x_i, relative Häufigkeiten h_i und arithmetisches Mittel $\overline{x}$), kann folgende Formel verwendet werden:
$$s = \sqrt{h_1 \cdot (x_1 - \overline{x})^2 + h_2 \cdot (x_2 - \overline{x})^2 + \ldots + h_n \cdot (x_n - \overline{x})^2}$$

Spannweite der obigen Messreihe:
$58 \, \text{mm} - 54 \, \text{mm} = 4 \, \text{mm}$

$$\frac{1}{10}[(58 - 55,8)^2 + (57 - 55,8)^2 + (57 - 55,8)^2 +$$
$$(55 - 55,8)^2 + (54 - 55,8)^2 + (56 - 55,8)^2 +$$
$$(55 - 55,8)^2 + (57 - 55,8)^2 + (55 - 55,8)^2 +$$
$$(54 - 55,8)^2] \approx 1,76$$
bzw.
$$0,2 \cdot (54 - 55,8)^2 + 0,3 \cdot (55 - 55,8)^2 +$$
$$0,1 \cdot (56 - 55,8)^2 + 0,3 \cdot (57 - 55,8)^2 +$$
$$0,1 \cdot (58 - 55,8)^2 \approx 1,76$$
Empirische Varianz dieser Messreihe:
$s^2 \approx 1,76 \, \text{mm}^2$
Empirische Standardabweichung dieser Messreihe: $s = \sqrt{1,76 \, \text{mm}^2} \approx 1,33 \, \text{mm}$

Statistische Erhebungen

Bei statistischen Erhebungen wird in der Regel eine repräsentative **Stichprobe** auf Merkmale untersucht. Die Stichprobe ist eine Teilmenge der **Grundgesamtheit**.

Phasen einer statistischen Erhebung:
(1) Planung: Merkmale, Merkmalsausprägungen und ggf. Klassenbildung definieren
(2) Durchführung/Erhebung: Passende Fragen formulieren und aus einer repräsentativen Stichprobe der Grundgesamtheit die Daten erheben
(3) Aufbereitung: Berechnungen (z. B. Lagemaße, Streumaße) und Visualisierungen (z. B. Balkendiagramme, Kreisdiagramme) mit den Daten durchführen
(4) Interpretation

Erhebung zur Internetnutzung von Schülerinnen und Schüler einer Schule:

Grundgesamtheit: alle 705 Schülerinnen und Schüler der Schule (9 Schuljahrgänge)

Stichprobe: z. B. 20 % der Schüler und 20 % der Schülerinnen aus jeder der 27 Klassen bzw. Lerngruppen zufällig auswählen
Beispiele für mögliche Merkmale und Merkmalsausprägungen:
– Zeitaufwand pro Tag (z. B. höchstens eine Std., 1 bis 2 Std., mehr als 2 Std.)
– Meiste Zeit wofür? (z. B. Spiele, Hausaufgaben, soziale Netzwerke, ...)
– Computernutzung für HA in welchen Fächern? (z. B. Ma, De, En, Ge, Geo, ...)
Aufbereitung z. B. als Kreisdiagramm.

6. Komplexe Aufgaben

Die folgenden Aufgaben verbinden Kapitel dieses Buches und methodische Kompetenzen.

1. Funktionsuntersuchung

Die Abbildung zeigt den Graphen der Funktion f mit $f(x) = \frac{1}{3}(x^3 - 9x^2 + 24x - 20)$.

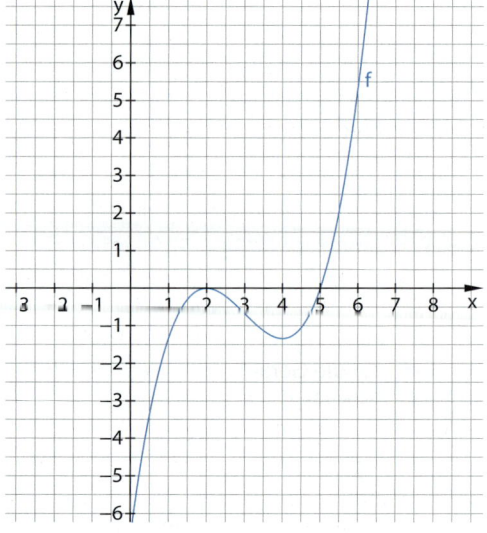

a) Weisen Sie rechnerisch nach, dass der Graph von f in $H(2|0)$ einen Hochpunkt und in $T\left(4|-\frac{4}{3}\right)$ einen Tiefpunkt hat.

b) Bestimmen Sie den Abstand zwischen den beiden Extrempunkten des Graphen.

c) Berechnen Sie den Wendepunkt des Graphen.

d) Begründen Sie, dass jede ganzrationale Funktion dritten Grades genau einen Wendepunkt hat.

e) Zeichnen Sie die Gerade durch die beiden Extrempunkte des Graphen in die obige Zeichnung ein.

Weisen Sie rechnerisch nach, dass diese Gerade nicht mit der Wendetangente übereinstimmt.

f) Die Funktion f ist die Ableitung einer Funktion F. Entscheiden Sie, ob die Aussagen richtig oder falsch sind. Begründen Sie Ihre Entscheidung.

1) An der Stelle $x = 2$ besitzt der Graph der Funktion F einen Hochpunkt.

2) Der Graph der Funktion F ist im Intervall [4; 5] streng monoton steigend.

3) Der Graph der Funktion F besitzt einen Tiefpunkt an der Stelle $x = 5$.

Übertragen Sie das obige Koordinatensystem und skizzieren Sie einen möglichen Verlauf des Graphen von F.

g) Betrachten Sie nun die Funktion g mit $g(x) = a(x - 2)^2(x - 5)$.

Setzt man hier für a verschiedene Zahlen ein, so erhält man jedes Mal eine andere Funktionsgleichung.

1) Bestimmen Sie die Zahl a so, dass die Funktion g mit der Funktion f übereinstimmt.

2) Beschreiben Sie den Verlauf des Funktionsgraphen von g mit $a = -1$ im Vergleich zum Funktionsgraphen der Funktion f.

2. Wasserverbrauch als ganzrationale Funktion

Die Stadtwerke messen an der Leitung, welche einen Stadtteil mit Frischwasser versorgt, den momentanen Wasserverbrauch in $100 \frac{m^3}{h}$.

Der gemessene Verbrauch kann für die Zeit von 0 Uhr bis 14 Uhr in etwa durch eine Funktion f mit $f(x) = -0{,}0002x^6 + 0{,}0078x^5 - 0{,}1098x^4 + 0{,}6562x^3 - 1{,}386x^2 + 6$ dargestellt werden.

Dabei ist x die Zeit in Stunden ab 0 Uhr ($x = 4$ entspricht 4 Uhr morgens).

a) Beschreiben Sie das Verhalten des Graphen (Monotonie, Hoch- und Tiefpunkte), und interpretieren Sie dieses Verhalten in Bezug auf den Wasserverbrauch zu den verschiedenen Uhrzeiten.

b) Finden Sie für $0 \leq x \leq 14$ alle Stellen, an denen der Verbrauch genau $600 \frac{m^3}{h}$ beträgt

3. Funktionsuntersuchung

Die Abbildung zeigt den Graphen der Funktion f mit $f(x) = \frac{1}{6}x^3 + \frac{1}{2}x^2 - \frac{3}{2}x$.

a) Berechnen Sie die Schnittpunkte des Graphen von f mit den Koordinatenachsen.

b) Weisen Sie rechnerisch nach, dass der Graph von f in $H\left(-3 \,\middle|\, \frac{9}{2}\right)$ einen Hochpunkt und in $T\left(1 \,\middle|\, -\frac{5}{6}\right)$ einen Tiefpunkt hat.

c) Stellen Sie eine Gleichung der Geraden g durch die beiden Extrempunkte von f auf. Bestimmen Sie die Stelle, an der die Tangente am Graphen von f die gleiche Steigung wie die Gerade durch die beiden Extrempunkte hat.

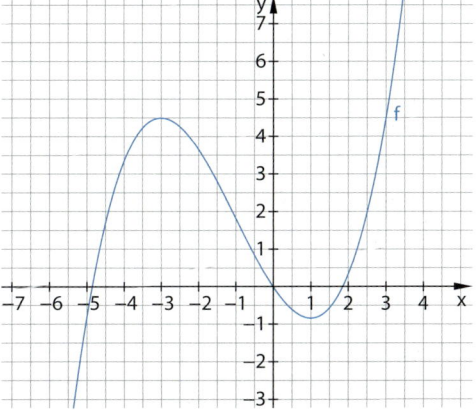

d) Bestimmen Sie den Wendepunkt W des Graphen und überprüfen Sie rechnerisch, ob die Gerade g durch die beiden Extrempunkte den Graphen der Funktion im Wendepunkt W schneidet.

e) Betrachten Sie nun die Funktion $g(x) = \frac{1}{6}x^3 + \frac{1}{2}x^2 - \frac{3}{2}x + a$. Setzt man hier für a verschiedene Zahlen ein, so erhält man jedes Mal eine andere Funktionsgleichung.

   1) Bestimmen Sie die Zahl a so, dass die Funktion g mit der Funktion f übereinstimmt.

   2) Beschreiben Sie den Verlauf des Funktionsgraphen von g im Vergleich zum Funktionsgraphen der Funktion f. Beachten Sie notwendige Fallunterscheidungen.

f) Die Funktion f ist die Ableitung einer Funktion F. Entscheiden Sie, bei welchen Graphen es sich nicht um den Graphen von F handeln kann. Begründen Sie in diesen Fällen ihre Meinung.

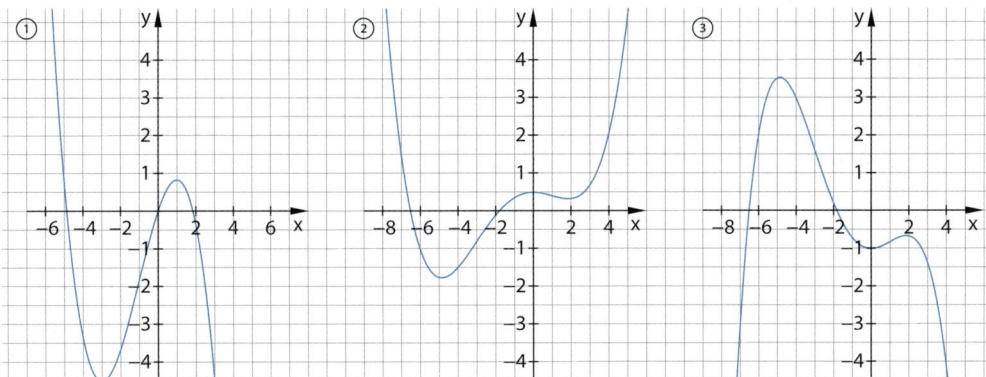

4. Rutschbahn

Die Form einer Rutschbahn entspricht dem Graphen zu $f(x) = x^3 + 2x^2$ für $-1,3 \leq x \leq 0,1$. Jemand lässt einen Ball die Rutschbahn herabrollen. Im Punkt $P(0,1 \,|\, f(0,1))$ verlässt der Ball die Bahn. Wenn es beim Verlassen der Bahn keine Erdanziehung gäbe, würde der Ball entlang einer Geraden weiterfliegen.

a) Erklären Sie die Bedeutung dieser Geraden.

b) Stellen Sie die Gleichung der Geraden auf.

5. Funktionsuntersuchung

Die Abbildung zeigt den Graphen der Funktion f mit $f(x) = \frac{1}{4}x^3 - \frac{9}{4}x^2 + \frac{15}{4}x + \frac{13}{4}$.

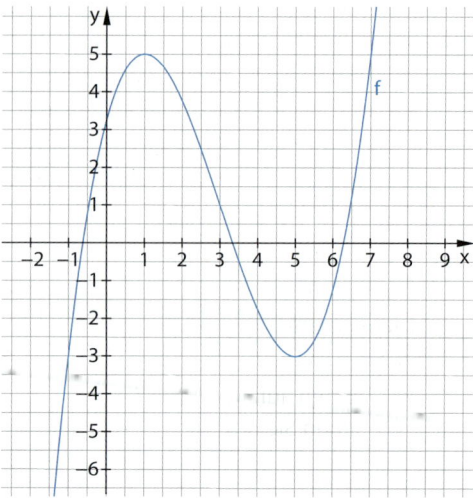

a) Ermitteln Sie alle Nullstellen von f.

b) Berechnen Sie die lokalen Extrempunkte des Graphen von f.

c) Zeigen Sie, dass der Graph von f den Wendepunkt $W(3|1)$ besitzt und bestimmen Sie die Gleichung der Wendetangente an den Graphen von f.

d) Zeichnen Sie den Graphen der Funktion f und den der Ableitungsfunktion f' in ein gemeinsames Koordinatensystem. An der Zeichnung lassen sich Zusammenhänge zwischen den Graphen von f und f' erkennen. Geben Sie mindestens zwei dieser Zusammenhänge an.

e) Entscheiden Sie, ob die beiden Aussagen wahr oder falsch sind und begründen Sie Ihre Entscheidung.

1) Die Steigung der Geraden durch die Punkte $A(1|5)$ und $B(6|f(6))$ beträgt -1.

2) Es gibt eine Tangente an den Graphen der Funktion f, die die Steigung -1 hat.

f) Verändert man den Funktionsterm von f, so hat dies Auswirkungen auf den Graphen der Funktion.

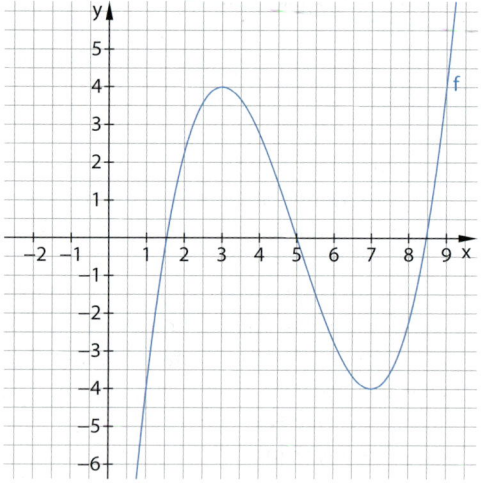

1) Die untere Abbildung zeigt den Graphen der Funktion h. Beschreiben Sie, wie der Graph der Funktion h aus dem Graphen von f hervorgeht, und geben Sie die Funktionsgleichung von h an.

2) Betrachten Sie nun Funktionen g mit $g(x) = a \cdot f(x) + b$. Begründen Sie, dass der Graph der Funktion g für $a = \frac{1}{2}$ und $b = 1,5$ den Hochpunkt $H(1|4)$ besitzt.

3) Ermitteln Sie a und b so, dass der Graph der Funktion g den Tiefpunkt $T(1|-2)$ hat.

6. Merkregeln

Um sich für die nächste Klassenarbeit vorzubereiten, hat ein Schüler einige Merkregeln zu Ableitungsregeln aufgeschrieben. Überprüfen Sie, welche dieser Regeln richtig und welche falsch sind. Korrigieren Sie die falschen Regeln.

- Wenn sich die Graphen der Funktionen f und g nur durch eine Verschiebung entlang der y-Achse unterscheiden, sind die Ableitungsfunktionen f' und g' gleich.
- Eine Streckung einer Funktion um den Faktor a ändert die Ableitungsfunktion nicht.
- Ist die Ableitung einer Funktion gesucht, die sich als Summe von zwei Funktionen darstellen lässt, spielt die Reihenfolge von Ableiten und Addieren keine Rolle.
- Der Graph der Ableitungsfunktion einer Parabel ist immer eine Gerade. Ihre Steigung ist immer halb so groß wie der Faktor vor dem x^2.

7. Besucherzahlen modellieren

Die Grafik beschreibt die Anzahl der Besucher eines Freibads während der Öffnungszeiten zwischen 10:00 Uhr und 20:00 Uhr. Die zugehörige Funktionsgleichung lautet $f(t) = -1{,}2t^3 + 36t^2 - 237t$.
Hierbei entspricht t der Uhrzeit und $f(t)$ der Besucheranzahl, die sich zum Zeitpunkt t im Freibad aufhält.

a) Berechnen Sie die Besucheranzahl, die sich um 11 Uhr im Bad aufhält.

b) Um 19:45 Uhr werden die Besucher gebeten, die Becken zu verlassen und die Umkleidekabinen aufzusuchen.

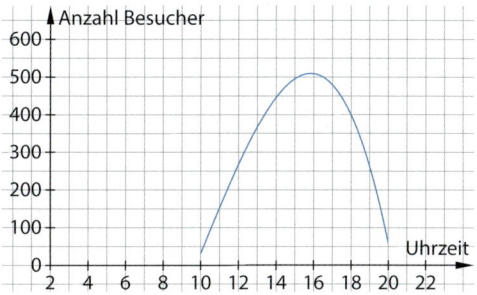

1) Bestimmen Sie, wie viele Besucher sich um 19:45 Uhr noch im Hallenbad befinden.

2) Bestimmen Sie den Zeitpunkt, an dem alle Besucher das Freibad verlassen haben.

c) Berechnen Sie, zu welchem Zeitpunkt sich die meisten Besucher im Hallenbad befinden und geben Sie die maximale Besucherzahl an.

d) Wie viele Besucher werden zwischen 11:00 Uhr und 13:00 Uhr durchschnittlich pro Stunde in das Freibad eingelassen, wenn man davon ausgeht, dass in diesem Zeitraum kein Besucher das Bad verlässt?

e) Damit die Besucher am Eingang keine langen Wartezeiten in Kauf nehmen müssen, sollen stets genügend Kassen geöffnet sein.
1) Bestimmen Sie den Zeitpunkt, an dem der Andrang an den Kassen vor 13 Uhr am größten ist. Gehen Sie davon aus, dass bis dahin kein Gast das Bad verlässt.
2) Wie viele Kassen müssen zu diesem Zeitpunkt geöffnet sein, wenn an jeder Kasse drei Besucher pro Minute eingelassen werden können?

f) Auf Wunsch der Schwimmgäste soll das Freibad im kommenden Jahr bereits um 9:00 Uhr geöffnet werden, schließt dann aber auch eine Stunde eher, um die Personalkosten nicht zu erhöhen. Der Geschäftsführer rechnet damit, dass die Besucherzahl durch diese Maßnahme zu jedem Zeitpunkt um 10 % gesteigert werden kann.
Geben Sie eine Funktionsvorschrift für die Zuordnung *Uhrzeit → Besucheranzahl* an, die diese Veränderungen berücksichtigt.

8. Umfrage bewerten

200 Personen wurden gefragt, was sie handschriftlich erledigen.
Die Antwort wurde angekreuzt, Mehrfachnennungen waren erlaubt.

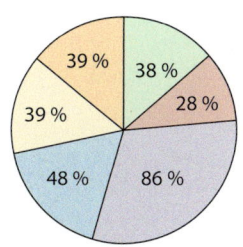

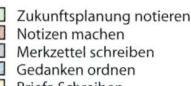

a) Berechnen Sie, wie viele Kreuze es insgesamt und bei jeder Antwort gab.
Berechnen Sie jeweils den Anteil.

b) Im Kreisdiagramm nimmt der Kreissektor für „Merkzettel schreiben" ungefähr nur ein Drittel der Kreisfläche ein, obwohl angegeben wird, dass 86 % der Teilnehmer diese Antwort ankreuzten. Erläutern Sie, warum das kein Widerspruch ist.

c) Beschreiben Sie, wie man ein solches Kreisdiagramm erstellen kann, auch wenn die Summe der Prozentangaben größer als 100 % ist.

9. Wassertemperaturen

Die Abbildung zeigt die durchschnittliche Wassertemperatur des Mittelmeers an der Küste Mallorcas. Die zugehörige Funktionsgleichung lautet
$t(x) = -0{,}03x^3 + 0{,}29x^2 + 1{,}1x + 13$.
Hierbei bezeichnet x den Monat (wobei x = 1 der Mitte des Monats Januar und x = 12 der Mitte des Monats Dezember entspricht) und t(x) der Wassertemperatur in °C.

a) Berechnen Sie die Wassertemperatur im April und im Juni.
b) Berechnen Sie $\frac{t(6) - t(4)}{6 - 4}$ und t'(5). Geben Sie an, welche Bedeutung die beiden berechneten Ergebnisse im Sachzusammenhang haben.
c) Zeigen Sie rechnerisch, dass die Wassertemperatur im August am höchsten ist und geben Sie die maximale Wassertemperatur an.

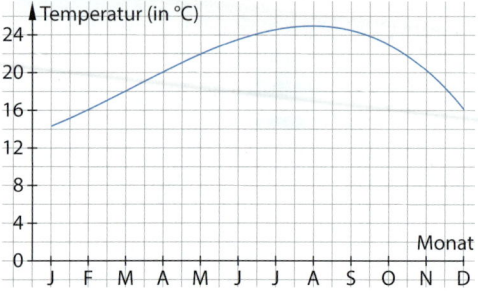

d) Begründen Sie, warum die minimale Wassertemperatur an den Rändern der Funktion zu suchen ist und berechnen Sie diese.
e) Geben Sie den Monat an, in dem die momentane Änderungsrate der Durchschnittstemperatur am größten ist. Wie groß ist sie?
f) In Ägypten ist die Wassertemperatur Mitte Januar mit 15 °C minimal und Anfang September mit 26,5 °C maximal. Die Wassertemperatur in Ägypten soll ebenfalls durch eine ganzrationale Funktion g(x) annähernd beschrieben werden.
   1) Entscheiden Sie, welche der folgenden Eigenschaften die Funktion f erfüllen muss. Begründen Sie Ihre Auswahl.

| ① g(1) = 15 | ② g(15) = 1 | ③ g'(15) = 0 | ④ g'(1) = 15 | ⑤ g(26,5) = 8,5 |
| ⑥ g'(1) = 0 | ⑦ g(8,5) = 26,5 | ⑧ g(8,5) = 26,5 | ⑨ g'(8,5) = 0 | ⑩ g''(8,5) = 0 |

   2) Leon ist der Meinung, dass die Wassertemperatur in Ägypten annähernd durch die Funktionsgleichung g(x) = t(x − 0,5) + 2 angegeben werden kann. Nehmen Sie begründet Stellung zu Leons Meinung.

10. Schokoladenproduktion

Aus der laufenden Produktion von Schokoladentafeln mit einem Sollmaß von 100 g wurden 200 Stück entnommen. Die Tabelle enthält die ermittelten relativen Häufigkeiten.

Masse in Gramm	97	98	99	100	101	102	103
Relative Häufigkeit	0,01	0,03	0,21	0,48	0,19	0,07	0,01

a) Stellen Sie die Häufigkeitsverteilung für die absoluten Häufigkeiten grafisch dar.
b) Ermitteln Sie das arithmetische Mittel, die Standardabweichung, den Median und den Modalwert der Häufigkeitsverteilung.
c) Ermitteln Sie den Anteil der Schokoladentafeln aus der Stichprobe, die höchstens eine Standardabweichung vom Sollwert entfernt sind.

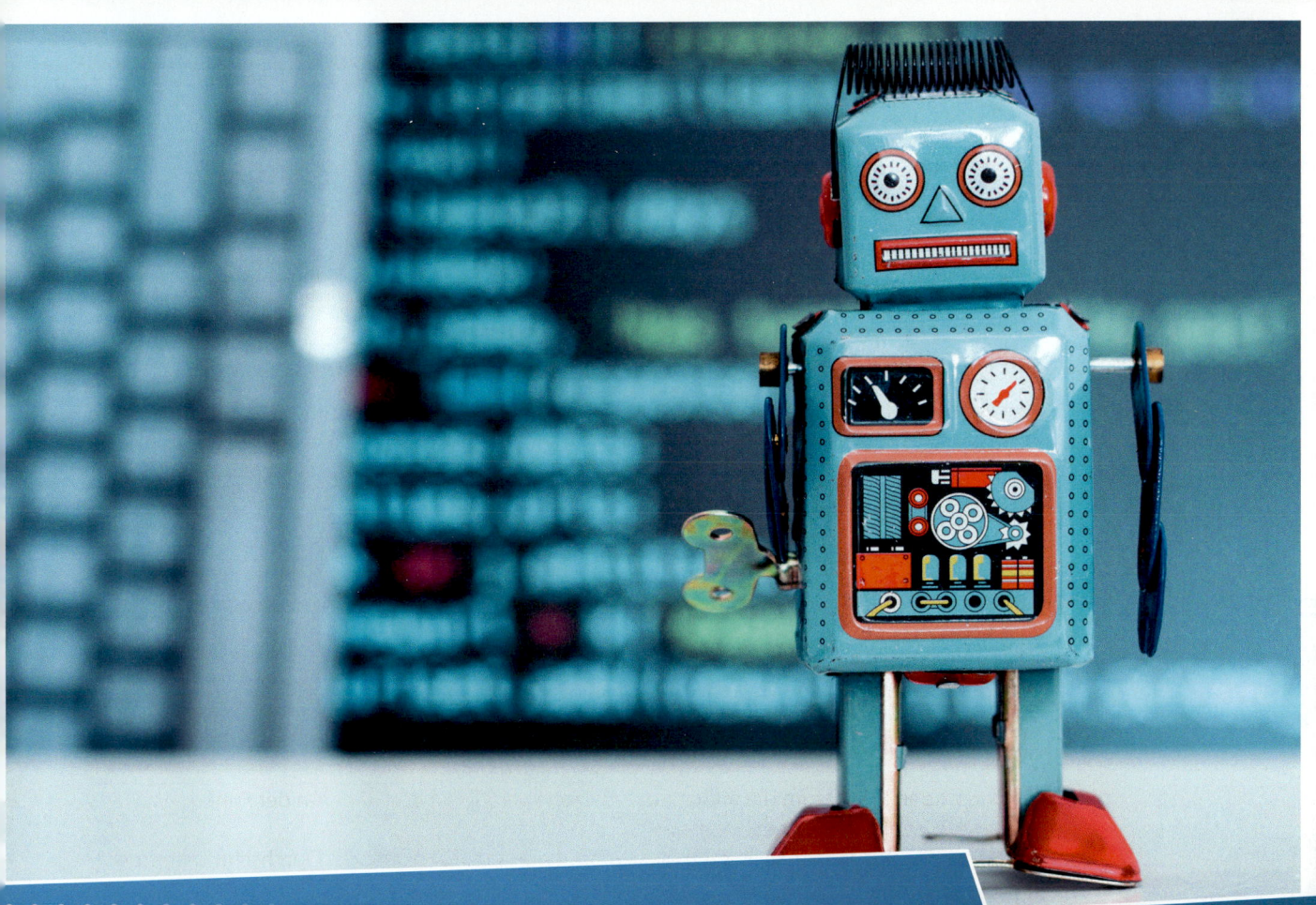

7. Digitale Mathematikwerkzeuge

Hier können Sie nachschlagen, wenn Sie Hilfe bei der
Arbeit mit einem GTR oder einem CAS benötigen.

Anwendungen des TI-Nspire CX CAS

Auf dem Homescreen kann man eine der folgenden **Anwendungen** starten.

1 Calculator (Rechenblatt)

3 Geometry (dynamische Geometrie)

5 Data&Statistics (Daten darstellen und auswerten)

7 VernierDataQuest (Messwerte sammeln und auswerten)

2 Graphs (grafische Darstellungen)

4 Lists&Spreadsheets (Tabellenkalkulation)

6 Notes (Textverarbeitung, interaktive Arbeitsblätter)

Dokumente erstellen und verwalten

Beim Starten einer Anwendung wird eine neue **Seite** im aktuellen Dokument angelegt.

Eine oder mehrere Seiten können in einem **Dokument** gespeichert werden. Die Seiten innerhalb des Dokuments sind verbunden. Dokumente werden über die Taste *doc* oder über den Homescreen 🏠 */on* erstellt oder verwaltet.

Dokumente
1 Neues
2 Eigene Dateien
3 Letzte ▶
4 Aktuelles
5 Einstellungen

Eingabe abschließen und korrigieren:

Schließen Sie jede vollständige Eingabe mit *enter* ab.

Braucht man z. B. beim Rechnen mit Größen einen Näherungswert, drückt man *ctrl + enter*.

Ist eine Eingabe mit *enter* abgeschlossen, kann sie korrigiert werden, indem man den Ausdruck mit der Pfeiltaste ▲ markiert und mit *enter* in die Eingabezeile kopiert. Dort kann die Eingabe dann verändert werden.

Tastenkürzel

esc	Befehl rückgängig machen
Kursor hinter das Zeichen setzen, *del*	Zeichen löschen
shift ◄►	Ausdruck markieren
Ausdruck markieren und *ctrl + x*	Ausdruck ausschneiden
Ausdruck markieren und *ctrl + c*	Ausdruck kopieren
ctrl + v	Ausdruck einfügen
ctrl + del	markierten Ausdruck löschen
ctrl + esc oder *ctrl + z*	Arbeitsschritte rückgängig machen
ctrl + y	Arbeitsschritt erneut aufrufen
menu – Aktionen – Protokoll löschen	alle Einträge auf einer Seite löschen
doc – Seitenlayout – Seite löschen	Seite in einem Dokument löschen

Standardeinstellungen des Rechners wiederherstellen

🏠 */on – Einstellungen – Dokumenteinstellungen – Zurücksetzen - enter - enter - enter*
Der Wechsel zwischen den Bereichen bei *Dokumenteinstellungen* erfolgt mit *tab*.

Terme eingeben

In der Anwendung *Calculator* lassen sich Terme eingeben.

Manche Terme vereinfacht der CAS-Rechner automatisch. Deshalb kann das CAS auch zur **Selbstkontrolle** von handschriftlichen Lösungen dienen. Gleichartige Summanden werden automatisch zusammengefasst und meistens alphabetisch geordnet.

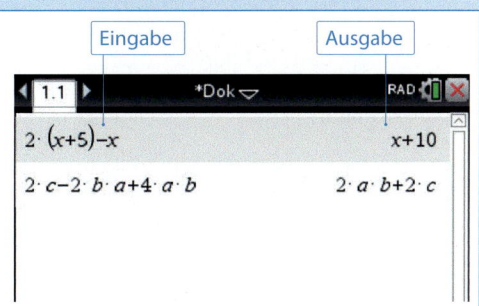

Gleichungen und Ungleichungen lösen

Rufen Sie im *Calculator* den Befehl *solve* auf. Geben Sie dann die Gleichunge oder Ungleichung und die Variable ein, die berechnet werden soll.

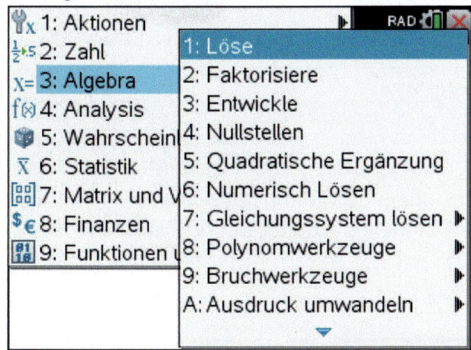 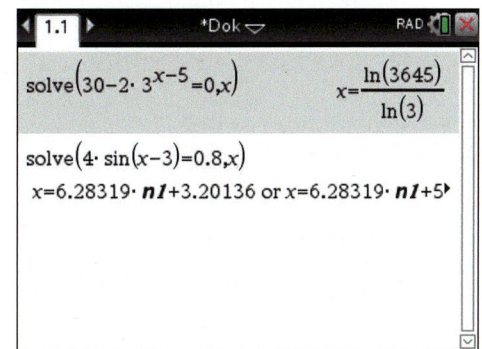

Der Rechner zeigt alle Lösungen an. Wenn die Gleichung oder Ungleichung keine Lösung hat, zeigt der Rechner *false* als Ergebnis an.

Mit dem *WITH-Operator* können Sie unter anderem Definitionsbereiche einschränken oder Variablen ersetzen.

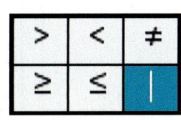

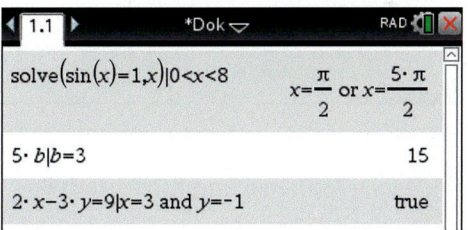

Gleichungssysteme lösen

Lineare Gleichungssysteme können mit dem Befehl *solve* gelöst werden.

Geben Sie die Gleichungen nacheinander ein und verbinden Sie diese durch *and*. Ergänzen Sie die Variablen, die berechnet werden sollen. Der Rechner zeigt alle Lösungen an. Alternativ können Sie im Menü unter *Algebra Gleichungssysteme lösen* wählen. Wenn das Gleichungssystem keine Lösung hat, zeigt der Rechner *false* als Ergebnis an.

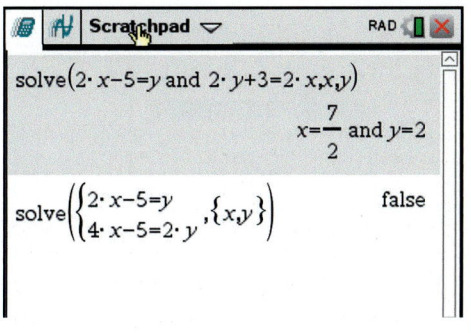

Funktionen grafisch darstellen

Bitte öffnen Sie die Anwendung *Graphs*. Gib hinter f1(x) = den Funktionsterm ein oder die Funktionsbezeichnung einer anderen Seite (z. B. Calculator).

Passen Sie, wenn nötig, die Fenstereinstellungen an.

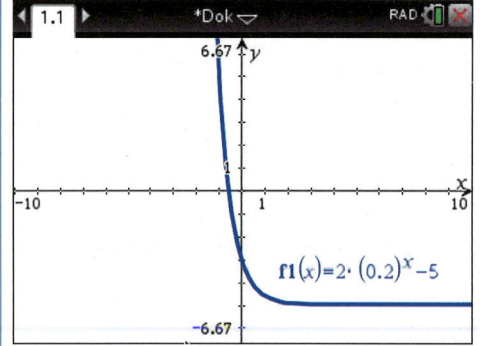
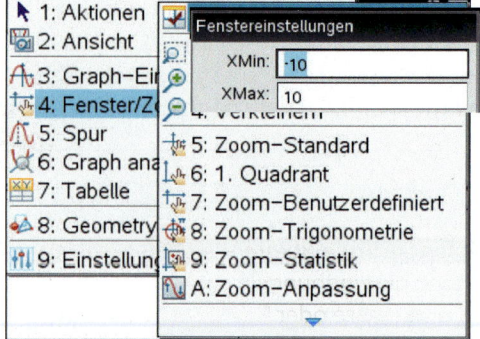

Nullstellen grafisch ermitteln

Zeichne den Graphen der Funktion.

Mit dem Befehl *Nullstelle* können Sie eine Nullstelle in einem gewählten Intervall anzeigen lassen. Besitzt die Funktion mehrere Nullstellen, müssen Sie für jede ein eigenes Intervall auswählen.

Prüfen Sie die abgelesenen Lösungen.

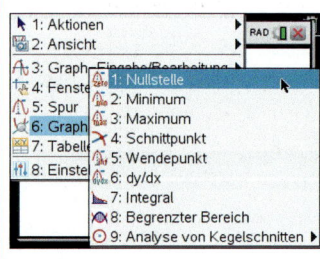
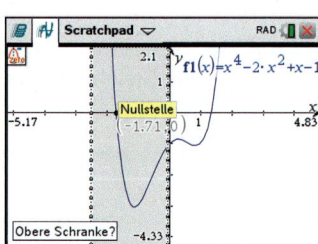
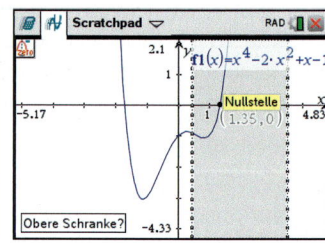

Hoch- und Tiefpunkte grafisch ermitteln

Zeichnen Sie den Graphen der Funktion. Lassen Sie sich mit dem Befehl *Minimum* bzw. *Maximum* aus dem Menü *Graph* den tiefsten bzw. höchsten Funktionswert in einem gewählten Intervall anzeigen.

Prüfen Sie die abgelesenen Lösungen.

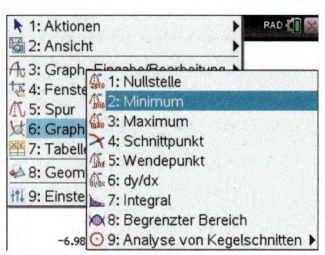
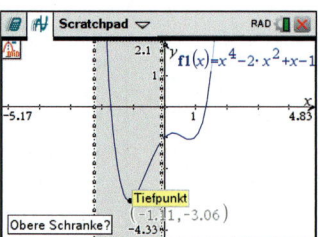
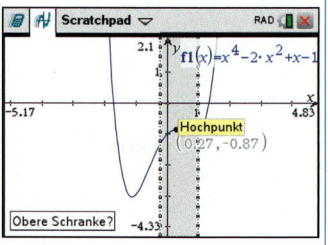

Globale Maxima und Minima bestimmen

Definieren Sie die Funktion im *Calculator*.
Mit dem Befehl *fMin()* bzw. *fMax()* werden globale Maxima und Minima bestimmt.
Liegt kein globales Maximum oder Minimum vor, ist das Ergebnis
$x = -\infty$ or $x = \infty$.
Mit dem WITH-Operator kann die Suche auf ein Intervall begrenzt werden.

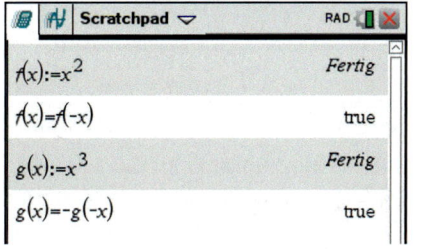

Symmetrie überprüfen

Definieren Sie die Funktion im *Calculator*.
Sie können nun überprüfen, ob die allgemeinen Bedingungen für Achsensymmetrie zur y-Achse oder Punktsymmetrie zum Ursprung erfüllt sind.

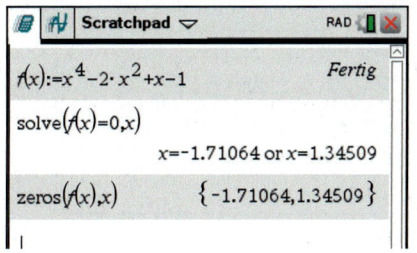

Nullstellen rechnerisch ermitteln

Setzen Sie in die Funktionsgleichung $y = 0$ und lösen Sie die Gleichung mit dem Befehl *solve*.

Alternativ können Sie auch den Befehl *zeros* verwenden.

Schnittpunkte grafisch bestimmen

Zeichnen Sie die Graphen der gegebenen Funktionen.
Mit dem Befehl *Schnittpunkt* können Sie die Lösung im gewählten Intervall ablesen.

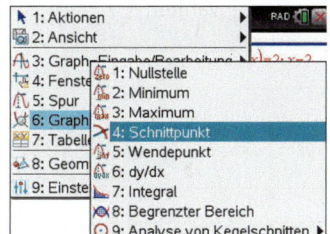 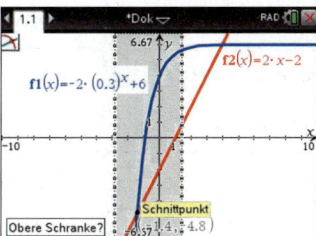 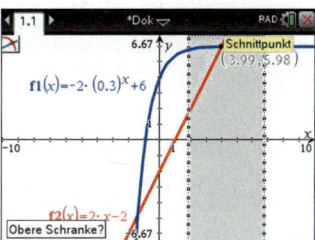

Auf diese Weise können Sie zum Beispiel Schnittpunkte der Graphen von linearen Funktionen und Exponentialfunktionen finden.
So können Sie auch Gleichungssysteme lösen. Zeichnen Sie dafür die Graphen aller Funktionen, die zum Gleichungssystem gehören. Mit dem Befehl Schnittpunkt erhalten Sie dann die Lösungen (wenn vorhanden).

Steigung an einer Stelle grafisch ermitteln

Zeichnen Sie den Graphen der Funktion. Wählen Sie im Menü unter **Graph analysieren** den Befehl **dy/dx**. Klicken Sie auf einen Punkt des Graphen und Ihnen wird die Steigung angezeigt.

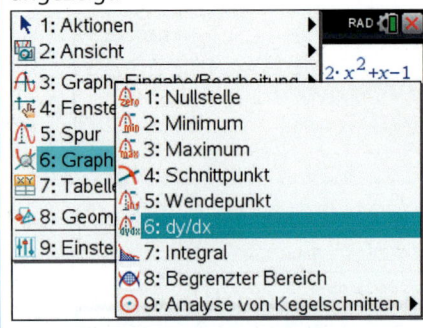 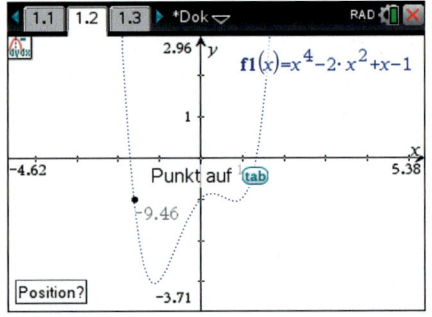

Ableitung an einer Stelle rechnerisch ermitteln

Definieren Sie die Funktion im **Calculator** oder einem **Nodes-Fenster**. Verwenden Sie den Befehl **Ableitung an einer Stelle** im Menü **Analysis**. Geben Sie den Wert der Stelle ein und bestätigen Sie. Die Ableitung an der Stelle wird Ihnen angezeigt.

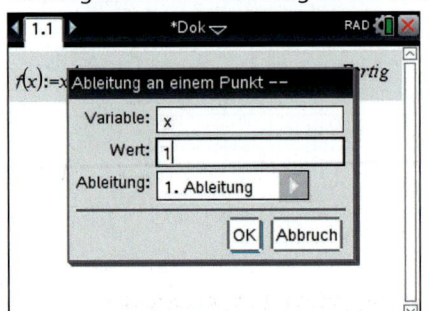 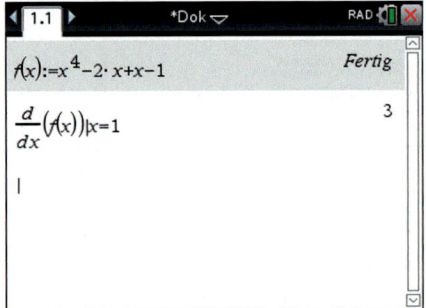

Ableitungsfunktion bestimmen und zeichnen

Definieren Sie die Funktion f im **Calculator** oder einem **Nodes-Fenster**. Definieren Sie dann eine Hilfsfunktion (hier a (x)) als Ableitungsfunktion von f. Verwenden Sie dazu den Befehl **Ableiten** im Menü **Analysis**. Öffnen Sie anschließend die Anwendung **Graphs** und zeichnen Sie die Funktion f und die Ableitungsfunktion a.

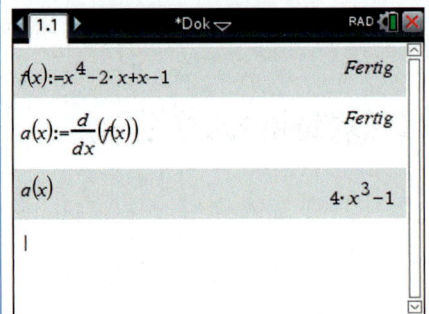 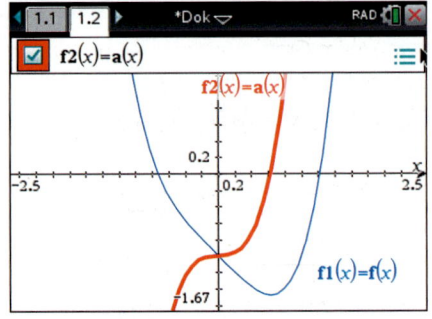

Tangenten- und Normalengleichungen bestimmen

Definieren Sie die Funktion im *Calculator* oder einem *Nodes-Fenster*. Verwenden Sie im Menü *Analysis* die Befehle *tangentLine()* für Tangenten und *normalLine()* für Normalen. Geben Sie die Funktion, die Variable und die Stelle, an der die Tangente oder Normale anliegt, an.

Der Rechner zeigt Ihnen den Term der Tangente oder Normale an.

$f(x):=x^4-2\cdot x^2+x-1$ Fertig

$tangentLine(f(x),x,2)$ $25\cdot x-41$

$normalLine(f(x),x,2)$ $\dfrac{227}{25}-\dfrac{x}{25}$

$t(x) = 25x - 41$

$n(x) = -\dfrac{227}{25}x + \dfrac{x}{25}$

Wendepunkte grafisch ermitteln

Zeichnen Sie den Graphen der Funktion. Mit dem Befehl *Wendepunkt* im Menüpunkt *Analysis* können Sie sich einen Wendepunkt in einem gewählten Intervall anzeigen lassen.

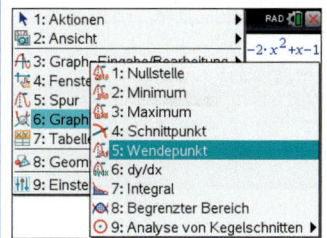 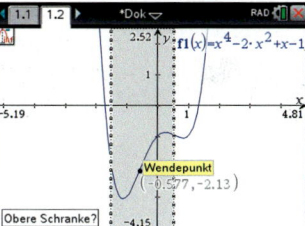 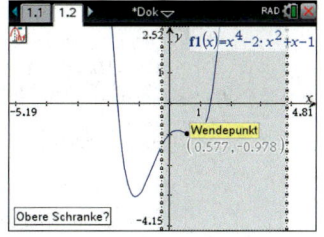

Funktionen mit Parametern untersuchen

Definieren Sie im *Calculator* die Funktion mit mehreren Variablen.

Bei der weiteren Arbeit mit der Funktion sollte man Folgendes beachten:

Die Ableitungsfunktionen dürfen nicht direkt definiert werden, sondern der Term (hier $2x + t$) muss erst berechnet und dann abgespeichert werden.

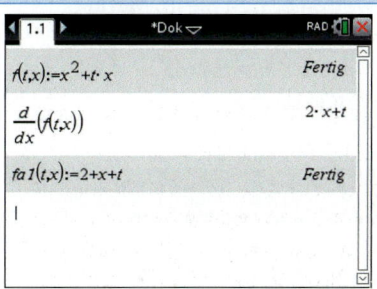

Erstellen Sie im Grafikmenü einen Schieberegler, indem Sie eine Funktion mit Parametern definieren (hier $f(x) = (x - a)^2 + b$).

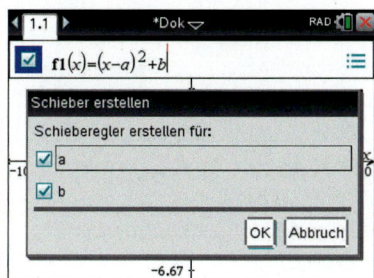 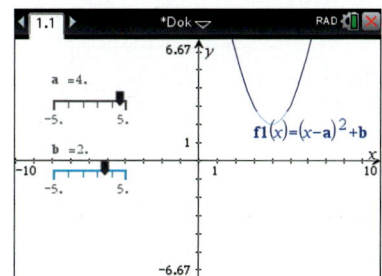

Bewegen Sie den Schieberegler und beobachten Sie die Veränderung des Graphen.

Daten in einer Liste erfassen

Datenreihen ohne Häufigkeitsverteilungen können im *Calculator* definiert werden. Verwenden Sie dazu die Mengenschreibweise *{}*.

Lage- und Streumaße einer Datenliste berechnen

Definieren Sie im *Calculator* oder in einem *Lists&Spreadsheet*-Fenster eine Datenliste. Im Menüpunkt *Statistik* finden Sie unter *Listen Mathematik* die Befehle für einige Lage- und Streumaße.

Arithmetisches Mittel – *Mittelwert*
Median – *Median*
Empirische Varianz – *Populations-Varianz*
Empirische Standardabweichung – *Populations-Standardabweichung*

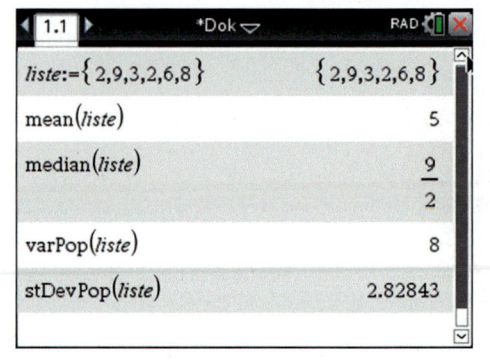

Datenlisten mit absoluten Häufigkeiten erfassen und auswerten

Bei Datenreihen mit absoluten Häufigkeiten bietet sich die Verwendung einer Tabelle an. Öffnen Sie das Fenster **Lists&Spreadsheet**. Tragen Sie die Werte des Merkmals in die erste Spalte und die absoluten Häufigkeiten in die zweite Spalte ein.
Zum Auswerten öffnen Sie im Menü *Statistik – Statistische Berechnungen – Statistik mit einer Variable ...* und Wählen Sie Anzahl der Listen als 1.

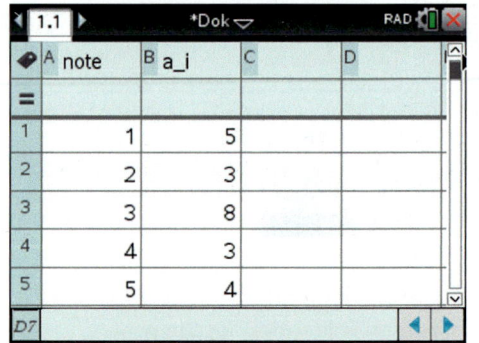

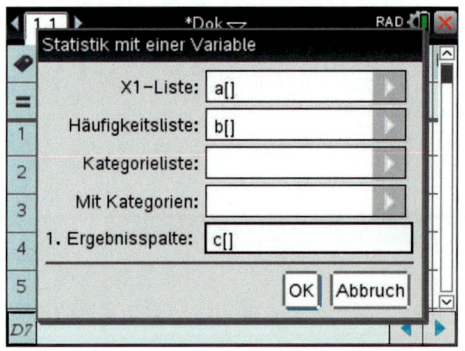

Tragen Sie im Fenster unter *X1-Liste* die Spalte mit den Merkmalswerten (hier a), unter *Häufigkeitsliste* die Spalte mit den Häufigkeiten (hier b) und unter *1. Ergebnisspalte* die gewünschte Spalte für die Auswertung (hier c) ein und bestätigen Sie. Anschließend wird eine Vielzahl statistischer Werte (Maximum, Median ...) angezeigt.
Darunter finden Sie auch das **untere Quartil** – X_1Q und das **obere Quartil** – X_3Q.

8. Anhang

Lösungen zu Kapitel 1: Potenzfunktionen

Ihr Fundament (S. 6/7)

S. 6, 1.

a) $3^2 = 9$

b) $\left(\frac{1}{2}\right)^3 = \frac{1}{8}$

c) $(-0,2)^3 = -0,008$

d) $\left(-\frac{1}{3}\right)^4 = \frac{1}{81}$

e) $\frac{1}{4} \cdot \frac{1}{4} = \frac{1}{16}$

f) $\frac{1}{\left(\frac{1}{5}\right)^2} = \frac{1}{5} \cdot \frac{1}{5} = 5 \cdot 5 = 25$

g) $-\left(\frac{1}{2} \cdot \frac{1}{2} \cdot \frac{1}{2}\right) = -\frac{1}{8}$

h) $\frac{2}{2 \cdot 2 \cdot 2} = \frac{1}{2} \cdot \frac{1}{2} = \frac{1}{4}$

i) $\frac{1}{\frac{3}{4} \cdot \frac{3}{4}} = \frac{4}{3} \cdot \frac{4}{3} = \frac{16}{9}$

S. 6, 2.

a) 2　　b) 1　　c) $\frac{1}{3}$　　d) nicht definiert

e) 7　　f) 3　　g) 9　　h) $\frac{1}{3}$

i) ?　　j) 2　　k) $-\frac{3}{4}$　　l) $\frac{1}{5}$

S. 6, 3.

a) 0; 2; 32

b) -1; 1; 8

c) 0,75; 0,5; 0,54

d) $-0,001$; 0; 0,008

S. 6, 4.

a) Die Aussage ist falsch, denn es gilt:
$\sqrt{0,25} = 0,5 > 0,25$

b) Die Aussage ist falsch, denn es gilt:
$0,1^2 = 0,01 < 0,1$

S. 6, 5.

a) $x = \frac{5}{3}$

b) $x = -\frac{13}{2}$

c) keine Lösung

d) $x = 1$

e) keine Lösung

f) $x_1 = 0,5$; $x_2 = -0,5$

g) $x_1 = 5$; $x_2 = -1$

h) $x_1 = 3$; $x_2 = -3$

i) $x = 3$

S. 6, 6.

a) -3　　b) -1; 5　　c) 3

S. 6, 7.

a) $x_1 = 11$; $x_2 = -11$

b) $x_1 = 3$; $x_2 = -3$

c) $x = 0$

d) $x = 0$

e) $x = -1$

f) $x_1 = 2$; $x_2 = -2$

g) $x = 8$

h) $x = 27$

i) $x = -125$

j) $x = \frac{1}{2}$

S. 6, 8.
Beispiele:
Genau eine Lösung: $A = 1$
Keine Lösung: $A = -x$
Unendlich viele Lösungen: $A = -x + 4$

S. 6, 9.

a) Die Zuordnung $m \to T$ ist eindeutig, denn zu jedem Monat gehört genau eine mittlere Temperatur.
Die Zuordnung $T \to m$ ist nicht eindeutig, denn z. B. gehört zur Temperatur 4,2 °C sowohl der Monat Januar als auch der Monat März.

b) Beispiel:

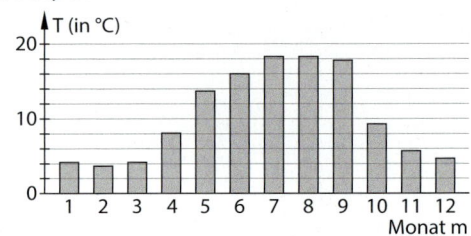

S. 7, 10.

a) $y = |x| - 3$; $x \in \mathbb{Z}$

b)

x	-5	-4	-3	-2	-1	0	1	2
y	2	1	0	-1	-2	-3	-2	-1

c)

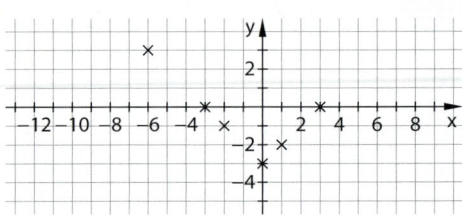

S. 7, 11.

x	-3	-1	0	0,2	0,5	1	-2; 2	3	-4; 4
x^2	9	1	0	0,04	0,25	1	4	9	16

Die Zuordnung $x \mapsto x^2$ ist eindeutig, denn zu jeder Zahl gehört genau ein Quadrat dieser Zahl.
Die Zuordnung $x^2 \mapsto x$ ist nicht eindeutig, denn durch diese Zuordnung wird z. B. 25 sowohl die Zahl 5 als auch die Zahl -5 zugeordnet.

S. 7, 12.

a) Größter Funktionswert: 1
Kleinster Funktionswert: -1

b) Nullstellen: $x_1 = 0$; $x_2 = \pi$; $x_3 = 2\pi$

S. 7, 13.

① gehört zu g.　　② gehört zu f.

③ gehört zu h.　　④ gehört zu i.

S. 7, 14.

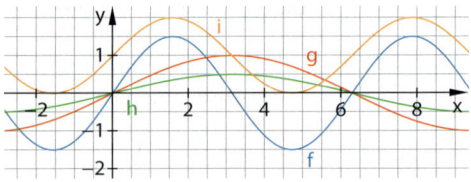

S. 7, 15.

	f(x)	g(x)
größter Funktionswert	3	1
kleinster Funktionswert	-3	-1
Periode	2π	4π
Nullstellen	0; π; 2π	0; 2π

S. 7, 16.

a)

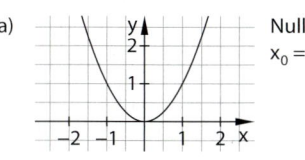

Nullstelle:
$x_0 = 0$

b)

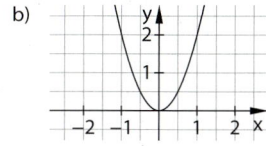

Nullstelle:
$x_0 = 0$

c)

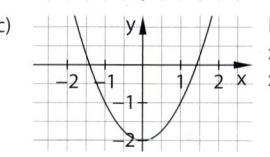

Nullstellen:
$x_1 = -\sqrt{2}$
$x_2 = \sqrt{2}$

d)

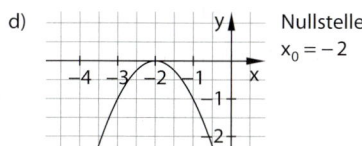

Nullstelle:
$x_0 = -2$

S. 7, 17.
Kantenlänge: 0,3 m

S. 7, 18.
$r = 1$ dm

S. 7, 19.

	Term nicht definiert für:	Begründung:
a)	$y < 0$	Die Quadratwurzel aus einer negativen reellen Zahl ist nicht definiert.
b)	$x \leq 0$	Die Quadratwurzel aus einer negativen reellen Zahl ist nicht definiert. Durch 0 darf nicht dividiert werden.
c)	$z = 0$	Durch 0 darf nicht dividiert werden.
d)	$y < -5$	Die Quadratwurzel aus einer negativen reellen Zahl ist nicht definiert.
e)	$x = 0$	Durch 0 darf nicht dividiert werden.
f)	$x > 1$	Die Quadratwurzel aus einer negativen reellen Zahl ist nicht definiert.
	$x = 0$	Durch 0 darf nicht dividiert werden.

S. 7, 20.
a) achsensymmetrisch zur y-Achse
b) achsensymmetrisch zur y-Achse
c) punktsymmetrisch zum Koordinatenursprung
d) achsensymmetrisch zur y-Achse

Prüfen Sie Ihr neues Fundament (S. 46/47)

S. 46, 1.
a) Wertebereich von f: $y \in \mathbb{R}$
   Wertebereich von g: $y \in \mathbb{R}$ und $y \geq -2$
   Der Graph von f ist weder punktsymmetrisch zum Koordinatenursprung noch achsensymmetrisch zur y-Achse.
   Der Graph von g ist achsensymmetrisch zur y-Achse.
b) $f(-2) = -8$; $g(3) = 2,5$
c) $f(17) = 30$
   Der Punkt P gehört nicht zum Graphen von f.
   $g(17) = 142,5$
   Der Punkt P gehört zum Graphen von g.
d) Der gemeinsame Schnittpunkt der Graphen von f und g ist $S(2|0)$.
e)

	f (x)	g (x)
Schnittpunkt des Graphen mit der x-Achse	$S_1(2|0)$	$S_2(-2|0)$ $S_3(2|0)$
Schnittpunkt des Graphen mit der y-Achse	$S_4(0|-4)$	$S_5(0|-2)$

S. 46, 2.
a) $f(-x) = 2 \cdot (-x) = -2x \neq f(x)$
   $f(-x) = -2x = -(2x) = -f(x)$
   Der Graph von f ist nicht achsensymmetrisch zur y-Achse, er ist punktsymmetrisch zum Ursprung.
b) $f(-x) = -(-x)^2 + 2 = -x^2 + 2 = f(x)$
   $f(-x) = -x^2 + 2 = -(x^2 - 2) \neq -f(x)$
   Der Graph von f ist achsensymmetrisch zur y-Achse, er ist nicht punktsymmetrisch zum Ursprung.
c) $f(x) = x^2 - x + 0,25$
   $f(-x) = (-x - 0,5)^2 = x^2 + x + 0,25 \neq f(x)$
   $-f(x) = -x^2 + x - 0,25$
   $f(-x) = x^2 + x + 0,25 \neq -f(x)$
   Der Graph von f ist weder achsensymmetrisch zur y-Achse noch punktsymmetrisch zum Ursprung.
d) $f(-x) = (-x)^3 = -x^3 \neq f(x)$
   $f(-x) = -x^3 = -(x^3) = -f(x)$
   Der Graph von f ist nicht achsensymmetrisch zur y-Achse, er ist punktsymmetrisch zum Ursprung.
e) $f(-x) = (-x)^4 = x^4 = f(x)$
   $f(-x) = x^4 \neq -f(x)$
   Der Graph von f ist achsensymmetrisch zur y-Achse, er ist nicht punktsymmetrisch zum Ursprung.

S. 46, 3.
① gehört zu i.   ② gehört zu f.
③ gehört zu h.   ④ gehört zu g.

S. 46, 4.
a) Ja, denn der Graph von f steigt für $x > 0$.
b) Nein, denn der Graph von f fällt für $x < 0$.
c) Ja, denn der Graph von f steigt für $x > 0$.
d) Ja, denn der Graph von f steigt für $x > 0$.

S. 46, 5.

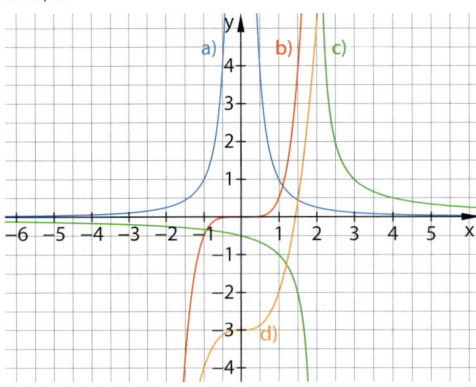

S. 46, 6.

	f	g
Wird der x-Wert verdoppelt, dann wird der Funktionswert …	… mit 16 multipliziert.	… durch 4 dividiert.
Wird der x-Wert halbiert, dann wird der Funktionswert …	… durch 16 dividiert.	… mit 4 multipliziert.
Wird der x-Wert vervierfacht, dann wird der Funktionswert …	… mit 256 multipliziert.	… durch 16 dividiert.

S. 46, 7.

a) $x_1 = -1$; $x_2 = 1$ b) $x = 3$ c) $x = -5$ d) $x = \frac{1}{6}$ e) $x = \frac{1}{3}$

S. 46, 8.

a) III. und IV. Quadrant   b) II. und IV. Quadrant
c) I. und III. Quadrant   d) III. und IV. Quadrant
e) I. und II. Quadrant

S. 46, 9.

	an x-Achse	an y-Achse
a)	$g(x) = -x - 2$	$g(x) = -x + 2$
b)	$g(x) = -0{,}5 x^3$	$g(x) = -0{,}5 x^3$
c)	$g(x) = -\frac{2}{x}$ $(x \neq 0)$	$g(x) = -\frac{2}{x}$ $(x \neq 0)$
d)	$g(x) = -x^4$	$g(x) = x^4$
e)	$g(x) = -\sqrt{x}$ $(x \geq 0)$	$g(x) = \sqrt{-x}$ $(x \leq 0)$

S. 46, 10.

a) $V(r) = \frac{4}{3}\pi r^3$

Definitionsbereich: $r \in \mathbb{R}$ mit $r > 0$

Wertebereich: $V \in \mathbb{R}$ mit $V > 0$

b)

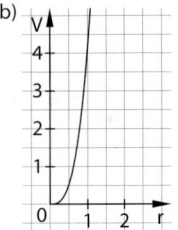

S. 47, 11.

a) ②

b) Beispiele für Funktionsgleichungen:

①: $f(x) = x^{-2}$; $f(-4) = \frac{1}{16}$; $f(1) = 1$

②: $f(x) = \sqrt{x}$; $f(1) = 1$; $f(9) = 3$; $f(16) = 4$

③: $f(x) = x^3$; $f(-1) = -1$; $f(1) = 1$; $f(2) = 8$

④: $f(x) = x^{-1}$; $f\left(\frac{1}{4}\right) = 4$; $f(2) = 0{,}5$

c)

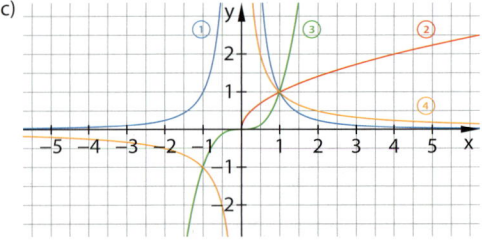

S. 47, 12.

1. Schritt	$f_1(x) = x^3$	
2. Schritt	$f_2(x) = 2x^3$	Streckung in Richtung der y-Achse
3. Schritt	$f_3(x) = -2x^3$	Spiegelung an der x-Achse
4. Schritt	$f_4(x) = -2(x+1)^3$	Verschiebung um 1 Einheit nach links
5. Schritt	$f_5(x) = -2(x+1)^3 - 1$	Verschiebung um 1 Einheit nach unten

S. 47, 13.

1. Schritt:
$f_1(x) = 0{,}5\, x^{-1}$

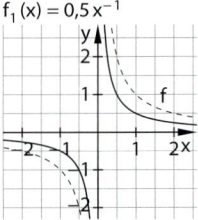

2. Schritt:
$f_2(x) = -0{,}5\, x^{-1}$

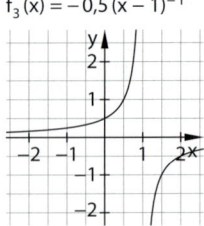

3. Schritt
$f_3(x) = -0{,}5 (x-1)^{-1}$

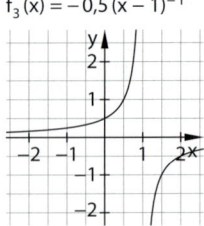

4. Schritt
$f_4(x) = -0{,}5 (x-1)^{-1} + 1$

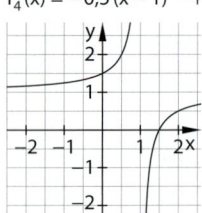

S. 47, 14.

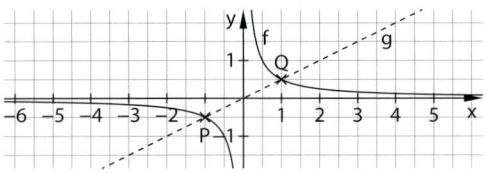

$P(-1 \mid -0{,}5)$; $Q(1 \mid 0{,}5)$

S. 47, 15.

a) Spiegelung an der x-Achse

Definitionsbereich: $x \in \mathbb{R}$ mit $x \geq 0$

Wertebereich: $y \in \mathbb{R}$ mit $y \leq 0$

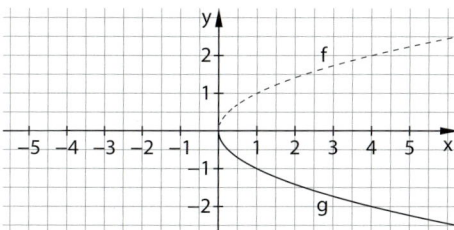

b) Stauchung in y-Richtung

Definitionsbereich: $x \in \mathbb{R}$ mit $x \geq 0$

Wertebereich: $y \in \mathbb{R}$ mit $y \geq 0$

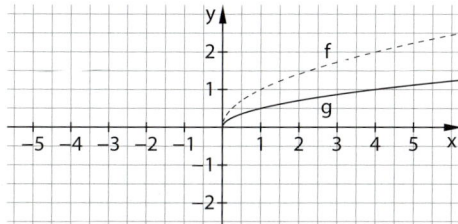

c) Spiegelung an der y-Achse

Definitionsbereich: $x \in \mathbb{R}$ mit $x \leq 0$

Wertebereich: $y \in \mathbb{R}$ mit $y \geq 0$

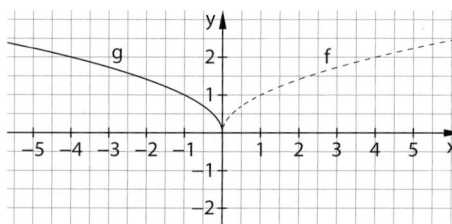

d) Verschiebung um 1 Einheit nach oben

Definitionsbereich: $x \in \mathbb{R}$ mit $x \geq 0$

Wertebereich: $y \in \mathbb{R}$ mit $y \geq 1$

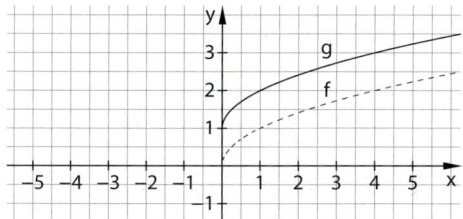

e) Verschiebung um 1 Einheit nach rechts

Definitionsbereich: $x \in \mathbb{R}$ mit $x \geq 1$

Wertebereich: $y \in \mathbb{R}$ mit $y \geq 0$

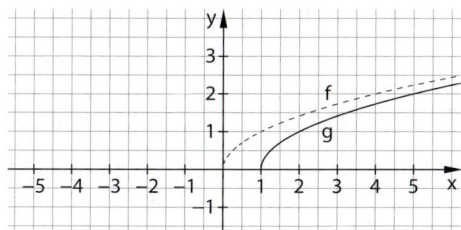

S. 47, 16.

Beispiel:

$f(x) = -(x + 2)^2 + 1$

S. 47, 17.

Beispiele für mögliche Begründungen:

a) Der Graph von f ist wegen $f(-x) = -(-x)^4 - 1 = f(x)$ achsensymmetrisch zur y-Achse.

Der Graph von g ist wegen $g(-x) = 5^{-x-1} \neq g(x)$ nicht achsensymmetrisch zur y-Achse.

Der Graph von h ist nicht achsensymmetrisch zur y-Achse, weil der Graph von $2\sin(x)$ punktsymmetrisch zum Ursprung ist und sich zu h nur durch eine Verschiebung in Richtung der y-Achse unterscheidet.

b) Für $x \to \infty$ gilt:

$x^4 \to \infty \Rightarrow x^4 + 1 \to \infty \Rightarrow -(x^4 + 1) \to -\infty \Rightarrow f(x) \to -\infty$

$5^x \to \infty \Rightarrow \frac{5^x}{5} \to \infty \Rightarrow 5^{x-1} \to \infty \Rightarrow g(x) \to \infty$

Der Wertebereich von h umfasst reelle Zahlen y mit $0 \leq y \leq 4$, daher können die Funktionswerte von h nicht gegen unendlich streben.

c) f hat keine Nullstellen, weil $f(x) = -x^4 - 1 = -(x^4 + 1)$ ausschließlich negative Werte annehmen kann.

g hat keine Nullstellen, weil die Gleichung $5^{x-1} = 0 \Leftrightarrow \frac{5^x}{5} = 0 \Leftrightarrow 5^x = 0$ keine Lösung besitzt.

$2\sin(x) + 2 = 0 \Leftrightarrow \sin(x) = -1$

h hat genau dort Nullstellen, wo der Sinus von x den Wert -1 annimmt, also an allen ungeraden ganzzahligen Vielfachen von $\frac{\pi}{2}$.

Lösungen zu Kapitel 2: Ganzrationale Funktionen

Ihr Fundament (S. 50/51)

S. 50, 1.

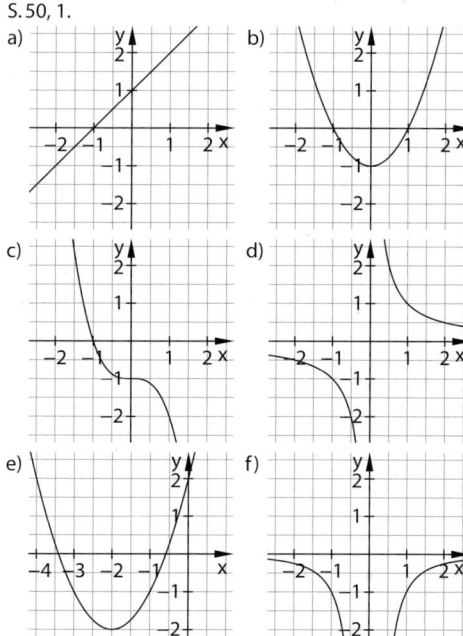

g) 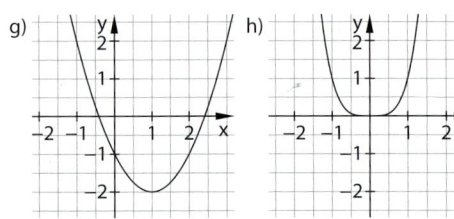 h)

a) $g(x) = (x + 2)^3$ $g(x) = (x - 2)^3$

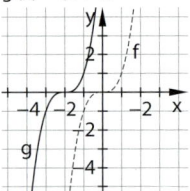

Der Graph von f wird um 2 Einheiten nach links verschoben.

Der Graph von f wird um 2 Einheiten nach rechts verschoben.

b) $g(x) = 2(x + 2)^3 + 2$ $g(x) = -2(x - 2)^3 - 2$

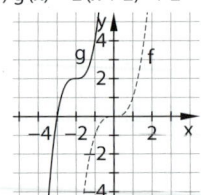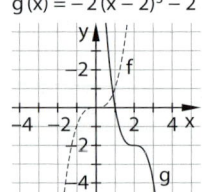

Der Graph von f wird mit dem Faktor 2 gestreckt, um 2 Einheiten nach oben und um 2 Einheiten nach links verschoben.

Der Graph von f wird mit dem Faktor $|-2|$ gestreckt, an der x-Achse gespiegelt, um 2 Einheiten nach unten und um 2 Einheiten nach nach rechts verschoben.

S. 50, 2.
① gehört zu $h(x)$.   ② gehört zu $i(x)$.
③ gehört zu $f(x)$.   ④ gehört zu $g(x)$.

S. 50, 3.
a) DB: $x \in \mathbb{R}$ WB: $y \in \mathbb{R}$
Wenn $x \to -\infty$, so $y \to +\infty$.
Wenn $x \to +\infty$, so $y \to -\infty$.
Der Graph fällt für alle $x \in \mathbb{R}$.
Der Graph ist weder achsensymmetrisch zur y-Achse noch punktsymmetrisch zum Ursprung.
b) DB: $x \in \mathbb{R}$ WB: $y \in \mathbb{R}$ mit $y \le 0$
Wenn $x \to \pm\infty$, so $y \to -\infty$.
Der Graph steigt für alle $x < 0$, er fällt für alle $x > 0$.
Der Graph ist achsensymmetrisch zur y-Achse.
c) DB: $x \in \mathbb{R}$ WB: $y \in \mathbb{R}$
Wenn $x \to -\infty$, so $y \to -\infty$.
Wenn $x \to +\infty$, so $y \to +\infty$.
Der Graph steigt für alle $x \in \mathbb{R}$.
Der Graph ist punktsymmetrisch zum Ursprung.
d) DB: $x \in \mathbb{R}$ mit $x \ne 0$ WB: $y \in \mathbb{R}$ mit $y \ne 0$
Wenn $x \to \pm\infty$, so $y \to 0$.
Der Graph steigt für alle $x < 0$ und für alle $x > 0$.
Der Graph ist punktsymmetrisch zum Ursprung.
e) DB: $x \in \mathbb{R}$ WB: $y \in \mathbb{R}$ mit $y \ge 2$
Wenn $x \to \pm\infty$, so $y \to +\infty$.
Der Graph fällt für alle $x < 4$, er steigt für alle $x > 4$.
Der Graph ist weder achsensymmetrisch zur y-Achse noch punktsymmetrisch zum Ursprung.
f) DB: $x \in \mathbb{R}$ WB: $y \in \mathbb{R}$ mit $y \ge \pi$
Wenn $x \to \pm\infty$, so $y \to +\infty$.
Der Graph fällt für alle $x < 0$, er steigt für alle $x > 0$.
Der Graph ist achsensymmetrisch zur y-Achse.
g) DB: $x \in \mathbb{R}$ mit $x \ne 0$ WB: $y \in \mathbb{R}$ mit $y > 0$
Wenn $x \to \pm\infty$, so $y \to 0$.
Der Graph steigt für alle $x < 0$ und für alle $x > 0$.
Der Graph ist achsensymmetrisch zur y-Achse.
h) DB: $x \in \mathbb{R}$ mit $x \ge 1$ WB: $y \in \mathbb{R}$ mit $y \ge 0$
Wenn $x \to +\infty$, so $y \to +\infty$.
Der Graph steigt für alle $x \ge 1$.
Der Graph ist weder achsensymmetrisch zur y-Achse noch punktsymmetrisch zum Ursprung.

S. 50, 4.
Beispiele:
a) $f(x) = x^3; f(x) = 2x^7$
b) $f(x) = x^2 + 2; f(x) = (x + 1)^2 + 2$

S. 50, 5.
a) $g(x) = -2x - 3$ b) $g(x) = (x + 3)^2$
c) $g(x) = -\dfrac{1}{(x + 7)^2}$ d) $g(x) = \sqrt{-x} - 2$

S. 51, 7.
a) $x = 5$ b) $x_1 = 0; x_2 = -4,2$
c) $x_1 = 0,3; x_2 = -0,3$ d) $x_1 = 0; x_2 = 1; x_3 = -1$
e) $a_1 = 0; a_2 = 3; a_3 = -3$ f) keine Lösung
g) $k = -4$ h) alle reellen Zahlen
i) $x_1 = -1; x_2 = 3$

S. 51, 8.
a) $x_0 = \frac{1}{3}$ b) $x_1 = 2; x_2 = -2$
c) keine Nullstelle   d) $x_1 = 0; x_2 = -4$
e) $x_1 = -5; x_2 = 2$ f) keine Nullstelle
g) $x_0 = 2$ h) $x_1 = \frac{1}{2}; x_2 = -\frac{1}{2}$
i) $x_0 = -\frac{1}{2}$

S. 51, 9.
Beispiele:
a) $0 = x^2 - 25$ b) $0 = x^2 - 5x$
c) $0 = (x + 6)(x - 2)$ d) $0 = (x - 8)^2$
e) $x^2 = -1$ f) $0 = (x - \sqrt{2})^2$

S. 51, 10.
a) $x_1 = -1; x_2 = 2$ b) $x_0 = -1$ c) $x_0 = 1$

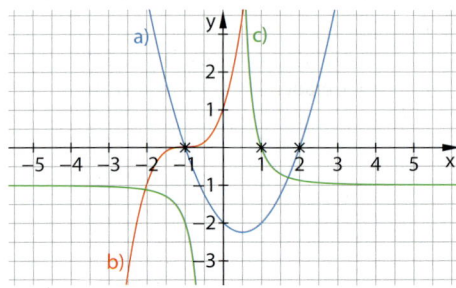

S. 51, 11.
a) $b > 0$ b) $b = 0$ c) $b < 0$

S. 51, 12.
Jeweils von links nach rechts:

a) x b) $2x$; $3y$

c) 16; d; 4 d) $3b$; $3b$; $2a$

e) $9b^2$; $8a$; $3b$ f) $(9x - 7y)$; $(9x + 7y)$

S. 51, 13.
a) $x(x - 2)$ b) $(y - 2x)(y - 2x)$

c) $\left(2z - \frac{1}{2}x\right)\left(2z + \frac{1}{2}x\right)$ d) $2n^2(n + 2)$

S. 51, 14.

	a)	b)	c)	d)
$x = 2$	4	4	−8	−8
$x = -2$	4	4	8	8

S. 51, 15.
a) $n(n + 1)(n + 2)$ mit $n \in \mathbb{N}$

b) $2n + (2n + 2) + (2n + 4)$ mit $n \in \mathbb{N}$

c) $(g - 1)(g + 1)$ mit $g \in \mathbb{Z}$

d) $(2g - 1)(2g + 1)$ mit $g \in \mathbb{Z}$

S. 51, 16.
a) f ist eine nach oben geöffnete Parabel. Ihr Scheitelpunkt $S(-2|1)$ ist zugleich ein Tiefpunkt, denn alle anderen y-Werte des Wertebereiches sind größer als 1.

b) Der Graph der Funktion hat in der kleinsten Periode $[0, 2\pi]$ den Tiefpunkt $T_1\left(\frac{\pi}{2}|-2\right)$ und den Hochpunkt $H_1\left(\frac{3\pi}{2}|2\right)$. Diese wiederholen sich periodisch: $H_k\left(\frac{\pi}{2} + 2k\pi|-2\right)$ und $T_k\left(\frac{3\pi}{2} + 2k\pi|2\right)$ mit $k \in \mathbb{Z}$. Es gibt also unendlich viele Hoch- und Tiefpunkte.

S. 51, 17.
$f(x) = 0$:

$-x^2 - 4x - 2 = 0$

$x_1 = -2 + \sqrt{2} \approx -0{,}59$

$x_2 = -2 - \sqrt{2} \approx -3{,}41$

x_1 und x_2 sind die Nullstellen der Funktion f, also die Stellen, an denen der Graph von f die x-Achse schneidet.

$f(0) = y$:

$y = -2$

Der Graph der Funktion f schneidet die y-Achse im Punkt $S_y(0|-2)$.

$f(x) = -2$:

$-x^2 - 4x - 2 = -2$

$x_1 = 0$

$x_2 = -4$

Der Graph von f wird an den Stellen $x_1 = 0$ und $x_2 = -4$ von der Geraden mit der Gleichung $y = -2$ geschnitten.

Prüfen Sie Ihr neues Fundament (S. 76/77)

S. 76, 1.

	Grad	a_5	a_4	a_3	a_2	a_1	a_0
a)	3			2	−3	0	2,5
b)	4		−1	1	0	−6	0
c)	5	−1	0	0	1	−1	5
d)	3			b	−2	0	c − 1
e)	3			1	0	−1	0
f)	2				1	2	−x

S. 76, 2.
a) Ganzrationale Funktion mit $n = 2$, $a_2 = 1$, $a_1 = -2$ und $a_0 = 1$.

b) Ganzrationale Funktion mit $n = 0$. f ist eine konstante Funktion.

c) Die Funktion ist nicht ganzrational, da im Funktionsterm negative Exponenten vorkommen.

d) Die Funktion ist nicht ganzrational, da vom x-Wert der Sinus gebildet wird, also nicht potenziert wird.

e) Ganzrationale Funktion mit $n = 1$, $a_1 = \sqrt{2}$ und $a_0 = 0$.

f) Die Funktion ist nicht ganzrational, da im Funktionsterm ein gebrochener Exponent vorkommt.

S. 76, 3.

	a)	b)	c)	d)	e)	f)
Vorzeichen von $f(10^6)$	+	+	−	+	−	+
Vorzeichen von $f(-10^5)$	−	+	+	+	+	−

S. 76, 4.
a) Für $x \to +\infty$ gilt $f(x) \to +\infty$.

   Für $x \to -\infty$ gilt $f(x) \to -\infty$.

b) Für $x \to +\infty$ gilt $f(x) \to -\infty$.

   Für $x \to -\infty$ gilt $f(x) \to -\infty$.

c) Für $x \to +\infty$ gilt $f(x) \to -\infty$.

   Für $x \to -\infty$ gilt $f(x) \to +\infty$.

d) Für $a \to +\infty$ gilt $f(a) \to +\infty$.

   Für $a \to -\infty$ gilt $f(a) \to +\infty$.

e) Für $x \to +\infty$ gilt $f(x) \to +\infty$.

   Für $x \to -\infty$ gilt $f(x) \to -\infty$.

f) Für $x \to +\infty$ gilt $f(x) \to -\infty$.

   Für $x \to -\infty$ gilt $f(x) \to +\infty$.

S. 76, 5.
① gehört zu i(x).

a) Für $x \to -\infty$ gilt $f(x) \to -\infty$.

   Für $x \to +\infty$ gilt $f(x) \to +\infty$.

b) Es liegt keine Symmetrie vor, also nur ① oder ② möglich. Die Nullstellen von ① passen nur zu i(x), daher kommt ② nicht infrage.

② gehört zu h(x).

a) Für $x \to \pm\infty$ gilt $f(x) \to -\infty$.

b) Es liegt keine Symmetrie vor, also nur ① oder ② möglich. Die Nullstellen von ① passen nur zu i(x), daher kommt nur ② infrage.

③ gehört zu f(x).

a) Für x → ±∞ gilt f(x) → +∞.

b) Die Funktion ist gerade und der Graph ist achsensymmetrisch zur y-Achse.

④ gehört zu g(x).

a) Für x → −∞ gilt f(x) → +∞.

Für x → +∞ gilt f(x) → −∞.

b) Die Funktion ist ungerade und der Graph ist punktsymmetrisch zum Ursprung.

S. 76, 6.

a) Lokales Maximum: y = 0 bei x = 0

Lokales Minimum: y ≈ −0,4 bei x = 1

Globales Maximum: y ≈ 0,1 bei x = 1,5

Globales Minimum: y ≈ −1,1 bei x = −1

b) Lokales Maximum: y = 0 bei x = 0

Lokales Minimum: y ≈ −0,4 bei x = 1

Lokales Minimum: y ≈ −2,7 bei x = −2

Globales Maximum: y ≈ 2,7 bei x = 2

Globales Minimum: y ≈ −2,7 bei x = −2

c) Lokales Maximum: y = 0 bei x = 0

kein lokales Minimum

Globales Maximum: y = 0 bei x = 0

Globales Minimum: y ≈ 2,1 bei x = −1,5

S. 77, 7.

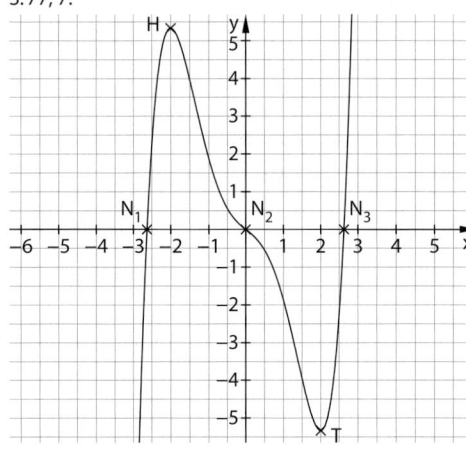

Nullstellen: $x_1 = -2,6$; $x_2 = 0$; $x_3 = 2,6$

H(−2|5,3); T(2|−5,3)

S. 77, 8.

Beispiel:

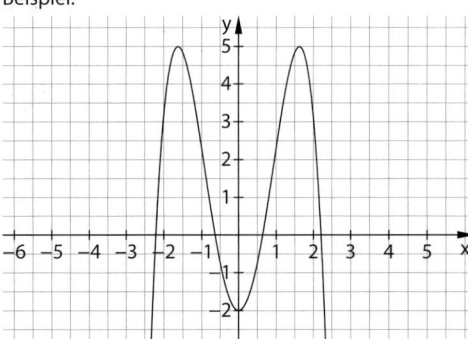

S. 77, 9.

a) punktsymmetrisch zum Ursprung

b) achsensymmetrisch zur y-Achse

c) achsensymmetrisch zur y-Achse

d) punktsymmetrisch zum Ursprung

e) punktsymmetrisch zum Ursprung

f) achsensymmetrisch zur y-Achse

g) punktsymmetrisch zum Ursprung

h) achsensymmetrisch zur y-Achse

i) achsensymmetrisch zur y-Achse

S. 77, 10.

a) Die Aussage ist falsch, denn der Graph von f mit f(x) = (x − 2)² + 1 ist weder achsensymmetrisch zur y-Achse noch punktsymmetrisch zum Ursprung.

b) Die Aussage ist wahr, denn der Graph von f mit f(x) = −x³ ist punktsymmetrisch zum Ursprung und verläuft nur durch den II. und IV. Quadranten.

c) Die Aussage ist falsch, denn der Graph von f mit f(x) = x⁴ + 2 ist achsensymmetrisch zur y-Achse und verläuft nur durch den I. und II. Quadranten.

d) Die Aussage ist wahr, denn aufgrund des Globalverhaltens muss der Graph mindestens einmal die x-Achse schneiden.

e) Die Aussage ist wahr, denn f mit f(x) = (x − 2)³ hat an der Stelle x = 2 eine dreifache Nullstelle.

S. 77, 11.

a) $-\sqrt{5}$; 0; $\sqrt{5}$ 	b) 0

c) 0; −1 	d) 0; 1; 2

e) −2; 0; 2

f) Die Funktion hat keine Nullstellen.

S. 77, 12.

a) f(x) = (x − 2)(x + 5)

b) f(x) = (x − 2)(x + 5)(x² + 1)

c) f(x) = (x − 2)²(x + 5)

d) f(x) = x²(x + 5)²(x² + 1)

e) f(x) = (x + 2)³(x − π)²(x² + 1)

f) nicht möglich

S. 77, 13.

Wegen f(0) = 0 ist S(0|0) sowohl ein Schnittpunkt mit der y-Achse als auch ein Schnittpunkt mit der x-Achse.

x³ − 3x² + 3x = x(x² − 3x + 3)

Da x² − 3x + 3 = 0 keine Lösung hat, gibt es keine weiteren Schnittpunkte mit der x-Achse.

Für x → −∞ gilt f(x) → −∞. Für x → +∞ gilt f(x) → +∞.

Der Graph von f ist weder achsensymmetrisch zur y-Achse noch punktsymmetrisch zum Koordinatenursprung.

S. 77, 14.

Beispiel:

f(x) = 4x⁴ − 6x² − 4

S. 77, 15.

a) 2; −2; 10; −10 	b) keine Lösung

c) $\sqrt{2}$; $-\sqrt{2}$ 	d) 0; 2; −2

e) 1; −1 	f) 0; $\sqrt{3}$; $-\sqrt{3}$

S. 77, 16.

Für a > 0 hat f keine Nullstelle.

Für a = 0 hat f die doppelte Nullstelle x = 0.

Für a < 0 hat f genau 2 Nullstellen.

Lösungen zu Kapitel 3: Steigung und Ableitung

Ihr Fundament (S. 80/81)

S. 80, 1.

a) 6   b) $\frac{1}{2}$ c) $\frac{1}{18}$ d) 10   e) $\frac{27}{25}$

f) 0,15   g) 4   h) 20   i) 16   j) $\frac{3}{20}$

S. 80, 2.

a) $\frac{1}{2}$ b) $-\frac{7}{6}$ c) 0,1   d) $\frac{4}{15}$ e) $-\frac{5}{12}$

f) 6   g) 12   h) 4   i) 7   j) -125

k) 10   l) 5   m) -9 n) -3 o) 7

S. 80, 3.

a) $\frac{2+1}{4} = \frac{3}{4}$ b) $\frac{2}{3} : \frac{4}{9} = \frac{2 \cdot 9}{3 \cdot 4} = \frac{3}{2}$ c) richtig

d) richtig   e) $4 : 1 = 4$ f) $\frac{-6}{6} = -1$

g) richtig   h) $\frac{2,1}{0,3} = \frac{21}{3} = 7$ i) richtig

j) richtig

S. 80, 4.

$v = \frac{24\,\text{km}}{\frac{5}{4}\text{h}} = \frac{24 \cdot 4}{5}\frac{\text{km}}{\text{h}} = 19,2\,\frac{\text{km}}{\text{h}}$

S. 80, 5.

a) $\frac{2x^{-2}}{3}$ b) $\frac{ax^3}{b}$ c) $\frac{x^{-2}}{2}$ d) $\frac{x^{-4}}{3}$ e) $\frac{x^{-4}}{a}$

S. 80, 6.

a) $x^{\frac{1}{2}}$ b) $x^{\frac{1}{3}}$ c) $a^{\frac{1}{2}}$ d) $b^{\frac{2}{3}}$ e) $y^{-\frac{2}{3}}$

S. 80, 7.

a) $\frac{(x-y)(x+y)}{(x-y)} = x + y$

b) $\frac{(u^2 + 6u + 9) - 9}{u} = \frac{u^2 + 6u}{u} = \frac{u(u+6)}{u} = u + 6$

c) $\frac{(\sqrt{x})^2 - 4\sqrt{x} + 2^2 - 2^2}{\sqrt{x}} = \frac{(\sqrt{x})^2 - 4\sqrt{x}}{\sqrt{x}} = \frac{\sqrt{x}(\sqrt{x} - 4)}{\sqrt{x}} = \sqrt{x} - 4$

S. 80, 8.

a) Die Umformung ist für x ≠ 0 richtig, denn es gilt:

$\frac{(2+x)^2 - 4}{x} = \frac{4 + 4x + x^2 - 4}{x} = \frac{4x + x^2}{x} = \frac{x(4+x)}{x} = x + 4$

b) Die Umformung ist falsch. Richtig ist:

$\frac{(1+x)^2 - 1}{1+x} = \frac{1 + 2x + x^2 - 1}{1+x} = \frac{2x + x^2}{1+x} = \frac{x(x+2)}{x+1}$

c) Die Umformung ist für a ≠ −2 richtig, denn es gilt:

$\frac{-4a^2 - (-4 \cdot 2^2)}{a-2} = \frac{(-4)(a^2 - 2^2)}{a-2} = -4\frac{(a+2)(a-2)}{a-2} = -4(a+2)$

d) Die Umformung ist falsch. Richtig ist für y ≠ 0:

$\frac{(x+y)^2 - x^2}{y} = \frac{x^2 + 2xy + y^2 - x^2}{y} = \frac{y^2 + 2xy}{y} = \frac{y(y+2x)}{y} = y + 2x$

e) Die Umformung ist für a ≠ −1 richtig, denn es gilt:

$\frac{a^2 - 1}{1+a} = \frac{(a+1)(a-1)}{a+1} = a - 1$

f) Die Umformung ist für x ≠ y, x ≥ 0 und y ≥ 0 richtig, denn es gilt:

$\frac{(\sqrt{x} + \sqrt{y})(\sqrt{x} - \sqrt{y})}{x-y} = \frac{(\sqrt{x})^2 - (\sqrt{y})^2}{x-y} = \frac{x-y}{x-y} = 1$

S. 80, 9.

a) $\frac{\sqrt{2}}{2}x$ b) $\frac{3\sqrt{x}}{x} = 3x^{-\frac{1}{2}}$ c) $\frac{\sqrt[3]{2}}{2}x$ d) $\frac{2-8}{(\sqrt{2} + \sqrt{8})^2}x^2 = -\frac{1}{3}x^2$

S. 81, 10.

f(x) = x + 1   Nullstelle: x = −1

g(x) = −x + 0,5   Nullstelle: x = 0,5

h(x) = 0,5x + 1,5   Nullstelle: x = −3

S. 81, 11.

a) m = 0,5   b) m = −1   c) m = 0,25   d) m = 2

S. 81, 12.

a) f(x) = x − 1   b) f(x) = −x   c) f(x) = 2x − 1

S. 81, 13.

f(x) = x^2 − 2   Nullstelle: $x_1 = \sqrt{2}$; $x_2 = -\sqrt{2}$

g(x) = $-x^2$ Nullstelle: x = 0

h(x) = $2x^2$ Nullstelle: x = 0

i(x) = $(x + 1)^2 + 1$ keine Nullstelle

S. 81, 14.

Die Funktionsgleichung von f heißt Scheitelpunktform, da man aus ihr den Scheitelpunkt direkt ablesen kann: S(2|3)

Den Faktor 2 nennt man Streckfaktor, da er die Streckung des Graphen von f im Vergleich zur Normalparabel angibt.

S. 81, 15.

	im Vergleich zur Normalparabel	Wertebereich	Nullstellen	
a)	gestaucht	$y \geq 0$	$x_0 = 0$	Kleinster Funktionswert: 0
b)	an der x-Achse gespiegelt und gestreckt	$y \leq 0$	$x_0 = 0$	Größter Funktionswert: 0
c)	an der x-Achse gespiegelt und um 1 LE nach unten verschoben	$y \leq -1$	keine	Größter Funktionswert: −1
d)	um 2 LE nach rechts verschoben	$y \geq 0$	$x_0 = 2$	Kleinster Funktionswert: 0
e)	um 2 LE nach links und um 9 LE nach unten verschoben	$y \geq -9$	$x_1 = -5$ $x_2 = 1$	Kleinster Funktionswert: −9
f)	um 2 LE nach rechts und um 1 LE nach unten verschoben	$y \geq -1$	$x_1 = 1$ $x_2 = 3$	Kleinster Funktionswert: −1

S. 81, 16.

a) b)

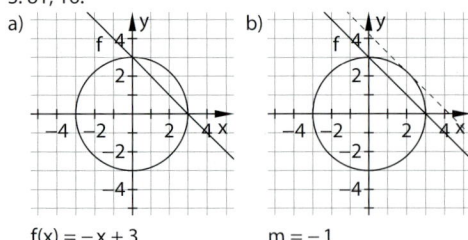

f(x) = −x + 3   m = −1

S. 81. 17.

	a)	b)	c)	d)	e)
achsensymmetrisch zur y-Achse	ja	nein	nein	nein	nein
punktsymmetrisch zum Ursprung	nein	ja	ja	ja	nein

S. 81, 18

a) 3   b) 4   c) ∞   d) 0   e) 1

Prüfen Sie Ihr neues Fundament (S. 110/111)

S. 110, 1.

a) Durchschnittlicher jährlicher Zuwachs:

$$\frac{10 \text{ Mrd.} - 600 \text{ Mio.}}{2100 - 1700} = \frac{9{,}4 \text{ Mrd.}}{400} = 23{,}5 \text{ Mio.}$$

b) Im Intervall [1900; 2000] wuchs die Erdbevölkerung am stärksten (um 4,4 Milliarden/im Durchschnitt um 44 Millionen pro Jahr).
Im Intervall [1700; 1800] wuchs die Erdbevölkerung am wenigsten (um 300 Millionen/im Durchschnitt um 3 Millionen pro Jahr).

S. 110, 2.

a) und b)

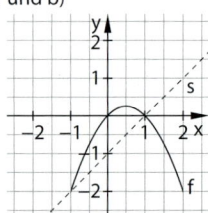

Gleichung der Sekante: y = mx + n

$$m = \frac{f(1) - f(-1)}{1 - (-1)} = \frac{0 - (-2)}{2} = 1$$

y = 1 · x + n mit P (1|0) ⇒ n = −1 ⇒ s (x) = x − 1

c) Steigung von f an der Stelle $x_0 = 1$:

$$\lim_{h \to 0} \frac{(1 + h) - (1 + h)^2}{h} = \lim_{h \to 0} \frac{(1 + h) - (1 + 2h + h^2)}{h}$$

$$= \lim_{h \to 0} \frac{-h - h^2}{h}$$

$$= \lim_{h \to 0} (-1 - h)$$

$$= -1$$

d) t (x) = −x + 1

S. 110, 3.

a) $\frac{f(1) - f(0)}{1 - 0} = \frac{\frac{1}{4} - 0}{1} = \frac{1}{4}$

b) Grenzwert des Differenzquotienten:

$$\lim_{h \to 0} \frac{f(x + h) - f(x)}{h} = \lim_{h \to 0} \frac{\frac{1}{4}(x + h)^2 - \frac{1}{4}x^2}{h}$$

$$= \lim_{h \to 0} \frac{1}{4} \frac{x^2 + 2xh + h^2 - x^2}{h}$$

$$= \lim_{h \to 0} \frac{1}{4} \frac{2xh + h^2}{h}$$

$$= \lim_{h \to 0} \frac{1}{4} (2x + h)$$

$$= \frac{1}{2}x$$

S. 110, 4.

Gleichung der Tangente t:

t (x) = −2x − 1   ⇒   f′(−0,5) = −2

S. 110, 5.

a) f′(−1) = 4   f′(0) = −2   f′(1) = 4

b) $t_1 (x) = 4x + 4$ $t_2 (x) = −2x$ $t_3 (x) = 4x − 4$

c) Die Tangenten t_1 und t_3 haben die gleiche Steigung, das heißt, sie liegen parallel zueinander. Wegen unterschiedlicher Steigungen schneiden sowohl die Tangenten t_1 und t_2 einander als auch die Tangenten t_2 und t_3.

S. 110, 6.

a) $f′(x) = 3x^2$ b) f′(x) = 2

c) f′(t) = 6t   d) $f′(x) = x^2$

e) f′(x) = 0   f) f′(u) = 0

g) $f′(a) = \sin\left(\frac{\pi}{2}\right)$ h) $f′(x) = \frac{n}{3}x^{n-1}$

i) $f′(x) = (n + 2)x^{n+1}$ j) $f′(p) = (n − 1)p^{n-2}$

k) $f′(t) = nt^{2n-1}$ l) $f′(v) = a^n (n + 1)v^n$

S. 110, 7.

a) Momentangeschwindigkeit v $\left(\text{in } \frac{m}{s}\right)$ nach t Sekunden:

v = s′(t) = 10 t   s′(0,5) = 5   s′(1) = 10

Die Momentangeschwindigkeit des Turmspringers beträgt nach einer halben Sekunde 5 $\frac{m}{s}$ und nach einer Sekunde 10 $\frac{m}{s}$.

b) $10 = s(t) = 5t^2 \Rightarrow t_0 = \sqrt{2} \Rightarrow v(t_0) = s′(t_0) = 10 \cdot \sqrt{2}$
Der Turmspringer taucht mit einer Geschwindigkeit von ca. 14,1 $\frac{m}{s}$ in das Wasser ein.

S. 111, 8.

Zu ① gehört Ⓒ.   Zu ② gehört Ⓑ.   Zu ③ gehört Ⓐ.

S. 111, 9.

a) $f′(x) = −3x^{-4}$ b) $f′(x) = \frac{4}{x^3}$

c) $f′(t) = −\frac{2}{t^2}$ d) $f′(v) = −\frac{3}{2v^3}$

e) $f′(x) = 9x^2 + 4x$ f) $f′(x) = \frac{1}{2\sqrt{x}}$

g) $f′(t) = 4t^3 − 1$ h) f′(x) = −2 cos (x)

i) f′(x) = −sin (x)   j) $f′(x) = −\frac{1}{x^2} + \cos(x)$

k) f′(x) = −2x   l) f′(x) = −2x

m) f′(x) = 6x   n) f′(a) = −8a

o) f′(x) = 4x − 4a   p) $f′(x) = \frac{1}{2}$ (für x ≠ 1)

S. 111, 10.
a) $f'(x) = 2x$ $f'(5) = 10$
b) $f'(x) = 3x^2$ $f'(\sqrt{2}) = 6$
c) $f'(x) = -\frac{2}{x^3}$ $f'(-2) = \frac{1}{4}$
d) $f'(x) = \frac{1}{\sqrt{x}}$ $f'(0)$ existiert nicht.

S. 111, 11.
Zur x-Achse parallele Tangenten haben die Steigung null und es gilt an diesen Stellen $f'(x) = 0$.
$f'(x) = 0{,}6x^2 - 0{,}6x - 3{,}6 = 0{,}6(x^2 - x - 6) = 0{,}6(x+2)(x-3)$
Die Tangenten an den Graphen der Funktion f verlaufen an den Stellen $x = -2$ und $x = 3$ parallel zur x-Achse.

S. 111, 12.
Beispiele:
$f(x) = 5x$
$f(x) = 5x - 6$

S. 111, 13.
a) richtig
b) $f'(x) = -8 \cdot x^{-5}$
c) $f'(x) = 3a \cdot x^{3a-1}$
d) $f'(x) = 4x^{-3}$

S. 111, 14.
a) $A(r) = \pi r^2$
b) $A'(r) = 2\pi r = u(r)$

S. 111, 15.
a) $m_s = \frac{f(4) - f(0{,}25)}{4 - 0{,}25} = \frac{0{,}25 - 4}{4 - 0{,}25} = -1$
b) $f'(x) = -\frac{1}{x^2}$

$f'(x) = -1$ für $x_1 = 1$ und für $x_2 = -1$.
Im Punkt $P_1(1\,|\,1)$ lautet die Gleichung der Tangente t_1: $t_1(x) = -x + 2$
Im Punkt $P_2(-1\,|\,-1)$ lautet die Gleichung der Tangente t_2: $t_2(x) = -x - 2$

S. 111, 16.
a)

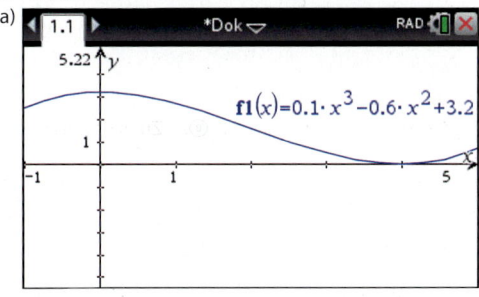

b) Steigung: $\frac{f(4) - f(0)}{4 - 0} = \frac{0 - 3{,}2}{4} = -0{,}8$
   Das durchschnittliche Gefälle beträgt 0,8.
c) $f'(x) = 0{,}3x^2 - 1{,}2x = 0{,}3x(x-4)$
   Der Graph von f' ist eine Parabel, die im betrachteten Intervall den Scheitelpunkt $S(2\,|\,f'(2))$ besitzt. Da die Parabel nach oben geöffnet ist, ist es die Stelle der geringsten Steigung, also ist $x = 2$ die Stelle des größten Gefälles.

Lösungen zu Kapitel 4: Funktionen mithilfe der Ableitung untersuchen

Ihr Fundament (S. 114/115)

S. 114, 1.

	-2	-1	0	$0{,}5$	1	2	$2{,}5$
a)	neg.	neg.	neg.	neg.	neg.	neg.	0
b)	neg.	neg.	pos.	pos.	pos.	pos.	pos.
c)	pos.	0	neg.	neg.	0	pos.	pos.
d)	neg.	0	pos.	pos.	pos.	pos.	pos.

S. 114, 2.

	positiv	negativ	null
a)	$x > 2{,}5$	$x < 2{,}5$	$x = 2{,}5$
b)	$x > -0{,}5$	$x < -0{,}5$	$x = -0{,}5$
c)	$x < -1$ oder $x > 1$	$-1 < x < 1$	$x = -1$ oder $x = 1$
d)	$x > -1$	$x < -1$	$x = -1$

S. 114, 3.

	positiv	negativ
a)	$x > 0{,}75$	$x < 0{,}75$
b)	$x < -1{,}5$	$x > -1{,}5$
c)	$-2 < x < 2$	$x < -2$ oder $x > 2$

S. 114, 4.
a) $x = -3$ oder $x = 3$ b) $x = 0$ oder $x = 3$ c) $x = 1$

S. 114, 5.
a) $x < -6$ b) $-4 < x < 4$ c) $x > 1$

S. 114, 6.
a) $S_x\left(\frac{3}{7}\,\middle|\,0\right)$; $S_y(0\,|\,3)$
b) Kein Schnittpunkt mit der x-Achse. $S_y(0\,|\,4)$
c) $S_x(0\,|\,0) = S_y(0\,|\,0)$

S. 114, 7.
a) Der Graph steigt für $x < -1$ und fällt für $x > -1$.
b) Der Graph steigt für $x < -2$ und für $x > 0$. Er fällt für $-2 < x < 0$.
c) Der Graph steigt für $-\frac{\pi}{4} < x < \frac{\pi}{4}$.
   Er fällt für $-\frac{\pi}{2} < x < -\frac{\pi}{4}$ und für $\frac{\pi}{4} < x < \frac{\pi}{2}$.

S. 114, 8.
a) Der Graph fällt für alle $x \in \mathbb{R}$.
b) Der Graph fällt für $x < -3$. Er steigt für $x > -3$.
c) Der Graph steigt für $\pi < x < 2\pi$. Er fällt für $0 < x < \pi$.
d) Der Graph steigt für $x > -1$. Er fällt für $x < -1$.
e) Der Graph fällt für $x < 0$ und für $x > 0$.
f) Der Graph steigt für $x > 0$. Er fällt für $x < 0$.

S. 114, 9.
Beispiel: $f(x) = -x + 1$

S. 114, 10.
Beispiele:

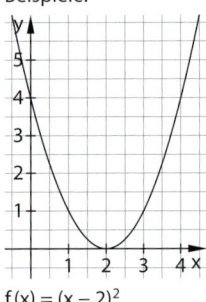

$f(x) = (x-2)^2$

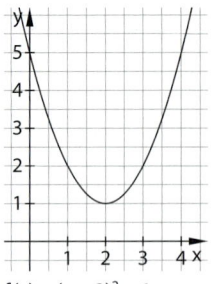

$f(x) = (x-2)^2 + 1$

S. 115, 11.
a) Kleinster Funktionswert: -2
b) Größter Funktionswert: -3
c) Es gibt weder einen kleinsten noch einen größten Funktionswert.
d) Größter Funktionswert: 2
   Kleinster Funktionswert: -2

S. 115, 12.

	größter Funktionswert		kleinster Funktionswert	
a)	① 1	(für x = 1)	① 0	(für x = 0)
	② 1	(für x = 1)	② 0	(für x = 0 und für x = 2)
b)	① 1,25	(für x = −0,5)	① −1	(für x = 1)
	② 0	(für x = 0)	② −1	(für x = 1)
c)	① 4	(für x = 2)	① −2	(für x = −3)
	② 2	(für x = −1)	② 1	(für x = 0,5)

S. 115, 13.

	größter Funktionswert		kleinster Funktionswert	
a)	−5	(für x = 0)	−11	(für x = 2)
b)	4	(für x = 0)	0	(für x = −2)
c)	0	(für x = −2)	−3	(für x = −1)

S. 115, 14.
a) $\frac{1}{x} + 5x = -2$
b) $x + y = 32 \quad x \cdot y = 255 \quad \Rightarrow \quad$ z. B. $(32 - y) \cdot y = 255$
c) $x + y = 8 \quad x^2 + y^2 = 34 \quad \Rightarrow \quad$ z. B. $x^2 + (8 - x)^2 = 34$
d) $x \cdot y = 8 \quad x + y = 16,5 \quad \Rightarrow \quad$ z. B. $x \cdot (16,5 - x) = 8$

S. 115, 15.
a) Für die Seitenlängen a (in cm) und b (in cm) gilt
   $b = a - 5$ und $a \cdot b = 644$.
   $\Rightarrow$ z. B. $a \cdot (a - 5) = 644 \Rightarrow a = 28$ und $b = 23$
b) Für die Seitenlängen a (in m) und b (in m) gilt
   $2a + 2b = 64$ und $a \cdot b = 240$.
   $\Rightarrow$ z. B. $a \cdot (32 - a) = 240 \Rightarrow a = 12$ und $b = 20$
c) Für die Kathetenlängen a (in cm) und b (in cm) gilt
   $a + b + 13 = 30$ und $\frac{a \cdot b}{2} = 30$.
   $\Rightarrow$ z. B. $a \cdot (17 - a) = 60 \Rightarrow a = 5$ und $b = 12$

S. 115, 16.
a) $A(-69|-38)$; $B(69|-38)$
b) $A(-13,8|-7,6)$; $B(13,8|-7,6)$

Prüfen Sie Ihr neues Fundament (S. 142/143)

S. 142. 1.

	a)	b)	c)
streng monoton fallend	$0 < x < 1$	$-2 < x < 0$ $x > 2$	
streng monoton steigend	$x < 0$ $x > 1$	$x < -2$ $0 < x < 2$	$x < 0$ $x > 0$

Hinweis: Es wird hier angenommen, dass sich das Monotonieverhalten außerhalb der Grafik nicht mehr ändert.

S. 142, 2.
a) $f'(x) = 4 - x$
   $f'(x)$ besitzt bei $x = 4$ eine Nullstelle, daher gibt es zwei Monotonieintervalle.
   Für $x < 4$ ist z. B. $f'(3) = 1 > 0$, also ist f streng monoton steigend.
   Für $x > 4$ ist z. B. $f'(5) = -1 < 0$, also ist f streng monoton fallend.
b) $f'(x) = 3x^2 - 6x$
   $f'(x)$ besitzt bei $x_1 = 0$ und $x_2 = 2$ Nullstellen, daher gibt es drei Monotonieintervalle.
   Für $x < 0$ ist z. B. $f'(-1) = 9 > 0$, also ist f streng monoton steigend.
   Für $0 < x < 2$ ist z. B. $f'(1) = -3 < 0$, also ist f streng monoton fallend.
   Für $x > 2$ ist z. B. $f'(3) = 9 > 0$, also ist f streng monoton steigend.
c) $f'(x) = 1 - \frac{1}{x^2}$
   $f'(x) =$ besitzt bei $x = 1$ eine Nullstelle, daher gibt es für $x > 0$ zwei Monotonieintervalle.
   Für $0 < x < 1$ ist z. B. $f'(0,5) = -3 < 0$, also ist f streng monoton fallend.
   Für $x > 1$ ist z. B. $f'(2) = 0,75 > 0$, also ist f streng monoton steigend.

S. 142, 3.
Beispiel:

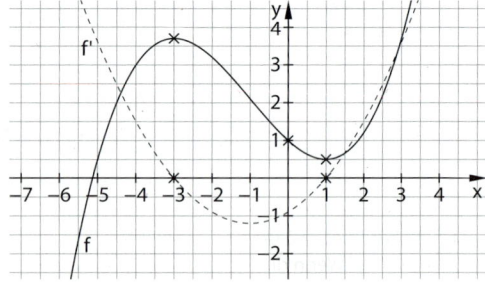

S. 142, 4.
Laut Definition muss bei strenger Monotonie gelten:
Für beliebiges x_1 und x_2 aus dem Definitionsbereich mit $x_1 < x_2$ gilt auch $f(x_1) < f(x_2)$.
Für $x_1 = -3$ und $x_2 = 2$ ist dies nicht der Fall. Die Aussage ist falsch.

S. 142, 5.

a) $H(1|0,5)$; $T(-1|-0,5)$; $W(0|0)$.

Der Graph von f ist linksgekrümmt für $x < 0$ und rechtsgekrümmt für $x > 0$.

b) $H(\pi|2)$; $T_1(0|-2)$; $T_2(2\pi|-2)$; $W_1\left(-\frac{\pi}{2}|0\right)$; $W_2\left(\frac{\pi}{2}|0\right)$; $W_3\left(\frac{3\pi}{2}|0\right)$; $W_4\left(\frac{5\pi}{2}|0\right)$.

Der Graph von f ist linksgekrümmt für z. B. $\frac{3\pi}{2} < x < \frac{5\pi}{2}$.

Der Graph von f ist rechtsgekrümmt für z. B. $\frac{\pi}{2} < x < \frac{3\pi}{2}$.

c) $H(1|\approx 3,4)$; $W(2|2)$; $S(4|0)$.

Der Graph von f ist linksgekrümmt für z. B. $2 < x < 4$.

Der Graph von f ist rechtsgekrümmt für z. B. $0 < x < 2$.

S. 142, 6.

Beispiele:

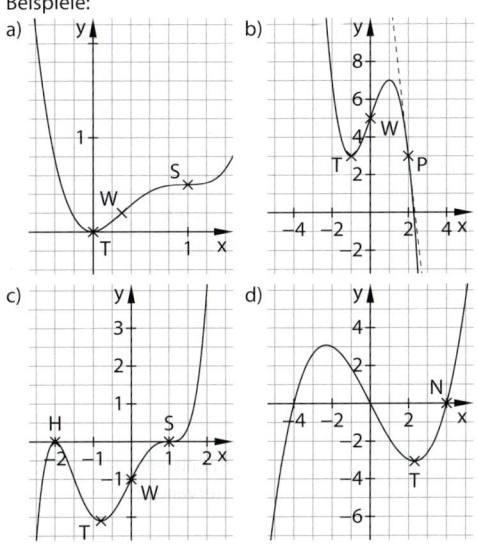

S. 142, 7.

a) $H(0|0)$ $\qquad$ $W(1|-2)$ $\qquad$ $T(2|-4)$

b) Gerundete Werte: $\qquad$ $T(0,61|6,75)$

c) $S(-4|0)$

d) Zum Teil gerundete Werte:

$H(-1,73|-3,92)$ $\qquad$ $T(1,73|-8,08)$

$W_1(-1,22|-4,71)$ $\qquad$ $W_2(1,22|-7,29)$ $\qquad$ $S(0|-6)$

S. 143, 8.

a) Wenn $f'(x_m) = 0$ und $f''(x_m) > 0$ gilt, dann ist dies eine hinreichende Bedingung dafür, dass die Funktion f an der Stelle x_m ein lokales Minimum hat. Um an der Stelle x_m ein lokales Minimum zu haben, ist es für die Funktion f eine notwendige Bedingung, dass $f'(x_m) = 0$ und $f''(x_m) > 0$ gilt.

b) Umkehrung: „Wenn die Funktion f an der Stelle x_m ein lokales Minimum hat, dann gilt $f'(x_m) = 0$ und $f''(x_m) > 0$."

Diese Umkehrung ist eine falsche Aussage, denn z. B. hat die Funktion f mit $f(x) = x^4$ an der Stelle 0 das lokale Minimum 0 (Scheitelpunkt der Parabel). Es gilt zwar $f'(0) = 0$, aber nicht $f''(0) > 0$.

S. 143, 9.

a)

		I_1	I_2	I_3
	lokal	global		
Minimumstelle	$\frac{1}{3}$	$\frac{1}{3}$	0	$\frac{1}{3}$
Minimum	$-8\frac{14}{27}$	$-8\frac{14}{27}$	-8	$-8\frac{14}{27}$
Maximumstelle	-3	-3	-2	3
Maximum	10	10	6	46

b)

		I_1	I_2	I_3
	lokal	global		
Minimumstelle	0	8	0	0
Minimum	0	$-3,2$	0	0
Maximumstelle	5	5	-3	3
Maximum	6,25	6,25	9,45	4,05

S. 143, 10.

a) $f''(x) = -12x^2 + 12$

$f''(x) = 0$ für $x_{1/2} = \pm 1$

$f''(x) < 0$ für $x < -1$ bzw. $x > 1$: Der Graph von f ist in diesen Intervallen rechtsgekrümmt.

$f''(x) > 0$ für $-1 < x < 1$: Der Graph von f ist in diesem Intervall linksgekrümmt.

b) $f''(x) = 12x^2 - 48x + 48$

$f''(x) = 0$ für $x = 2$

$f''(x) > 0$ für $x < 2$ bzw. $x > 2$: Der Graph von f ist durchgehend linksgekrümmt.

c) $f''(x) = -30x^4$

$f''(x) = 0$ für $x = 0$

$f''(x) < 0$ für $x < 0$ bzw. $x > 0$: Der Graph von f ist durchgehend rechtsgekrümmt.

S. 143, 11.

$f'(x) = 4x^3 - 12ax^2 + 12a^2x - 4a^3$

Die notwendige Bedingung ist für $x = a$ erfüllt, denn $f'(a) = 0$.

$f''(x) = 12x^2 - 24ax + 12a^2$

Wegen $f''(a) = 0$ wird das Vorzeichenwechselkriterium herangezogen:

$f'(x) = 4(x^3 - 3ax^2 + 3a^2x - a^3) = 4(x - a)^3$

An der Stelle $x = a$ wechselt $f'(x)$ das Vorzeichen von $-$ zu $+$. Das heißt, die Stelle $x = a$ ist eine lokale Minimumstelle:

$T(a|f(a)) = T(a|b)$

S. 143, 12.

a) Die 1. Ableitungsfunktion hat an der Stelle $x = -4$ ein lokales Minimum, da das Vorzeichen von f'' an dieser Stelle von + zu − wechselt.

b) Die Funktion f hat an der Stelle $x = -4$ eine Wendestelle.

c) Da die 1. Ableitungsfunktion an der Stelle $x = -4$ ein lokales Minimum hat und $f'(-4) = 1$ gilt, hat f' nur positive Funktionswerte, d. h., die Funktion f ist streng monoton steigend.

S. 143, 13.

a) Für alle reellen Zahlen x gilt $f(x) > 0$ und $g(x) = -(x-3)^2 < 0$. Daher kann die geringste Distanz über die Gleichung $d(x) = f(x) - g(x) = 2x^2 - 6x + 9$ ermittelt werden.

$d'(x) = 0 \Rightarrow x = 1{,}5$

Wegen $d''(1{,}5) = 4 > 0$ liegt an der Stelle $x = 1{,}5$ ein lokales Minimum vor.

An der Stelle $x = 1{,}5$ unterscheiden sich die Funktionswerte mit 4,5 am wenigsten.

b) Für alle positiven reellen Zahlen x gilt $f(x) > 0$ und $g(x) < 0$. Daher kann die geringste Distanz über die Gleichung $d(x) = f(x) - g(x) = \frac{1}{x} + x^2$ ermittelt werden.

$d'(x) = -\frac{1}{x^2} + 2x$

$d'(x) = 0 \Rightarrow x = \sqrt[3]{\frac{1}{2}}$

Wegen $d'\left(\sqrt[3]{\frac{1}{2}}\right) = 6 > 0$ liegt an der Stelle $x = \sqrt[3]{\frac{1}{2}}$ ein lokales Minimum vor.

An der Stelle $x = \sqrt[3]{\frac{1}{2}} \approx 0{,}79$ unterscheiden sich die Funktionswerte mit ca. 1,89 am wenigsten.

S. 143, 14.

Es gilt stets $x + y = 10$ bzw. $y = 10 - x$.

a) $p(x) = x \cdot y = 10x - x^2$

$p'(x) = 10 - 2x$

$p'(x) = 0 \Rightarrow x = 5$

$p''(x) = -2 < 0$

Das Produkt ist für die Summanden 5 und 5 am größten.

b) $s(x) = x^2 + (10 - x)^2 = 2x^2 - 20x + 100$

$s'(x) = 4x - 20$

$s'(x) = 0 \Rightarrow x = 5$

$s''(x) = 4 > 0$

Die Summe der Quadrate ist für die Summanden 5 und 5 am kleinsten.

c) $d(x) = x^2 - (10 - x)^2 = 20x - 100$

$d'(x) = 20 > 0$

Es gibt keinen Extremwert.

d) $d(x) = x^3 - (10 - x)^3 = 2x^3 - 30x^2 + 300x - 1000$

$d'(x) = 6x^2 - 60x + 300$

$d'(x) = 0$ hat keine Lösung.

Es gibt keinen Extremwert.

S. 143, 15.

a)

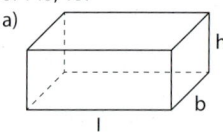

b … Maßzahl der Länge der kürzeren Grundseite (in m)

l … Maßzahl der Länge der längeren Grundseite (in m)

h … Maßzahl der Höhe des Bassins (in m)

Nebenbedingung:

$V = b \cdot l \cdot h = 32 \Rightarrow 32 = 2b^2 \cdot h \Rightarrow h = \frac{16}{b^2}$

Zielfunktion:

$A = 2b^2 + 6bh$

$A(b) = 2b^2 + \frac{96}{b}$ $(b > 0)$

b) $A'(b) = 4b - \frac{96}{b^2}$

Aus $A'(b) = 0$ folgt $b^3 = 24$ und damit $b = \sqrt[3]{24} \approx 2{,}88$.

$A''(b) = 4 + \frac{192}{b^3}$

$A''\left(\sqrt[3]{24}\right) = 12 > 0 \Rightarrow b = \sqrt[3]{24}$ ist lokale Minimumstelle.

Da an der Stelle $b = \sqrt[3]{24}$ das einzige lokale Minimum für $b > 0$ ist, ist dieses auch das globale Minimum.

Das Bassin ist ca. 2,88 m breit, 5,77 m lang und 1,92 m hoch.

Lösungen zu Kapitel 5: Beschreibende Statistik

Ihr Fundament (S. 146/147)

S. 146, 1.

Gruppe	A	B	C	gesamt
absolute Häufigkeit	12	3	45	60
relative Häufigkeit	20 %	5 %	75 %	100 %

S. 146, 2.

Maximum: 11,20 m

Minimum: 6,85 m

Spannweite: 4,35 m

Modalwert: 7,00 m

Arithmetisches Mittel: 8,92 m

S. 146, 3.

Klasse 10a: 3,0

Klasse 10b: 3,2 (gerundet)

In der Klasse 10b gab es absolut gesehen mehr Schülerinnen und Schüler, die in der Mathematikklausur Einsen und Zweien erhalten haben, nämlich 6 (5 in Klasse 10a).

Relativ haben in beiden Klassen in der Mathematikklausur gleich viele Schülerinnen und Schüler die Zensuren 1 und 2 erhalten, nämlich 25 %.

S. 146, 4.

Beispiele:

a) 9,5 cm; 10,0 cm; 10,0 cm; 10,0 cm; 10,5 cm

b) 7,0 cm; 7,5 cm; 8,0 cm; 10,5 cm; 12,0 cm

c) 8,5 cm; 8,9 cm; 9,1 cm; 10,5 cm; 10,5 cm

S. 146, 5.

Absolut gesehen erhielt das Hotel „Weintraube" die meisten positiven Bewertungen, aber relativ gesehen schnitt das Hotel „Zur Linde" mit 70 % Zustimmung besser ab als das Hotel „Weintraube" mit nur ca. 51 % positiven Bewertungen. Man würde sich aufgrund dieser Bewertungen wohl für das Hotel „Zur Linde" entscheiden.

S. 146, 6.

a)

	rot	grün	blau
relative Häufigkeit	20 %	25 %	55 %

b) Das Ergebnis des Zufallsversuchs deutet darauf
hin, dass etwa 20 % der im Gefäß befindlichen Kugeln rot, 25 % grün und 55 % blau sind.
Bei 20 Kugeln könnten das 4 rote, 5 grüne und
11 blaue Kugeln sein.

S. 146, 7.
a) 31 Jungen   b) 63 Schülerinnen und Schüler

S. 147, 8.
a) Schülerzahlen 2015/2016 (in Mio.)

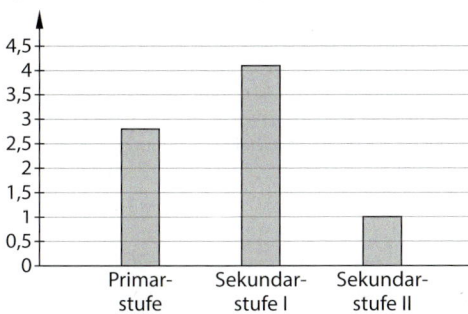

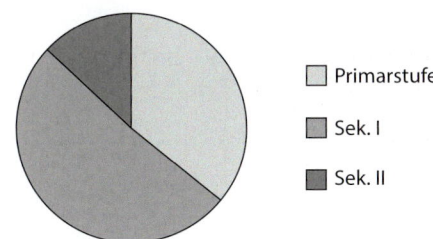

Primarstufe
Sek. I
Sek. II

b) Schülerzahlen 2015/2016 und 2030 (in Mio.)

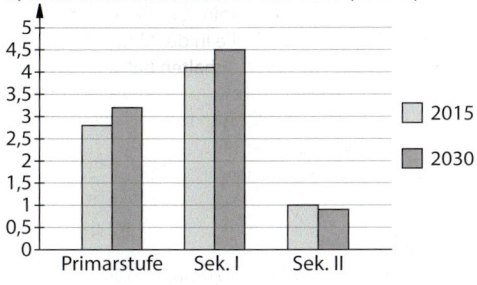

2015
2030

S. 147, 9.
Beispiele:
Säulendiagramm: Kreisdiagramm:

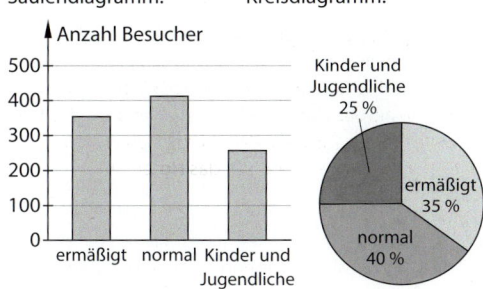

S. 147, 10.
Diagramm (C) stellt den Sachverhalt richtig dar.
$\frac{1}{3}$ der Befragten (blau):   t < 60 min
$\frac{1}{2}$ der Befragten (grün):   60 min ≤ t ≤ 120 min
$\frac{1}{6}$ der Befragten (rot):   t > 120 min

S. 147, 11.
a) 4,5   b) 0,05   c) $\frac{2}{3}$ d) 0,184   e) $\frac{76}{15}$

S. 147, 12.

$\frac{1}{100}$	$\frac{1}{10}$	$\frac{1}{4}$	$\frac{2}{5}$	$\frac{1}{3}$	$\frac{1}{8}$	$\frac{2}{3}$
0,01	0,1	0,25	0,4	$0,\overline{3}$	0,125	$0,\overline{6}$
1 %	10 %	25 %	40 %	$33,\overline{3}$ %	12,5 %	$66,\overline{6}$ %

S. 147, 13.
a) 10 %   b) $16,\overline{6}$ %   c) 50 %   d) 25 %   e) 40 %

Prüfen Sie Ihr neues Fundament (S. 164/165)

S. 164, 1.
Grundgesamtheit: alle 789 Schülerinnen
                            und Schüler des Cantor-
                            Gymnasiums
Stichprobe: 120 Schülerinnen und
                            Schüler des Cantor-
                            Gymnasiums
Auswahlverfahren: Losverfahren
Interessierende Aussage: Kann Gitarre spielen.

S. 164, 2.
a) Quantitatives Merkmal; Merkmalsausprägung x
   (in Litern) z.B.: 0 < x ≤ 1; 1 < x ≤ 2; 2 < x ≤ 3; x > 3.
b) Qualitatives Merkmal; Merkmalsausprägung
   z.B.: Länder, Städte.
c) Quantitatives Merkmal; Merkmalsausprägung
   z.B.: 15 Jahre, 16 Jahre, 17 Jahre, 18 Jahre.

S. 164, 3.
Qualitative Merkmale: (1) Geschlecht; (3) Lieblingsfarbe; (6) Zufriedenheit mit dem Kundendienst einer
Firma; (7) Beliebtheit von Politikern
Die Merkmale (6) und (7) könnten z.B. bei einer Merkmalsausprägung als „sehr gut", „gut"; „befriedigend";
„unbefriedigend" mithilfe von Zensuren von 1 bis 4
quantifiziert werden.
Quantitative Merkmale: (2) Zeit für den Schulweg;
(4) Ergebnisse eines Tests zur Merkfähigkeit; (5) Höhe
des Taschengelds von 16-jährigen Jugendlichen;
(8) Größe von Wohnungen

S. 164, 4.
a) Arithmetisches Mittel: 66 : 7 ≈ 9,4; Modalwert: 9;
   Median: 9
b) Arithmetisches Mittel: 70 : 9 ≈ 7,8; Modalwert: 9;
   Median: 8
c) Man muss den Wert 30 hinzufügen, damit das
   arithmetische Mittel 12 beträgt (96 : 8).
   Modalwert: 9; Median: 9

S. 164, 5.
Beispiel:
10 mA; 15 mA; 16 mA; 16 mA; 19 mA; 20 mA; 21 mA; 22 mA; 23 mA

S. 164, 6.
a) Arithmetisches Mittel: 18,7 Klimmzüge
b) Median: 18,5 Klimmzüge
 Spannweite: 6 Klimmzüge
 Modalwerte: 18 Klimmzüge bzw. 20 Klimmzüge
c) z. B. Säulendiagramm

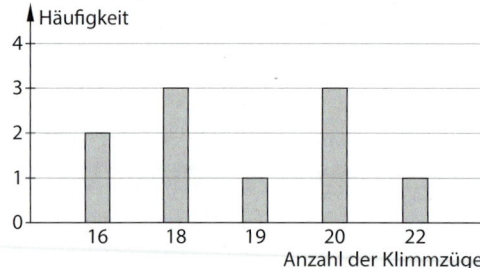

S. 164, 7.
Datenreihe:
3; 3; 3; 3; 4; 4; 4; 5; 5; 5; 5; 5; 6; 6; 6; 6; 9; 9; 9
a) Arithmetisches Mittel: 5,25 (richtig beantwortete Fragen)
b) Median: 5 (richtig beantwortete Fragen)
c) Modalwert: 5 (richtig beantwortete Fragen)

S. 165, 8.
a) Arithmetisches Mittel: 8,5
 Varianz: 11,65
 Standardabweichung: $\approx 3,41$
b) Arithmetisches Mittel: 2,56 g
 Varianz: 0,1944 g^2
 Standardabweichung: $\approx 0,44$ g

S. 165, 9.
a) Janins Werte liegen weiter auseinander und werden deshalb die größere Standardabweichung haben.
b) Janin: Arithmetisches Mittel: 4,36 m
  Standardabweichung: $\approx 0,28$ m
 Paula: Arithmetisches Mittel: 4,46 m
  Standardabweichung: $\approx 0,16$ m

S. 165, 10.
a) Arithmetisches Mittel: 1,04
 Varianz: $\approx 1,88$
 Standardabweichung: $\approx 1,37$
 Im Durchschnitt hat jeder Befragte 1,04 Geschwister. Die Streuung – ausgedrückt durch die empirische Standardabweichung – beträgt 1,37 Geschwister.
b) Median: 1 Geschwisterkind
 Modalwert: 0 Geschwister, also Einzelkind.

S. 165, 11.
a) Es bietet sich die Berechnung des arithmetischen Mittels sowie der empirischen Standardabweichung an.
 Arithmetisches Mittel sowohl in der 10 a als auch in der 10 b: jeweils 2,7
 Empirische Standardabweichung:
 Klasse 10 a: $s^2 = 1,61$ $s \approx 1,27$
 Klasse 10 b: $s^2 = 3,01$ $s \approx 1,73$
 Beide Klassen haben im Durchschnitt die gleiche Anzahl von Aufgaben richtig gelöst, nämlich 2,7 Aufgaben von 5 Aufgaben. Die Klassen unterscheiden sich aber in der Streuung der Anzahl richtig gelöster Aufgaben, wie die berechneten Standardabweichungen zeigen.
 Sie ist in Klasse 10 b deutlich größer als in Klasse 10 a. In der Klasse 10 a gibt es mehr richtig gelöste Aufgaben in der Nähe des arithmetischen Mittels und weniger „Ausreißer" als in der Klasse 10 b.
b) Beispiel:

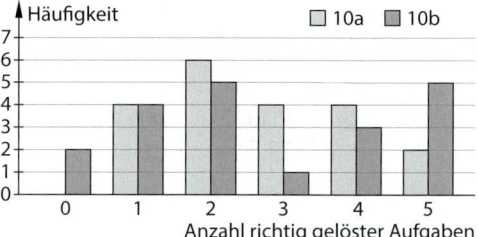

S. 165, 12.
a) Da die Größe der Population in der Stichprobe „Stadt" und „Land" verschieden groß ist, werden zunächst die relativen Häufigkeiten z. B. in % berechnet.

Antwort	relative Häufigkeit in der Stadt	relative Häufigkeit auf dem Land
(A)	32 %	46 %
(B)	57 %	46 %
(C)	11 %	8 %
Summe	100,0 %	100,0 %

Visualisierung am Beispiel von Kreisdiagrammen:

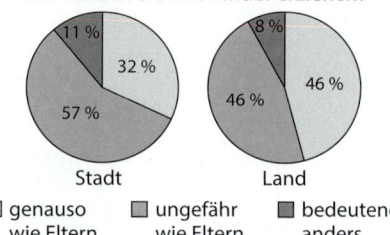

b) 1965 orientierten sich die Jugendlichen auf dem Land stärker als die Jugendlichen in der Stadt an den Erziehungsgrundsätzen ihrer Eltern.
c) und d): Abhängig von den Untersuchungsbefunden.

Bildquellenverzeichnis

Covermotiv mauritius images/Manfred Habel: Kaiser-Wilhelm-Brücke (Wilhelmshaven), 1907 als größte Drehbrücke Deutschlands erbaut, Wahrzeichen der Stadt Wilhelmshaven, wichtigste Verbindung zwischen Innenstadt und Südstrand

Im Material wurde der TI-Nspire TM CX CAS verwendet. Das Produkt ist ein eingetragenes Warenzeichen von Texas Instruments.

Stichwortverzeichnis

Fundamente
|der Mathematik|

Autoren: Kathrin Andreae, Jan Block, Carola Buddensiek, Dr. Lothar Flade, Jan Füller, Alexander Heinz, Gerold Kiesslich, Markus Krysmalski, Dr. Hubert Langlotz, Renatus Lütticken, Daniel Meyer, Thorsten Niemann, Reinhard Oselies, Dr. habil. Manfred Pruzina, Sabine Sand-Heidinger, Dr. Christian Wahle, Udo Wennekers, Ugur Yasar, Dr. Wilfried Zappe

Berater: Markus Krysmalski, Dr. Hubert Langlotz, Renatus Lütticken, Reinhard Oselies, Volker Paul, Stefan Schlie

Redaktion: Felix Arndt, Torsten Gebauer, Henning Knoff, Gudrun Schaeper
Grafik: Christian Böhning
Umschlaggestaltung: hawemannundmosch GbR
Layoutkonzept: klein & halm GbR
Bildrecherche: Stephanie Charlotte Benner, Dieter Ruhmke
Technische Umsetzung: CMS - Cross Media Solutions GmbH, Würzburg

Begleitmaterialien zum Lehrwerk

für Schülerinnen und Schüler
Arbeitsheft mit Lösungen   978-3-06-040475-9
Lösungen zum Schülerbuch   978-3-06-040167-3

für Lehrerinnen und Lehrer
Serviceband   978-3-06-040169-7
Begleitmaterial auf USB-Stick   978-3-06-040277-9
(inkl. Unterrichtsmanager und E-Book)

www.cornelsen.de

Die Webseiten Dritter, deren Internetadressen in diesem Lehrwerk angegeben sind, wurden vor Drucklegung sorgfältig geprüft. Der Verlag übernimmt keine Gewähr für die Aktualität und den Inhalt dieser Seiten oder solcher, die mit ihnen verlinkt sind.

1. Auflage, 3. Druck 2018

Alle Drucke dieser Auflage sind inhaltlich unverändert und können im Unterricht nebeneinander verwendet werden.

© 2017 Cornelsen Verlag GmbH, Berlin

Allgemeiner Hinweis zu den in diesem Lehrwerk abgebildeten Personen:

Soweit in diesem Buch Personen fotografisch abgebildet sind und ihnen von der Redaktion fiktive Namen, Berufe, Dialoge und Ähnliches zugeordnet oder diese Personen in bestimmte Kontexte gesetzt werden, dienen diese Zuordnungen und Darstellungen ausschließlich der Veranschaulichung und dem besseren Verständnis des Buchinhalts.

Druck und Bindung: Livonia Print, Riga

ISBN 978-3-06-040181-9 (Schülerbuch)
ISBN 978-3-06-040182-6 (E-Book)

PEFC zertifiziert
Dieses Produkt stammt aus nachhaltig
bewirtschafteten Wäldern und kontrollierten
Quellen.

PEFC™
PEFC/12-31-006   www.pefc.de